现代农业高新技术成果丛书

牧草倍性育种原理与技术

The Theoretical and Practical Principles for Breeding of Polyploidy in Forage Crops

周 禾　王赟文　主编

中国农业大学出版社
·北京·

内 容 简 介

本书是我国第一部牧草倍性育种领域的专著,为"十一五"国家科技支撑计划"牧草倍性育种技术研究"课题的最新成果,是综合国内外牧草倍性育种领域的研究进展和成果编著而成。书中重点介绍了牧草多倍体的产生与进化、牧草多倍体与种质创新、主要的牧草倍性育种技术原理与方法以及常用的细胞遗传学技术在牧草倍性育种当中的应用等,力求反映国内外牧草倍性育种最新的研究动态和前沿领域。本书适合作为高等农林院校草业科学专业本科生和研究生的参考书籍,也可供相关研究人员和育种者参考查阅。

图书在版编目(CIP)数据

牧草倍性育种原理与技术/周禾,王赟文主编. —北京:中国农业大学出版社,2011.3
ISBN 978-7-5655-0241-5

Ⅰ. ①牧… Ⅱ. ①周…②王… Ⅲ. ①牧草-育种方法 Ⅳ. S540.41

中国版本图书馆 CIP 数据核字(2011)第 035415 号

书　　名	牧草倍性育种原理与技术		
作　　者	周禾　王赟文　主编		
策划编辑	宋俊果	责任编辑	宋俊果　菅景颖
封面设计	郑　川	责任校对	王晓凤　陈莹
出版发行	中国农业大学出版社		
社　　址	北京市海淀区圆明园西路2号	邮政编码	100193
电　　话	发行部 010-62731190,2620	读者服务部	010-62732336
	编辑部 010-62732617,2618	出 版 部	010-62733440
网　　址	http://www.cau.edu.cn/caup	e-mail	cbsszs@cau.edu.cn
经　　销	新华书店		
印　　刷	涿州市星河印刷有限公司		
版　　次	2011年4月第1版　2011年4月第1次印刷		
规　　格	787×1092　16开本　17.75印张　439千字　彩插6		
定　　价	98.00元		

图书如有质量问题本社发行部负责调换

现代农业高新技术成果丛书
编审指导委员会

主　任　石元春

副主任　傅泽田　刘　艳

委　员（按姓氏拼音排序）
　　　　高旺盛　李　宁　刘庆昌　束怀瑞
　　　　佟建明　汪懋华　吴常信　武维华

编委会

主　　任　云锦凤

副 主 任　王彦荣　周　禾　王赟文

委　　员　（以姓氏笔画为序）
　　　　　于　卓　才宏伟　王彦荣　王赟文　云　岚
　　　　　云锦凤　刘　伟　孙　娟　严学兵　杨起简
　　　　　张吉宇　周　禾　赵金梅　郭仰东

出版说明

瞄准世界农业科技前沿,围绕我国农业发展需求,努力突破关键核心技术,提升我国农业科研实力,加快现代农业发展,是胡锦涛总书记在2009年五四青年节视察中国农业大学时向广大农业科技工作者提出的要求。党和国家一贯高度重视农业领域科技创新和基础理论研究,特别是863计划和973计划实施以来,农业科技投入大幅增长。国家科技支撑计划、863计划和973计划等主体科技计划向农业领域倾斜,极大地促进了农业科技创新发展和现代农业科技进步。

中国农业大学出版社以973计划、863计划和科技支撑计划中农业领域重大研究项目成果为主体,以服务我国农业产业提升的重大需求为目标,在"国家重大出版工程"项目基础上,筛选确定了农业生物技术、良种培育、丰产栽培、疫病防治、防灾减灾、农业资源利用和农业信息化等领域50个重大科技创新成果,作为"现代农业高新技术成果丛书"项目申报了2009年度国家出版基金项目,经国家出版基金管理委员会审批立项。

国家出版基金是我国继自然科学基金、哲学社会科学基金之后设立的第三大基金项目。国家出版基金由国家设立、国家主导,资助体现国家意志、传承中华文明、促进文化繁荣、提高文化软实力的国家级重大项目;受助项目应能够发挥示范引导作用,为国家、为当代、为子孙后代创造先进文化;受助项目应能够成为站在时代前沿、弘扬民族文化、体现国家水准、传之久远的国家级精品力作。

为确保"现代农业高新技术成果丛书"编写出版质量,在教育部、农业部和中国农业大学的指导和支持下,成立了以石元春院士为主任的编审指导委员会;出版社成立了以社长为组长的项目协调组并专门设立了项目运行管理办公室。

"现代农业高新技术成果丛书"始于"十一五",跨入"十二五",是中国农业大学出版社"十二五"开局的献礼之作,她的立项和出版标志着我社学术出版进入了一个新的高度,各项工作迈上了新的台阶。出版社将以此为新的起点,为我国现代农业的发展,为出版文化事业的繁荣做出新的更大贡献。

中国农业大学出版社

2010年12月

序

传统意义上,牧草仅是指供家畜采食的草类。随着科学的进步和社会的发展,牧草的功用与作用逐步扩大,囊括了用于园林绿化、建植运动场和公园、道路边坡绿化的草坪草;作为燃料或者通过工业途径转化为燃料使用的能源草;用于水土保持、防风固沙、农田改良的生态草;以及用于造纸、提取叶蛋白和萃取特殊营养物质的功能草。目前栽培牧草有400余种,其中以豆科和禾本科为主,多倍体现象是牧草最普遍的特点之一。牧草主要以利用地上部分营养体为主,还具有多年生、花器官小、异花授粉、自交不亲和、可以有性或无性繁殖、种子成熟期不一致、落粒性强、种子产量低等特点。在现代农业生产中,广泛意义上的牧草或草的种植与利用已经形成独立的生产领域并占有重要的地位。

在自然界,每一种植物都有一定数量的染色体,维持其生存最低限度数目的一组染色体被称为染色体组,而倍性是细胞中染色体组的套数状态。在自然条件下或人工诱导后植物的倍性会发生改变,这种变化常导致植物形态、解剖、生理生化等诸多遗传特性的变异。植物倍性育种就是依据植物染色体倍性变异的规律并利用倍性变异选育新品种的方法。

牧草倍性育种技术是培育优良品种的重要技术途径,主要表现在以下3个方面:①从牧草生产表现看,同一物种的多倍体类型比二倍体植株抗逆性强,植物高大,茎叶繁茂,营养品质有较大提高。而多倍体类型比二倍体的结实率低,籽粒产量较低,生活型由一年生转变为越年生或多年生,这些生物学特性比较有利于以营养体为主要利用目标的牧草新品种培育。②多倍体也可作为远缘杂交的桥梁,通过杂交培育可育的三倍体或五倍体,作为不同倍性水平之间亲本遗传物质重组的桥梁。通过亲本或杂种的染色体加倍,在相同倍性水平杂交,从而克服远缘杂交的困难。③人工诱导同源多倍体,或者杂交合成异源多倍体,是种质创新的重要手段。

2007年7月,国家科技部农村科技司责成中国农业大学草地研究所编写"十一五"国家科技支撑计划"牧草育种技术研究及产业化开发"项目建议书。草地研究所的部分老师在规定的时间内撰写完成了"牧草育种技术研究及产业化开发"项目建议书,并答辩通过初审,后经综合评审委员会和国家财政部评审委员会评审通过后立项。2008年，国家科技部将完成立项的"牧草育种技术研究及产业化开发"项目交由国家农业部组织实施。国家农业部畜牧业司责成中国农业科学院北京畜牧兽医研究所牵头组织相关单位编写可行性研究报告，通过评审答辩后项目启动。在"牧草育种技术研究及产业化开发"项目中设立了"牧草倍性育种技术研究"课题。中国农业大学联合内蒙古农业大学和兰州大学及相关单位共同承担了"牧草倍性育种技术研究"课题。

在课题立题和研究过程中，有关植物多倍体在物种形成和进化当中的作用、牧草多倍体种质的普遍性及特点、适合于牧草倍性育种的技术及其应用情况等，始终是我们思考的核心问题。我们一方面为能在这一具有广泛意义的研究领域开展工作而兴奋，同时也深深感触到国内在牧草倍性育种领域的力量投入和理论储备还远远不够，做研究的人员屈指可数，缺乏系统的文献资料积累，在工作中不免捉襟见肘。鉴于此，我们凝聚全体课题执行专家和学者在相关研究中的成果及见解，分析借鉴国内外有关牧草倍性育种理论与技术方面的文献报道，历时一年多，编写了本书，后由周禾和王赟文对全书进行了统稿。希望它能为从事牧草育种领域研究的人员提供较为系统的参考，能激发更多的学者或青年科技工作者选择此领域进行研究。由于编者的认识和能力所限，书中谬误及疏漏之处在所难免，敬请谅鉴，并祈读者批评指正！

在本书付梓出版之际，感谢"十一五"国家科技支撑计划课题"牧草倍性育种技术研究"（2008BADB3B03）全体参加人员在课题实施和本书撰写中付出的辛勤努力，感谢中国农业大学出版社承担的国家出版基金项目"现代农业高新技术成果丛书"的支持，感谢中国农业大学出版社宋俊果女士在本书编纂过程中的大力帮助。

编　者

2010年12月20日于北京

目 录

第1章　绪论 ··· 1
　1.1　牧草体细胞加倍技术 ·· 2
　1.2　有性多倍体技术 ·· 4
　1.3　远缘杂交及杂交后代染色体加倍育性恢复技术 ··· 6
　1.4　雄核发育诱导与单倍体育种技术 ··· 8
　　参考文献 ·· 10

第2章　牧草多倍体进化及生物学意义 ·· 13
　2.1　牧草多倍体发生的生物学规律 ·· 13
　　2.1.1　多倍体物种在自然界普遍存在 ·· 14
　　2.1.2　牧草多倍体形成的途径 ·· 16
　　2.1.3　影响牧草多倍体形成的因素 ·· 17
　2.2　牧草多倍化与适应性进化之间的关系及生态学意义 ······································ 18
　　2.2.1　植物不同类群的多倍性与分类和进化地位密切相关 ······························· 18
　　2.2.2　多倍性植物分布和形成的地区特点 ·· 19
　　2.2.3　多倍体的适合度及其生态遗传学基础 ··· 19
　　2.2.4　多倍体的种群动态和扩展能力 ·· 20
　　2.2.5　多倍体的繁育系统 ·· 20
　2.3　牧草多倍体的生物学意义及育种价值 ··· 21
　　2.3.1　多倍体植株大型化和生长快速 ·· 21
　　2.3.2　利用多倍体增加牧草抗虫和抗逆境能力 ··· 22
　　2.3.3　抗性基因的加倍 ·· 22
　　2.3.4　利用牧草多倍体克服远缘杂交的障碍和转移外源基因 ··························· 23
　　2.3.5　同源和异源多倍体的育种价值 ·· 24
　　2.3.6　多倍体育性的提高 ·· 25

2.3.7　少量细胞型排除原理和多倍体利用 ………………………………………… 25
　　　2.3.8　牧草倍性育种对遗传选择的作用 ……………………………………………… 26
　2.4　牧草多倍体进化的遗传学基础 ……………………………………………………………… 26
　　　2.4.1　新多倍体物种(neoplolyploids)的细胞学特征 ……………………………… 26
　　　2.4.2　新多倍体物种突变的维持和进化特征 ……………………………………… 27
　　　2.4.3　多倍体物种基因组的进化 ……………………………………………………… 28
　　　2.4.4　多倍体牧草基因的进化 ………………………………………………………… 33
　　　2.4.5　多倍体进化研究方法的更新 …………………………………………………… 35
　参考文献 ………………………………………………………………………………………………… 36

第3章　牧草多倍体与种质创新 ……………………………………………………………………… 39
　3.1　牧草种质的概念及划分 ………………………………………………………………………… 39
　　　3.1.1　按亲缘关系分类 …………………………………………………………………… 40
　　　3.1.2　按育种实用价值分类 ……………………………………………………………… 41
　　　3.1.3　种质创新 ……………………………………………………………………………… 42
　3.2　苜蓿属(*Medicago*)多倍体与种质创新 ……………………………………………………… 43
　　　3.2.1　苜蓿属染色体组及其倍性 ………………………………………………………… 43
　　　3.2.2　苜蓿属内种间杂交 …………………………………………………………………… 44
　　　3.2.3　苜蓿属与其他近缘属间杂交 ……………………………………………………… 44
　3.3　三叶草属(*Trifolium*)多倍体与种质创新 …………………………………………………… 45
　　　3.3.1　三叶草属染色体组及其倍性 ……………………………………………………… 45
　　　3.3.2　三叶草属的杂交及倍性育种 ……………………………………………………… 45
　参考文献 ………………………………………………………………………………………………… 46

第4章　禾本科牧草多倍体与种质创新 …………………………………………………………… 49
　4.1　禾本科小麦族多年生牧草多倍体研究意义 ………………………………………………… 50
　　　4.1.1　禾本科小麦族杂种不育现象 ……………………………………………………… 50
　　　4.1.2　禾本科小麦族多倍化现象 ………………………………………………………… 50
　　　4.1.3　禾本科小麦族多倍体研究与远缘杂交育种 …………………………………… 51
　4.2　禾本科小麦族多年生牧草染色体组构成 …………………………………………………… 51
　　　4.2.1　禾本科小麦族属的划分 …………………………………………………………… 51
　　　4.2.2　禾本科小麦族属的染色体组成 …………………………………………………… 52
　4.3　冰草属(*Agropyron*)牧草多倍体与种质创新 ………………………………………………… 52
　　　4.3.1　冰草属染色体组及其倍性 ………………………………………………………… 52
　　　4.3.2　冰草属的杂交及倍性育种 ………………………………………………………… 54
　4.4　披碱草属(*Elymus*)牧草多倍体与种质创新 ………………………………………………… 56
　　　4.4.1　披碱草属染色体组及其倍性 ……………………………………………………… 56
　　　4.4.2　披碱草属的杂交及倍性育种 ……………………………………………………… 56
　参考文献 ………………………………………………………………………………………………… 59

目 录

第5章 牧草体细胞多倍体诱导加倍技术原理与应用 ………………………………… 61
  5.1 植物体细胞诱导多倍体育种的意义 ……………………………………………… 61
  5.2 多倍体诱导在牧草育种中的应用 ………………………………………………… 62
  5.3 体细胞多倍体诱导的常规方法 …………………………………………………… 63
    5.3.1 秋水仙素诱导染色体加倍原理 …………………………………………… 64
    5.3.2 诱导染色体加倍处理方法 ………………………………………………… 64
    5.3.3 化学诱导剂类型与原理 …………………………………………………… 65
  5.4 植物外植体培养与多倍体诱导 …………………………………………………… 66
    5.4.1 植物外植体培养技术的发展 ……………………………………………… 66
    5.4.2 植物组织培养技术在遗传育种领域的应用 ……………………………… 67
    5.4.3 牧草的组织培养研究 ……………………………………………………… 68
    5.4.4 诱导植物离体组织染色体加倍 …………………………………………… 69
    5.4.5 诱导离体多倍体的其他方法 ……………………………………………… 71
  5.5 染色体加倍植株的倍性鉴定 ……………………………………………………… 71
    5.5.1 染色体直接计数法 ………………………………………………………… 71
    5.5.2 扫描细胞光度仪鉴定法 …………………………………………………… 71
    5.5.3 细胞形态学鉴定法 ………………………………………………………… 71
    5.5.4 逆境胁迫法 ………………………………………………………………… 72
    5.5.5 植物形态学鉴定法 ………………………………………………………… 72
  参考文献 ……………………………………………………………………………… 72

第6章 牧草有性多倍体的产生原理与应用 …………………………………………… 79
  6.1 有性多倍体的概念和产生原理 …………………………………………………… 79
    6.1.1 有性多倍体的概念 ………………………………………………………… 80
    6.1.2 有性多倍体的分类 ………………………………………………………… 80
    6.1.3 有性多倍体形成的途径和机理 …………………………………………… 81
  6.2 有性多倍体在植物中的分布 ……………………………………………………… 86
    6.2.1 有性多倍体在植物中的分布特性 ………………………………………… 86
    6.2.2 植物中 $2n$ 配子形成频率 ………………………………………………… 86
    6.2.3 $2n$ 配子产生频率的检测方法 …………………………………………… 87
    6.2.4 $2n$ 配子形成的影响因素 ………………………………………………… 88
  6.3 有性多倍体在牧草育种中的意义和应用 ………………………………………… 89
    6.3.1 有性多倍体在牧草育种中的意义 ………………………………………… 89
    6.3.2 有性多倍化作用在牧草育种中的应用 …………………………………… 90
  参考文献 ……………………………………………………………………………… 93

第7章 牧草远缘杂交与染色体工程育种技术 ………………………………………… 97
  7.1 牧草远缘杂交概述 ………………………………………………………………… 97
    7.1.1 牧草远缘杂交的意义 ……………………………………………………… 98

7.1.2 牧草远缘杂交存在的主要问题 …… 100
7.2 利用远缘杂交创制牧草新种质的关键技术 …… 101
　7.2.1 牧草远缘杂交亲本的选配 …… 101
　7.2.2 牧草远缘杂交技术 …… 101
　7.2.3 牧草远缘杂交方式 …… 103
　7.2.4 克服牧草远缘杂交不亲和性的关键技术 …… 103
　7.2.5 牧草远缘杂种后代的分离和选择 …… 104
7.3 牧草远缘杂种真实性鉴定技术 …… 105
　7.3.1 牧草远缘杂种的形态学鉴定 …… 105
　7.3.2 牧草远缘杂种的细胞遗传学鉴定 …… 106
　7.3.3 牧草远缘杂种的同工酶鉴定 …… 107
　7.3.4 牧草远缘杂种的DNA分子标记鉴定 …… 108
　7.3.5 牧草远缘杂种的染色体原位杂交技术鉴定 …… 111
7.4 牧草远缘杂种育性恢复主要途径 …… 112
　7.4.1 利用回交法克服牧草远缘杂种的不育性 …… 112
　7.4.2 利用染色体加倍法克服牧草远缘杂种的不育性 …… 114
　7.4.3 改善营养条件克服牧草远缘杂种的不育性 …… 114
7.5 牧草远缘杂种染色体工程育种技术 …… 114
　7.5.1 秋水仙碱诱导牧草远缘杂种染色体加倍的方法 …… 114
　7.5.2 染色体加倍植株的鉴定方法 …… 117
　7.5.3 牧草远缘杂交染色体工程育种的基本程序 …… 120
参考文献 …… 121

第8章 牧草雄核发育诱导与单倍体育种 …… 124

8.1 高等植物雄核发育的途径 …… 124
　8.1.1 A途径 …… 126
　8.1.2 B途径 …… 126
　8.1.3 C途径 …… 126
8.2 花粉单性发育的生物学基础及单倍体获得的途径 …… 127
　8.2.1 植物的世代交替 …… 128
　8.2.2 植物的再生特性 …… 128
　8.2.3 植物细胞的全能性 …… 128
8.3 单倍体植株的特点 …… 128
　8.3.1 植株相对弱小 …… 128
　8.3.2 生活力比较弱 …… 129
　8.3.3 高度的不孕性 …… 129
　8.3.4 加倍后基因型纯合 …… 129
8.4 单倍体植物在育种上的意义 …… 129
　8.4.1 控制杂种分离,缩短育种年限 …… 129

目　录

8.4.2　排除显、隐性干扰,提高选择效率和准确性 …………………………… 130
8.4.3　通过培育单倍体植株可快速获得异花授粉植物自交系 ………………… 130
8.4.4　单倍体育种与诱变育种结合,可以加速育种进程 ………………………… 130
8.4.5　克服远缘杂种不育性与分离的困难 ………………………………………… 130
8.5　利用人工花粉(花药)培养获得单倍体植株的方法 …………………………………… 131
8.5.1　培养材料的选择 ………………………………………………………………… 132
8.5.2　基本培养基及激素的选择 ……………………………………………………… 132
8.5.3　适宜花粉(花药)发育时期的选择 …………………………………………… 134
8.5.4　接种材料的消毒 ………………………………………………………………… 134
8.5.5　花药的接种和小孢子的分离与纯化 …………………………………………… 134
8.5.6　花药接种后的培养 ……………………………………………………………… 135
8.5.7　再生植株的移栽 ………………………………………………………………… 136
8.5.8　染色体加倍及鉴定 ……………………………………………………………… 137
8.5.9　后代的选择培育 ………………………………………………………………… 137
8.6　影响牧草雄核诱导的相关因素分析 …………………………………………………… 138
8.6.1　供试材料的影响 ………………………………………………………………… 138
8.6.2　预处理的影响 …………………………………………………………………… 139
8.6.3　培养基及其附加成分的影响 …………………………………………………… 141
8.6.4　培养条件 ………………………………………………………………………… 143
8.7　牧草雄核诱导存在的问题与展望 ……………………………………………………… 144
8.7.1　诱导频率和分化成苗率较低 …………………………………………………… 144
8.7.2　花药培养易受到体细胞的干扰 ………………………………………………… 144
8.7.3　花粉培养中的诱导单倍体植株的发育调控及其分子机理研究不够 ……… 145
参考文献 ……………………………………………………………………………………… 148

第9章　牧草多倍体等位位点分离特征及同源性类型分析 …………………………… 156
9.1　引言 ……………………………………………………………………………………… 156
9.2　细胞学减数分裂染色体联会行为 ……………………………………………………… 158
9.2.1　最佳观察时期 …………………………………………………………………… 158
9.2.2　染色体构型与出现频率 ………………………………………………………… 159
9.2.3　基因组原位杂交技术鉴定异源多倍体染色体组构成及其来源 …………… 161
9.2.4　细胞遗传学方法区分同源多倍体和异源多倍体的局限性 ………………… 161
9.3　多倍体遗传模式与位点分离特征 ……………………………………………………… 162
9.3.1　多体遗传与二体遗传基因座分离后代的预期比率 ………………………… 162
9.3.2　等位酶标记 ……………………………………………………………………… 164
9.3.3　分子标记基因座位点分离比率检测的相关因素与标记选择 ……………… 165
9.3.4　单剂量标记检测区分同源与异源多倍体 …………………………………… 167
参考文献 ……………………………………………………………………………………… 170

第10章 牧草多倍体分子标记连锁图谱的构建原理与应用 …… 174
10.1 饲料作物在遗传上的特点以及多倍体的类型 …… 174
10.2 各种分子标记的特点与分离比例 …… 176
10.3 遗传图谱构建的群体类型 …… 177
10.3.1 拟测交 F_1 群体(pseudo-testcross F_1 population) …… 178
10.3.2 全同胞群体(full-sib family) …… 178
10.3.3 半同胞群体(half-sib family) …… 178
10.4 遗传图谱构建的方法及软件 …… 178
10.5 具体应用实例 …… 179
参考文献 …… 181

第11章 流式细胞仪技术原理及其在牧草体细胞倍性鉴定中的应用 …… 185
11.1 牧草体细胞倍性鉴定的重要意义 …… 186
11.1.1 体细胞倍性鉴定在单倍体育种中的重要作用 …… 186
11.1.2 体细胞倍性鉴定在多倍体育种中的重要作用 …… 187
11.1.3 在物种分类中牧草体细胞倍性鉴定的重要意义 …… 187
11.1.4 在组织培养中牧草体细胞倍性鉴定的重要意义 …… 187
11.1.5 在种质资源保存中牧草体细胞倍性鉴定的重要意义 …… 188
11.2 牧草体细胞倍性鉴定的方法 …… 188
11.2.1 形态鉴定 …… 188
11.2.2 生理生化指标鉴定 …… 188
11.2.3 生育状况鉴定 …… 188
11.2.4 细胞学鉴定 …… 189
11.2.5 杂交鉴定 …… 189
11.2.6 染色体计数鉴定 …… 189
11.2.7 核仁数目与核型分析鉴定 …… 189
11.2.8 流式细胞术鉴定 …… 190
11.3 流式细胞术在牧草体细胞鉴定中的应用 …… 190
11.3.1 流式细胞术及其原理 …… 190
11.3.2 流式细胞术的质量控制 …… 197
11.3.3 流式细胞术鉴定牧草染色体倍性 …… 198
11.3.4 流式细胞术鉴定牧草体细胞倍性的注意事项 …… 200
11.3.5 流式细胞术应用的特点 …… 201
11.4 国内市场上的流式细胞仪 …… 202
11.4.1 BD 公司 …… 202
11.4.2 Beckman Coulter 公司 …… 203
11.5 展望 …… 203
参考文献 …… 204

第12章 牧草原位杂交与染色体定位技术原理与应用 …… 206
12.1 原位杂交的原理和程序 …… 206
12.2 原位杂交技术的发展 …… 208
12.2.1 荧光原位杂交 …… 209
12.2.2 基因组原位杂交 …… 210
12.2.3 多色荧光原位杂交 …… 214
12.2.4 3D FISH …… 214
12.2.5 应用 cDNA 微阵列荧光杂交进行基因表达分析 …… 215
12.3 原位杂交染色体定位研究 …… 215
12.3.1 染色体 DNA 序列的物理定位 …… 215
12.3.2 构建植物基因组的物理图谱 …… 216
12.3.3 在游离染色质或 DNA 纤维上的高分辨率 FISH 定位 …… 218
12.4 植物荧光原位杂交方法 …… 219
12.4.1 染色体制备 …… 219
12.4.2 探针制备与检测(定量) …… 220
12.4.3 原位杂交反应 …… 221
12.4.4 免疫组化和原位杂交双重染色 …… 222
参考文献 …… 222

第13章 染色体组型分析方法研究进展 …… 226
13.1 核型分析的概念与意义 …… 227
13.2 植物染色体核型分析 …… 227
13.2.1 植物染色体制片 …… 227
13.2.2 植物染色体分带技术 …… 230
13.2.3 核型分析的内容 …… 236
13.3 染色体图像分析 …… 245
13.3.1 染色体图像的获取 …… 246
13.3.2 染色体图像的预处理 …… 246
13.3.3 染色体图像的分割 …… 246
13.3.4 染色体图像的细化 …… 246
13.3.5 单个染色体的提取及旋转拉展 …… 246
13.3.6 染色体的配对 …… 247
13.3.7 打印 …… 247
13.4 核型分析技术在牧草与饲用植物中的应用研究 …… 247
13.4.1 牧草与饲用植物的核型分析研究概况 …… 247
13.4.2 核型分析在牧草与饲用植物研究中的应用价值 …… 249
13.5 存在的问题与展望 …… 251
参考文献 …… 252

第14章　植物非整倍体与渐渗系 …………………………………………………… 257
　14.1　植物非整倍体 ………………………………………………………………… 257
　　14.1.1　植物非整倍体的概念、类型及发生 …………………………………… 257
　　14.1.2　非整倍体的特点及应用 ………………………………………………… 259
　14.2　植物渐渗系 …………………………………………………………………… 262
　　14.2.1　渐渗系的相关概念 ……………………………………………………… 262
　　14.2.2　渐渗系的创建及应用 …………………………………………………… 263
参考文献 ………………………………………………………………………………… 266

第1章

绪 论

周 禾 王赞文 王 康*

传统的牧草概念是指供家畜采食的草类。在人类社会发展过程中,随着畜牧业生产方式的进步,带动了专用于饲喂家畜的草本植物的栽培、驯化与改良利用。我国有文字记载的最早引种的牧草是苜蓿(*Medicago sativa* L.)。公元前 126 年,张骞出使西域带回了大宛的汗血马,并将其优质饲草苜蓿的种子引入中国,在陕西长安(今西安)一带种植。15—16 世纪,西班牙开始栽培牧草。英国在 17 世纪大量种植三叶草(*Trifolium* L.)并首先栽培黑麦草(*Lolium* L.)。在农业耕作制度当中引入牧草种植,特别是豆科牧草的种植,促进了畜牧业的发展和谷物产量的提高。根据植物分类学划分,栽培牧草包括禾本科(Gramineae)、豆科(Leguminosae)、菊科(Asteraceae)、莎草科(Cyperaceae)、藜科(Chenopodiaceae)、十字花科(Cruciferae)等,主要是禾本科和豆科牧草。牧草以草本植物为主,包括藤本植物、半灌木和灌木等。

作为建植园林绿化、运动场和公园、道路边坡等用途的草坪草是草本植物的第二大功用。通常把构成草坪的植物叫草坪草,主要是质地纤细、株体低矮的禾本科植物。草坪草包括大多数具有扩散生长特性的根茎型和匍匐型禾本科植物,以及马蹄金(*Dichondra repens*)、白三叶(*Trrifolium repens* L.)等非禾本科植物,能够形成草皮或草坪,并能耐受定期修剪和具使用功能的一些草本植物种。常见的禾本科植物如高羊茅(*Festuca arundinacea*)、黑麦草(*Lolium perenne* L.)、草地早熟禾(*Poa pratensis*)、狗牙根(*Cynodon dactylon*)、结缕草(*Zoysia japomca*)等,既可以作为牧草利用,也可以作为草坪草,由于利用方式不同,在选育目标上区分为牧草型和草坪型品种。

近年来,随着煤、石油和天然气等化石性能源的紧缺,寻找可替代的生物质能源已经成为各国发展战略研究的重点。能源草是一系列可以作为燃料或者通过工业途径转化为燃料使用的草本植物的统称,一般是禾本科多年生高大的丛生草本植物,如柳枝稷(*Panicum virga-*

---

* 作者单位:中国农业大学动物科技学院草业科学系,北京,100193。

tum)、芒属牧草(*Miscanthus*)、芦竹(*Arundo donax*)、象草(*Pennisetum purpureum* Schum.)和草芦(*Phalaris arundinacea* L.)等。根据美国能源部关于能源植物的发展规划,到 2030 年,美国的生物质能源将占年能源消费的 30%,其中多年生牧草的需求量约为 3.4 亿 t,70% 为柳枝稷,平均产量 15.7 t/hm^2,种植面积达 1 500 万 hm^2。未来牧草作为能源植物具有广阔的发展空间。此外,传统意义上的牧草还可以作为生态草,用于水土保持、防风固沙、农田改良,以及用于造纸、提取叶蛋白和微量营养物质等。

根据农业大词典(1998),作物倍性育种是指通过改变染色体组的数量或结构,产生不同的变异个体,进而选择优良变异个体培育成新品种的育种方法。倍性育种包括人工诱变、远缘杂交、组织培养等技术的综合应用。地球上可以作为牧草利用的植物资源非常丰富。目前栽培牧草有 400 余种,其中以豆科和禾本科的栽培牧草种植面积最大,应用最为广泛。豆科(Leguminosae)是被子植物中的第三大科,全世界约有 748 个属 19 528 个种,我国分布有 185 个属 1 380 个种。豆科植物起源于热带,现已遍布热带和温带地区,常用的栽培豆科牧草有 50~60 种。禾本科(Gramineae)是被子植物中的第四大科,目前全世界约有 660 个属 10 000 种左右,其中常见的栽培牧草有 40 余种。在我国,天然草地植被组成中,牧草约有 10 000 种,其中适于栽培的禾本科约有 30 属,豆科约有 25 属。由于牧草种类繁多,生产目标多样,在现代农业生产中,广泛意义上的牧草或草已经形成较为独立的生产领域。虽然优良牧草种及品种的育种原理和技术仍源自主要的农作物领域,但由于其种质生产目标的多样性、资源类型的丰富性和利用目标的复杂性,牧草育种原理与技术有自身的特殊性。牧草倍性育种技术是培育优良品种的重要技术途径,主要表现在以下 3 个方面:①从牧草生产表现看,同一物种的多倍体类型比二倍体植株抗逆性强,植物高大,茎叶繁茂,营养品质有较大提高。而多倍体类型比二倍体的结实率低,籽粒产量较低,生长寿命由一年生转变为越年生或多年生,这些生物学特性比较有利于以营养体为主要利用目标的牧草新品种培育。②多倍体也可作为远缘杂交的桥梁,通过杂交培育可育的三倍体或五倍体,作为不同倍性水平之间亲本遗传物质重组的桥梁。通过亲本或杂种的染色体加倍,在相同倍性水平杂交,从而克服远缘杂交的困难。③人工诱导同源多倍体,或者杂交合成异源多倍体,是种质创新的重要手段。

1.1 牧草体细胞加倍技术

早期,植物倍性育种主要集中在体细胞加倍技术的研究。通过对种子、幼苗、植株上的愈伤组织或组织培养诱导产生的愈伤组织,通过物理或化学的方法,使体细胞的染色体加倍。物理方法包括断顶、摘心(除去顶芽)等机械刺激方法,使植株断口处产生愈伤组织,再利用愈伤组织的再生作用产生不定芽,以期得到染色体加倍的组织。此外,温度的急骤改变,特别是高温处理常引起体细胞染色体加倍,但物理方法总体对多倍体育种的成效不大。1937 年,Dustin、Havas 和 Lits 提出利用秋水仙素处理诱导体细胞产生多倍体的技术。从此,利用植物碱、异生长素、化学药剂诱导多倍体技术逐渐得到完善,并通过采用化学药剂处理幼嫩的组织、器官、种苗、萌动的种子,提出体细胞染色体加倍的溶液浸渍法、滴液法和注射法等技术。近半个世纪以来,利用化学药剂诱导多倍体技术,人工合成的小麦族栽培物种与野生种的双二倍体达 267 种。

牧草化学药剂诱导多倍体技术的研究在国外开展较早,1970年,前苏联报道利用0.25%秋水仙素处理红三叶(*Trifolium pratense*)幼苗,并通过副卫细胞的叶绿体数量筛选具有倍性嵌合特征的材料,利用选择获得的倍性嵌合植株之间授粉杂交,从后代当中获得150多株四倍体红三叶材料,并提出花粉粒形状是判断四倍体植株的有效方法。在前苏联爱沙尼亚的Jogeva植物育种实验站,利用0.2%秋水仙素在真空条件下处理胚根长为1~2 mm的红三叶萌发种子5 min,晚熟型的"Jogeva 205"品种和早熟型的"Jogeva 433"品种诱导产生四倍体或倍性嵌合体的比例分别为31%和24%,通过对多倍体后代混合选择获得了鲜草和干草产量均显著高于二倍体亲本,而种子产量没有显著降低的四倍体优良品系。1976年,瑞士相关研究机构报道了红三叶二倍体品种"Renova"和四倍体品种"Temara"建植1~3年草地牧草产量的比较研究结果,与二倍体品种相比,四倍体品种的牧草产量提高5%~12%,单位面积的叶片数量和叶片重量分别比二倍体品种高28%和12%。20世纪70—90年代,红三叶化学药剂诱导体细胞加倍技术在诱变剂的研制和植物体细胞材料的选择方面开展了进一步的工作,筛选出硝基氧(N_2O)等诱变剂,提出了离体腋生分生组织秋水仙素处理诱导体细胞染色体加倍新技术。

利用牧草化学药剂诱导多倍体技术,在多年生黑麦草(*Lolium perenne* L.)、一年生黑麦草(*Lolium multiflorum* L.)和新麦草(*Psathyrostachys juncea*)等禾本科牧草上也成功地培育出了同源四倍体品种。1986年,瑞典首先报道利用秋水仙素人工诱导获得的多年生黑麦草、一年生黑麦草同源四倍体较二倍体具有更高的种苗活力。1988年,秋水仙素人工诱导获得的第一个新麦草同源四倍体品种"Tetracan"在加拿大登记,种苗生长活力显著提高。1991年,美国农业部农业研究局牧草与草原研究实验室提出在杂交授粉基础上的硝基氧诱导俄罗斯新麦草(*Russian wildrye*)小穗加倍技术,利用人工去雄、授粉的小穗,人工授粉后在0.5 MPa压力下硝基氧处理20~44 h,由处理后结实的种子培育植株,根据气孔的长度、数量和花粉粒直径初步筛选二倍体和诱导加倍产生的同源四倍体材料,在此基础上通过染色体观察确定材料倍性,在9个授粉组合获得的52个后代植株中,共有21个为同源四倍体。与单纯对体细胞诱导加倍相比,在有性杂交进行遗传物质重组的基础上,染色体加倍后,与二倍体相比同源四倍体的结实率仅降低了3%,有效地防止了同源多倍体育性显著降低的问题,且种苗活力水平较二倍体提高了13%。

我国对牧草化学药剂诱导多倍体技术的研究始于21世纪。2002—2005年,内蒙古农业大学研究了不同浓度秋水仙碱在不同处理时间和不同温度条件下处理山丹新麦草(*Psathyrostachys perennis* Keng. cv. Shandan)萌动种子及幼穗诱导的愈伤组织的染色体加倍方法和技术,提出在室温条件下用0.2%秋水仙素溶液处理3~5 h,诱导加倍的成功率最高,加倍植株均为二倍体和四倍体的倍性嵌合体。倍性嵌合体植株叶片的气孔和保卫细胞的长度均高于未加倍的二倍体植株。2006年,云南肉牛与牧草研究中心报道了利用不同浓度的秋水仙素(0.05%、0.2%、0.3%)、不同处理时间(1、2、3 d)、种子不同萌芽阶段(芽长<0.5 cm,1~2 cm,>3 cm)对二倍体鸭茅染色体加倍效果及生长发育的影响,结果表明,三个因素对诱变效果均有一定程度的影响,所有染色体加倍植株均为倍性嵌合体,倍性嵌合体植株早期生长弱于二倍体,以后的生长发育及开花期形态特征二者几乎无差异。

受"十一五"国家科技支撑计划课题"牧草倍性育种技术研究"(2008BADB3B03)资助,云岚(2009)用秋水仙素处理新麦草萌动种子、分蘖芽和愈伤组织诱导染色体加倍,处理后的植株用根尖压片法进行染色体倍性鉴定。结果表明,在30℃下,用1 500 mg/L秋水仙素和1.5%二甲基亚砜(DMSO)处理4 h诱导萌动种子获得了混倍体植株,平均$2n=28$细胞突变率为24.4%;以500 mg/L秋水仙素和1.5% DMSO在25℃处理48 h加倍诱导幼苗分蘖芽效率最高,四倍体细胞平均比例为42.65%。此外,还发现突变为单倍体、三倍体、非整倍体的细胞总比例为8.88%;以100 mg/L秋水仙素和1.5% DMSO在25℃处理72 h诱导愈伤组织加倍效率最高,四倍体细胞平均比例为53.58%。形态比较和气孔保卫细胞观察表明,新麦草体细胞加倍的植株叶长和叶宽均较二倍体有所增加。四倍体叶片气孔保卫细胞长度比二倍体增加13.52%,差异显著。气孔之间距离显著增大,叶片气孔密度、叶表皮毛密度均较二倍体显著下降。通过对新麦草二倍体材料的根尖细胞染色体观测发现,具14条染色体的细胞占统计细胞总数的86.25%。利用染色体顺次C分带与45S rDNA分子原位杂交(FISH)技术,新麦草7对染色体可根据各自独特的带型而彼此区分开来。新麦草染色体组成为$2n=2x=14=8m+6sm$,核型对称类型属于2A。根据带型可以将7对染色体分为3组,同时也发现存在带型多态性。45S rDNA-FISH结果显示,45S rDNA在二倍体新麦草染色体上有6个主要分布位点,均位于染色体短臂端部,某些染色体中部和长臂末端也存在弱的杂交信号,可能属于次缢痕以外的rDNA分布位点。新麦草加倍细胞28条染色体上共存在12个主45S rDNA位点。顺次C分带与原位杂交结果将3对45S rDNA位点初步定位于新麦草的Ⅰ、Ⅲ以及Ⅴ染色体短臂末端,推测这3对染色体可能是NOR染色体,提出了新麦草人工诱导加倍技术体系,为创造新麦草四倍体新种质材料和品种选育奠定了坚实的基础。

1.2 有性多倍体技术

1958年,Skiebe首次系统地研究了通过$2n$配子产生多倍体的途径,第一次提出通过有性生殖途径获得多倍体对品种改良的有效性。与化学药剂诱导体细胞染色体加倍技术相比,有性多倍体后代的遗传变异性高,并可以产生新的基因重组,因而被认为能够产生性状表现更好的可育多倍体。根据未减数的$2n$配子形成多倍体的细胞遗传学机理研究,二倍体亲本所具有的杂合性当中有40%~80%和大部分的基因位点的互作能够传递给多倍体后代。利用$2n$配子的有性多倍体技术包括单向多倍体化技术和双向多倍体化技术,前者是不同倍性材料之间的杂交,如$n×2n$、$2n×4n$,通过一个$2n$配子与一个正常的减数分裂单倍体配子之间的杂交形成多倍体;后者是可发生在两个二倍体之间的杂交,如$2n×2n$,两个$2n$配子的融合形成多倍体。20世纪80年代以来,有关有性多倍体育种在马铃薯(Solanum tuberosum)、苜蓿、红三叶、鸭茅等同源多倍体和黑麦草、黑麦草×羊茅杂交种、黑麦等异源多倍体上均取得了显著的成就,成为牧草及作物倍性育种的一项高效新技术。

1991年,波兰的牧草育种工作者报道利用单向多倍体技术,通过二倍体红三叶与四倍体红三叶杂交,研究未减数的配子产生比例,并采用表现型轮回选择法对多倍体后代的结实率性状进行改良。经过8~10个世代的选择,获得6个红三叶品系,结实率由杂交F_1代的37%~44%提高到71%~85%,且有性多倍体品系的鲜草和干物质产量与秋水仙素诱导获得的多倍体品种相当,而育性则显著提高,显示出有性多倍体技术在解决多倍体不育性方面的作用。1992年,美国威斯康星大学的研究人员研究了化学药剂诱导多倍体技术(包括秋水仙素和硝基氧处理)与有性多倍体技术,并获得了红三叶多倍体。其中,单向多倍体技术获得的多倍体群体后代的结实率最高,平均每个花序结实种子重量为 0.09 g,单株种子产量为 4.9 g;其次为双向多倍体技术,平均每个花序结实种子重量为 0.06 g,单株种子产量为 3.1 g;再次为硝基氧人工诱导处理技术,平均每个花序结实种子重量为 0.07 g,单株种子产量为 2.9 g;秋水仙素处理最低,平均每个花序结实种子重量为 0.05 g,单株种子产量为 2.5 g。

在禾本科牧草中,有关鸭茅的有性多倍体技术研究较为深入。1986 年,美国威斯康星大学的研究人员报道了鸭茅单向多倍化技术获得植株材料倍性鉴定的间接指标,提出根据种苗活力和叶耳上部 25 mm 处的叶片宽度可以有效确定有性四倍体植株。1992 年,阿根廷相关研究人员对 9 个鸭茅亚种材料当中四倍体与二倍体的 100 个杂交组合 $2n$ 配子的产生频率,后代的倍性鉴定方法以及后代性状表现的遗传变异等进行了研究。结果表明,在参试的鸭茅亚种材料当中,可产生 $2n$ 花粉的植株在亚种间存在差异,比例为 20%～75%。按所有组合计算,鸭茅 $2n$ 花粉的产生频率为 0.98%,而通过 $2n$ 花粉粒测试,选择四倍体与二倍体亲本杂交后代 $2n$ 花粉的产生频率提高到 3.02%,说明亲本 $2n$ 花粉粒检测有利于提高有性多倍体后代的产生比例。按亲本的基因型分析,参试亲本材料中有 6 个基因型产生 $2n$ 花粉的频率高达 8.04%～14.35%,表明有性多倍体产生受亲本基因型的影响。花粉粒直径检测技术可以确定 $2n$ 花粉产生植株的准确率达到 73%。同时,在 8 个参试亚种的可育的杂交组合中,可产生 $2n$ 卵细胞的植株比例为 43%。所有参试杂交组合产生 $2n$ 卵细胞的频率平均为 0.49%,而通过 $2n$ 卵细胞测试,选择四倍体与二倍体亲本杂交后代 $2n$ 卵细胞的产生频率提高到 1.53%。相同的杂交组合 $2x$-$4x$ 的组配方式产生 $2n$ 配子的频率低于 $4x$-$2x$ 的组配方式。1995 年,法国报道通过二倍体鸭茅种质之间的双向多倍化技术,获得三倍体和四倍体植株。与二倍体亲本相比,有性多倍体后代在等位酶的多态性显著提高,气孔细胞增大,四倍体花粉的育性与二倍体相当。

2006 年,国内有报道利用云南野生二倍体鸭茅与四倍体栽培种杂交,获得杂交多倍体的研究。结果表明,杂交后代染色体倍性特征复杂,倍性嵌合体、三倍体、四倍体和五倍体等类型都存在,其中三倍体后代具有双亲的形态特征,但高度不育,结实率仅为 0.12%。三倍体苗期生长速度比双亲快,刈割后再生速度与四倍体相近,比二倍体快($P<0.01$);开花期与二倍体相似,比四倍体早 29 d,全生育期比二倍体长 30 d,比四倍体短 51 d;分蘖能力强于二倍体,但不如四倍体。上述研究表明,有性多倍体技术可以在红三叶、鸭茅等牧草的倍性育种工作中已有广泛的应用。与同种的二倍体相比,由于有性多倍体产生过程中存在亲本间遗传物质的交换与重组,后代植株个体在遗传组成上具有高度杂合性,可有效地抑制近交衰退表现,因而选育获得的品种在生长活力、营养体和种子产量等方面具有显著优势。从有性多倍体技术而言,$2n$ 配子的鉴定技术以及产生高频率 $2n$ 配子基因型或亲本的选择,可以有效地提高有性多倍体选育的效率。

国内有报道,通过热激和低温处理可在桃、李、杏、苹果、辣椒、茄子等 6 种园艺作物的 11 个品种(种)材料上诱导获得 $2n$ 花粉,但用热激诱导的桃、李 $2n$ 花粉进行杂交,坐果率很低,未能获得多倍体;用低温诱导的辣椒 $2n$ 花粉的杂交后代中得到 4 株三体和 1 株三倍体,三倍体株数占该杂交后代株数的 1.49%(张新忠,2002)。到 2010 年,国内还没有牧草 $2n$ 配子诱导与有性多倍体育种技术研究的相关报道。

1.3 远缘杂交及杂交后代染色体加倍育性恢复技术

种间或属间杂交通常被称为远缘杂交,这种遗传物质的重组对牧草作物改良、染色体行为、遗传与进化、基因和染色体作图与定位等研究提供了重要的种质材料,是豆科和禾本科等主要牧草育种和种质创新的重要技术手段。远缘杂交能否成功取决于杂种后代的可育性高低。禾本科羊茅族(Festucoideae)的羊茅属(*Festuca*)和黑麦草属(*Lolium*)是在世界范围内被广泛栽培利用的优良牧草,其农艺性状具有互补性。常见的羊茅属栽培牧草包括苇状羊茅(*F. arundinacea*)、草地羊茅(*F. pratensis*)、高狐茅(*F. gigantea*)和紫羊茅(*F. rubra*)等,均为多年生异花授粉植物,染色体基数为 7,倍性水平包括二倍体、四倍体、六倍体、八倍体和十倍体等,具有牧草产量高,抗逆性强,草地的持久性好等特点,可用于建立利用强度较高的人工草地,但适口性和牧草的营养价值较黑麦草属牧草低。黑麦草属包括 8 个种,有自花和异花两种授粉类型,异花授粉种类中,一年生多花黑麦草(*L. multiflorum*)和多年生黑麦草(*L. perenne*)是该属最主要的栽培牧草。黑麦草属植物的染色体基数同羊茅属植物一样,均为 7,在自然界均为二倍体,目前栽培品种中有一些是经过人工诱导加倍的四倍体黑麦草。黑麦草属牧草生长发育快,营养价值高,适于放牧或刈割利用;缺点是易感病,抗逆性弱,草地的持久性较羊茅属牧草差。1933 年,Peto 最早报道将多花黑麦草和多年生黑麦草与草地羊茅杂交($2n=2x=14$)获得属间杂交种。之后,又有黑麦草与六倍体苇状羊茅和高狐茅杂交,以及与四倍体苇状羊茅杂交的报道。染色体加倍和回交是羊茅和黑麦草属间杂交选育新品种的两个重要技术手段。英国的 Lewis 采用加倍后的四倍体多花黑麦草与六倍体苇状羊茅杂交,再将获得的五倍体杂种与二倍体多花黑麦草回交,创造出具有 0~21 个苇状羊茅染色体的杂种添加系。美国的 Buchner 等则采用六倍体苇状羊茅与二倍体多花黑麦草杂交,将四倍体杂种后代人工诱导染色体加倍,获得八倍体杂种,与六倍体苇状羊茅亲本回交,回交后代经自由授粉产生具有 0~7 条多花黑麦草染色体的杂种添加系。在进行羊茅黑麦草属间杂交时,染色体加倍可在杂交前进行,也可在杂交后进行。其主要作用表现在 3 个方面:①抑制异质化基因的影响,恢复或提高杂种的育性。②改善减数分裂时染色体配对行为,促进非同源的染色体以近似于同源染色体的方式配对。③染色体加倍后,正常的减数分裂行为有助于杂种后代的稳定,有利于品种选育。从不同的染色体加倍方式可以区分 3 种羊茅黑麦草杂交组合及品种:①黑麦草杂种品种。先人工诱导将二倍体多花黑麦草或多年生黑麦草染色体加倍,利用四倍体黑麦草与羊茅杂交,然后从杂种后代中选出品种。②羊茅双二倍品种。苇状羊茅欧洲型与地中海型亚种间的杂种 F_1 代完全不育,通过杂种植株染色体加倍形成双二倍体恢复并提高育性。③羊茅-黑麦草杂种品种。目前生产上采用羊茅黑麦草品种大部分是将多花黑麦草与草地羊茅预先诱导染色体加倍后,再杂交选育而成(米福贵等,2001)。

在禾本科小麦族多年生牧草远缘杂交研究中,杂种 F_1 普遍存在不育现象,其植株可以正常孕穗、抽穗,但花粉败育或是育性极低而不能结实,通常采用回交法、染色体加倍法、杂种胚的离体培养和改善营养条件等方法恢复远缘杂种的育性。当多年生牧草远缘杂交种雄性不育、雌性可育时,可以利用植株无性繁殖的特性将远缘杂交种保留下来,在开花期用父本或是母本的花粉反复授粉,可以获得少量的回交种子。云锦凤等(1997)报道,蒙古冰草(*Agropy-*

ron desertorum)与"航道"冰草(*A. cristatum* cv. fairway)种间正、反交结实率分别为 23.3% 和 12.7%。杂种 F_1 苗期生长缓慢,分蘖后期生长较快,生育期比亲本有所推迟,其株型、穗型等介于双亲之间,而株高、穗密度和每穗小花数高于双亲。杂种 F_1 植物花粉可育比例为 26.75%,结实率为 5.3%。将杂种 F_1 与母本蒙古冰草回交,植株减数分裂中期染色体配对构型中正常配对的二价体比例明显提高,而单价体、三价体和四价体显著减少,花粉可育比例提高到 46.67%,结实率为 14.77%。李造哲(2003)用分株繁殖方法,分别将高度不育的披碱草和野大麦的正反交 F_1 代扩繁成株系群体,并采取 F_1 代与亲本相邻种植、套袋回交方法,成功地获得了(披碱草×野大麦)×野大麦和(野大麦×披碱草)×野大麦的回交种子,回交结实率为 1.8% 左右。

当在不同倍性的亲本材料之间进行远缘杂交时,通过化学药剂诱导多倍体技术,调整亲本的染色体倍性水平达到一致,可以有效克服远缘杂交后代育性障碍,这一方法尤其适合于亲本之一的染色体倍性水平较低(如二倍体)的材料,经诱导加倍后在四倍体水平进行远缘杂交易于成功,而且杂交后代的育种价值比较高。美国农业部农业研究局与犹他农业试验站、美国农业部水土保持局等单位合作培育的冰草品种"Hycrest"就是应用这个方法获得成功的范例。美国农业部农业研究局牧草与草原研究实验室(USDA-ARS Forage and Range Research Laboratory,FRRL)是世界上最大的多年生禾本科小麦族牧草种质材料收集、评价与杂交选育机构。在 20 世纪 50—70 年代,研究人员进行了冰草(*A. cristatum*)、沙生冰草(*A. desertorum*)、西伯利亚冰草(*A. fragile*)不同倍性水平如 $6x$-$2x$、$6x$-$4x$、$4x$-$2x$,以及秋水仙碱诱导的二倍体"航道"冰草染色体加倍获得的四倍体($C4x$)与天然四倍体沙生冰草($N4x$)之间的种间杂交。1966 年,Tai 和 Dewey 发现秋水仙碱诱导的 $4x$ 植株材料的育性较高,易同天然四倍体杂交。虽然杂交 F_1 代的结实率变异很大,但平均结实率与亲本材料相当。进一步的选育试验表明,上述杂种后代中大量的株系长势优于亲本,且育性可以通过选择加以改进。1974 年,以 295 个 $C4x$-$N4x$ 杂交 F_3 株系材料的扩繁后代为基础群体,对 8 000 个植株材料进行了评价与后代测试,选择了 18 个无性繁殖系在隔离条件下组成综合品种的亲本群体,开放授粉。选择的主要指标包括种苗和植株的长势、牧草和种子产量、叶量、抗病虫害及抗逆性等。1984 年,选育获得世界上第一个冰草属种间杂交品种"Hycrest",牧草干物质产量较"航道"冰草和沙生冰草"诺丹"(*A. desertorum* cv. Nordan)提高 50%,特别是在严酷的草原地区,出苗率和生长势强;种子产量提高 20%,千粒重高于"航道"冰草和沙生冰草"诺丹"(Asay 等,1986)。

内蒙古农业大学云锦凤教授和于卓教授等对冰草属和披碱草属多年生牧草远缘杂交后代以秋水仙素等诱变剂处理杂种植株,促进杂种植物细胞染色体数目加倍,克服不育远缘杂交不育障碍,开展新品种选育取得了显著的成效。通过"十一五"国家科技支撑计划课题"牧草倍性育种技术研究"(2008BADB3B03)的实施,总结提出了杂交冰草倍性育种技术体系。该体系以蒙古冰草和"航道"冰草品种为亲本材料,均为异交率很高的二倍体多年生牧草,染色体组分别为 PP 和 P_1P_1。蒙古冰草主要产于内蒙古中西部的荒漠草原,具有抗旱、抗寒、耐风沙、耐瘠薄等特性,但叶量少、消化性差,品质上有待提高;"航道"冰草品种引自美国,具有分蘖多、再生性强、叶量丰富、产草量和产籽量高、耐倒伏的特性。将蒙古冰草优良抗性与"航道"冰草优质高产特性相结合,通过正、反交,成功地获得了正、反交种间杂种 F_1 代,并利用秋水仙碱溶液处理正、反交杂种 F_1 分蘖苗及种子诱导其染色体加倍,创造出四倍体冰草新种质。关键技术步骤包括:利用杂交冰草植株分蘖能力强的特性,利用分株无性繁殖方式将育性低的 F_1 植株迅速扩繁成群体,提供充足的诱导染色体加倍试验的材料。秋水仙碱处理杂种 F_1 分蘖苗或种子,进行人工诱导染色体加倍。对形态上发生变异的植株进行根尖细胞染色体(RTC)和花粉母细胞染色体(PMCM Ⅰ)进行制片观察,确认染色体加倍情况,并利用同工酶(POD 和 EST)酶谱表型和 DNA 分子标记(SSR 和 AFLP 等)指纹图谱,进一步分析了杂种后代的遗传变异特点。冰草远缘杂交及后代倍性育种的基本程序为:确定育种目标→适宜亲本选配(二倍体)→种间杂交→杂交种真实性鉴定→染色体加倍→加倍植株鉴定→优异单株田间选择→优异株系选择→新品系选育→品比试验→区域试验→生产试验→新品种审定或认定。虽然冰草种间杂种染色体加倍后代新品种选育程序与常规远缘杂交育种基本相同,但远缘杂交种染色体加倍后代理论上为纯合的双二倍体或异源多倍体,其遗传相对稳定,不易发生性状分离,且由于染色体加倍植株在花粉母细胞减数分裂中期Ⅰ同源染色体均能正常配对,有效克服了杂种后代育性低的问题。与常规远缘杂交相比,有效地缩短了育种年限,染色体加倍植株一般选育到 $F_3 \sim F_4$ 代即可达到育种目标的要求。

1.4 雄核发育诱导与单倍体育种技术

单倍体是指具有配子染色体数(n)的个体或细胞。获得单倍体的途径主要有 3 种:①孤雌生殖途径,由胚囊中的卵细胞与极核细胞不经过受精单性发育而获得植株;②无配子生殖途径,由胚囊中的反足细胞和助细胞不经过受精单性发育成完整植株;③孤雄生殖途径,通过花药、花粉离体人工培养,使其发育成完整植株。与染色体数目为 $2n$ 的植株相比,单倍体(n)植株细胞内只含有一套完整的染色体组,其形态基本上与 $2n$ 倍性的植株相似,但发育程度较差,植株的个体较小,具有叶片薄、花器官小,并且通常只开花不结实的特点。由于单倍体少了一半染色体组,减数分裂时染色体不能正常配对,无法形成有效配子,表现出高度不孕性。由于单倍体的较低的生活力和高度不孕性,如果不进行特殊培养,很难正常完成生活史。由于细胞中只有一套染色体组,单倍体植株本身在育种上没有直接利用价值,必须进行染色体加倍。无论是来源于纯合的或杂合的亲本,不管染色体组数目是多还是少,单倍体的基因型总是单一的。自然的或人为的使其染色体加倍后,可获得纯合的二倍体或多倍体。这种等位基因位点纯合的二倍体或多倍体自交后代不发生分离,可作为理想的亲本构建遗传连锁图谱的群体。将单倍体应用于牧草育种当中,用诱发单性生殖(如花药培养)的方法,使某些品种或其杂交后代的异质配子长成单倍体植株,经染色体加倍成为纯系,称为单倍体育种方法。单倍体育种的主要优点在于:①控制杂种分离,缩短育种年限;②排除显、隐性干扰,提高选择效率和准确性;③通过培育单倍体植株可快速获得异花授粉植物自交系;④单倍体育种与诱变育种结合,可以加速育种进程;⑤克服远缘杂种不育性与分离的困难。此外,对于主要依靠无性繁殖方式进行繁殖的植物来说,通过单倍体育种途径可使其转变为通过种子繁殖,有利于保持品种特性,防止因无性繁殖世代过多而造成的品种退化。单倍体育种过程中,花药培养技术环节也可以实现对无性繁殖作物脱除病毒的目的。

前文提到的羊茅黑麦草属间杂交选育当中,同为二倍体的黑麦草与草地羊茅杂交,或者将杂交后代通过回交的方式将杂种后代的染色体数目维持在四倍体水平,有利于获得具有可育性的杂种种群。然而,由于六倍体苇状羊茅在抗逆性等方面较草地羊茅具有更多的优点,因此引进苇状羊茅亲本的遗传物质能得到抗逆性更强的杂种后代材料。苇状羊茅为异源六倍体($2n=2x=42$，染色体组式为 $PPG_1G_1G_2G_2$)，包含 3 个染色体组来源，P 染色体来自草地羊茅，G_1G_2 染色体来自高羊茅变种 F. arundinacea var. glaucescens ($2n=4x=28$)。六倍体苇状羊茅与二倍体黑麦草的杂种后代减数分裂过程中，源自苇状羊茅 3 个染色体组的染色体组之间优先配对，虽然通过染色体加倍可以改善染色体配对行为，但随着繁殖世代的延续，杂种群体会逐渐丧失源自黑麦草的染色体，向六倍体方向演化。如果用诱导加倍的四倍体黑麦草与高羊茅杂交，产生五倍体杂种，仍然需要回交将杂种稳定至四倍体水平，在回交过程中由于育性和生活力等问题，不可避免地会损失一些杂交组合基因型。20 世纪末、21 世纪初，有关于羊茅黑麦草杂交种雄核发育小孢子培养获得成功的报道，Zare 等(2002)从多花黑麦草×苇状羊茅杂交种收集了 100 个花药进行组织培养，获得了 40 个绿色植株，为远缘杂交后代选育提供了新的技术途径。郭仰东等(2005)利用 PG-96 培养基，成功实现了多年生黑麦草×草地羊茅双二倍体($2n=4x=28$)品种的雄核发育诱导。参试的 3 个品种"Bx350"、"Bx351"和"Prior"绿色植株的诱导率分别为 46%、35%和 17%，共获得 800 个植株材料。通过流式细胞仪进行倍性鉴定，在 742 个检测植株中，以 $2n=2x=14$ 的双单倍体材料为多，3 个品种"Bx350"、"Bx351"和"Prior"雄核发育诱导后代植株中，双单倍体比例分别为 56.1%、76.7%和 80.9%，其余为亲本染色体水平 $2n=4x=28$ 的植株。冷冻处理后，有 292 个植株存活，其中 148 个(50.7%)植株材料抗寒性优于多年生黑麦草，19 个(6.5%)植株材料抗寒性优于苇状羊茅。在开花的 175 个植株中，60%可以产生开裂的花药，散出花粉。与常规育种原理相同，雄核发育诱导育种后代植株的多样性为选择基础。利用雄核发育小孢子培养，可以得到具有稳定遗传特性的单倍体或纯合二倍体植株，相当于同质结合的纯系，消除基因型与表现型的差异，提高选择效率。雄核发育后代会出现双亲基因型的各种重组体及超亲重组体。

在"十一五"国家科技支撑计划课题"牧草倍性育种技术研究"(2008BADB3B03)的资助下，中国农业大学郭仰东教授开发出草地羊茅花药愈伤组织分化培养技术和游离小孢子培养获得鸭茅单倍体植株技术。草地羊茅花药愈伤组织分化培养技术的主要内容为：在 MS 基本培养液中添加激动素、NAA、碳源和凝胶剂等物质得到固体培养基，分化培养基中激动素的终浓度是 1.5~2.5 mg/L，NAA 的终浓度是 0.4~0.6 mg/L。愈伤组织诱导培养基和生根培养基中的碳源均为葡萄糖、麦芽糖或蔗糖等；在愈伤组织诱导培养基中碳源优选为麦芽糖，麦芽糖在愈伤组织诱导培养基中的终浓度可为 90 g/L；在生根培养基中碳源优选为蔗糖，蔗糖在生根培养基中的终浓度可为 30 g/L。愈伤组织诱导培养基和生根培养基中的凝胶剂均为琼脂、卡拉胶或 Gelrite 等，愈伤组织诱导培养基和生根培养基中凝胶剂均优选为 Gelrite，Gelrite 在愈伤组织诱导培养基和生根培养基中的终浓度均可为 2.6 g/L。可有效将草地羊茅的花药诱导的愈伤组织进行分化得到再生植株，愈伤组织的诱导率平均为 81.2%，分化培养基诱导草地羊茅愈伤组织分化的分化率平均可达 38%，不定芽的分化率平均可达 45.7%。倍性检测结果表明，在随机检测的 50 株个体中，32 株(64%)为二倍体植株，14 株(28%)为单倍体植株，4 株(8%)为非整倍体植株。

游离小孢子培养获得鸭茅单倍体植株技术内容为：将处于单核中期或单核晚期的鸭茅穗剪，作为分离小孢子的材料。表面消毒后，用 10~15 mL 0.3 mol/L 甘露醇水溶液浸泡，在 4℃浸泡 3~5 d。在无菌条件下将预处理后的鸭茅穗剪成 2~3 cm 的小段，粉碎、过滤、收集滤液，将滤液倒入离心管中，在 50×g 条件下离心 5 min，收集沉淀，获得分离的小孢子。将小孢子悬浮在 FHG 培养基中,小孢子培养密度为 100 000 个/mL FHG 培养基,在黑暗条件下 25℃静止培养 25 d,得到 1~2 mm 长的胚状体。继代培养过程中,FHG 培养基中加入 200 μg/mL 凯福捷(头孢噻肟钠)(Cefotaxime,Sigma C-7039)用以控制污染(凯福捷在 FHG 培养基中的浓度为 200 μg/mL)。胚状体移入 MS 再生培养基培养,得到鸭茅单倍体幼苗,成胚率在 30%以上,成苗率 2%~11%。

除在以上研究领域取得的进展外,"十一五"国家科技支撑计划课题"牧草倍性育种技术的研究"(2008BADB3B03)课题还进行了鸭茅多倍体分子育种技术的研究。利用已有的四倍体栽培鸭茅的 F_1 分离群体分析定位了 300 多对 SSR 标记到连锁群上,构建同源四倍体的 SSR 分子标记连锁图谱。该图谱包括 2 个亲本图谱,其中亲本 1 图谱包含 169 个 SSR 标记,24 个连锁群覆盖 576 cM,平均标记距离为 3.4 cM,亲本 2 图谱包含 227 个 SSR 标记,26 个连锁群覆盖 745 cM,平均标记距离为 3.3 cM,最后把 2 个亲本的图谱整合为包括 7 个同源连锁群,314 个 SSR 标记的遗传图谱,为今后的鸭茅的重要农艺形状的连锁分析和分子育种提供了依据。利用 40 对高羊茅 EST-SSR 和 40 对基因组 SSR 引物,在 19 份国外引进鸭茅种质材料中检测其扩增的有效性,其中 30 对 EST-SSR 和 23 对基因组 SSR 引物能扩增出条带,其中多态性引物分别为 24 和 13 对。这些 SSR 分子标记可有效地应用于鸭茅种质的遗传多样性分析与评价。此外,还采用细胞学和分子标记技术对资源进行了基因型鉴定;利用 SSR 分子标记对鸭茅品种(系)与野生种的遗传多样性及遗传变异进行了研究;根据鸭茅栽培种及品种与野生近缘种及品种之间的遗传距离,并结合田间形态观测,完成了近 40 个杂交组合,并收获 F_1 代杂交种;对 01175×02-102(抗锈病组合)、01996×YA02-103(高秆组合)的杂交后代进行分子标记鉴定,分别获得真实杂种 211 个;创制了 4 个新种质材料,培育 02-116 新品系一个,其抗病性与抗旱性强,产量高于对照"宝兴"鸭茅 10%以上。

综上所述,倍性育种技术适合于收获营养体为主的牧草种质创新、改良和品种选育,并已经取得了较为显著的成效。可以预见,随着物种形成与多倍体研究的不断深入,以分子生物学为主的现代生物技术的日益发展与逐步普及,牧草倍性育种技术将呈现出更为广阔的应用空间,开辟出牧草种质创新与品种选育的新局面。

参考文献

[1] 蔡旭.植物遗传育种学.2 版.北京:科学出版社,1988.

[2] 代西梅,黄群策,贾宏汝,等.水稻多倍性育种中的倍性鉴定方法研究.华北农学报,2008,23(4):94-96.

[3] 付金娥,黄金艳,覃斯华,等.葫芦科倍性育种的研究进展.广西农业科学,2007,38(5):508-511.

[4] 高鹏,林威,康向阳.秋水仙碱诱导杜仲花粉染色体加倍的研究.北京林业大学学报,2004,26(3):39-42.

[5] 焦旭雯,赵树进.流式细胞术在高等植物研究中的应用.热带亚热带植物学报,2006,14(4):354-358.

[6] 李树贤.植物同源多倍体育种的几个问题.西北植物学报,2003,23(10):1829-1841.

[7] 李艳华.白杨雌配子染色体加倍技术研究.博士学位论文.北京:北京林业大学,2007.

[8] 李造哲,于卓,云锦凤,等.披碱草和野大麦杂种 F_1 及 BC_1 代育性研究.内蒙古农业大学学报,2003,24(4):13-16.

[9] 刘卢生,王友国,玉永雄.紫花苜蓿倍性研究进展.草业科学,2006,23(2):9-14.

[10] 路平.番茄渐渗系抗旱性研究.博士学位论文.兰州:甘肃农业大学,2008.

[11] 米福贵,Poission C.羊茅与黑麦草属牧草种间杂交.中国草地,1994,5:66-71.

[12] 米福贵,Barre P,Mousset C,等.羊茅黑麦草种群研究进展及前景展望.中国草地,2001,23(1):54-58.

[13] 农业大词典编辑委员会.农业大词典.北京:中国农业出版社,1998:60.

[14] 彭尽晖,张良波,彭晓英.秋水仙素在植物倍性育种中的应用进展.湖南林业科技,2004,31(5):22-25.

[15] 苏加楷.中国牧草新品种选育的回顾与展望.草原与草坪,2001,(4):3-8.

[16] 谭德冠,庄南生,黄华孙.林木多倍体诱导的研究进展.华南热带农业大学学报,2005,11(1):27-30.

[17] 向素琼,梁国鲁,李晓林,等.沙田柚多倍体的获得与基因组原位杂交(GISH)分析.中国农业科学,2008,41(6):1749-1754.

[18] 姚家玲.龙须草无融合生殖机理研究及资源评价.博士学位论文.武汉:华中农业大学,2005.

[19] 于海清.拟鹅观草属四倍体物种的分子细胞遗传学研究.博士学位论文.雅安:四川农业大学,2007.

[20] 余舜武.荧光原位杂交和分子标记在水稻和小麦种质资源研究中的应用.博士学位论文.武汉:华中农业大学,2002.

[21] 云锦凤,李瑞芬,米福贵.冰草的远缘杂交及杂种分析.草地学报,1997,5(4):221-227.

[22] 云锦凤,米福贵.牧草育种技术.北京:化学工业出版社,2004.

[23] 云锦凤.牧草及饲料作物育种学.北京:中国农业出版社,2001.

[24] 云岚.新麦草多倍体诱导及细胞学研究.博士学位论文.呼和浩特:内蒙古农业大学,2009.

[25] 张新忠.利用 $2n$ 配子创新园艺作物种质的研究.博士学位论文.沈阳:沈阳农业大学,2002.

[26] 周宝良.野生棉种渐渗创新的优良棉种质及其遗传研究.博士学位论文.南京:南京农业大学,2008.

[27] Asay K H,Dewey D R,Gomm F B,et al. Genetic progress through hybridization of induced and natural tetraploids in crested wheatgrass. Journal of range management,1986,39(3):261-263.

[28] Chaudhary H K,Sethi G S,Singh S,et al. Efficient haploid induction in wheat using pollen of Imperata cyindrica. Plant Breeding,2005,124:96-98.

[29] Chen S Y,Liu S W,Xu C H,et al. Heredity of chloroplast and nuclear genomes of asymmetric somatic hybrid lines between wheat and couch grass. Acta Botanica Sinica,2004,

46:110-115.

[30]D' Hont A. Unraveling the genome structure of polyploids using FISH and GISH: examples of sugarcane and banana. Cytogenetic and Genome Research,2005,109:27-33.

[31]Shafer G S,Burson B L,Hussey M A. Stigma receptivity and seed set in Protogynous Buffelgrass. Crop Sci. ,2000,40:391-397.

[32]Gianni B,Stefano T,Anna M,*et al*. Urrence,inheritance and use of reproductive mutants in alfalfa improvement. Euphytica,2003,133:37-56.

[33]Guo Y D,Yuko M,Toshihiko Y. Genetic characterization of androgenic progeny derived from *Lolium perenne* × *Festuca pratensis* cultivars. New phytologist, 2005, 166: 455-464.

[34]Kato A,Vega J M,Han F P,*et al*. Advances in plant chromosome identification and cytogenetic techniques. Current Opinion in Plant Biology,2005,8:148-154.

[35]Peto F H. The cytology of certain intergeneric hybrids between Festuca and Lolium. Journal of Genetics,1933,28(1):113-156.

[36]Ramanna M S,Jacobsen E. Relevance of sexual polyploidization for crop improvement. Euphytica,2003,133:3-18.

[37]Ramsey J,Schemske D W. Pathways,mechanisms,and rates of polyploidy formation in flowering plants. Annual Review of Ecology and Systematics,1998,29:467-501.

[38]Sandoval A,Hocher V,Verdeil J L. Flow cytometric analysis of the cell cycle in different coconut palm (*Cocos nucifera* L.) tissues cultured *in vitro*. Plant Cell Rep. 2003, 22(1):25-31.

[39]Stebbins G L. Self-fertilization and population variability in higher plants. American Naturalist,1957,91:337-354.

[40]Zare A G,Humphreys M W,Rogers W J,*et al*. Androgenesis in a *Lolium multiflorum* × *Festuca arundinacea* hybrid to generate genotypic variation for drought resistance. Euphytica,2002,125:1-11.

第2章

牧草多倍体进化及生物学意义

严学兵*

本章主要讨论了牧草多倍体发生的生物学规律、牧草多倍化与适应性进化之间的关系及生态学意义、牧草多倍体的育种价值以及牧草多倍体进化的遗传学基础。在讲述牧草多倍体发生的生物学规律中,以经典和最新数据证实了多倍体物种在自然界普遍存在,同时列举了牧草所在类群的多倍体发生频率。从细胞学水平揭示了牧草多倍体形成的三种途径,根据影响牧草多倍体形成途径,总结了影响牧草多倍体形成的诸多因素。多倍化与适应性进化一直是遗传学家和生态学家关注的科学问题,本章将从多倍体分类和进化地位、分布和形成的地区特点、适合度及其生态遗传学基础、种群动态和扩展能力以及繁育系统等方面探讨了牧草多倍化与适应性进化之间的关系及生态学意义。从多倍体的植株大型化和生长快速、抗逆境能力、抗性基因的加倍、克服远缘杂交的障碍和转移外源基因以及多倍体育性的提高等方面,结合多倍体的遗传理论和选择原理,分析了多倍体牧草的育种价值。基于新多倍体物种(neoplolyploids)的细胞学特征、突变的维持和进化特征、多倍体物种基因组和基因的进化特征,介绍了牧草多倍体的遗传学基础以及当前多倍体进化研究方法。

2.1 牧草多倍体发生的生物学规律

生物体内细胞染色体组数达到3组或3组以上者,称为多倍体。多倍体植物在自然界中普遍存在,并被认为是推动植物进化的重要因素,是物种形成的途径之一,一直都是遗传学家和进化学家讨论的主题。Stebbins(1950)在他的《植物的变异和进化》一书中,专门用2章来讲述多倍化。在《植物物种形成》一书中,Grant(1981)关于多倍化问题的讨论增加到5章。随

---

* 作者单位:河南农业大学牧医工程学院,河南郑州,450002。

后，越来越多的植物学家运用细胞遗传学和分子生物学的方法来研究多倍体的形成方式、发生频率和多倍体的建立；多倍化后的染色体结构变化、基因组变化和基因变化等（Masterson，1994；Rieseberg 等，1998；Soltis 等，1993，2000；Wendel，2000；Soltis 等，2003；Wood 等，2009）。这些基于细胞遗传学和分子生物学方法的多倍体的研究结果，一方面很大程度上支持了 Stebbins 和 Grant 多倍化不仅是普遍广泛存在，而且是持续发生（ongoing process）的观点，对多倍体的物种形成机制提供了更加丰富的理论模拟和翔实的实验数据。另一方面，基因组学在植物界的广泛开展，对多倍体物种形成提出了新的理解和观点。大部分牧草具有多年生、异花授粉和以营养体利用为主的特点，其多倍体进化既遵循着植物界普遍规律，又具有其特有进化方式及生物学意义。

2.1.1 多倍体物种在自然界普遍存在

诸多研究结果都一致表明：多倍化是植物进化变异的自然现象，是促进植物发生进化改变的主要力量。70%的被子植物在进化史中曾发生过一次或多次的多倍化过程（Masterson，1994；Soltis 等，2000；Wendel，2000；Wood 等，2009）。在蔷薇科（Rosaceae）、茜草科（Rubiaceae）、菊科（Compositae）、鸢尾科（Iridaceae）、禾本科（Gramineae）以及其他科中多倍化是极其常见的物种形成方式（Grant，1981）。在被子植物中，2/3 的禾本科植物、80%的草本植物、18%的豆科植物是多倍体。蓼科（Polygonaceae）、景天科（Crassulaceae）、蔷薇科、锦葵科（Malvaceae）、禾本科和鸢尾科中多倍体最多。关于被子植物的多倍体形成频率及多倍体物种所占的比例，植物学家给出了一系列的评估。Müntzing（1936）和 Darlington（1937）推断有 1/2 被子植物是多倍体。Stebbins（1950）估计被子植物中的多倍体占 30%~35%。Grant（1963）认为 47%的有花植物是多倍体，单子叶植物的多倍体概率是 58%，双子叶是 43%。Goldblatt（1980）认为最少 70%，甚至可能 80%的单子叶植物是多倍体起源的。Masterson（1994）根据化石和现存植物的比较，推断出 50%~70%的被子植物经历了一次或多次杂交。Otto 等（2000）通过总结资料后发现 42%裸子植物、32%单子叶植物、18%双子叶植物偶数染色体数目与多倍化有关，被子植物中 2%~4%的物种形成涉及多倍体化事件。Meyers 等（2006）认为在大多数植物属内，每 100 万年将可能产生 0.01 个新的多倍体群系，大约 1/10 的物种形成与多倍体有关。后来，Otto（2007）总结更多的资料又提出 63.2%裸子植物、59.4%单子叶植物和 54.9%双子叶植物的偶数染色体数目与多倍化有关。由以上研究报道的情况表明，随着人们对多倍体认识的广度和深度的增加，报道的高等植物界多倍体物种所占的比例不断提高，这可能预示着物种形成与多倍体之间的关系更加紧密。

许多牧草（包括饲料作物）为多倍体，如披碱草属（*Elymus*）、冰草属（*Agropyron*）、早熟禾属（*Poa*）、偃麦草属（*Elytrigia*）、赖草属（*Leymus*）、紫花苜蓿（*Medicago sativa*）、胡枝子（*Lespedeza bicolor*）、达乌里胡枝子（*L. davurica*）、无芒雀麦（*Bromus inermis*）、燕麦（*Avena sativa*）和高山猫尾草（*Phleum alpinum*）等均为天然的多倍体。也有许多在天然状态下多为二倍体的牧草，目前生产上最常用的是多倍体品种，如黑麦草、普通和杂交狗牙根等。还有其他一些饲料作物，如玉米（Gaut 等，1997）、大豆（Shoemaker 等，1996）等虽为二倍体，但其祖先在进化中也经历了多倍化过程，为古老的二倍体化多倍体。模式植物拟南芥在全基因组测序后发现也发生过多倍化过程(Blanc 等,2000)。禾本科牧草是多倍体集中分布的类群,如:山羊草属(*Aegilops*)是禾本科(Poaceae)小麦族(Triticeae)中的一个属,该属有 24 个种,其中 12 个为二倍体,其余的则是由不同的二倍体杂交多倍化后形成的异源四倍体或六倍体(龚汉雨,2005)。按照 Löve(1984)的分类定义,披碱草属是禾本科小麦族中最大的一个属,全世界约有 150 多个种。披碱草属植物均为多倍体物种,是由 5 个含不同基因组的二倍体物种经杂交和染色体加倍的杂交分化形成的。在禾本科模式植物水稻基因组中发现,在禾谷类作物分化之前同样存在全基因组加倍事件(Tian 等,2005)。被子植物中多倍化过程的普遍发生再次肯定了许多二倍体显花植物实际上是古老的多倍体(Blanc 等,2004a),这充分表明多倍体化过程在植物进化和物种形成中普遍具有重要性。

最近,德国明斯特大学、美国阿拉斯加大学和加拿大英属哥伦比亚大学的研究人员采用细胞遗传学方法及系统进化方法研究了一系列维管束植物中出现多倍化的频率,发现 15% 的开花植物以及 30% 的蕨类植物均是由多倍化直接产生的,而且被子植物种内多倍体出现频率非常高(被子植物 29%~46%,裸子植物 4%)(图 2.1)。该小组还提出:"多倍化似乎对多样化速率没有作用,这一事实会减少人们有关'多倍化优势'的说法"。过去人们一直怀疑多倍性即基因组拷贝数的增加在新植物种起源中是否扮演着重要角色。现存的被子植物有 40%~80% 被认为是多倍体。当前估计显示仅有 3%~4% 的植物是由更晚的多倍体相关的物种分化而来的。这些证据说明,维管束植物物种可能经历了不断的多倍体化和多倍化后的染色体的二倍体化,多倍化是植物物种形成的主要原因。如果这个结论成立,那么自然界当中多倍体物种形成的频率远远高于目前的评估(Wood 等,2009)。

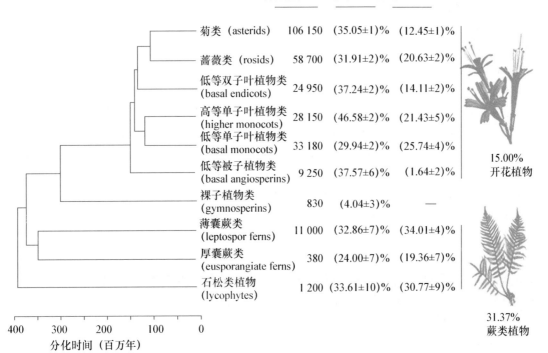

图 2.1　主要维管束植物类群多倍体和新物种的发生频率(**Wood 等,2009**)

2.1.2 牧草多倍体形成的途径

目前的研究表明,多倍体物种形成主要有三种途径:体细胞染色体加倍(somatic doubling)、多精受精(polyspermy)和未减数配子的融合(union of two unreduced gametes)(Ramsey 等,1998)。

体细胞染色体加倍可以发生在普通薄壁细胞、分生组织细胞、幼胚或合子中(Yang,2001)。二倍体蚕豆(*Vicia faba*)茎的皮层和髓中存有许多四倍和八倍性的细胞(Coleman,1950)。四倍体邱园报春(*Primula kewensis*)起源于多花报春(*P. floribunda*)与轮花报春(*P. verticellata*)杂交所得到的二倍体不育株上一个可育的四倍体枝条,是分生组织体细胞加倍的结果(Newton 等,1929)。因此,从细胞学机制上看,体细胞染色体加倍是形成多倍体物种的途径之一。

多精受精是指在受精时两个以上的精子同时进入卵细胞中。这种现象在向日葵(*Helianthur annus*)等很多植物中观察到(Vigfusson,1970),并在兰科植物中发现了由多精受精而导致产生的多倍体(Hagerup,1947)。因此,这也是形成多倍体的一种途径,但目前并不认为这是一条主要的途径(Ramsey 等,1998)。

多倍体形成的第三条途径是通过未减数($2n$)配子的融合而产生的。这种多倍体形成途径要比上述 2 种途径普遍,已得到越来越多的数据支持(Harlan 等,1975;Thompson 等,1992;Ramsey 等,1998;Soltis 等,2003)。Ramsey 等(1998)报道了大量的产生未减数($2n$)配子的物种,并且这些配子可以形成多倍体。$2n$ 配子在茄属结块茎植物(tuber-bearing *Solanums*)多倍体的起源和进化中的作用也进一步说明未减数配子融合形成多倍体的普遍性(Carputo 等,2003)。未减数配子可以通过一步法直接融合形成多倍体(同源或异源多倍体),如:同源四倍体鸭茅(*Dactylis glomerata*)(Bretagnolle 等,1995)、异源四倍体婆罗门参属(*Tragopogon*)(Ownbey,1950)。在进化过程中,通过二倍体未减数配子的融合或体细胞加倍的方式形成同源或异源四倍体,这一过程的继续将导致倍性更高的多倍体物种。这种进化过程形成了被子植物中众多的多倍体物种,也是被大多数生物学家所熟悉的多倍体物种进化现象。阎贵兴(2001)对中国草地饲用植物染色体分析结果表明,该途径也是牧草自然状态下多倍体形成的重要方式。以小麦族为例,小麦族 St 基因组植物是由 6 个祖先属的二倍体种,即:拟鹅观草属(*Pseudoroegneria*,St 基因组)、大麦属(*Hordeum*,H 基因组)、冰草属(P 基因组)、澳大利亚属(*Australopyrum*,W 基因组)、偃麦草属(E 基因组)以及 Y 基因组的未知祖先种(可能灭绝或未找到),以不同的组合方式经天然杂交和染色体加倍而形成的以 St 基因组为基础基因组(fundamental genome)的异源多倍体属,包括披碱草属、偃麦草属、仲彬草属(*Kengyilia* Yen et Yang)、裂颖草属(*Sitanion* Raf.)和蓝茎草属(*Pascopyrum* A. Löve)等,这些属包含着小麦族中 1/2 以上物种(Dewey,1984)。在牧草中,早熟禾属多倍体牧草兼有有性和无性繁殖(营养繁殖和无融合生殖),该类群牧草在多倍体育种方面具有重要应用价值。另外,未减数配子可以通过两步法形成多倍体,即多倍体可以通过"三倍体桥"的方式形成。二倍体种群内形成的三倍体可以通过自交或与二倍体回交的方式形成四倍体。关于一步法和两步法在多倍体形成中的重要性,不同学者给以不同解释。Harlan 等(1975)和 de Wet(1980)认为两步法在多倍体形成中有重要作用,而其他学者则认为一步法更常见(Bretagnolle 等,1995;Sato 等,1993)。

Ramsey 等(1998)的研究则认为三倍体并不是完全不育的,它在多倍体形成中有重要的作用。Husband(2000,2004)和 Husband 等(2002)对柳兰(*Chamerion angustifolium*)自然居群的研究发现了三倍体的可育性,这为三倍体性在同源四倍体形成中的重要性又提供了证据。在红三叶的多倍体育种中,通过获得可育的三倍体红三叶(*Trifolium pratense*),以及回交形成多个新的四倍体后代,既可以表明三倍体红三叶存在育性障碍是不全面的,又可以把三倍体作为多倍体育种的桥梁材料(Carine 等,2006)。在牧草多倍体育种中,该途径是快速形成高产、优质新多倍体品种的重要方法。

无融合生殖,作为特殊的生殖方式在被子植物中普遍存在,至少涉及 35 个科 300 个种以上,其中禾本科就有 34 个属 100 多个种,最常见于多年生牧草,如早熟禾属、狼尾草属(*Pennisetum*)、黍属(*Panicum*)等(赵世绪,1990)。有人认为无融合生殖很大程度上会增加两个未减数配子发生融合的机会,可以促进多倍体的产生。但上述观点是否完全,至少在部分植物中这不可能是两者紧密相关的原因。Stebbins(1947)的研究排除了倍性是无融合生殖产生的直接原因,因为有性生殖多倍体的物种数量大大超过无融合生殖。假设是这样的话,很显然无融合生殖多倍体应该属于同源多倍体,但实际上进行无融合生殖的异源多倍体很普遍(Dominique 等,2001)。但是有一点已经形成共识,自然界中绝大多数的无融合生殖植物均为多倍体(John,1997)。根据 Carman 的假说和表观遗传调控理论,无融合生殖是由不同生态型或近缘种的杂交和多倍化造成的,这可以解释无融合生殖与多倍体紧密相关的原因。

2.1.3 影响牧草多倍体形成的因素

在自然条件下,机械损伤、射线辐射、温度骤变,及其他一些化学因素刺激,都可以使植物材料的染色体加倍,形成多倍体种群。总的来说,影响多倍体形成的因素可分为遗传和环境因素两部分。未减数配子的融合是形成多倍体的主要途径,因而未减数配子的发生频率是影响多倍体物种形成的重要因素。在影响多倍体形成的遗传因素方面,除了生物学本身特性的差异外,杂种性(hybridizy)是影响 $2n$ 配子的发生频率的重要因素。杂种产生未减数配子的频率(27.52%)比非杂种(0.56%)高近 50 倍(Ramsey 等,1998),这说明杂种性促进了未减数配子的形成。

未减数配子的发生频率除受到内在因素(遗传因子、基因变异等)的影响,在很大程度上也受到外界环境因素的影响。温度、水分和养分的胁迫以及创伤都可能促进 $2n$ 配子的形成(Ramsey 等,1998)。随着自然环境的改变和气候变化(如温度骤降、暴风雨等)或生物内部因素的干扰,如:温度、食草动物、创伤、水及营养等,使纺锤体的形成受到破坏,以致染色体不能被拉向两极,从而影响了正常的有丝分裂造成的,能在本质上改变多倍体进化的动力学,目前,更多研究趋向于在该领域有所见解。在高纬度和高海拔地区有高的多倍体发生率,并且在近期受冰河作用的区域,严酷的环境条件会诱发产生不减数配子,并形成多倍体,种群中的多倍化现象源于对复杂环境的适应。在极端环境条件下,如:高纬度、高海拔、干旱、缺乏传粉者等,种群中的近交提高了种群的短期适合度。Ramsey 等(1998)认为植物的生长习性和繁育系统是影响类群内不减数配子产生的重要因素,行营养繁殖的多年生草本多倍体百分率较高,这可能是由于营养繁殖方式的存在,使对有性生殖的选择压力减小,促进了不减数配子的形成,并因此而影响到多倍体的发生。在恶劣环境下同一种群中二倍体个体和四倍体个体与海拔梯度存在着一定的规律性。种群内的三倍体是混合种群的重要组成部分。多倍体种群的相近区域二倍体、三倍体、四倍体个体是有规律的发生。多倍体比二倍体在较高海拔上更普遍。在高纬度地区,二倍体和三倍体有较高的频率,在北极圈地区有很高的多倍体水平(Brochmann 等,2004),多倍体个体大量的循环发生,然后在某一环境阶段上消失。这说明在极端恶劣的环境条件下,多倍体物种通过家系间的杂交,扩大了基因库并通过重组产生新的基因型,从而使得多倍体物种更易于适应多变的环境。曼陀罗(*Datura stramonium*)、*Uvularia grandiflora* 和 *Strizolobium* 属的植物在寒潮过程中 $2n$ 配子的发生频率急剧上升(Belling,1925)。马铃薯(*Solanum tuberosum*)的两种适应不同温度环境的基因型产生 $2n$ 配子的频率相差近 2 倍(McHal,1983)。Grant(1952)发现在贫瘠土壤上生长的 *Gilia* 属植物产生 $2n$ 配子的频率比生长在肥沃土壤上的植物约高 900 倍。这也解释了为什么自然界很多多倍体物种多分布在高纬度、高海拔地带或其他极端环境中的现象(Soltis 等,1999)。

近几十年来,随着人们对多倍体诱导机制研究的深入,由人工控制自然条件来诱导多倍体牧草获得了长足进展,形成了不少有价值的人工多倍体种群和品种。

2.2 牧草多倍化与适应性进化之间的关系及生态学意义

多倍体植物的产生,经过了漫长的演化过程,有其自身的发生规律。多倍化是促进植物进化改变的重要力量,已得到大多数学者的支持,也激起了一系列新的科学问题。例如,多倍体是否是进化的类群？多倍体的目前分布状况与它们的历史分布有何异同？多倍体与其亲本的分布区有何异同,为什么？多倍体进化的动力和遗传学基础是什么？等等。由于物种形成的历史无法重现,生物学家多采用形态鉴别、细胞学分析和分子系统发育学等方法来研究当时的物种形成情形,力图结合现有资料解释多倍体物种形成后经历的进化事件。

2.2.1 植物不同类群的多倍性与分类和进化地位密切相关

多倍体在植物进化中有很重要的意义。多倍体在被子植物中非常普遍,但在裸子植物中特别少见。在苏铁科、银杏科中都未发现有多倍体。在被子植物中多倍体虽然约占 50%,但多倍体的分布很不规则。如景天科、蔷薇科、锦葵科、禾本科、鸢尾科内多倍体种特别多,而葫芦科内几乎完全没有多倍体种。另外,同一科内不同属间多倍体频率差异也较大。如杨柳科(Salicaceae)的柳属(*Salix*)内倍性变异多,而杨属(*Populus*)内很少见；石竹科(Caryophyllaceae)的石竹属(*Dianthus*)多倍体常见,而蝇子草属(*Silene*)却少有。从植物界分类地位来看,被子植物级别最高,多倍体占的比例也高。随着植物自然演化地位的提高,多倍体所占比例增大。据 Darlington 等(1955)的统计:自然界中,多倍体在裸子植物中占 13%,在单子叶植物中占 42.8%,在双子叶植物中占 68.6%,即显花植物中约有 1/2 的物种是通过多倍体途径形成的次生种,其中有些是在一个属内存在着不同倍数的种,有些是在同一种内存在着不同倍数的亚种。在单子叶植物中,科、族间多倍体的比重也有较大差异。如芭蕉科(Musaceae)中只有 10.7%,禾本科中有 64.6%,而龙舌兰科(Agavaceae)中 100%的种是多倍体。通过总结后发现,多倍体比率最高的是多年生草本植物,其次是一年生草本植物,木本植物最低。从以上不同植物类群的进化地位来看,分类学的地位越高等的类群,多倍体所占的比重越大。

2.2.2 多倍性植物分布和形成的地区特点

从多倍体分布和产生的区域来看,多倍体的产生多出现在分布区的一些边缘地带和气候条件恶劣的地区,这些地区多倍体的出现常伴随着抗逆性的相对提高。如报春花原产温带,在我国云南分布有各种倍性水平的类型,原始种为二倍体,而新生的异源四倍体分布在二倍体区域内的高山上,三倍体和八倍体分布在更北或更南的高山上,而十四倍体生长在极地(杨晓红等,1998)。另外,植物中多倍体的比重与其生长环境也有密切关系。Löve等(1949)的调查指出:在纬度17°N的亚非丁布克邦,50°~61°N的英国和77°~81°N的斯匹次卑尔群岛,单子叶植物中的多倍体依次为67.0%、75.1%和95%;双子叶植物中的多倍体依次为31.07%、49.8%和61.4%。Reese(1958)和Gatchalk(1967)也指出:从撒哈拉北部经欧洲到格陵兰岛北部的多倍体谱系频率由37.8%增加到85.9%。由此不难看出,多倍体植物出现的频率随纬度升高而增加。这是因为北方的植物区系形成较晚,自然因素的激烈变化,使植物细胞分裂受阻,发生了染色体未减半或染色体倍增而形成多倍体;同时,也可能是多倍体植物有较强的生活力和对不利的环境条件有较高的适应性。

2.2.3 多倍体的适合度及其生态遗传学基础

从多倍体对环境变化的适应能力分析,多倍体自身基因多样性的增加提高了它们代谢的可变性,增强了它们对各种环境的适应能力;同时,多倍体是由一系列奠基者(founder)的多倍体经过选择而保留下来的群体。Cavalier-Smith(1978)认为在K选择效应下,多倍体的生物学特征使它们比二倍体亲本有更强的选择优势。因此,多倍体通常被认为比它们的二倍体祖先有更广泛的生态承受力。尽管如此,关于多倍体建立和发展的合适条件仍然不是特别清楚(Thompson等,1992;Ramsey等,2002;Soltis等,2003),生物学家仍可以根据大量的数据(Stebbins,1947,1950;Ehrendorfer,1980),对多倍体和它们的生态分布的关系提出了很多重要的科学问题。多倍体如何与它们的二倍体祖先共存和发展的?目前已有关于它们的理论研究(Fowler等,1984;Felber,1991;Thompson等,1992;Rodriguez,1996),共提出了2个假说:新的多倍体可以取代它们的二倍体祖先;新的多倍体与它们的二倍体祖先共存。这2种假说并不互相排斥。如上所述,多倍体可以同它们的二倍体祖先种发生生态位的分化;在某些分布区,新的多倍体可以取代它们的二倍体祖先。例如,多倍体物种通常分布在高纬度和高海拔等较极端的地方(Beaton等,1988;Otto等,2000;Soltis等,1999)。多倍体物种的地理分布与栖息地的获得之间的密切程度如何(Anderson,1949;Stebbins,1959)?理论数据模型显示多倍体物种的适合度在其亲本栖息地要低于亲本的,而在其他栖息地则高于亲本的(Howard,1986;Harrison,1986;Moore,1977);因而,获得适合的栖息地,多倍体就能获得高的适合度,并建立发展成种群。多倍体可以通过两种方式获得栖息地:一是栖息地的重新分配;二是侵入其他物种不适应的栖息地(Anderson,1949;Arnold,1997)。总而言之,多倍体物种在形态、数量和表型特征等方面展示的可塑性,增加了它们占据不同栖息地的可能性,提高了它们的适合度。

2.2.4 多倍体的种群动态和扩展能力

从多倍体种群动态和扩展能力来分析,多倍体植物的适应和成功迁徙常常是他们的重复染色体组进化潜能的结果(Soltis等,1995,1999)。一个新的多倍体物种的遗传多样性经常被由涉及多个亲本基因型的重复的多倍体化事件,如多起源而增强(Soltis等,1993;Ramsey等,1998)。此外,在杂交起源的多倍体(异源多倍体)中,最近研究表明基因重排增加了短期(较少的几代)和长期的物种进化后的基因组进化活力(Wendel,2000)。对多倍体基因组比较发现,小部分的基因组重组到基因组大小发生变化普遍存在。即使在短期的实验室研究也发现了多倍体存在染色体重组、染色体片段的复制或消除、倍性的变化,而且这种变化对适应环境是有利的(Dunham等,2002;Gerstein等,2006;Riehle等,2001)。与二倍体牧草——苏丹草和作物——高粱相比,具有入侵性的假高粱和黑高粱为多倍体,其核型不对称性程度更高(李娜等,2009)。意大利紫菀(*Aster amellus* L.)种群动态的年间变化大于不同生境和倍性间,而且不同倍性在当地2个地点消失的可能性不同,六倍体具有更大的可能性,且其开拓和入侵到新生境的能力也较强,这在一定程度上支持多倍体种群更依赖于有性繁殖和更高的种群周转率的假设。高的消失可能性和相似的生长速率也预示着多倍体种群更加易变(Munzbergova,2007),不同倍性间通过"异交"也可以提高后代的可变性(Abbott等,2004;Husband,2004;Rausch等,2005),上述结论对于如何在新环境条件下利用和认识多倍体提供了新的见解。

2.2.5 多倍体的繁育系统

与原来二倍体相比呈现一定程度的分化,是一种多倍体进化的重要机制,不但表现在形态、生理和抗逆性等方面,繁育系统也呈现一定程度的分化。自然界中无融合生殖的植物多数是多倍体,但大多数多倍体不是无性繁殖的,这就很难确定无性繁殖系统与多倍体化的相关性。多倍体化对繁育系统比较重要的影响是多倍体多进行非严格意义上的自花授粉(Wedderburn等,1992;Miller等,2000;Soltis,2003)。另外,多倍化可以改变花管的相对大小和空间位置(Brochmann,1993;Segraves等,1999;Husband等,2002)。花管性状的改变将影响到植物的授粉,这将促进多倍体繁育性状的分化。多倍体植物为了适应环境,发生了开花时间分化,产生了对不同传粉者的不同吸引力,最终形成了生殖隔离的生态种。同时,这种变化可以影响与环境之间的生态互作,如伴生物种、食草动物、传粉者和土壤等。以虎耳草科(Saxifragaceae)矾根属草本植物 *Heuchera grossulariifolia* 为例,不同倍性植株吸引不同的传粉昆虫,蜜蜂对二倍体非常偏好,蜂王偏好四倍体,而工蜂虽然在不同的地方偏好不同,但在同一地点一般也偏好某一种倍性的植株。除了不同倍性植株间存在一定的细胞学繁殖障碍之外,借助传粉媒介传粉也加剧了不同倍性之间的生殖隔离。不同倍性植株生理状况发生了很大变化,开花时间存在明显不同,花期不遇使得以花粉为介导的基因流受阻,这些因素为进一步分化形成新物种创造遗传、生物和生理条件。以上事实也证实了多倍体在植物-动物互作、群落组织方式和新物种形成方面起着重要的生态作用(John等,2008)。

综上所述,很多学者认为多倍体的发生与类群在进化中的地位有关,多倍体是生物进化、适应环境的一种体现,也为牧草多倍体育种提供有力的理论支持。

2.3 牧草多倍体的生物学意义及育种价值

由多倍体化产生的新物种一般不需要较长的演变历史，旧物种的个体通过染色体加倍，在自然界的作用下经较短时间即可形成新种，这在一些显花植物中显得尤为明显，而且栽培植物中多倍体的比例要比野生植物高。因此，多倍体是快速形成物种的一种形式，在一代或几代内就可产生出多倍体个体。由于多倍体植物带有巨大性、不育性、代谢物增多和抗逆性加强等特点，因而具有潜在的育种价值。倍性育种是获得植物新品种的一条重要途径，在牧草育种中具有重要作用：①利用同源多倍体器官巨大化的特点，产生植株高大的牧草，可以提高产草量或改善牧草的品质；②通过亲本或杂种的染色体加倍，可以克服远缘杂交的困难；③诱导多倍体可以起基因转移载体的作用；④可以利用多倍体较强的抗逆性等。黑麦草、紫花苜蓿、白三叶和芸薹属等物种的进化过程证明，多倍体现象在进化的历史上起了重要的作用。例如，虽然自然界分布的黑麦草属植物都是二倍体，但人工合成的同源四倍体已经育成了很多黑麦草牧草新品种，且目前商业化程度很高。四倍体黑麦草与普通的二倍体黑麦草相比：①可增产30%左右(幅度11%~36%)；②茎粗叶宽，质地柔嫩，营养丰富，食草性畜禽鱼的适口性好；③收获次数多，利用期长；④种子质量好，出苗率高。自然界中大量存在的天然多倍体及其在农业生产中被广泛应用的事实说明，多倍体在育种工作中具有优势。但其在多倍体进化过程中的主要变化特征有哪些，多倍体育种材料的价值体现在哪里，一直是研究人员所关心的问题。

2.3.1 多倍体植株大型化和生长快速

牧草利用的是营养体，植株的大小、高低决定着牧草的利用价值和育种潜力。多倍体化的普遍效应是细胞体积的变大(Cavalier-Smith,1978)。同时，细胞核内染色体组加倍以后，常带来一些形态和生理上的变化，如巨大性、抗逆性增强等。一般多倍体细胞的体积，气孔保卫细胞都比二倍体大，叶子、果实、花和种子的大小也随着染色体的加倍而增大。据此，体细胞体积的大小和花粉颗粒的直径常被用来推断有花植物的倍性(Basolo,1994；Masterson,1994)。与二倍体相比，多倍体植物的叶片宽且厚、种子较重、茎和花序变少、种子的结实率较低。这些特征使多倍体物种显著地区别于二倍体物种。但在有些牧草类群，倍性越高的植株种子产量越高(Lindner 等,1997；Burton 等,2000)、总生物量越大(Petit 等,1997)、花序大(Petit 等,1997)、生活力强(Berdahl 等,1997)，以上生物学特征的变化无疑为牧草育种提供有价值的种质材料。然而，也有研究表明不同倍性间普通性状差异不明显(Petit 等,1996；Munzbergova,2007)，认为多倍体与二倍体相比，形态特征变化是由于占据不同的生境类型(Tyler 等,1978；Bayer 等,1982；Jay 等,1991)，或者说是占据了不同的生态位(Stebbins,1950,1985；Gornall 等,1993)，是由环境因素造成的。因此，在野外或田间发现单株某个性状不同，除了考虑环境因素外，还应该注意是否存在倍性水平的差异，这也是为什么多倍体育种工作者常常关心这些变异是否具有可遗传性，通常需要在相同的田间试验条件下，进行多倍体性状观察试验(Berdahl 等,1997；Munzbergova,2007)。

2.3.2 利用多倍体增加牧草抗虫和抗逆境能力

不同倍性的表型可塑性,二倍体往往多受基因型和环境互作的影响,而多倍体往往取决于其基因型(Bretagnolle 等,1995)。从内部代谢来看,由于基因剂量加大,一些生理生化过程也随之加强,某些代谢物的产量比二倍体增多,如大麦同源四倍体种子蛋白质含量比二倍体提高 10%~12%;玉米同源四倍体籽粒内拟胡萝卜素含量比二倍体原种增加 43%,胡萝卜糖含量增加 10%~20%。这些改变都与基因剂量有关。关于其遗传和生理代谢基础,染色体组和相关基因剂量的增加,有时会增加或集中次生代谢物质和起防御作用的化学物质。另外,产生多倍体的地点多位于分布区的一些边缘地带,为气候条件相对恶劣的地区,或者高纬度、高海拔地带等不良环境,这无疑与其抗性有关。

多倍化提高了多倍体的杂合性。由于属于多体遗传,同源四倍体二显性杂合体(AAaa)比二倍体显性杂合体(Aa)维持更高的杂合性,两者自交后代的显性纯合体:显性杂合体:隐性纯合体的比例分别为 1:34:1 和 1:2:1,同源四倍体二显性杂合体自交后代当中 34/36 为杂合的。由于异源多倍体包含有不同来源的染色体组,其杂合性得到固定,33%~43%的遗传位点是重复的,其多样性的水平依赖双亲,因此亲缘关系较远的亲本异交是维持高水平多样性的基础。因为异源四倍体染色体组不发生分离,从而维持了杂合性。异源多倍体的典型和有价值的特点是来自父母的次生物质往往得到累加,也就是异源多倍体往往产生父母全部的酶和次生物质(包括防御物质或一些杂种酶),可以有效地使父母的防虫特点融于一身,有时比这更广,这无疑增加了异源多倍体生物的生化适应性和扩展其生存空间的能力。异源多倍体由于杂合性的增高,也更利于其内环境的稳定。同源多倍体构成基因多次重复基础上的可靠遗传系统,提高了基因功能的保险性,显著降低了突变和隐性基因纯合表现的可能性,在严酷的自然条件下为生存竞争提供了稳定的系统空间。但是,关于多倍体中基因剂量、基因沉默和次生物质的表达之间的关系较为复杂,目前了解还不多,有些情况不尽如此。

2.3.3 抗性基因的加倍

牧草在利用多倍体提高抗逆性方面具有很大的育种价值,以抗性基因为例(resistance gene,R 基因),目前已经找到分子进化证据:R 基因的加倍。以饲料作物大豆为例:大豆及近缘种是复杂的古多倍体,其抗性基因的加倍至少经历了 2 次多倍体事件(大约在 1 500 万年前和 6 000 万~5 000 万年前),不止一次独立的多倍化事件在许多牧草早期进化阶段发生(Freeling 等,2006),证明了多倍性不是进化的终点(dead end),但不能证明多倍化对物种进化的进程是有利的,经历了多倍化的个体比没有多倍化的个体的寿命、适合度是否会增加尚不能回答。Jeff Doyle 等(2007)对多个大豆品种及亲本材料 2 个 1Mb 同源 R 基因区域进行测序,发现两个同源区域基因密度差异很大,主要是由于简单转座子的数目不同而致。R 基因的进化模式很复杂,拷贝数变异很大且不同拷贝间存在明显重组。抗性基因的加倍并不是多倍化的结果,只有 1/20 的基因加倍与 1 500 万前的多倍化事件有关,即发生在形成不同物种后快速进化结果。在其他非 R 基因区域,基因密度和拷贝数基本相似(Schlueter 等,2006)。尽管 2

个同源的 R 基因区域中多数差异是近期发生的,但多倍化事件可能是促进 2 个同源区域分别进化的动力。这就提出了一个问题:"如此大的差异是否是成串 R 基因进化属性?"

2.3.4 利用牧草多倍体克服远缘杂交的障碍和转移外源基因

多倍体同时也可作为远缘杂交的桥梁。根据研究发现,在苜蓿属、烟草属、野芝麻属、茄属、草莓属等植物的远缘杂交中,诱导同源多倍体对种间、属间远缘杂交的可交配性有一定的促进作用。通过获得可育的三倍体红三叶,以及回交形成多个新的四倍体后代,既可以表明三倍体红三叶存在育性障碍是不全面的,又可以把三倍体作为多倍体育种的桥梁材料(Carine 等,2006)。有时两个理想品种,由于倍性不同很难杂交成功。这种倍性间的障碍,多由于胚乳的不平衡,即胚乳未能获得正常发育所需的两份母体基因组与一份父本基因组的比率。未满足该标准的种子常常退化,虽然有时这个比率可能并不严格,但这种不相称越大,种子的生育力往往越低。这种情况下,在杂交之前改变倍性也许便可以克服不同倍性杂交困难的障碍。在远缘杂交中常常存在三大障碍:①杂交的不亲和性;②杂种难以成活性;③杂种的不育性等。在植物远缘杂交中出现的假配生殖、半配生殖、染色体消除和亲本染色体组分开等异常染色体行为,也反映出不同物种在配子和染色体水平上的不亲和。远缘杂交难以成功的原因主要是减数分裂过程中同源染色体不能正常配对,产生不了具有正常生活力的配子,这时如果人工加倍杂种一代的染色体,使其变成双二倍体,往往可以提高育性。人工双二倍体具有很多优越性,除上述特点外,它还可以对外源有利基因进行准确评价,可以作为外源代换系、易位系持久的源泉,也可人工合成新物种。Tsuchiya 等(1986)提出了另一种合成双二倍体的方法,称为"直接双二倍体合成法",即在杂交产生可育的双二倍体之前,先使亲本的染色体加倍。目前,双二倍体的直接利用在八倍体小黑麦和六倍体小黑麦中成果最大。这种方法虽然还未广泛应用,但由于染色体加倍是在亲本上进行,所以供加倍的种子是大量的,而且杂交结实率也比较高。

多倍体,尤其是异源多倍体非常有利于外源基因的引入。国外已经借助于各种双二倍体,从山羊草、鹅观草和黑麦向小麦转移过锈病、白粉病、眼斑病和条纹镶嵌病毒的抗性基因。这方面最突出的例子是将伞形山羊草抗叶锈病的显性基因转给普通小麦。由于伞形山羊草与普通小麦不能产生有活力的配子,所以无法实现抗锈病基因的转移,但先使伞形山羊草与携带抗锈病基因的二粒小麦(*Triticum dicoccum*)杂交、加倍,形成异源六倍体,便可作为中间亲本与普通小麦杂交,实现基因转移。

但也有不同种间的多倍体杂交比较容易成功,新禾草类型的黑麦草×羊茅杂种群体的成功就是很好的例证。自然界中,草地羊茅(*Fastuca pretensis*)与多年生黑麦草(*Lolium perenne*)间的杂交是经常发生的,许多英国学者(如 Lewis、Thomas 和 Humpreys 等)均已指出,这两个物种的所有染色体之间可随机配对,不存在亲缘关系的限制。两者十分容易杂交的特性归因于两点:首先,羊茅属与黑麦草属两个属的各有关物种均起源于同一祖先,黑麦草属与羊茅属在羊茅族中;其次,这两个属具有相同的染色体基数($x=7$),DNA 结构相同,基因的构成也基本相同(米福贵等,2001)。在此情况下,同一属或两个属的有关物种相互之间便可杂交,并能获得真实的、通常还具活力的杂种。至于育性,无论是种间还是属间杂种均有一定程度的降低。

2.3.5 同源和异源多倍体的育种价值

从进化和基因组学的角度，多倍体分成同源和异源多倍体(Ramsey 等，1998)。其中同源多倍体是种内起源的，异源多倍体是通过种间杂交和多倍化后形成的。同源多倍体含有一套由一个完全相同的基因组加倍形成的基因组；异源多倍体含有多于两套的分化的基因组加倍形成的基因组。同源和异源多倍体形成过程、进化方向和遗传基础明显不同，导致在单倍体育种中具有不同育种价值。而且，生物学家认为自然界中的同源多倍体物种数量远远多于传统的观点，更有可能和异源多倍体一样常见(Soltis 等，1993,2000；Soltis 等，2003；Wendel，2000；Kellogg 等，2004；Qu 等，1998；Mahy 等，2000)。在生产上直接应用的同源多倍体最好是多年生的，可以无性繁殖的，或者生产上不是为了收获种子的。现在已经培育出了一些具有生产优势的新品种，这些新品种不仅具有很强的生活力，而且还有很高的产量，像同源四倍体荞麦、同源四倍体黑麦等。

异源多倍体比同源多倍体更能直接应用于生产。由于种间杂种加倍形成的异源多倍体是纯合体，在育种过程中节省了很多人力物力。自然界中大量存在的天然异源多倍体及其在农业生产中被广泛应用的事实说明，异源多倍体中的基因冗余(gene redundancy)具有优势。在利用牧草异源多倍体方面，最为成功、影响最大的是利用偃麦草提高小麦产量和抗逆性。近年来，随着分子生物学技术的发展，基因表达变化已成为国际上研究异源多倍体进化的热点。对天然异源多倍体的研究，主要是比较研究天然异源多倍体与其二倍体祖先的"候选"后代间的差异。人工合成的异源多倍体由于其亲缘关系明晰，可以精确比较二倍体物种与人工异源多倍体早期世代间的基因表达变化特点，这为今后这方面的研究提供了良好的模式系统。目前用来进行异源多倍体进化中基因表达变化研究的模式植物主要包括拟南芥属(*Arabidopsis*)、小麦属(*Triticum*)、棉属(*Gossypium*)等少数几个植物种类，在牧草中以禾本科小麦族异源多倍体研究较为活跃。总之，异源基因组结合和多倍化代表了植物进化的总趋势和大方向。但是在异源多倍体中两个部分同源的亲本染色体组内很少进行重组，从而在有性世代间保持其完整性(Comai,2000)。因而，核型稳定性的获得是以进化的可塑性为代价。相反，种内二倍体杂种可在两个亲本染色体组内自由重组，产生具有多种亲本染色体片段组合的后代，这些后代可通过选择而固定。强制保持的两个亲本染色体组的完整性必然限制了异源多倍体在进化中的可塑性，但其广泛分布则暗示多倍体常具有某种优势，有利于异源多倍体的一个因素可能是由部分同源基因的结合而产生的杂种优势；另一个因素则可能是新异源多倍体的不稳定性，尽管这些不稳定性常是有害的，但也可产生利用新生境的足够表型变异(Comai,2000)，还有其他一些遗传与基因组方面的特性导致多倍体的成功，如较高的杂合性、引起遗传多样性的多系(polyphyletic)起源、染色体重组等(Soltis 等,2000)。

人们为了研究植物的亲缘关系与进化及遗传育种之间的关系，也通过远缘杂交人工合成大量的异源多倍体材料。这方面突出的例子是小黑麦的育成。黑麦的特点是穗大、粒大、抗病，这些特点无法通过杂交转移给普通小麦，因为小麦和黑麦的杂种是不育的，将它们的染色体加倍成为异源八倍体就成为可育的了，这就是八倍体小黑麦，目前饲用小黑麦已得到广泛应用和推广。大多数人工合成的异源多倍体基因组在早期发生着快速的序列变化，而大米草(Baumel 等,2002)等的异源多倍体基因组在早期世代几乎没有发生过序列变化，表明异源多倍体在进化机制上存在复杂性。同时,一些自然界中没有的相应天然多倍体的人工异源多倍体可能存在着不同的基因表达变化特点和机制。矛盾的现象是野生和栽培的异源多倍体植物适应性好且遗传稳定,而人工合成的异源多倍体则不稳定而难以用于生产(Comai,2000)。这不仅对指导多倍体早期世代进行选择,以尽快获得稳定的异源多倍体具有理论意义,同时对利用回交等手段转导优良基因、改良现有品种也具有重要的实践意义。虽然多倍体中基因表达变化的特点及相关机制在一些模式植物中已取得进展,但异源多倍化所带来的基因组冲击、新基因组中更为复杂的基因表达调控网络使得加倍后基因进化的命运正日益受到关注。

因此,今后一方面应进一步深入研究发生变化基因的基因组来源、序列特点、数量及其在多倍体进化过程中的进化方向、功能发生分化的时间和特点;另一方面要探索异源多倍化对基因表达调控网络的影响,摸索开展异源多倍体进化的人工调控研究,加速新合成异源多倍体的进化历程,使进化向着有利于人类利用的方向发展,以推进异源多倍化在植物品种改良中的应用。从以上可以看出,多倍体的研究和利用也取得了一些成就,但多倍体的研究还有很多工作要做,相信随着多倍体研究的深入,多倍体会展现出更为广阔的应用前景。

2.3.6 多倍体育性的提高

多倍体的育性是否低于或达到或高于二倍体亲本的水平,这个问题通过二倍体、四倍体和六倍体等一系列倍性物种的育性比较得到了答案。二倍体的平均育性是 89.1%($n=33$,$64.9\%\sim100\%$),四倍体是 86.4%($n=34$,$65.7\%\sim99.8\%$),六倍体是 89.9%($n=17$,$46.0\%\sim99.0\%$)(Ramsey 等,2002)。这说明多倍体的育性比其二倍体亲本的要略低些。为了确定多倍体的育性在自然选择作用下的变化,Ramsey 等(2002)做了大量的工作。在自然选择下,他们的研究表明多倍体的育性是可以提高的。其他学者也得到类似结果。如,白菜(*Brassica campestris*)经过 19 代的选择,种子育性由 1.5% 提高到 16.8%(Ramsey 等,2002);经过四代的选择,粉蓝烟草(*Nicotiana glauca*)的花粉育性由 59% 提高到 99%,种子育性每代提高 53.1%(Kostoff,1938)。这说明多倍体的不育性只是暂时现象。

2.3.7 少量细胞型排除原理和多倍体利用

许多物种的进化是通过多倍化来实现的,包括种内的多倍化(同源多倍体)和近缘种间的杂交(异源多倍体)(Otto 等,2000)。二倍体与四倍体的杂交后果主要用于两个方面:牧草育种和快速形成新物种。经验告诉我们,二倍体和四倍体两种细胞型间杂交效率很低,会降低种子产量。如果少量的二倍体种子混杂在四倍体中,不会降低种子品种的纯度,因为每种细胞型都有"自洁"(self cleaning)作用,即少量种子在后代逐渐减少,反之亦然。这种现象被称之为"少量细胞型排除原理"(minority cytotype exclusion principle),在玉米、大麦、红三叶和黑麦草上均已经发现(Husband,2000)。少量不同倍性种子混在一起,即使改变了后代繁殖方式,促使自交实现繁殖保障,但远低于 100% 的比例在后代逐渐叠加,根据计算不超过 4 代就会形成了"少量细胞型排除原理"。以黑麦草为研究材料(Ferris,2007),此原理证明可以成功应用于排除抗除草剂抗性个体在天然种群的积累,即播种大量不同倍性非转基因牧草,经过多代和多次重复,基本可以排除转基因的生态逃逸,保证转基因饲料作物和牧草的生物安全,但对于紫花苜蓿转基因品种能否适用却存在着争议(Bagavathiannan 等,2009)。

2.3.8 牧草倍性育种对遗传选择的作用

前面从几个方面论述了多倍体的进化属性,可以看出,与二倍体或低倍性可杂交的近缘种相比,多倍体呈现出更多进化的特征。但上述情况多是在自然状态下的生物学规律,而在牧草倍性育种过程中由于染色体加倍或杂交-分化,促进了育成品种与亲本材料遗传分化,这也意味着可能增加了变异,同时后期的单向性(directional selection)选择也会丢失很多的变异,即选择的"瓶颈效应"(bottleneck effect)。关于紫花苜蓿驯化过程,由于经历了遗传瓶颈,虽然野生型和栽培型 DNA 序列变异较小,但降低了群体内 31% 的多样性(Santoni 等,2006)。Bagavathiannan 等(2009)采用 SSR 标记研究了紫花苜蓿野生种群和栽培品种的遗传多样性,发现野生种群的遗传多样性与栽培品种相似,种群(品种)间变异很小(0.2%),而采用表型选择性状进行比较得出了相反的结论。品种与不同种的野生型材料相比,其遗传多样性降低的可能性非常大,在野生的黄花苜蓿(*M. falcata*)与栽培紫花苜蓿均发现很明显的遗传分化(Jenczewski 等,1999;Muller 等,2001;Maureira 等,2004)。这种差异一方面反映了用中性分子标记评价遗传资源的局限性,另一方面说明育种过程中没有降低中性选择的遗传多样性(Julier 等,2010)。

2.4 牧草多倍体进化的遗传学基础

2.4.1 新多倍体物种(neoplolyploids)的细胞学特征

多倍体物种的建立需要经历两个主要阶段:物种形成的最初发展阶段和数量扩展阶段。实验方法形成的新多倍体为物种形成的最初阶段提供了很好的研究素材,它们的研究有助于了解多倍体物种建立过程的最初阶段。通常认为新形成的多倍体的数量扩展受到育性降低的限制,而且这种限制作用对同源多倍体要更显著(Stebbins,1950,1971;Darlington,1963;Sybenga,1969;Brigg 等,1997)。Stebbins(1950)认为育性是多倍体扩展的瓶颈效应;Darlington(1963)认为同源多倍性的育性很低,以至于推断自然界中的同源多倍体不常见;Ramsey 和 Schemske(2002)对同源和异源新多倍体的花粉和种子的育性进行的研究发现:两种类型的新多倍体的育性差别不大,育性的变化范围为 0%~100%,但新多倍体的育性比它们的二倍体亲本显著降低,这说明同源和异源多倍体最初几代的育性变化很大,而且同源和异源多倍体的育性几乎没有差异。这表明无论多倍体如何起源,它们的育性降低是一个总体趋势(Gottschalk,1978;Ramsey 等,2002),育性的降低是多倍体建立和扩展的主要限制因素(Stebbins,1950;Darlington,1963;Ramsey 等,2002)。然而,现有数据资料说明多倍化虽然伴随着育性的降低、代谢和生长速率的减缓等短期效应,但却具有提高细胞大小和 DNA 含量的长期效应(Allendorf 等,1984,Soltis 等,1993,2000,2003;Wendel,2000;Kellogg 等,2004)。

理想状况下,同源多倍体被期望产生 100% 多价体,异源多倍体产生 100% 二价体。Ramsey 等(2002)的细胞学研究发现事实并非如此。同源多倍体的多价体的平均发生频率

(28.8%)要比异源多倍体的高(8.0%),这说明同源多倍体与异源多倍体的染色体行为确实存在差异,但不是想象中100%的差异。另外,同源多倍体的二价体的平均发生频率是比较高的,约为63.7%(12%～98.2%);四价体的频率比较低[(平均为26.8%(1.8%～69.1%)]。在诱导的同源四倍体多年生黑麦草的中期Ⅰ仅有1%的三价体和20%的四价体(Simonsen, 1973);同源四倍体西红柿中没有三价体,仅有19%的四价体(Upcott,1935)。限制随机配对的遗传因子可以导致这种配对现象的出现(Ramsey等,2002),同源多倍体的染色体的二倍体化也可以导致类似的配对现象。但二倍体化需要染色体结构变化的逐渐积累(Doyle,1963; Sybenga,1969),所以这不能是造成新多倍体中低频率的多价体的原因。在异源多倍体中也出现了类似的矛盾现象。如上所述,异源多倍体有较高频率的多价体。例如,四倍体邱园报春(*Primula kewensis*)是一个典型的异源四倍体种由不育的二倍体 F_1[多花报春(*P. floribunda*)×轮花报春(*P. verticillata*)]通过体细胞加倍形成的,在中期Ⅰ出现18%的多价体配对。这种多价体配对方式对异源多倍体有重要的生物学意义:可以产生遗传上不平衡的整体染色体,降低育性,提高生殖隔离;提高基因组间重组的几率(Ramsey等,2002)。这些细胞学特征说明,同源多倍体的染色体的二价体配对的特征从多倍体形成的最初已存在以有利于它们产生平衡配子和获得适应性,异源多倍体的多价体配对的出现提供了基因组间重组的机会。多倍体的这种细胞学上的染色体行为有利于改变它们的基因组结构,产生新的性状,促进植物发生进化的改变。

2.4.2 新多倍体物种突变的维持和进化特征

普遍认为,由于掩盖了有害突变,多倍体比二倍体更加有利。事实上,具有更多突变等位基因的个体,其有害突变更有可能被掩盖,使得突变保留且提高了等位基因频率,高等位基因频率总体上功能胜过掩盖的作用。多倍体比二倍体经历了更多的有害突变,在突变达到多倍体平衡应有的基因频率之前,新形成的多倍体可能通过掩盖获得暂时的收益(Otto等,2000)。而且,多倍体即使自交却较少程度地降低适合度,因为相对于二倍体,多倍体产生完全同源后代的可能性较小(Ronfort,1999)。从短期看,这种收益对新形成的多倍体是有利的,而随着突变的长期积累,这种收益将逐渐缩小。高的倍性提高了启动有益突变基因的拷贝数。Stebbins(1971)却认为,多倍体由于非突变等位基因掩盖作用降低了新突变的效应。所以,应该考虑因有益等位基因的积累而导致适合度升高的几率,适合度升高的几率等同于有益突变在种群中出现的频率。高倍性种群适应能力是否提高或降低取决于突变等位基因被掩盖的程度,具体理论和算法已经在相关文献报道(Otto,2007)。

多倍体一旦形成,其命运就依赖于适应能力。杂交分化(hybridization-differentiation)是植物演化的一个自然过程,也是物种包括多倍体形成的主要动力之一(Stebbins,1957;Grant, 1981;Lu等,2004)。在多倍体植物杂交-分化的过程中存在两条途径:一条途径是在不同物种杂交过程中,伴随着二倍体未减数配子的融合或体细胞加倍的方式形成同源或异源多倍体,最终形成倍性更高的多倍体物种,即多倍化。相对其亲本,多倍体植物对环境具有更高的可塑性和适应性,因此,多倍化过程被认为是促进植物不断进化的动力。另一条途径是在同一倍性水平上进化,即同倍性亲本杂交形成同倍体物种(homoploid speciation)。同倍体物种形成的思想首先由 Müntzing(1930)提出;随后,Stebbins(1957)和 Grant(1981)实验室的模拟实验和染色体重组模型、Templeton(1981)的模型及McCarthy(1995)的计算机模拟研究从理论上很好地支持了同倍体物种形成理论。大规模基因组测序和大量植物遗传图谱的构建,不断补充了多倍化物种形成的理解,并提出了不同于传统理论的观点(Soltis等,2000;Wendel,2000;Ferguson等,2001;Soltis等,2003;Yen等,2005)。例如:自然界的同源多倍体有可能像异源多倍体一样普遍;很多的多倍体是多次起源的;多倍化过程是动态的,可以不断地与亲本杂交,也可以与相同或更高倍性的物种杂交进而形成新种或新属。

在无性繁殖的种群,因为没有有性和重组过程,有益的突变只能在不同的细胞发生,所以只有在完全适合的细胞上的有益突变才能够保留下来。无性繁殖理论(Orr等,1994;Otto等,2000)要求种群大小足够小,而且在比二倍体进化速率要快的高倍性种群中在一定优势的有益突变才是有意义的。在非常大的种群中,如果不考虑倍性有益的突变经常出现,但在多倍体的掩盖作用下会降低有益突变的积累,以至于在单倍体中有益突变的效率是最高的。在小种群中,尽管有益突变很少发生,但多倍体更有可能发生,只要突变产生的适合度不被过分掩盖,适应的最快速率应该在高倍性的个体。上述两种情况的假设已经得到了验证。

当种群变小(Zeyl等,2003)和选择优势突变时(Anderson等,2003,2004),相对于单倍体细胞,二倍体细胞进化速率更快;相对于二倍体细胞,多倍体细胞(小种群,至少初始阶段是小种群)更能够积累突变,预示着倍性和突变的优势程度之间存在正相关关系。

2.4.3 多倍体物种基因组的进化

现代基因组学的飞快发展,对多倍化问题提出了新的见解。基因组学的比较发现,许多二倍体生物含有大量冗余的重复的基因,这些重复序列可能是由多倍化或基因组重复造成的。拟南芥、芸薹属、大豆、高粱、水稻和棉花等物种的二倍体很有可能由四倍体演化而来的古多倍体(Vision等,2000;Lagercrantz等,1996;Blanc等,2004;Paterson等,2004)。在多倍体进化过程中,处于同一多倍体核中的不同基因组组分并不是彼此独立的,它们常常通过不同的途径在基因组内或不同基因组之间进行广泛的重组,以调整不同基因组之间以及核基因组与细胞质之间的相互关系,提高相容性水平,为多倍体基因组的稳定和发展奠定基础。

Wendel(2000)认为,多倍化就代表了基因组"冲击"的一种形式,其结果是削弱了基因组抑制系统的作用,增强了转座因子的活性,而转座因子的活动不仅会改变基因组中某些基因的结构和表达式样,同时有可能改变基因组中甲基化的水平和外遗传修饰式样,改变多倍体基因组中不同基因组成分间的相互关系,从而对整个基因组中基因的表达以及多倍体的表型产生影响。Grant(1981)早就提出了多倍体有二倍体化的趋势,他认为"形成时间长的古多倍体要比刚形成的新多倍体更像二倍体,这样的一个变化过程就是二倍体化(diploidization)。多倍体的细胞学行为和遗传组成会受到二倍体化的影响。"此后,越来越多的学者投身于多倍体的细胞学行为和基因组变化的研究中,取得了越来越多的成果,使得多倍体基因组的变化越来越清晰(Wendel,2000;Soltis等,2003;Wolfe,2001)。运用分子和细胞遗传学方法对不同类型多倍体及其二倍体祖先基因组进行比较研究,发现在多倍体基因组中,基因组重组主要通过基因组重排(genomic rearrangements)与染色体二倍体化(chromosomal diploidization)、基因组入侵(intergenomic invasion)、基因组的大小不正比于其亲本的DNA含量以及核-质之间的相互作用(nuclear-cytoplasmic interaction)来实现。

2.4.3.1 基因组重排与染色体二倍体化(chromosomal diploidization)

在以往的细胞遗传学和等位酶研究中发现,同源四倍体虽然遗传上表现四倍体遗传,但细胞学的染色体却表现为二价体配对的二倍体行为(Soltis 等,1986;Krebs 等,1989;Jelenkovic 等,1970;Jelenkovic 等,1971;Samuel 等,1990)。研究学者认为这种现象是同源四倍体的基因组二倍体化的结果,而且这种基因组的二倍体化是同源四倍体获得适应性的重要过程(Stebbins,1947;de Wet,1980)。近来,随着生物体的大规模测序,染色体定位技术的广泛应用(GISH,FISH)和多基因构建物种的分子系统发育树等数据的积累,多倍体的基因组重排与染色体二倍体化得到越来越多的数据支持和解释(Vision 等,2000;Lagercrantz 等,1996;Blanc 等,2004;Paterson 等,2004;Gaut 等,2000;Wendel,2000;Lagercrantz,1998;Shoemaker 等,1996)。RFLP 和比较基因组学的数据表明,有许多在细胞学上为二倍体的物种实际上是古多倍体,如芸薹属植物以及大豆、棉花和玉米等(Paterson 等,2004;Gaut 等,2000;Wendel,2000;Lagercrantz,1998;Shoemaker 等,1996)。Jellen 等(1994)用 GISH 的数据显示,四倍体燕麦基因组中有 5 个基因组间的易位,而六倍体燕麦的基因组相互易位的有 18 个(Chen 等,1994)。Ozkan 等(2001)对人工合成的 *Aegilops-Triticum* 异源四倍体进行研究分析,在这些多倍体中存有普遍的非随机的特异染色体序列(chromosome-specific sequence,CSSs)和特异基因组序列(genome-specific sequence,GSSs)的丢失。这些数据显示多倍体基因组中常常发生广泛而迅速的基因组内和基因组间的重排。很显然,这种非孟德尔式的遗传重组机制和它的快速性、广泛性都提高了多倍体自身基因组的特异性。基因组重排将提高多倍体的自交率和育性,增强与其他物种的生殖隔离,表现新的表型,最终作为新种生存下来。

遗传作图和基因组原位杂交(genomic *in situ* hybridization,GISH)的结果也证实了多倍化后在多倍体基因组中常常发生广泛而迅速的染色体重排过程。目前有资料显示,多倍体基因组中的染色体重排过程不仅仅发生在同一基因组的不同染色体之间,同时也发生在不同基因组组分之间。即使在不同基因组组分同源性相差很大的多倍体基因组中也不乏存在很多基因组之间的相互易位,Zwierzykowsky 等(1998)曾用多花黑麦草(*L. multiflorum*)和草地早熟禾(*F. pratensis*)为材料,合成了一个异源四倍体($2n=4x=28$),然后运用染色体原位杂交的方法对其基因组进行分析,发现在每个细胞中,至少有 20 条染色体曾参与了基因组之间的相互易位,每一个细胞中基因组之间相互易位的数量为 22~38 个。由此可见,染色体重排是存在于多倍体基因组进化过程中的非常普遍的现象。

染色体重排不仅导致在不同基因组组分之间发生广泛的重组,而且能使基因组结构发生明显的改变。在多倍体基因组中,由不同基因组组分之间的相互易位和重排而导致的染色体二倍化现象还有可能影响对多倍体倍性水平的估计。在对玉米基因组进行遗传作图时发现,在玉米基因组中存在两套重复的基因连锁群,这就意味着玉米基因组中包含有两个不同的基因组组分,根据这一点可以确认玉米是四倍体($2n=4x=20$),而不是二倍体(Helentjaris 等,1998)。然而,无论是依据连锁群的分布式样还是染色体的形态结构,目前在玉米基因组中都无法明确区分出这两个不同的基因组,在玉米基因组中不存在以 5 为基数的同源染色体对,造成这种现象的主要原因就是多倍化后的染色体重排过程,不同基因组染色体之间广泛的相互易位使玉米基因组在结构上不再具有四倍体的特点,而成为染色体二倍化的多倍体(chromosomal diploidized polyploid)。Lagercrantz 等(1996)认为在芸薹属植物的核型进化过程中至少发生过 24 次染色体重排事件,否则难以解释目前在这些植物基因组中所观察到的特殊的基因排列式样。

染色体重排是多倍体基因组进化的一条重要途径,尽管在有些植物(如大豆)中,重排主要发生在同一基因组内的不同染色体之间,但目前有大量资料显示几乎在所有异源多倍体基因组中都存在不同基因组组分之间的相互易位。Leitch等(1997)认为这对多倍体进化具有特殊的意义,因为它代表了一种全新的进行遗传重组的机制,这种机制只可能发生在通过多倍化形成的包含不同基因组组分的多倍体核中。Jiang等(1994)曾区分出两种不同类型的基因组之间的相互易位,一种是随机易位(random translocation),另一种是种特异性易位(species-specific translocation),前者发生在同一多倍体种中不同居群个体的不同染色体上,后者发生在同一多倍体种中所有居群个体的特定染色体上。但无论哪一种易位都会对多倍体基因组中新的遗传体系的建立以及染色体二倍化过程产生影响,从而有利于多倍体的稳定和进化。

2.4.3.2 牧草基因组的大小

核DNA的含量能够非常直观地反映出物种基因组的大小和变化,C值的测定变成了生物学家研究的又一热点(Soltis等,2003;Kellogg等,2004;http://www.rbgkew.org.uk/cval/;Jakob等,2004;Vogel等,1999)。一般认为多倍体有较高的C值,C值应该是其亲本之和。然而,多倍体C值的可加性仅限于刚合成的或刚形成的多倍体(Soltis等,2003)。Leitch等(2004)发现1C值随倍性的增高呈下降趋势。Levy等(2002)在对禾本科的研究中,也得出类似结果,即多倍体基因组的平均大小不到二倍体的两倍。但多倍体的1C值却变小,不等重组(unequal recombination)、不合理的重组(illegitimate recombination)、缺失(deletion)都会造成多倍体基因组大小的减少(Vicient等,1999;Kirik等,2000;Petrov,2001;Bennetzen,2002;Frank等,2002;Hancock,2002;Petrov,2002)。

小麦族多年生牧草的C值测定(Vogel等,1999),揭示了小麦族二倍体种和多倍体种的基因组在进化中有扩展或缩小的现象,而且基因组变化不仅仅与它们的系统发育有关。细胞遗传学的基因组分析和分子系统发育分析表明,冰草属的P基因组与拟鹅观草属的St基因组关系较近,大麦属的H基因组与二者的关系很远,而新麦草属与三者的关系最远。然而,这种基因组关系并没有在C值上反映出来。如,冰草属的1C值是6.59~7.79 pg,拟鹅观草属的1C值是3.93~4.86 pg,大麦属的1C值是4.43~5.06 pg,新麦草属[*Psathyrostachys* Nevski(Ns genome)]的1C值是7.77~9.0 pg,偃麦草属[*Thinopyrum* Á. Löve(E^b genome)]的1C值是7.77~9.0 pg。测定的C值还显示同一基因组的种内差异非常小,而种间有显著差异。如拟鹅观草属中,*P. libanotica*(Hack.)D. R. Dewey的C值(3.93 pg)显著小于*P. strigosa*(M. Bieb)Á. Löve的C值(4.86 pg)。拟鹅观草属的同源四倍体的C值测定表明该四倍体物种含有一个大的St基因组和一个小的St基因组,这说明同源四倍体多倍化后基因组发生了明显分化。

由于牧草多倍化造成细胞内染色体组的增加,势必增加了基因组大小。增加的某些并不能起到应有的作用,无效基因无疑会增加基因组的负担,过多的基因"庸余(obesity)"对于牧草本身并不是有利的。禾本科牧草的进化就伴随着基因组大小的增加和降低(Kellogg,1998;Gaut,2002;Kellogg等,2004;Caetano-Anolle,2005)以及DNA基本成分的变化(King等,1987),进化至目前,禾本科单倍体基因组大小存在着64倍的差距,GC含量存在6.2%的变异(被子植物DNAC-value数据库;Bennett等,2004;http://www.rbgkew.org.uk/cval/homepage.html)。以高粱属牧草为例,DNA序列把高粱属牧草分为两类:一类是基因组较大的二倍体(2n=10)及其多倍体近缘种,另一类是基因组较小的多倍体(2n=20,40)。高粱属牧草的基因组进化也不符合"单向的基因组臃肿(one way genomic obesity)"(Price 等,2005)。在羊茅属有70%的植物是多倍体,绝大多数二倍体仅限于欧亚大陆(Hunziker 等,1987),欧亚大陆是羊茅属植物遗传分化中心(Catalän 等,2004)。目前,羊茅属植物单倍体基因组大小在1.58~4.03 pg,可以作为属间分类的重要特征(Smarda,2006;Loureiro 等,2007)。羊茅属植物早期进化表现在单倍体基因组加倍、染色体增大和 GC 含量增加,产生了与早熟禾族(Poeae)的植物分化。后来,在本类群内部分化成窄叶和宽叶羊茅类群,呈现出了现存种的分化特征。在宽叶类群中,以长花序亚属(*Festuca subgen. Schedonorus*)为代表分化形成了黑麦草属(Pasakinskiene 等,1998;Torecilla 等,2002;Catalän 等,2004)。在窄叶类群中,Eskia 和 Dimorphae 组具有基础进化地位,然而 Festuca 和 Aulaxyper 为衍生分类群(组),为快速进化和种类丰富的类群。上述多数指标的明显降低是近期种内基因组大小变异和快速进化有关,也反映了这种降低一直在持续和最近发生的。如果双亲基因组大且 GC 含量高,多倍体后代表现出低的 Cx(单倍体基因组大小)和 C/n 值(平均染色体大小),相反如果双亲基因组小且 GC 含量低,多倍体后代表现出高的 Cx 和 C/n 值。以上结果表明了羊茅属植物基因组的量化特征对于理解基因组进化的长期过程,验证进化假说和其他植物的基因组研究具有重要价值。总的来说,小的基因组对于羊茅属植物的进化是有利的(Smarda 等,2008)。

2.4.3.3 基因组入侵与基因组定居(genome colonization)

不同基因组之间的相互易位为多倍体基因组中部分同源染色体之间的重组提供了一条途径,其结果导致双方在基因组组成和结构上都发生不同程度的改变。除此以外,在多倍体基因组中还存在另一种形式的重组过程,即基因组入侵。从现有资料看,基因组入侵主要发生在一些重复序列的重组过程中。从分子机制上看,基因组入侵可能主要归因于两个因素:一是由于基因转换而导致的不同基因组重复序列的一致进化,另一个就是转座因子的作用。基因组入侵和基因组定居无疑会对多倍体基因组的组成和结构产生影响,但由于目前有关基因组入侵的资料都来自对不同重复序列的研究,因而其潜在的生物学意义尚不明了。

2.4.3.4 核质相互作用

植物生长发育主要受核基因的调控,但与此同时,与叶绿体基因组以及线粒体基因组也有一定联系,长期协同进化的结果使核 DNA 与细胞质 DNA 在性状表达调控过程中处于一种平衡状态。但在多倍化过程中,核基因组被加倍了,细胞质 DNA 的量并没有增加,因此核-质之间 DNA 量的比例发生了改变,这种状况有可能引起调控作用的紊乱或失调;尤其在异源多倍化过程中,两个本来相互隔离的、具有不同程度差异的基因组被组合到同一个核中,并处在由单一亲本所提供的细胞质环境中,因此在控制性状表达过程中,不仅两个基因组之间要相互调整、相互协作,在核基因组与细胞质之间也必须通过一定的形式相互作用,调整核质比例,在新的基础上重建核-质之间和谐、平衡的相互关系,提高相容性水平,这是多倍体稳定和进化的一个重要基础(Wendel,2000)。尽管目前对细胞核与细胞质之间相互作用的机制还不十分了解,但在研究多倍体基因组进化过程中所发现的一些现象确实显示与细胞质有一定联系。

基因组重组是多倍体进化的一个重要方面,也是多倍体基因组进化动态的具体体现。在多倍化后迅速发生的重组过程使多倍体基因组在基因组结构和遗传特性等方面不是表现为祖先基因组特点的简单相加,而是表现许多非孟德尔式的遗传变异。基因组重组的结果一方面在很大程度上改善了不同基因组组分之间以及核基因组与细胞质基因组之间的相互关系,提高了相容性水平;另一方面也为多倍体植物的适应进化以及不同多倍体群系的分化提供了一个遗传变异的来源。

2.4.3.5 重要牧草类群的起源和进化

在植物大类群中,维管束植物最容易发生多倍化,关于该类群多倍体起源和进化问题,包括分化路线和时间以及与多倍体形成频率,在 Wood 等(2009)发表在美国科学院院刊(Proceedings of the National Academy of Sciences of the United States of America,PNAS)的一篇文章中有详细的评述。具体到多倍体的起源问题,Soltis 等(1999,2000)和 Soltis 等(2003)认为多倍体普遍存有多次杂交及基因型重组后的物种再自交,形成了多倍体多起源的现象。关于某个牧草种类或属的起源与进化,已有许多相关文献报道,如柱花草属(*Stybsanthes* SW)(唐燕琼等,2009)、披碱草属(刘全兰,2005;Sun 等,2009)、山羊草属(*Aegilops* L.)(Meimberg 等,2009)等。

作为牧草种类最多的植物类群,关于禾本科染色体起源和进化问题,存在很多的争议。禾本科在营养和繁殖器官上的特化,尤其是花部在系统发育上适应风媒的高度简化,一般认为它是进化中处于高级阶段的一个科。禾本科的原始类群可能与鸭跖草目(Commlinales)的帚灯草科(Restiionaceae)、须叶藤科(Fagellariaceae)和刺鳞草科(Centrolepidaceae)等南半球的热带科有亲缘关系。禾本科的祖先在中生代白垩纪时已出现,根据地史演变与有关化石资料推断,冈瓦纳古陆可能是本科的起源和分化中心。随着大陆漂移、海陆变迁、气候条件的改变,由原始的喜热湿类群适生于变寒、变旱的环境下,不断演化发展为现代遍布全球的式样。禾本科基础染色体($x=2\sim18$)变幅很大,目前最常见的是 $x=7,9,10$ 和 12,Anomochloa($x=18$)是由非整倍性($x=9\sim11$)经过加倍后形成的,非整倍性在细胞学上不可能直接产生 $x=11\sim18$,例如 Pharoideae 和 Puelioideae 中的 $x=12$ 是由非整倍性($x=11$)产生的,$x=11$ 是祖先染色体数目。禾本科所有亚科的基础类群均维持着较高的基础染色体数目,然而原始物种却发现较少的基础染色体数目(Hilu,2004)。与 Stebbins(1985)认为的 $x=5,6$ 和 7 形成了目前复杂的禾本科有着不同观点。Boldrini 等(2009)发现禾本科次级二倍体($x=10,12$ 和 14)却最为常见,在 Brachiaria($x=9$)中可能是通过非整倍性($x=10$,二倍化的四倍体 $x=5$)发育而来的。在羊茅属内,种系的发展演化剧烈,主要表现在种的分化和染色体倍数性变化上($2n=14\sim70$),其中最具代表性的材料为一高羊茅变种(*F. arudinacea* var. *genuina*),它与倍数性最低的草地羊茅($2n=14$)以及倍数性最高的、源自摩洛哥的一个十倍体物种均具有十分相近的亲缘关系(Humpreys,1995)。但都认为与其他科相比,高多倍化特别是异源多倍化和非整倍性的频率,再二倍化和频繁的杂交是禾本科牧草染色体进化的重要特征(Stebbins,1985;Hilu,2004;Boldrini 等,2009)。

豆科作为开花植物的第三大科,也是牧草种类较多的类群,最近系统学研究表明,豆科植物的形态和基因组多样性在 6 000 万~5 000 万年前经历了快速进化,其中苜蓿大约在 5 400 万年前(Quentin Cronk 等,2006)。Cannon 等(2006)于 2006 年完成了对蒺藜状苜蓿(*M. truncatula*)和大豆全基因组测序后,对苜蓿的基因组进化提供更多的信息和数据,证实了在苜蓿早期进化过程中经历了一次或更多的基因组加倍,基因组普遍存在线性化。由于大量的转座子,蒺藜状苜蓿的基因间隔比大豆大 20%~30%。

2.4.4 多倍体牧草基因的进化

很长一段时间内,二倍体的重复基因的进化命运是研究的热点之一(Ohno,1970;Lynch 等,2000)。多倍体的每一个基因都是重复的,这些基因的命运就更受到生物学家的关注。聚焦的问题主要有两个:多倍体内重复基因的动力学(evolutionary dynamics)和进化速率(evolutionary rate)(Soltis等,2003)。重复基因的动力学,即重复基因的命运,主要表现为三种形式(Wendel,2000):保持原有功能(retention of original function);基因沉默(gene silencing);分化并执行新的功能(functional diversification)。

2.4.4.1 多倍体物种进化中基因保持原有功能

如果物种形成事件的主要结果是导致大量的基因沉默,那这样的进化是没有意义的,也不可能形成现有数量庞大的多倍体物种。因而,多倍体物种内有相当多的重复基因保持原有的功能。酵母有8%的重复基因保留了原有的功能[约100 MY(million year)](Seoighe等,1999),玉蜀黍属(*Zea*)约有72%(约11 MY)(Ahn等,1993;Gaut等,1997),*Xenopus*有77%(约30 MY)(Hughes等,1993),鲑科(Salmonids)有70%(25~100 MY)(Bailey等,1978)。生物体保持如此大量的具有原始或略微差异功能的基因主要有两类原因:一是这些基因编码蛋白的多个结构域,和其他蛋白互作来执行生物功能(Gibson等,1998)。二是这些基因是植物体内大量需要的RNA或蛋白产物的DNA序列。这些基因的任一位点、任一拷贝的突变都是选择上不利的(Gottlieb等,1997)。

2.4.4.2 基因沉默

关于植物体重复基因沉默的报道可以从1981年出版的《植物物种形成》追溯到现在。基因沉默是指基因由于受到遗传(genetic)或表观遗传(epigenetic)或拟功能(subfunctionlize)因素的影响表达降低或完全不表达的现象(Durbin等,2000;Lynch等,2000;Lee等,2001;Wendel,2000;Cronn等,2003)。遗传因素引起的基因沉默是指DNA序列本身的变化使它们发生永久性的改变或完全丢失(gene loss)(Durbin等,2000;Lynch等,2000;Lee等,2001;Obsorn等,2003)。DNA序列或染色体的不等交换、同源重组、非整倍性、基因转换、插入/缺失以及点突变等都可以导致DNA序列发生改变。表观遗传是指DNA序列不发生改变,基因表达时发生可遗传的变化,造成基因产物的改变,最终导致表型的改变(赵寿元等,2001)。表观遗传主要通过DNA甲基化、组蛋白修饰和RNA编辑等方法改变基因的表达(Wolffe等,1999;Liu等,2002;Osborn等,2003)。多倍体的重复基因的某一个同源基因在某个器官表达,而在其他器官却用另一个同源基因表达并执行相同的功能,即重复基因在生物体内的不同器官的表达是有分工的(Force等,1999;Lynch等,2000;Adams等,2004)。基因丢失比较典型的例子是核糖体ITS基因的一致性进化,如在 *Nicotiana*(Volkov等,1999)、*Fetuca*(Thomas等,1997)、*Brassica*(Snowdon等,1997)和*Glycine*(Shi等,1996)等的某些物种的18S~26S不但完全沉默而且丢失了。人工合成的异源四倍体 *Arabidopsis suecica*(Lee等,2001)和 *Aegilops triticum*(Ozkan等,2001)揭示了多倍体化伴随着快速的基因沉默现象。而在人工合成的异源四倍体和六倍体棉花中却发现多倍化并没有导致快速的基因沉默(Liu等,2001,2002)。这些研究结果说明基因沉默现象是一个复杂的动态的过程。基因的沉默会导致植物基因和表型的明显差异,这会不会导致物种间的生殖隔离和促进物种的形成呢?目前的一些数据显示基因沉默确实在新的物种形成中起作用(Werth 等,1991;Lynch 等,2000;Lynch 等,2000;Taylor 等,2001)。

除了突变和外遗传修饰以外,也还有其他一些因素能导致二倍体祖先的基因在多倍体基因组中不能正常表达,如 DNA 排除作用。Feldman 等(1997)和 Liu 等(1998a,1998b)以小麦特异染色体序列为探针,研究不同倍性小麦基因组的特点,结果发现由倍性差异所引发的序列排除现象在不同倍性小麦中都普遍存在,并发现某一特异序列是否会从一个基因组成分中被排除,与该序列是否在其他基因组成分中出现有关,从而表明由倍性变化所引导的排除现象并不是一个随机的过程,而是有方向性的。究其生物学意义,Feldman 等(1997)认为通过 DNA 排除过程,可以把某些部分同源染色体所共有的序列转化成某些染色体所特有的序列,增加部分同源染色体之间的差异水平,减少它们在减数分裂过程中配对的机会,保证严格的同源染色体之间的配对,从而为多倍化以后在多倍体基因组中尽快恢复二倍化的染色体配对式样奠定基础。

2.4.4.3 分化并执行新的功能

多倍体中的重复基因在进化中受到较弱的选择压,有些基因发生分化形成新的基因,并执行新的功能(Ohno,1970;Ferris 等,1979;Li,1985;Hughes,1994;Hughes 等,2000;Lynch 等,2000;Lynch 等,2000;Wendel,2000)。这种分化在同源和异源多倍体中都存在。例如,同源四倍体 *Vaccinium oxycoccos*(Ericaceae)(Mahy 等,2000)和 *Tolmiea menziesii*(Saxifragaceae)(Soltis 等,1986)的等位酶分析都表现出高的异质性。玉米是多倍化后重复基因功能分化的比较典型的例子(Wendel,2000)。根据基因序列分析,玉米是片段异源四倍体发生二倍体化形成的古多倍体,然而它的重复序列已表现出明显的功能分化(Gaut 等,2000;Whitkus 等,1992)。多倍化导致的基因功能分化不仅体现在蛋白质结构和功能上,还表现在基因表达调控式样上。在玉米基因组中,有一对调控花青素合成的基因 R 和 B,它们的编码蛋白具相同的转录调控活性,但在调控和表达方式上具有明显的组织特异性(Gaut 等,1997)。由于受到"杂合性"和"多倍化"所带来的基因组冲击(genomic shock),新形成的基因组会作出一系列的反应,在早期发生广泛的基因组构成和基因表达水平的变化,如染色体重组(chromosome recombination)、亲本序列的消除(sequence elimination)、基因沉默、同源异型转换(homeotic transformation)等。

2.4.4.4 重复基因的进化

多倍体基因组中重复基因的功能分化不仅仅发生在结构基因中,也发生在调控基因中。因此,Wendel(2000)认为,由多倍化所导致的重复基因进化分异的影响最主要的不是体现在蛋白质结构和功能上,而是体现在基因表达调控式样上,多倍体基因组的进化、多倍体基因组特点的形成在很大程度上是与调控基因的"革命"联系在一起的,它们从根本上控制着多倍体生物的发育方式和适应性发展。

在多倍体基因组中,重复基因的进化动态不仅仅表现在功能上,还表现在不同拷贝之间相互作用的过程中。从分子进化的角度看,多倍体基因组中重复基因的进化并不是完全独立的,在不同基因拷贝之间存在复杂的相互作用,有关 rDNA 基因的研究提供了很多这方面的证据。植物 rDNA 基因在基因组中是以串联重复的形式存在的,串联序列中的重复单位(18s-5.8s-28s)通过反复的不等互换(unequal crossover)或基因转换(gene conversion)保持一致进化(concerted evolution)的状态。当 rDNA 重复序列位于不止一条染色体上时,在不同染色体的同源序列间就可能发生相互重组(reciprocal recombination)或基因转换,结果导致位于不同染色体上的 rDNA 序列的同质化,这种现象不仅发生在二倍体基因组的不同染色体之间,也发生在多倍体基因组中不同基因组组分的染色体之间。由于同质化的结果是把所有同源都转化成了同一种类型,其他类型祖先 DNA 的功能就不可能在多倍体基因组中正常表现。因而,这种基于重复序列的相互作用而发生的同质化过程也是导致多倍体基因组中基因沉默现象的一个重要因素,所不同的是在这种情况下,有功能的、正常表达的基因的拷贝数并没有因有些类型拷贝的沉默而减少,而是一种类型的拷贝取代了所有其他类型的拷贝并正常表达。

值得注意的是,重复基因的相互作用有可能导致 DNA 序列的同质化,但与此同时也可能导致产生一些意想不到的、二倍体祖先所不具有的新的遗传特点。在毛茛科的 *Paeonia* 属和菊科的 *Microseris* 属植物的多倍体基因组中就都曾发现有新的不同于二倍体祖先类型的 rDNA 出现,在烟草异源四倍体基因组(SSTT)中也曾发现有两个重组的 cDNA 克隆,它们兼有两个亲本基因组的序列特点,因而很可能是由来自不同基因组的重复序列通过基因转化过程而产生的。这些新的等位有可能具有不同于祖先类型的功能特点,因而对多倍体适应性发展具有潜在的意义。

2.4.5 多倍体进化研究方法的更新

早在 20 世纪 20—30 年代,生物学家们就对植物多倍体进行了大量的研究(Stebbins,1971)。由于当时研究方法的限制,只能在外部形态、生化特性等方面对多倍体植物进行一些记录和观察。直到 20 世纪 60 年代,随着实验技术的发展,各种染色体技术的建立,人们对多倍体的研究也从形态学研究转为细胞学研究,为探讨多倍体的起源与进化积累了大量的资料(洪德元,1990)。20 世纪 80 年代以后,随着细胞遗传学与分子生物学技术(如原位杂交、序列分析等)的发展,以及与生物统计学相结合而产生的分支分析方法(cladistic analysis)在植物分子系统学中的应用,使得植物系统与进化这一生物学中最古老的研究领域再次获得了新生。如前所述,过去研究分类和进化主要是依据生物体的形态,并辅以生理特征来探讨生物间亲缘关系的远近。现在,反映不同生命活动中更为本质的核酸、蛋白质序列间的比较,已被大量用于重建植物的系统发育树(陈之端等,1998)。相对而言,基因序列的进化速率较慢,反映了物种的长期进化,同时基因序列会记录下它们父母本杂交的痕迹和进化历史。植物体内含有三套基因组:叶绿体基因组、线粒体基因组和核基因组。这三套基因组在植物进化中的速率不同,线粒体基因的进化速率最慢,不到叶绿体基因进化速率的 1/3,而叶绿体基因的进化速率不到核基因的 1/2(Wolfe 等,1987)。在植物中,由于线粒体基因序列的高度保守性及结构上极高的重排率,加之在植物组织中拷贝数低,限制了其在植物系统学上的应用。叶绿体基因在大多数被子植物中是母系遗传的,可以推知母本供体和它们的系统发育关系(Ge 等,1999;Redinbaugh 等,2000;Mason-Gamer 等,2002)。然而,叶绿体基因属于单亲遗传,而种间杂交常常是双向的(Grant,1981),基于叶绿体基因的系统发育研究往往不能反映物种间的进化方向。核基因是双亲遗传的,不能区分单亲的贡献。因此,选择合适的核基因和叶绿体基因开展研究将告诉我们多倍体物种的父母本以及它们在进化中发生的其他历史事件(Wendel 等,1998)。在此基础上,人们对植物杂交多倍化这一现象进行了广泛而深入的研究(Soltis 等,1993;Soltis 等,2003;Wood 等,2009),取得了一些令人鼓舞的进展。

参考文献

[1] 陈之端,冯旻.植物系统发育学进展.北京:科学出版社,1998.

[2] 龚汉雨.山羊草属异源多倍体植物基因组进化研究.硕士学位论文.武汉:武汉大学,2005.

[3] 郝建华,强胜.无融合生殖——无性种子的形成过程.中国农业科学,2009,42(2):377-387.

[4] 洪德元.植物细胞分类学.北京:科学出版社,1990.

[5] 李娜,印丽萍,郭水良.高粱属4种植物的核型及其与入侵性关系探讨.植物检疫,2009,23(6):6-9.

[6] 李再云,华玉伟,葛贤宏,等.植物远缘杂交中的染色体行为及其遗传与进化意义.遗传,2005,27(2):315-324.

[7] 刘全兰.小麦族披碱草属(*Elymus* L.)的分子系统发育与进化研究[D].博士学位论文.上海:复旦大学,2005.

[8] 米福贵,Barre P,Mousset C,等.羊茅黑麦草种群研究进展及前景展望.中国草地,2001,23(1):54-61.

[9] 唐燕琼,吴紫云,刘国道,等.柱花草种质资源研究进展.植物学报,2009,44(6):752-762.

[10] 杨继.植物多倍体基因组的形成与进化.植物分类学报,2001,39(4):357-371.

[11] 赵世绪.无融合生殖与植物育种.北京:北京农业大学出版社,1990.

[12] 周奕华,陈正华.分子标记在植物学中的应用及前景.武汉植物学研究,1999,17(1):75-86.

[13] Bagavathiannan M V,Julier B,Barre P,*et al*. Genetic diversity of feral alfalfa(*Medicago sativa* L.)populations occurring in Manitoba,Canada and comparison with alfalfa cultivars:an analysis using SSR markers and phenotypic traits. Euphytica,2010,173(3):419-432.

[14] Boldrini K R,Micheletti P L,Gallol P H,*et al*. Origin of a polyploid accession of Brachiaria humidicola(Poaceae:Panicoideae:Paniceae). Genetics and Molecular Research,2009,8(3):888-895.

[15] Brochmann C,Brysting A K,Alsos I G,*et al*. Polyploidy in arcticplants. Bot J Linn Soc,2004,82:521-536.

[16] Caetano-Anollés G. Evolution of genome size in the grasses. Crop Science,2005,45:1809-1816.

[17] Cannon S B,Lieven S,Stephane R,*et al*. Legume genome evolution viewed through the Medicago truncatula and Lotus japonicus genomes. Proceedings of the National Academy of Sciences of the USA,2006,103(40):14959-14964.

[18] Simioni C,Schifino-Wittmann M T,Dall'Agnol M. Sexual polyploidization in red clover. Scientia Agricola,2006,63(1):26-31.

[19] Catalán P,Torrecilla P,López R J A,*et al*. Phylogeny of festucoid grasses of subtribe Loliinae and allies(Poeae,Pooideae)inferred from ITS and *trn*L-F sequences. Molecular

Phyogenetics and Evolution,2004,31:517-541.

[20]Comai L. Genetic and epigenetic interactions in allopolyploid plants. Plant Molecular Biology,2000,43:387-399.

[21]Dewey D R. The genomic system of classification as a guide to intergeneric hybridization with the perennial Triticeae. In:Gustafsen J P. Gene Manipulation in plant improvement. New York:Plenum Press,1984:209-279.

[22]Dominique R,Wayne W H,Peggy O A. Is supernumerary chromatin involved in gametophytic apomixis of polyploidy plants?. Sex Plant Reprod,2001,13:343-349.

[23]Ferris D G. Evolutionary differentiation in *Lolium* L(ryegrass)in response to mediterrerean-type climate and changing farming systems of Western Australia. Ph. D. thesis. Perth,Australia:School of Plant Biology,Faculty of Natural and Agricultural Sciences,University of Western Australia,2007.

[24]Gaut B S. Evolutionary dynamics of grass genome. New Phytologist,2002,154:15-28.

[25]Grant V. Plant Speciation. New York:Columbia University Press,1981.

[26]Humphreys M W,Thomas H M,Morgan W G,*et al*. Discriminating the ancestral progenitors of hexaploid *Festuca arundinacea* sing genomic *in situ* hybridization. Heredity,1995,75:171-174.

[27]Husband B C. Constraints on polyploid evolution:a test of the minority cytotype exclusion principle. Proceedings of the Royal Society of London:Part B,2000,267(1):217-223.

[28]Husband B C,Schemske D W,Burton T L,*et al*. Pollen competition as a unilateral reproductive barrier between sympatric diploid and tetraploid *Chamerion angustifolium*. Proceedings of the Royal Society of London:Part B,2002,269(1509):2565-2571.

[29]Husband B C. The role of triploid hybrids in the evolutionary dynamics of mixed-ploidy populations. Biological Journal of the Linnean Society,2004,82(4):537-546.

[30]John G C. Asynchronous expression of duplicate genes in angiosperms may cause apomixis,bispory,tetraspory,and polyembryony. Biological Journal of Linnean Society,1997,61:51-94.

[31]John N T,Kurt F M. Evolution of polyploidy and the diversification of plant-pollinator interactions. Ecology,2008,89(8):2197-2206.

[32]Julier B,Meusnier I. Alfalfa breeding benefits from genomics of medicago truncatula. Field and Vegetable Crops Research,2010,47:395-402.

[33]Kellogg E A,Bennetzen J L. The evolution of nuclear genome structure in seed plants. American Journal of Botany,2004,91:1709-1725.

[34]Kellogg E A. Relationships of cereal crops and other grasses. Proceedings of the National Academy of Sciences of the USA,1998,95:2005-2010.

[35]Mason-Gamer R J,Orme N L,Anderson C M. Phylogenetic analysis of North American *Elymus* and the monogenomic Triticeae(Poaceae)using three chloroplast DNA data sets. Genome,2002,45(1):91-102.

[36] Mason-Gamer R J, Weil C F, Kellogg E A. Granule-bound starch synthase: structure, function, and phylogenetic utility. Molecular Biology and Evolution, 1998, 15(12): 1658-1673.

[37] Mason-Gamer R J. Origin of North American *Elymus* (Poaceae: Triticeae) allotetraploids based on granule-bound starch synthase gene sequences. Systmatic Botany, 2001, 26(4): 757-768.

[38] Mason-Gamer R J. Reticulate evolution, introgression, and intertribal gene capture in an allohexaploid grass. Systematic Biology, 2004, 53(1): 25-37.

[39] Meimberg H, Rice K J, Milan N F, et al. Multiple origins promote the ecological amplitude of allopolyploid *Aegilops* (*Poaceae*). American Journal of Botany, 2009, 96(7): 1262-1273.

[40] Munzbergova Z. Population dynamics of diploid and hexaploid populations of a perennial herb. Ann. Bot., 2007, 100: 1259-1270.

[41] Otto S P. The Evolutionary Consequences of Polyploidy. Cell, 2007, 131: 452-462.

[42] Polyploidy workshop of Plant and Animal Genome XV Conference. Polyploidy: genome obesity and its consequences. New Phytologist, 2007, 174: 705-707.

[43] Price H J, Dillon S L, Hodnett G, et al. Genome evolution in the genus Sorghum (Poaceae). Annals of Botany, 2005, 95: 219-227.

[44] Ramsey J, Schemske D W. Pathways, mechanisms, and rates of polyploidy formation in flowering plants. Annu Rev Ecol Syst, 1998, 29: 467-501.

[45] Santoni S, Ronfort J. Domestication history in the Medicago sativa species complex: inferences from nuclear sequence polymorphism. Mol. Ecol., 2006, 15: 1589-1602.

[46] Smarda P, Bures P, Horová L, et al. Genome size and GC content evolution of Festuca: ancestral expansion and subsequent reduction. Annals of Botany, 2008, 101: 421-433.

[47] Soltis D E, Soltis P S, Tate J A. Advances in the study of polyploidy since *Plant speciation*. New Phytologist, 2003, 161(1): 173-191.

[48] Soltis P S, Soltis D E. The role of genetics and genomic attributes in the success of polyploids. Proceeding of the National Academy of Sciences of the USA, 2000, 97(13): 7051-7057.

[49] Stebbins G L. Types of polyploidy: their classification and significance. Advances in Genetics, 1947, 1: 403-429.

[50] Sun G L, Bjørn S. Molecular evolution and origin of tetraploid *Elymus* species. Breeding Science, 2009, 59: 487-491.

[51] Wood T E, Takebayashi N, Barker M S, et al. The frequency of polyploid speciation in vascular plants. Proceeding of the National Academy of Sciences of the USA, 2009, 106(3): 875-879.

[52] Wendel J F. Genome evolution in polyploids. Plant Molecular Biology, 2000, 42(1): 225-249.

[53] Wood T E, Takebayashi N, Barker M S, et al. The frequency of polyploid speciation in vascular plants. Proceedings of the National Academy of Sciences, 2009, 106: 13875-13879.

第3章

牧草多倍体与种质创新

孙 娟[*]

牧草种质资源,又称牧草遗传资源,是牧草新品种选育的物质基础。种质资源的类型很多,一般可按其来源、生态类型、亲缘关系、育种实用价值进行分类,从遗传育种的角度看,按亲缘关系与育种实用价值进行分类较为合理。按亲缘关系可将种质资源分为初级、次级和三级基因库;按育种实用价值可分为地方品种、主栽品种、原始栽培类、野生近缘种和人工创造的种质资源五类。这些类型种质资源中的关键性种质材料的发掘与利用是牧草育种取得重大突破的前提和保障,为了增加现有牧草种质的遗传多样性和拓展基因库,人们利用各种变异(自然的或人工的),通过人工选择的方法,根据不同目的而创造出的新作物、新品种、新类型、新材料,这称为种质创新,是种质资源有效利用的前提和关键,是牧草遗传育种发展的基础和保证。种质创新的方向是充分利用植物生物技术和分子生物学的原理和方法,创造和利用新的种质。

种质创新在我国牧草育种中主要是针对我国牧草种质资源存在的优良牧草种质资源数量少、创新方法单一、牧草品种区域试验体系缺乏、良种繁育体系不健全、牧草品种良种没有产业化等问题,通过野生牧草种质资源收集、整理、驯化,利用辐射诱变育种和多倍体育种技术,常规育种手段与分子生物学技术相结合等途径实现。本专题以苜蓿属、三叶草属、百脉根属牧草的倍性育种与种质创新为例,阐述了我国主要豆科牧草的倍性育种与种质创新的现状与发展趋势。

3.1 牧草种质的概念及划分

牧草种质资源(forage germplasm resources),也叫牧草遗传资源(forage genetic resources),是指所有牧草物种及其可遗传物质的总和(徐柱等,2000)。牧草种质资源是长期演

---

[*] 作者单位:青岛农业大学动物科技学院,山东青岛,266109。

化过程中,由于突变、基因交流、隔离和生态遗传分化,经自然选择和人工选择而形成的(将尤泉,1995)。种质资源是新品种选育最重要的物质基础,纵观植物育种的发展历史,每一次重大突破无一不得益于关键性种质材料的发掘与利用。因此,运用相关学科理论和方法技术,对牧草资源全面的调查搜集和研究分析,发现并创造有价值的牧草种质资源,为草地农业、畜牧业以及生态建设事业提供有价值的种质材料;并对种质材料的遗传多样性和种质资源进行安全保存,这对牧草种质资源的有效保存和永续利用具有重要意义。

我国幅员辽阔,草原广袤,地跨5个气候带或亚带,生态环境复杂,草原类型多样,拥有18个气候植被类型、53个经济类群组、824个草地型,孕育了6 700余种牧草和饲用植物,分属5个植物门、246个科、1 545个属,约占中国植物总数的25%。其中,我国特有种7科100属320种,主要栽培牧草的野生种及野生近缘种7科61属102种(包括亚种、变种和变型)。我国目前已收集和保存草种质材料25 375份,分属82科478属1 420种。其中,全国畜牧总站牧草种质资源保存利用中心(北京),即牧草种质中心库保存草种质材料18 025份;温带草种质备份库保存草种质材料7 712份;热带草种质备份库保存草种质材料2 870份。此外,资源圃田间无性材料保存12科35属69种588份;离体保存草种质材料482份。草地类保护区主要保护105科568属1 643种。

在国家攻关、科研基础专项、农业部重点项目及国家自然科技资源平台建设等项目的支持下,我国研究人员先后在全国牧草种质资源调查、品种资源搜集、保存技术研究、遗传多样性研究、农艺性状及抗性评价鉴定、优良品种筛选利用等方面取得了一定的进展:完成牧草种质农艺性状评价鉴定18 783份,抗性评价鉴定4 872份;新发现或人工创造的牧草育种材料有38个属69个种96份材料。1987—2010年通过全国草品种审定委员会审定登记的草品种434个,其中,育成品种161个,地方品种49个,国外引进品种138个,野生栽培品种86个,在生产中发挥了明显的经济效益、社会效益和生态效益。

牧草种质资源的类型、来源很多,为了便于研究与利用,有必要加以分类。一般可按其来源、生态类型、亲缘关系、育种实用价值进行分类,其中按亲缘关系与育种实用价值进行分类对遗传育种更具有指导作用。

3.1.1 按亲缘关系分类

Harlan等(1971)按亲缘关系,即按彼此间的可交配性与遗传重组的难易程度,将作物改良利用的种质资源分为三级基因库。随着转基因技术等现代生物技术的日益普及,牧草种质资源范围的划分进一步扩大,出现了四级基因库,也称基因海洋。

3.1.1.1 初级基因库(primary gene pool, GP-1)

初级基因库由生物学种内的亚种、自然变种、地方品种、栽培品种等构成,库内种质材料间能相互杂交,正常结实,无生殖隔离,杂种可育,染色体配对良好,容易实现遗传重组。如紫花苜蓿(*Medicago sativa* L.)与黄花苜蓿(*M. falcata* L.)(云锦凤,2001)。

3.1.1.2 次级基因库(secondary gene pool, GP-2)

以初级基因库内的种质为主体,次级基因库是指能与初级基因库的种质进行杂交,能实现遗传重组,但存在一定的生殖隔离,杂交不实或杂种不育,可借助胚挽救等技术实现部分育性。如大麦(*Hordeum vulgare* L.)与球茎大麦(*H. bulbosum* L.)的种间杂交。

我国育种学家鲍文奎等利用普通小麦与黑麦杂交,人工合成了新物种八倍体小黑麦,且增产效果显著。中国科学院西北植物研究所李振声等利用普通小麦与长穗偃麦草(*Elytrigia elongata*)杂交,育成了小偃麦6号等系列丰产抗病的新品种。

前苏联科学院植物园利用小麦与冰草(现归入偃麦草属,即 *Elytigia*)杂交,获得了多年生小麦新品种——小冰麦(*Ttriticum agropyrotriticum* ssp. *perenne* Cicin)。这种多年生小冰麦的特点是再生性强,一年可以刈割2~3次,收获籽粒后还能再生,长出的再生草可以作为干草收获,兼备籽粒和饲料的双重用途,干草粗蛋白质含量高达12%。同时,该小麦还具有抗寒、早熟等特点(张新全,2004)。

3.1.1.3 三级基因库(tertiary gene pool,GP-3)

以初级基因库内的种质为主体,三级基因库是潜在的可利用的遗传资源的外限。GP-1与GP-3种质的亲缘关系较远,由于合子形成前的障碍,彼此间杂交部分或完全不实,杂种不育现象更明显,遗传重组困难。如紫花苜蓿的三级基因库包括36个一年生苜蓿属植物种的种质,与紫花苜蓿之间不能产生可育后代。

3.1.1.4 四级基因库(quaternary gene pool,GP-4)

以初级基因库内的种质为主体,四级基因库是潜在的可利用的遗传资源的极端外限。可利用原生质体融合和转基因技术产生杂交F_1代。

3.1.2 按育种实用价值分类

3.1.2.1 地方品种

地方品种一般指在局部地区内栽培的品种,多未经过现代育种技术的遗传修饰,所以又称农家品种。其中有些材料虽有明显的缺点但具有稀有可利用特性,如特别抗某种病虫害、特别的生态环境适应性、特别的品质性状以及一些目前看来尚不重要但以后可能特别有价值的特殊性状。例如,北京黑豆曾经被作为抗源,通过育种控制了美国大豆孢囊线虫病的危害(王晓,1983)。从20世纪50年代开始,经过大量的引种试验、评比、筛选,进而评选出一大批适应当地生态条件的地方品种,如苜蓿属(*Medicago* L.)中新疆和田苜蓿(*Medicago sativa* cv. hetian)、河北蔚县苜蓿(*Medicago sativa* cv. yuxian)、山西晋南苜蓿(*Medicago sativa* cv. jinnan)、陕西关中苜蓿(*Medicago sativa* cv. guanzhong)等;南方引种筛选出柱花草(*Stylosanthes gracilis* H. B. K.)、白三叶(*Trifolium repens* L.)、多年生黑麦草(*Lolium perenne* L.)、岸杂一号狗牙根[*Cynodon dactylon*(L.)Pers]、大翼豆(*Phaseolus atropureus* var. Siratro)、坚尼草(*Panicum maximum* Jacquin)、宽叶雀稗(*Paspalum wetsfeteini* Hackel)等(云锦凤,2001)。

3.1.2.2 主栽品种

主栽品种指那些经现代育种技术改良过的品种,包括自育或引进的品种。由于其具有较好的丰产性与较广的适应性,一般被用作育种的基本材料。如东北地区的羊草、苜蓿、沙打旺(*Astragalus adsurgens* Pall.)、胡枝子(*Lespedeza bicolor* Turcz.)栽培区;内蒙古高原地区的苜蓿、沙打旺、老芒麦(*Eymus sibiricus* Linn.)、蒙古岩黄芪(*Hedysarum mongolicum* Turcz.)栽培区;黄淮海地区的苜蓿、沙打旺、无芒雀麦(*Bromus inermis* Leyss.)、苇状羊茅(*Festuca arundinacea* Schreb.)栽培区;黄土高原地区的苜蓿、沙打旺、小冠花(*Coronilla varia* L.)、无芒雀麦栽培区;长江中下游地区的白三叶、黑麦草、苇状羊茅、雀稗(*Paspalum scrobiculatum* L.)栽培区;华南地区的宽叶雀稗(*Paspalum wetsfeteini* Hackel)、卡松古鲁狗尾草(*Setaria anceps* Stapf)、大翼豆、银合欢(*Leucaena leucocephala* (Lam.) de Wit)栽培区;青藏高原地区的老芒麦、垂穗披碱草(*Elymus mutans* Griseb.)、中华羊草、苜蓿栽培区;新疆地区的苜蓿、无芒雀麦、老芒麦、木地肤(*Kochia prastrata* Schrab.)栽培区(陈宝书,2004)。

3.1.2.3 原始栽培类型

原始栽培类型指具有原始农业性状的类型,大多为现代栽培作物的原始种或参与种。多有个别优异性状,但不良性状遗传率高。现在存在的已很少,多与杂草共生,如小麦的二粒系原始栽培种、一年生野生大麦等。

3.1.2.4 野生近缘种

野生近缘种指现代作物的野生近缘种及与作物近缘的杂草,包括介于栽培类型和野生类型之间的过渡类型。这类种质资源常具有作物所缺少的某些抗逆性,可通过远缘杂交及现代生物技术转移入作物,如冰草属(*Agropyron* J. Gaertn.)作为小麦族重要的野生近缘种,一直受到包括牧草及作物育种家在内的许多学者的重视(云锦凤,2001)。另外,小麦属和山羊草属(*Aegilops* L.)、小麦(*Triticum aestivum* L.)与梭罗草[*Roegneria thoroldiana* (Oliv.) Keng]也是近缘植物。

3.1.2.5 人工创造的种质资源

人工创造的种质资源主要有杂交后代、突变体、远缘杂种及其后代、合成种等。这些材料多具有某些缺点而不能成为新品种,但有一些明显的优良性状。例如:小黑麦(*Triticosecale wittmack*)1B/1R 异位系就曾是世界上大面积种植的品种;小偃 759 是普通小麦与长穗偃麦草[*Elytrigia repens* (Linn.) Nevski]杂交产生的异附加系($2n=44$),它本身没有应用价值,但用它作亲本与小麦品种丰产 1 号杂交,育成了小偃 4 号等优良种(张新全,2004)。

3.1.3 种质创新

种质创新(germplasm enhancement)泛指人们利用各种变异(自然的或人工的),通过人工选择的方法,根据不同目的而创造出的新作物、新品种、新类型、新材料(刘旭,1999)。狭义的种质创新以杂交和远缘杂交为基本手段,实现遗传重组,或者利用基因突变形成具有特殊遗传特性的材料。在上述内涵之外,广义的种质创新还应包括种质拓展和种质改进。种质拓展指使种质具有较多的优良性状,如将高产与优质结合起来;种质改进泛指改进种质的某一性状。从种质资源的收集、评价与利用角度,种质创新一般是指其狭义概念。

参照刘旭(1999)的观点,种质创新可以根据应用目标分为两类:①以遗传学工具材料为主要目标的种质创新,如非整倍体材料、近等基因系的创建等;②以育种亲本材料为主要目标的种质创新,如褐色中脉的高粱与苏丹草杂交种等。种质创新的技术包括:①对自然变异材料进行驯化、培育和遗传改良。野生牧草种类繁多,分布范围广,是在一定自然条件下,经过长期的自然选择形成的,其对当地生态环境有高度的适应性和抗逆性,具有高产的潜力和广泛的变异,收集和开发牧草野生种质资源是种质创新的重要来源。②通过种内杂交、远缘杂交、组织培养、无性系变异、人工诱变、倍性育种等手段,创造新的变异类型。③利用生物技术手段,可以在科、族之间，甚至打破动物、植物和微生物的界限进行基因转移，操作更为精细，目标更为明确。例如，转 Bt 基因的单价抗虫棉，Bt 基因来自于苏云金芽孢杆菌。

3.2 苜蓿属(*Medicago*)多倍体与种质创新

苜蓿(*Medicago sativa*)被誉为"饲草之王"，在世界上的种植历史悠久，野生和栽培区域十分广泛，是最主要的豆科牧草。

3.2.1 苜蓿属染色体组及其倍性

苜蓿属含有约 99 个种，其中多年生种有 33 个，大多数为异花授粉植物，具有不同程度的自交不亲和性；一年生种有 66 个，多为自花授粉。染色体倍性以二倍体($2n=2x=16$)和同源四倍体($2n=4x=32$)为主，岩生苜蓿(*Medicago saxatilis* M. Bieb.)为异源六倍体($2n=6x=48$)，木本苜蓿(*Medicago arborea* L.S.)除有四倍体类型外，也有六倍体类型。而二倍体种缢缩荚苜蓿(*M. constricta* Durieu)、南苜蓿(*M. polymorpha* L.)、糙边苜蓿(*M. murex* Willd.)、卷荚苜蓿(*M. praecox* D.C.)、微硬苜蓿[*M. rigidula*(L.)All.]和 *M. riguloides* Small 的染色体基数为 7，$2n=2x=14$。苜蓿属 $x=7$ 的染色体组是由 $x=8$ 的染色体组经过染色体重组演变而成，可能是各自原有的 8 个基数染色体中的 2 条非同源染色体间发生易位整合，随后其中一条染色体的着丝点部位丢失，最终形成一条特别长的染色体，从而导致染色体基数由 8 变成 7。而对于缢索苜蓿而言，则可能是由 $x=7$ 的螺形苜蓿中的特长染色体发生次级重组，变成普通长度染色体演变而成。

绝大多数苜蓿属的一年生物种和近半数的多年生物种的体细胞染色体数是 $2n=16(2n=2x)$，即由 2 个 $x=8$ 的基因组组成，故称为二倍体。苜蓿属的天蓝苜蓿(*M. lupulina* L.)和近半数的多年生种(或亚种、变种和变型)具有 $2n=4x=32$ 类型，由 4 个 $x=8$ 的基因组组成，成为四倍体。四倍体紫花苜蓿已被若干遗传和细胞遗传学分析证明是由 4 个相同的 $x=8$ 的基因组组成的典型的同源四倍体。据 Bauchan 等(1984)报道，盾形苜蓿[*M. scutellata*(L.)Mill.]与澳大利亚皱纹苜蓿(*M. rugosa* Desr.)为 $2n=14$ 和 $2n=16$ 的二倍体种杂交后获得异源四倍体或双二倍体。方格苜蓿和岩生苜蓿 2 个多年生物种的体细胞染色体数是 $2n=48=2x+4x$，6 个染色体组是由两个相同的 $x=8$ 的基因组和 4 个相同的另一种 $x=8$ 的基因组组成，称为异源同源六倍体；多年生木本苜蓿则是由 6 个相同的 $x=8$ 的基因组组成，为同源六倍体。

20 世纪 80 年代，美国加利福尼亚大学的 Quiros 等在遗传学研究的基础上认为，紫花苜蓿(*M. sativa*)、黄花苜蓿(*M. falcata*)、胶质苜蓿(*M. glutinosa*)、杂花苜蓿(*M. varia*)和托那苜蓿(*M. tunetata*)之间均可进行天然杂交，应该合并为一个种，并于 1988 年提出了紫花苜蓿复合体(*M. sativa* L. complex)的概念。

卢欣石等(2009)认为我国有苜蓿属植物种数(包括亚种和变种)总计 46 个，其中野生多年生种数为 30 个，包含 12 个变种和 1 个亚种，一年生种 5 个，由国外引进且目前已经在国内保存繁殖的种数为 11 个。

3.2.2 苜蓿属内种间杂交

苜蓿种间杂交的开展是基于理论和应用两方面的需要。理论上,一个分类单位与另一个分类单位的杂交能力是它们之间亲缘关系远近的最好反映。育种上通过杂交可以不断地把苜蓿野生(或称外源、杂草类、非改良、非栽培)种质携带的许多优异性状基因导入栽培品种中,提高栽培苜蓿的抗生物或非生物逆境能力,扩展其栽培种植区域,改善其饲用品质。

栽培苜蓿的改良,主要途径是种间杂交。用不同基因型亲本材料进行有性杂交,获得杂交种,其后代经分离、重组创造出异质型群体,再经选择、比较、鉴定而育成新品种。通过有性杂交可以有目的地把双亲的优点结合到杂种当中,育成符合需要兼具双亲优良性状的新品种,甚至可以育成某些数量性状超出双亲的新品种。栽培苜蓿改良的难易程度决定于它与苜蓿属其他分类单位间关系的远近。紫花苜蓿复合体包含了苜蓿属主要的多年生栽培种类型,这些类型包括二倍体和四倍体种,种间基因均能自由交换,当二倍体型加倍成为四倍体型时,也能容易地与天然四倍体种杂交成功,并产生结实后代。与紫花苜蓿栽培种相比,分布在欧亚大陆的野生黄花苜蓿、杂花苜蓿具有高度的耐寒、抗旱、耐贫瘠和耐牧性,在西藏的杂花苜蓿种质甚至能够适应 5 000 m 的高海拔。通过黄花苜蓿与紫花苜蓿杂交,育成了草原 1 号、草原 2 号和新牧 1 号、新牧 3 号,以及甘农 1 号和图牧 1 号等杂花苜蓿品种,与紫花苜蓿相比,抗寒性显著提高。

紫花苜蓿复合体外的任何苜蓿属植物与栽培苜蓿进行种间杂交,根据亲缘关系的远近均会遇到不同程度的杂交障碍,如染色体倍性水平不一致、染色体重排、非致死性叶绿素缺乏、花粉管生长缓慢和难以结实等。通过 $4x$-$2x$ 杂交产生的三倍体,作为二倍体和四倍体之间杂交和遗传物质重组的桥梁,并且也可作为这两个水平和六倍体之间的桥梁,通常作为染色体操纵的最有用的倍数性水平。总的来说,四倍体紫花苜蓿植株比二倍体高大、生长势、繁殖能力、饲草产量和对胁迫的耐受力均超过二倍体,将农艺性状和繁殖能力最好地结合在了一起,是最适合栽培的紫花苜蓿的倍性水平。

3.2.3 苜蓿属与其他近缘属间杂交

与苜蓿属内一些种能杂交成功的近缘属包括扁蓿豆属(*Melissitus*)、胡卢巴属(*Trigonella*)、黑荚豆属(*Turukbania*)。目前对这些属的分类学划分和归属还存在争议,但从种质资源利用与创新角度分析,这些近缘种具有重要作用。王殿魁等(2008)报道,1976—1992 年,通过辐射诱变处理二倍体扁蓿豆(*Melissutus ruthenicus*)和四倍体苜蓿肇东苜蓿(*Medicago sativa*)种子,成功实现属间远缘杂交,并获得可育后代。培育成功正反交两个异源四倍体苜蓿新品种:龙牧 801 苜蓿和龙牧 803 苜蓿,1992 年经全国牧草品种审定委员会审定登记。龙牧 801 苜蓿具有抗寒(−45~−35℃)、耐盐碱性(pH 8.16)、再生性好等特点,在松嫩、三江平原地区每年刈割 2 次,干草产量达 6 000~8 000 kg/hm²。龙牧 803 品种的抗性与龙牧 801 品种相近,干草产量略高,达 10 000~ 12 000 kg/hm²。此外,克服苜蓿属内种间或属间杂交障碍的方法还有:利用秋水仙碱处理使染色体数目加倍,把杂交双亲调整在相同倍性水平进行,或把不育的杂种恢复育性;利用植物激素,如在授粉后把赤霉酸注射于花梗或总花梗,使杂种荚能够保留足够长的时间以便发育出成熟的种子,同时也可能刺激花粉管的生长利于受精;利用组织培养,进行离体授粉、杂种胚拯救、杂种子房-胚培养等。

3.3 三叶草属(*Trifolium*)多倍体与种质创新

3.3.1 三叶草属染色体组及其倍性

根据 Zohary 等(1984)提出的三叶草属分类体系,三叶草属共有约 222 个种,以一年生或越年生为多,有 137 个,多年生长寿命种数为 85 个。染色体倍性以二倍体($2n=2x=16$)和四倍体($2n=4x=32$)为主,还包括有六倍体($2n=6x=48$)类型。三叶草属是豆科牧草当中染色体构成变化最大的一个属,80%的种染色体基数为 8,15% 为 7,2% 为 6,3% 为 5,相似地,三叶草也存在 $2n=2x=14$。在 $x=8$ 和 $x=7$ 的基数上,存在多倍体,类型包括 $2n=10,12,14,16$, 28,32,48,64,72,80 和 120。生产上最为常用的是红三叶(*T. pratense*)和白三叶(*T. repens*),此外常用的种依次为绛三叶(*T. incarnatum*)、箭叶三叶草(*T. vesiculosum*)、杂三叶(*T. hybridum*)、地三叶(*T. subterraneum*)、玫瑰三叶草(*T. hirtum*)、埃及三叶草(*T. alexandrinum*)、中间三叶草(*T. medium*)、拉帕三叶草(*T. lappaceum*)、球花三叶草(*T. nigrescens*)、草莓三叶草(*T. fragiferum*)、库拉三叶草(*T. ambiguum*)、波斯三叶草(*T. resupinatum*)和小胡普三叶草(*T. dubium*)等(Taylor 等,1996)。在上述栽培利用种当中,白三叶、杂三叶、球花三叶草和库拉三叶草为三叶草属 *Lotoidea* Crantz. 组,而红三叶、绛三叶、埃及三叶草和玫瑰三叶草属于三叶草属 *Triolium* 组。

红三叶为二倍体,其染色体数目为 $2n=2x=14$。而闫贵兴等(1989)报道,红三叶有两个染色体基数($x=7$ 或 8),其中国外人工诱导培育的四倍体品种,染色体基数为 8。

白三叶为四倍体,染色体数目为 $2n=4x=32$,该核型由 11 对中部、5 对近中部着丝点染色体组成,其中第 6 对染色体短臂具有随体。最长染色体与最短染色体的比值为 1.65,属于 2A 核型,核型公式为 $2n=4x=22m+10sm(2SAT)$(张赞平等,1993)。

3.3.2 三叶草属的杂交及倍性育种

三叶草育种的迫切任务是育成叶片细小、植株低矮、种子产量高,并且具有抗病和抗逆性的品种。为了实现这一目标,种间远缘杂交是牧草育种的重要方法之一,它可以实现中间的基因交流,综合其优良性状,可以把野生类型有价值的特征和特性导入栽培植物,从而提高其抗性和产量。

三叶草远缘杂交的困难主要表现在杂交不易成功、杂种生活力弱、不育或者育性低等。早在 20 世纪 60 年代,美国肯塔基大学就对三叶草进行了不同倍数水平(二倍体和四倍体)、不同生育年限(多年生和一年生)等的种间远缘杂交,但杂种不育。前苏联所进行的不同染色体倍数的三叶草间的杂交,除了一个组合有育性外,其余均不育或者部分可育。

为克服三叶草种间杂交的不可交配性和杂种不实,目前国外主要采用将三叶草的二倍体加倍成多倍体后再进行杂交或者以染色体倍数高的作为母本进行杂交。例如,前苏联饲料研究所的威廉斯,曾用加倍四倍体红三叶($2n=28$)与加倍的展枝三叶草($2n=32$)杂交,获得了 $2n=30$ 的有生命力的双倍体杂种,其形态学特征、发育速度和化学成分等均处于双亲之间,并具有很高的可育性。

为了解决三叶草种间杂交的失败,美国和英国等国家的科学家们正在利用细胞融合技术培育三叶草的种间杂种。利用细胞壁降解酶,从三叶草属的根系中分离出原生质体。

在进行种间杂交的同时,前苏联曾利用优良品种同野生红三叶、不同生态型的三叶草以及地理上远缘的不同品种进行了大量的近缘的品种间杂交,培育出品种间杂交种,其鲜草产量较对照组品种提高 24.5%～43.2%。

三叶草的多倍体育种开始于 20 世纪 50 年代中后期,其中最有成效的为红三叶的四倍体。在前苏联培育出染色体基数为 7 的四倍体红三叶($2n=4x=28$)的基础上,西欧以及美国培育出染色体基数为 8 的四倍体红三叶($2n=4x=32$)。四倍体的红三叶具有抗病、长寿、高产等诸多优点,如全苏饲料研究所培育的四倍体红三叶的单株平均产量较对照高 62.2%～83.0%,蛋白质含量较对照高 1.0%～1.7%,维生素的含量较对照低 1.0%～3.7%,胡萝卜素较对照高 51.6%～133.2%。

现在广泛推广用秋水仙素处理发芽种子或幼苗的方法,在浓度为 0.01%～0.25% 秋水仙素的水溶液中处理 2～6 h。为了获得多倍体,也可用氮的亚氧化物 N_2O,当三叶草花朵授粉 1 d 后,在大气压强 0.6 Pa 下用 N_2O 处理 24 h,此法可以获得 100% 的四倍体植株。

此外,还可以通过有性多倍体的方法获得四倍体红三叶。Parrott 等(1981)报道了通过 $2n$ 配子获得四倍体的方法。利用 $2n$ 配子获得四倍体植株,要求产生 $2n$ 配子的频率相当高,为此他们在室温条件下采用三次轮回表型选择的方法,提高每株产生 $2n$ 花粉的频率,用 $2n$ 花粉和 $2n$ 卵子结合产生四倍体红三叶。采用 $2n$ 配子获得四倍体红三叶比用秋水仙素或 N_2O 处理的成功率低,但是它的优势是四倍体植株生长健壮,可育性高。四倍体白三叶还可以通过人工诱导获得更高倍性的材料。利用 0.05% 秋水仙素、20℃ 条件下,处理种子 10 h,枝条 60 h,可以获得相当于 2.7% 和 13.3% 的八倍体白三叶,当用 0.2% 的秋水仙素点滴每天 3 次,每次 2 滴,共处理 6 d 生长点时,则可获得 18% 的多倍体白三叶。

四倍体红三叶具有优良的农艺性状,也存在花粉可育性低、结实率低、花粉管过长不利于授粉以及产生非整倍体等诸多问题。前苏联饲料研究所为改进四倍体红三叶结实率低的问题,采用当地选育的四倍体同来自瑞典的四倍体红三叶进行地理远缘杂交方法,经过三代的选择,使四倍体红三叶结实性由 4.5%～6.2% 提高到 45.1%～67.8%;短管状花有利于蜜蜂传粉,通过采用多次混合选择方法,使四倍体三叶草的管状花长度接近二倍体。

参考文献

[1] 蔡化. 湖北省野生牧草现状及利用. 湖北畜牧兽医,2004,5:50-53.

[2] 陈宝书. 牧草饲料栽培学. 2 版. 北京:中国农业出版社,2004:17-21.

[3] 陈晨,乔代蓉,白林含,等. 农杆菌介导的杜氏盐藻 Dscbr 基因转化紫花苜蓿的初步研究. 四川大学学报:自然科学版,2005,42(3):567-570.

[4] 陈定如,陈学宪. 海南岛野生牧草资源调查. 华南师范学院学报:自然科学版,1981,2:

23-39.

[5]冯璎,潘伯荣,周斌.新疆禾本科牧草种质资源及区系组成.草业科学,2003,20(10):7-9.

[6]耿慧.吉林省牧草育种工作初探.吉林畜牧兽医,2005,2:18-19.

[7]何茂泰,于林清.牧草生物技术的研究及实用化前景.生物工程进展,1997,17(2):63-64,71.

[8]何新天.中国草种质资源保护回顾与展望.2010牧草、草坪草、能源草种质资源保护及利用国际会议论文集,2010,陕西杨凌.

[9]郇树乾,刘国道,张绪元.我国热带牧草种质资源的收集、保存与利用现状.草业科学,2005,22(3):5-7.

[10]江玉林,曹致中.牧草遗传工程研究新进展.国外畜牧学:草原与牧草,1998,2:5-9.

[11]蒋尤泉.我国牧草种质资源研究的成就与展望.中国草地,1995(1):42-45.

[12]颉红梅,郝冀方,卫增泉,等.重离子束对牧草的改良.辐射研究与辐射工艺学报,2004,22(1):61-64.

[13]李红.诱变育成沙打旺早熟品种的研究.黑龙江畜牧兽医,1997,6:21-22.

[14]李志勇,宁布,杨晓东,等.内蒙古牧草种质资源的收集保存.内蒙古草业,2004,16(3):1-2.

[15]刘国道.海南饲用植物志.北京:中国农业大学出版社,2000.

[16]刘旭.种质创新的由来与发展.作物品种资源,1999:1-4.

[17]卢欣石.苜蓿属植物分类研究进展分析.草地学报,2009,17(5):680-685.

[18]罗希明,赵桂兰,谢雪菊,等.沙打旺原生质体培养再生植株.遗传学报,1991,18(3):239-243.

[19]马小波,刘国栋,张传云,等.农作物种质创新的目标与方向.安徽农学通报,2007,13(6):82-83.

[20]苏加楷.中国牧草新品种选育的回顾与展望.草原与草坪,2001,4:3-8,16.

[21]唐成斌,刘世凡,莫本田,等.贵州主要优良野生禾草种质资源考察与搜集.中国草地,1997,3:31-35,54.

[22]王德利,林海俊,金晓明.吉林西部草原牧草资源的生物多样性研究.东北师范大学学报:自然科学版,1996,3:103-107.

[23]王殿魁,李红,罗新义.扁蓿豆与紫花苜蓿杂交育种研究.草地学报,2008,16(5):458-465.

[24]王柳英.青海省牧草种质资源研究现状、问题及对策.青海畜牧兽医杂志,2002,32(5):27-28.

[25]王铁梅,张静妮,卢欣石.我国牧草种质资源发展策略.中国草地学报,2007,29(3):104-108.

[26]王晓.作物品种资源研究工作概论.作物品种资源,1983(2):2-10.

[27]危晓薇,蔡丽娟,李仁敬.紫花苜蓿组织培养及其再生植株.新疆农业科学,1992(2):73-75.

[28]翁频,陈亮,陈睦传,等.农杆菌介导牧草蔗42遗传转化体系的建立.厦门大学学报:

自然科学版,2002,41(5):536-540.

[29]吴仁润.我国苜蓿种质资源现状及其开发、利用和选育的展望.草与畜,1990,3:3-7.

[30]肖凤,闵继淳,龙万春,等.新雀1号无芒雀麦新品种(*Bromus inermis Leyss. cv. Xinque No. 1*)的选育.新疆农业大学报,1998,21(2):128-133.

[31]肖荷霞,王瑛,高峰,等.外植体及激素对 SAN-DITI 紫花苜蓿愈伤组织诱导和分化的影响.河北农业大学学报,2003,26(4):47-52,49.

[32]徐柱,王照兰,肖海俊.中国牧草种质资源研究利用及牧草种子.中国草地,2000(1):73-76.

[33]徐柱,王照兰,肖海俊.中国牧草种质资源研究利用及牧草种子生产.中国草地,2000(1):73-76.

[34]徐柱.怎样从根本上治理被破坏的草地.中国牧业通讯,2004,(15):50-51.

[35]于林清,云锦凤.中国牧草育种研究进展.中国草地,2005,3:61-64.

[36]云锦凤.牧草及饲料作物育种学.北京:中国农业出版社,2001:3-4.

[37]张金孝,李科云.湖南牧草种质资源剖析.四川草原,2004,11:39-41.

[38]张新全,张锦华,杨春华,等.四川省牧草种质资源现状及育种利用.四川草原,2002,1:6-9.

[39]张新全.草坪草育种学.北京:中国农业出版社,2004:112-113.

[40]张赞平,吴立宏,康玉凡.红三叶和白三叶草的核型分析.中国草地,1993,3:65-66.

[41]钟声,奎嘉祥,薛世明.滇西滇南牧草种质资源考察与搜集.作物品种资源,1999,4:40-42.

[42]钟声,奎嘉祥.滇西北的温带牧草种质资源.四川草原,2000,1:22-25.

[43]Bauchan G R, Elgin J H Jr. A new chromosome number for the genus *Medicago*. Crop Science,1984,24:193-195.

[44]Bauchan G R. Alfalfa(*Medicago sativa* ssp. Sativa(L.)L. &L.). In:Singh R J. Genetic resources, chromosome engineering, and crop improvement, vol. 5: forage crops. Boca Raton, U. S. :CRC Press,2009:11-39.

[45]Morris B J, Pederson G, Quesenberry K, *et al*. In:Singh R J. Genetic resources, chromosome engineering, and crop improvement, vol. 5: forage crops. Boca Raton, U. S. :CRC Press,2009:207-228.

[46]Singh R J, Grant W F. Landmark research in forage crops. In:Singh R J. Genetic resources, chromosome engineering, and crop improvement, vol. 5: forage crops. Boca Raton, U. S. :CRC Press,2009:1-9.

[47]Taylor N L, Quesenberry K H. Biosytematics and interspecific hybridization. In:Red clover science. Dordrecht, the Netherlands:Kluwer Academic Publishers,1996:11-24.

[48]Zohary M, Heller D. Taxonomic part. In:The genus Trifolium. Jerusaleum:Israel Academy of Sciences and Humanities,1984:33-587.

第4章

禾本科牧草多倍体与种质创新

王赟文 周 禾*

　　禾本科小麦族多年生植物 90% 以上为多倍体杂交起源。该类群是植物远缘杂交育种开展最为集中的领域之一,对于小麦、大麦等重要农作物和牧草的种质创新与遗传改良具有重要作用。本章介绍了"禾本科小麦族染色体组命名规则及其命名"的主要内容,以及禾本科小麦族 9 个多年生牧草属亲缘种(GP-1、GP-2 和 GP-3)的染色体组构成,有助于了解这些属间的亲缘关系,分析杂交可育性情况。冰草属和披碱草属是国内外开展远缘杂交比较集中的植物类群。位于美国犹他州 Logan 的美国农业部农业研究局牧草与草原研究实验室 (USDA-ARS Forage and Range Research Laboratory,FRRL)与犹他农业试验站合作,建有世界上最大的多年生禾本科小麦族牧草种质材料收集与评价圃。1984 年,美国农业部农业研究局与犹他农业试验站、美国农业部水土保持局合作,以人工诱导二倍体"航道"冰草染色体加倍获得的四倍体与天然四倍体沙生冰草杂交,选育释放了改良冰草品种"Hycrest",生产表现较亲本"航道"冰草和沙生冰草"诺丹"显著提高。披碱草属是禾本科小麦族当中最大的一个属,染色体构成也比较复杂,是以 St 染色体组为基础,包含有 1 个或多个 H、Y、W 或 P 染色体组的异源多倍体类群。小麦族多年生牧草不论是种间杂交,还是属间杂交,有 1/2 以上是以披碱草属的种质为亲本的杂交组合,表明该属与小麦族其他属之间具有广泛的杂交可育性。1962 年,美国农业部农业研究局牧草与草原研究实验室与犹他农业试验站合作,获得了六倍体偃麦草($2n=6x=42$,StStStStHH)×四倍体拟鹅观草($2n=4x=28$,StStStSt)杂交群体;1989 年,释放了 RS NewHy 品种,为六倍体($2n=6x=42$),具有完全育性,是目前最为成功的小麦族属间牧草杂交种。本章介绍了美国农业部农业研究局牧草与草原研究实验室所完成的披碱草种间杂交和属间杂交组合亲本及其染色体组构成,以及杂交后代的类型等,供相关研究参考。

---

* 作者单位:中国农业大学动物科技学院草业科学系,北京,100193。

4.1 禾本科小麦族多年生牧草多倍体研究意义

4.1.1 禾本科小麦族杂种不育现象

种间或属间杂交通常被称为远缘杂交,这种遗传物质的重组为牧草作物改良、染色体行为、遗传与进化、基因和染色体作图与定位等研究提供了重要的种质材料。远缘杂交能否成功取决于杂种后代的可育性高低。杂种的染色体是否能有效配对完成正常减数分裂过程,首先与亲本染色体的数目、染色体组构成和结构等有关。

禾本科小麦族远缘杂种的花粉母细胞减数分裂中期观察发现,同源染色体越少,配对异常现象越明显,表现为单价体和多价体较多、染色体消除或丢失、减数分裂后期染色体滞后及染色体桥的出现。Stebbins等(1946)认为禾本科小麦族的冰草属染色体上存在6%~10%的隐藏性结构是造成杂种不育的原因。在小麦远缘杂交研究中发现,控制染色体配对专一性的基因分布在小麦的5B染色体的长臂上,它不仅对小麦,而且对其他种的同祖染色体配对也有一种抑制效应。此外,亲本的基因型在远缘杂交中也存在显著的可交配性变异。因此,通过选择适当倍性材料为父母本、杂种染色体人工诱导加倍、胚营救等技术手段,有助于远缘杂交的成功,创造新种质。

4.1.2 禾本科小麦族多倍化现象

多倍化在高等植物物种形成过程中具有重要作用,大约70%被子植物起源于多倍体(Masterson;1994)。染色体基数等于或大于7~9的植物进化过程涉及到多倍化(Singh,2003)。禾本科(Gramineae,Poaceae)属于单子叶植物,660余属,近10 000多种,广泛分布于全世界。据鲍文奎等(1963)报道,禾本科107个种,其中71.96%是多倍体。主要的栽培牧草,如冰草属、披碱草属、早熟禾属、偃麦草属、赖草属、无芒雀麦属、燕麦属、猫尾草属、狗牙根属等均包含天然的二倍体及多倍体物种。黑麦草属虽然在自然界主要以二倍体物种存在,但有许多人工培育的四倍体黑麦草品种被广泛栽培。禾本科牧草同一属或同一种的不同倍性种质在从适应性、生物学性状和生产性状等方面表现出显著差异。以高山早熟禾亚种(*Poa alpina* subsp. *vivipara*)为例,该亚种自然界分布有不同倍性水平的类型,从二倍体($2n=2x=14$)到十倍体($2n=10x=70$)或更高倍数。染色体倍性较低的类型一般行有性繁殖,倍性高的种则行无性繁殖。二倍体和四倍体大致分布在较南部的温暖平原和低洼地区。染色体倍数更高的类型即分布在较高的山区,多倍体类型因分布在不同高度山区而表现了极强的适应性,而且愈到北部较冷的地方,它们存在的数量也是比较多的。

从牧草生产表现看,同一物种的多倍体类型比二倍体植株抗逆性强、植物高大、茎叶繁茂,营养品质有较大提高。而多倍体类型比二倍体的结实率降低,籽粒产量较低,生活型由一年生转变为越年生或多年生,这些生物学特性比较有利于以营养体为主要利用目标的牧草新品种培育。

4.1.3 禾本科小麦族多倍体研究与远缘杂交育种

研究表明,禾本科小麦族多年生植物中,90%以上为多倍体杂交起源。该类群是植物远缘杂交育种开展最为集中的领域之一,对于小麦、大麦等重要农作物和牧草的种质创新与遗传改良具有重要作用。研究表明,禾本科小麦族远缘杂交可通过两个手段提高杂种后代的育性,一是以适当倍性水平的种为亲本;二是杂种染色体人工诱导加倍,形成双二倍体。禾本科小麦族中,存在一些天然的种间或属间远缘杂交植物,具有 F_1 代不育性,但由于是多年生植物,可以通过无性繁殖保存下来,遇到特殊的自然气候条件,如温度的骤升骤降,会导致杂种植物染色体加倍,成为双二倍体而恢复育性,形成一个新的种质甚至是新的物种。在禾本科小麦族远缘杂交时,如果一个亲本的染色体倍性低,而另一亲本的倍性是其倍性的二倍或更高,可以将前者染色体人工加倍,达到相同倍性水平后再进行杂交,杂交成功率较高;对于杂交后不育的 F_0 或 F_1 代植株,可采用染色体加倍的方法使其恢复育性。

因此,利用自然界存在的多倍体类型,或者人工诱导多倍体是提高牧草产量和品质的有效方法。同时,亲缘关系相近的牧草属或种间开展不同倍性材料的杂交,实现遗传物质的重组,再利用染色体加倍的方法恢复杂种后代的育性,创造出新的种质材料,可以丰富牧草种质资源,为牧草新品种培育提供优良种质。

4.2 禾本科小麦族多年生牧草染色体组构成

4.2.1 禾本科小麦族属的划分

禾本科小麦族(Triticeae)是禾本科当中较小的一个族,约包含 330 个种,但它却是禾本科当中最具有经济价值的一个族,它既包括重要的粮食作物,如小麦(*Triticum*)、大麦(*Hordeum*)和黑麦(*Secale*),还包括重要的多年生牧草如冰草(*Agropyron*)以及拟鹅观草属(*Pseudoroegneria*)、新麦草属(*Psathyrostachys*)、芒麦草属(*Critesion*)、薄冰草属(*Thinopyrum*)、偃麦草属(*Elytrigia*)、披碱草属(*Elymus*)、赖草属(*Leymus*)和牧冰草属(*Pascopyrum*)等(Dewey 等,1985)。由于禾本科小麦族内各属具有一定的亲缘关系,属间杂交相对易于进行,小麦族属的划分和鉴定是禾本科分类领域众多族中存在争议最多的一个族。20 世纪 80 年代,Stebbins 等(1982,1983,1984)等通过大量的种间和属间杂种染色体配对分析,并在总结前人资料的基础上,提出小麦族多年生种划分为 9 个属,确定了冰草属的分类范围以及偃麦草属和披碱草属的细胞学界限,从而结束了 3 个属长期划分混乱的局面。此外,Dewey 还确定了赖草属、牧冰草属的细胞学界限。Löve(1982,1984)则完全以染色体组资料为依据,建立了一个 38 属的小麦族分类体系,虽然这一体系较为繁杂,对分类的实际指导意义有限,但有关小麦族各属的染色体组构成的研究,对各属的系统发生及属间杂交则具有理论意义和参考价值。

4.2.2 禾本科小麦族属的染色体组成

1991年,在瑞典召开了第一届国际小麦族会议,正式成立了一个专门的染色体组命名委员会。1994年,在美国犹他州Logan召开的第二届国际小麦族会议上,该委员会提出了"禾本科小麦族染色体组命名规则及其命名"的建议报告并通过大会讨论,决定发布小麦族染色体组命名的基本原则,具体内容如下(Wang等,1995):①染色体组符号必须写成黑体。②小麦族(染色体基数$x=7$)中限定完全减数分裂配对低于50%,例如 c 0.5,在二倍体杂种中无 ph 或其他配对促进/抑制基因作用,必须命名为不同的符号。③必须用单个大写拉丁字母(A～Z)作为基本染色组符号。④当所有的大写拉丁字母都已占用时,另外的基本染色体组必须用一个大写字母跟随一个小写字母。⑤一个多倍体分类群的染色体组命名必须是其基础二倍体染色体组和符号的组合。⑥未知的或尚未验证的染色体组必须用字母 X 命名跟随一个小写字母(例如,给予 *Hordeum murinum* 的 Xu)。当一个染色体组充分验证与其他所有的已有染色体组不同时,必须给予它一个永久性的基本染色体组符号。⑦字母 Y 以前曾用于标识未知染色体组,可是它也广泛用来命名一个存在于多倍体属 *Elymus* 一些种中的基本染色体组。Y 的二倍体供体还未找到,我们建议保留 Y 来命名这个基本染色体组。⑧一个基本染色体组的变式必须用上标小写字母表明这个种含有改变了的染色体组,进一步的改变可以用上标数字来表示。⑨当以前未被承认的基本染色体组已经鉴定清楚,染色体组符号必须按本系统来命名。⑩一个染色体组符号可以用下划线来表示一个异源多倍体的细胞质的来源。⑪从1996年起,该规则提出的命名符号对以后的有优先权。

根据这一规则,Dewey(1984)和Löve(1984)根据染色体组构成划分的小麦族部分牧草属的染色体组符号,即:冰草属(*Agropyron*)为P,拟鹅观草属(*Pseudoroegneria*)为St,新麦草属(*Psathyrostachys*)为Ns,芒麦草属(*Critesion*)为H,大麦属(*Hordeum*)为H、I、Xa、Xu,澳冰草属(*Australopyrum*)为W,薄冰草[*Thinopyrum*,E(J)]为ESt、EE、EESt、EEEEE、NsXm等,偃麦草属(*Elytrigia*)为StH,披碱草属(*Elymus*)为StH、StY、StP、StHY、StPY、StWY等,赖草属(*Leymus*)为NsXm、NsNsXmXm等,牧冰草属(*Pascopyrum*)为StHNsXm、E等。小麦族部分牧草属及其亲缘种的染色体组构成见表4.1。

4.3 冰草属(*Agropyron*)牧草多倍体与种质创新

4.3.1 冰草属染色体组及其倍性

冰草属在过去指包括现今形态分类上的冰草属、披碱草属(*Elymus* L.)和偃麦草属(*Elytrigia* Desv.),是一个包含100余种的大属。现在无论根据形态分类系统或染色体组分类系统,冰草属都已有了明确的概念,是指仅含 P 染色体组的冠状冰草复合群(crested wheatgrass complex),即冰草(*A. cristatum*)、沙生冰草(*A. desertorum*)、西伯利亚冰草(*A. fragile*)、根茎冰草(*A. mochnoi*)及沙芦草(*A. mongolicum*)等不多于10个种的小属。冰草属植物具有抗旱、抗寒、抗病及一定的耐盐性,属内的所有种均可作为多年生优良牧草而利用。冰草

表 4.1 小麦族部分牧草属及其亲缘种的染色体组构成（Wang 等，2009）

属名	模式种	染色体组符号	染色体组构成（2n）	GP-1	GP-2	GP-3
冰草属 Agropyron	A. cristatum	P	14(PP)	PP	PPPP,PPPPPP	StPP,StStPPYY
			28(PPPP)	PPPP	PP,PPPPPP	StPP,StStPPYY
新麦草属 Psathyrostachys	P. juncea	Ns	42(PPPPPP)	PPPPPP	PP,PPPP	StPP,StStPPYY
			14(NsNs)	NsNs	NsNsNsNs	NsNsXmXm
拟鹅观草属 Pseudoroegneria	P. strigosa	St	28(NsNsNsNs)	NsNsNsNs	NsNs	NsNsXmXm
			14(StSt)	StSt	StStStSt	StStHH,StStPP,StStYY,StStEE
披碱草属 Elymus	E. trachycaulus	StH	28(StStStSt)	StStStSt	StStStStH	StStHH,StStPP,StStYY,StStEE
	E. wawawaiensis	StH	28(StStHH)	StStHH	StStStStH	StStSt,HHHH
	E. lanceolatus	StH	28(StStHH)	StStHH	StStStStH	StStSt,HHHH
	E. dahuricus	StHY	42(StStHHYY)	StStHHYY	StStHH,StStYY	StStPYY,StStWWYY
	E. repens	StH	42(StStStHH)	StStStHH	StStStSt,StStHH	StSt,HHHH
赖草属 Leymus	L. angustus	NsXm	84[(NsNsNsXmXmXm)×2]	(NsNsNsXmXmXm)×2	NsNsNsNsNsNsXmXmXmXm	StHHHNsNsXmXm
	L. cinereus	NsXm	28(NsNsXmXm)	NsNsXmXm	NsNsNsNsXmXmXmXm	StHHHNsNsXmXm
薄冰草属 Thinopyrum	L. triticoides	NsXm	28(NsNsXmXm)	NsNsXmXm	NsNsNsNsXmXmXmXm	StHHHNsNsXmXm
	Th. intermedium	ESt	42(EEEEStSt)	EEEEStSt	EEEE,StStStSt	EEStSt,StStStH,StStPP,StStYY
牧冰草属 Pascopyrum	Th. ponticum	E	56[(EEEE)×2]	(EEEE)×2	EEEE	EEStSt
	P. smithii	StHNsXm	56(StStHHNsNsXmXm)	StStHHNsNsXmXm	StStHH,NsNsXmXm	—

注：GP-1 为初级基因库；GP-2 为次级基因库；GP-3 为三级基因库。

是该属的模式种,它与其他种在形态上的主要区别在于小穗紧密平行排列成两行,整齐呈篦齿状或覆瓦状。冰草属植物分布于欧亚大陆草原区,有3个染色体倍数水平,即二倍体($2n=2x=14$)、四倍体($2n=4x=28$)及六倍体($2n=6x=42$),其中四倍体种在自然界占多数,主要分布在中欧、中东和中亚。俄罗斯境内冰草属种的分布最多,几乎包括了本属内所有种。由于冰草属的多倍体均含有相同的基本染色体组,因此多倍体类型属于同源多倍体或近似同源多倍体。冰草属的二倍体种在自然界不普遍,从欧洲到蒙古人民共和国及我国内蒙古地区只有零星分布。冰草属的六倍体种也很少,仅出现在土耳其及伊朗的个别地区。在我国,冰草属种主要分布于北方温带草原地区,海拔高度主要集中在1 000~1 500 m,比较常见的种有冰草、沙生冰草和沙芦草,根茎冰草仅分布于内蒙古、山西等少数地区,而西伯利亚冰草作为优质牧草在部分地区引种栽培。内蒙古地区分布有上述所有的种,而且类型丰富,是我国冰草属植物的集中分布区。

4.3.2 冰草属的杂交及倍性育种

冰草属的P染色体组能够与其他染色体组相结合,组合成一种新的组型而存在于其他种中。冰草属与小麦族内其他属间的杂交,有报道冰草属与披碱草属、偃麦草属、拟鹅观草属和黑麦属等的属间杂交。二倍体长穗偃麦草(*Elytrigia elongata*)($2n=2x=14$,EE)与二倍体蒙古冰草之间的杂交种,在减数分裂时有着$6.42 Ⅰ+2.53 rodⅡ+0.85 ringⅡ+0.25Ⅲ+0.02Ⅳ$的配对频率,说明P染色体组与E染色体组存在一定的同源性。Wang等(2009)通过对异源四倍体种(*Pseudoroegneria tauri*)的染色体组分析,报道了P染色体组与来自拟鹅观草属二倍体种S染色体组结合的现象。二倍体冰草、蒙古冰草与拟鹅观草属二倍体种(SS)之间的杂种在减数分裂期的染色体配对频率也说明,P染色体组与S染色体组间有一定的部分同源性。然而,P染色体组与黑麦属的R染色体组之间的遗传距离较大,冰草属与披碱草属之间的杂种在减数分裂期染色体间亦很少配对。此外,冰草属与大麦属、赖草属和新麦草属间,还没有成功获得属间杂种的报道。

Dewey(1969,1974)根据冠状冰草复合群内种间杂交种的染色体配对关系,认为所有的种含有相同的基本染色体组P,在不同的染色体倍性水平类群中仅仅结构上的重组变化,冰草属的各个种应当被视为同一育种群体范畴。冰草属内多年生牧草杂交及培育可以分别在二倍体、四倍体和六倍体相同的倍性水平上或者不同倍性之间进行,由于不同倍性材料之间杂种存在严重的不育性问题,到目前为止,冰草属种间杂交主要在相同倍性水平的杂交取得了显著的改良效果。冰草属二倍体种间杂交易于成功,杂交后代具有一定的可育性。云锦凤等(1997)报道蒙古冰草与"航道"冰草(*A. cristatum* cv. fairway)种间正、反交结实率分别为23.3%和12.7%。杂种F_1苗期生长缓慢,分蘖后期生长较快,生育期比亲本有所推迟,其株型、穗型等介于双亲之间,而株高、穗密度和每穗小花数高于双亲。杂种减数分裂中期染色体平均配对构型为$2.09Ⅰ+4.86Ⅱ+0.48Ⅲ+0.24Ⅳ+0.19Ⅴ$。杂种$F_1$植物花粉可育比例为26.75%,结实率为5.3%。将杂种F_1与母本蒙古冰草回交,BCF_1植株减数分裂中期染色体平均配对构型为$1.63Ⅰ+6.08Ⅱ+0.07Ⅲ+0.19B$,花粉可育比例提高到46.67%,结实率为14.77%。由于冰草属为同源多倍体或近似同源多倍体,将二倍体诱导成四倍体易于成功。云锦凤等(2001)采用秋水仙素处理二倍体蒙古冰草萌动种子,获得了四倍体植株。1984年,美国农业部农业研究局与犹他农业试验站、美国农业部水土保持局合作,通过诱导二倍体航道冰草染色体加倍获得的四倍体与天然四倍体沙生冰草杂交,选育释放了改良冰草品种"Hycrest"。"Hycrest"冰草品种群体内体细胞染色体数为 $2n=28\sim32$,平均染色体数为 30,减数分裂中期染色体平均配对构型为 $0.97\,\mathrm{I}+9.85\,\mathrm{II}+0.63\,\mathrm{III}+1.66\,\mathrm{IV}+0.09>\mathrm{IV}$。与亲本相比,"Hycrest"冰草品种株型更大,生长更为茂盛。通过 5 个试验点、连续 2~3 年的生产测试表明,牧草干物质产量较"航道"冰草和沙生冰草"诺丹"($A.\ desertorum$ cv. Nordan)提高 50%,特别在严酷的草原地区,出苗率和生长势强,种子产量提高 20%,千粒重高于"航道"冰草和沙生冰草"诺丹"(Asay 等,1986)。因而,通过将二倍体诱导成四倍体,再把人工诱导的四倍体与天然四倍体杂交,在相同染色体倍性水平获得的杂种具有很高的育性,是冰草属借助倍性育种技术最为成功的远缘杂交策略。

冰草属不同倍性水平如 $6x$-$2x$、$6x$-$4x$ 和 $4x$-$2x$ 之间的杂交已有大量报道。Knowles(1955)、Dewey 等(1967)和 Dewey(1971)先后报道了冰草四倍体与二倍体杂交获得的三倍体冰草细胞遗传学、有性繁殖及生活力表现。三倍体冰草完全不育,且杂交种难以获得,因此在种间杂交及染色体重组中的作用有限。而无论是人工诱导加倍二倍体获得的人工诱导四倍体,还是自然四倍体冰草,均易于与六倍体杂交获得五倍体(Dewey,1969,1974)。与三倍体冰草相比,获得五倍体冰草较为容易,且育性更高,可以实现与双亲的无障碍回交,因此更适合于作为不同倍性材料之间杂交的遗传桥梁。Asay 等(1979)报道,以土耳其引进的六倍体冰草($A.\ cristatum$)PI 173622($6x$)、二倍体"航道"冰草品种($2x$)、二倍体"航道"冰草通过秋水仙素人工诱导获得的四倍体(C$4x$)和四倍体沙生冰草(N$4x$)为亲本,首先将六倍体亲本与二倍体"航道"冰草杂交获得的四倍体杂交种($6x$-$2x$),再以 $6x$-$2x$ 四倍体杂交种为母本,分别完成了三倍体杂交组合($6x$-$2x$)×$2x$、四倍体杂交组合($6x$-$2x$)×N$4x$ 和($6x$-$2x$)×C$4x$、五倍体杂交组合($6x$-$2x$)×$6x$。对各杂交后代的育性、细胞遗传学特性进行分析表明,由四倍体杂交种与"航道"冰草、C$4x$、N$4x$ 和六倍体冰草杂交后代每个小穗的结实种子数逐步提高,分别为 3.3、9.4、10.1 和 15.9。各杂交组合减数分裂中期染色体平均配对构型见表 4.2。

表 4.2 冰草杂交四倍体($6x$-$2x$)、二倍体($2x$)、
沙生冰草自然四倍体(N$4x$)、人工诱导四倍体(C$4x$)和六倍体($6x$)
杂交组合减数分裂中期染色体平均配对构型(Ash 等,1979)

杂交组合	染色体数		I	II	III	IV	V	VI	VII~XII	观测细胞数
($6x$-$2x$)×$2x$	21	范围	0~6	0~8	0~6	0~2	0~1	0~1	—	140
		平均值	2.94	3.66	2.70	0.40	0.13	0.06	—	
($6x$-$2x$)×N$4x$	28	范围	0~3	2~14	0~3	0~3	0~2	0~1	0~1	108
		平均值	0.31	8.05	0.30	1.19	0.07	0.13	0.54	
($6x$-$2x$)×C$4x$	28	范围	0~5	4~12	0~3	0~4	0~1	0~1	0~1	99
		平均值	0.65	8.02	0.43	1.78	0.13	0.22	0.11	
($6x$-$2x$)×$6x$	35	范围	0~5	2~12	0~6	0~2	0~5	0~1	0~1	80
		平均值	1.91	6.04	3.18	0.70	1.50	0.10	0.07	

由表 4.2 可以看出,相同倍性的杂交组合后代育性最高,($6x$-$2x$)×C$4x$ 和 ($6x$-$2x$)×N$4x$ 杂交种单个小穗的结实种子数分别为 53 和 21,而($6x$-$2x$)×$6x$ 和($6x$-$2x$)×$2x$ 杂交种则仅为 9 和 0.2。冰草属各个倍性水平之间杂交的可行性和后代的育性为遗传重组提供了

一条有力的育种途径。能否培育出具有育种价值的材料,则在一定程度上取决于所使用的亲本材料所具有的特异的遗传表现。美国引种试验站从前苏联引进的六倍体冰草种质 PI-406442,叶片特别宽,与四倍体冰草相比,枯黄期晚 2~3 周。位于美国犹他州 Logan 的美国农业部农业研究局牧草与草原研究实验室正致力于将这个六倍体材料的宽叶和生育期特性通过杂交选育的方式转移到四倍体"Hycrest"品种上(Jensen 等,2005)。

4.4 披碱草属(*Elymus*)牧草多倍体与种质创新

4.4.1 披碱草属染色体组及其倍性

根据本章 4.2 节所述的 Löve 和 Dewey 根据染色体组系统分类体系,披碱草属(*Elymus*)是以 St 染色体组为基础,包含有 1 个或多个 H、Y、W 或 P 染色体组的异源多倍体类群;包括了在形态上每穗轴节含一至多个小穗,颖呈披针形或卵状披针形,每小穗含多枚小花的多年生物种。根据上述划分,披碱草属约有 150 余种,我国约有 70 余种,是小麦族中最大的一个属,其主要分布区为欧亚大陆、南北美洲及大洋洲,在非洲北部也有少量分布,垂直分布从海拔为几米的海滩到 5 200 m 以上的喜马拉雅山区。披碱草属植物均为多年生草本,异源四倍体($2n=4x=28$)约占 75%,异源六倍体($2n=6x=42$)约占 21%,八倍体类型很少见。颜济等(2005)根据披碱草属染色体组构成,将该属划分为六个不同的属,分别为 *Douglasdeweya*(PPStSt)、*Roegneria*(StStYY)、*Australoroegneria*(StStWWYY)、*Kengylia*(PPStStYY)、*Campeiostachys*(HHStStYY)和 *Elymus*(StStHH,StStStHH,StStHHHH)。

4.4.2 披碱草属的杂交及倍性育种

披碱草属植物适应性强、品质优良、产草量及种子产量高,抗寒耐牧性较强,可作为放牧和刈割兼用的优良牧草。此外,披碱草属植物在小麦族范围内可以进行广泛的种间及属间杂交,不但是小麦、大麦等农作物抗病、抗逆、增强适应性及优质蛋白亚基等方面的重要基因来源,而且通过自然和人工杂交创造了大量的牧草新种质。禾本科小麦族类群当中,大部分属间或种间杂种存在部分或完全不育的问题,而且综合农艺性状比亲本差。虽然通过杂种染色体人工诱导加倍有助于恢复育性,但在其后的世代,不育仍然是常见的主要问题。有的杂种染色体加倍后,后代的营养生长势下降,并且发生遗传分化,在几个繁殖世代后出现有害性状的积累。位于美国犹他州 Logan 的美国农业部农业研究局牧草与草原研究实验室(USDA-ARS Forage and Range Research Laboratory,FRRL)与犹他农业试验站合作,建有世界上最大的多年生禾本科小麦族牧草种质材料收集与评价圃。在目前已知的 260 个禾本科小麦族多年生牧草种当中,该实验室收集了大约 75%的材料,这个种质库每年还通过不断地收集而扩大。Dewey(1988)报道,该实验室已获得的禾本科小麦族多年生牧草种间和属间杂交种有 400 多个。Wang 等(2009)报道,该实验室已完成披碱草属内杂交组合 35 个,占小麦族牧草种内杂交组合的 62.5%;完成披碱草属间杂交组合 21 个,占小麦族多年生牧草属间杂交组合的 55.3%(表 4.3 和表 4.4)。在已获得的大量远缘杂交种当中,表现出遗传育种潜力的杂交包括:偃麦草($Elytrigia\ repens$)×拟鹅观草($Pseudoroegneria\ spicata$)、偃麦草×北方冰草($Elymus\ lanceolatus$)、北方冰草×犬草($E.\ caninus$)、北方冰草×拟鹅观草、中间偃麦草($Thinopyrum\ intermedium$)×$Thinopyrum\ acutum$、窄颖赖草($Leymus\ angustus$)×灰色赖草($L.\ cinereus$)、窄颖赖草×大赖草($L.\ racemosus$)、灰色赖草($L.\ cinereus$)×沙生赖草($L.\ triticoides$)、冰草与偃麦草亚洲近缘种的天然杂交种等。1962 年获得的六倍体偃麦草($2n=6x=42$,StStStStHH)×四倍体拟鹅观草($2n=4x=28$,StStStSt)杂交群体,最初获得的杂交 F_1 代为五倍体($2n=5x=35$,StStStHH),具有减数分裂染色体配对不规律,叶片失绿、营养体活力弱等特点。从 F_1 到 F_5 世代,主要选择育性高、种子结实多,具有双亲性状特点,无根茎或中等数量的根茎等。自 F_5 世代以后,开始对农艺性状和抗逆适应性进行高强度的选择,选育目标是兼备偃麦草的高产、营养体生长活力、强耐盐碱和寿命长,以及拟鹅观草的抗旱性、丛生性、种子质量和牧草质量特性。1989 年,该实验室释放了 RS NewHy 品种,为六倍体($2n=6x=42$),具有完全育性,是目前最为成功的属间杂交种。

国内有关披碱草属种间和属间杂交研究主要集中在内蒙古农业大学,其中属间杂交报道有:披碱草($E.\ dahuricus$,$2n=6x=42$,StStHHYY)×野大麦($Hordeum\ brevisubulatum$,$2n=4x=28$,$H_1H_1H_2H_2$)、披碱草($E.\ tsukushiensis$,$2n=6x=42$,StHHYY)×球茎大麦($H.\ bulbosum$,$2n=4x=28$,HHHH)、披碱草×野大麦等;种间杂交有:加拿大披碱草($E.\ canadensis$,$2n=4x=28$,StStHH)×老芒麦($E.\ sibiricus$,$2n=4x=28$,StStHH)、老芒麦×紫芒披碱草($E.\ purpuraristatus$,$2n=6x=42$,StStHHYY)、加拿大披碱草×披碱草、加拿大披碱草×圆柱披碱草($E.\ cylindricus$,$2n=6x=42$,StStHHYY)等。于卓等(2002)依据优缺点互补、生态性差异大等亲本选配原则,将引自北美洲具高产优质特性的四倍体加拿大披碱草分别与产于内蒙古草原具抗逆性强的 3 种小麦族多年生禾草野大麦、披碱草、圆柱披碱草组配进行了属间和种间远缘杂交,成功地获得了杂交种 F_1 代。其中,加拿大披碱草与野大麦杂交产生的属间杂种 F_1 代发生了染色体数目变异,有 7 条染色体丢失,为三倍体($2n=3x=21$)。加拿大披碱草与野大麦三倍体属间杂种 F_1 代的花粉可育率为 1.19%,结实率为 0,高度不育。通过秋水仙碱诱导杂种 F_1 染色体加倍,获得双二倍体植株($2n=6x=42$),花粉可育率提高到 90.21%,自然结实率达到 80.13%。四倍体加拿大披碱草与六倍体的披碱草、圆柱披碱草杂交产生的 2 个种间杂种 F_1 均为五倍体($2n=5x=35$)。检测表明,加拿大披碱草×披碱草、加拿大披碱草×圆柱披碱草 2 个种间杂种 F_1 的花粉可育率分别为 1.71%和 0.18%,且观察到花药瘦小不易开裂,在开放授粉情况下结实率均为 0。展望未来,国内拥有丰富的披碱草种质资源,以适应、抗逆、高产和优质为目标的种间或属间杂交将具有广阔的发展空间。有关牧草远缘杂交原理与技术参见本书第 7 章。

表 4.3 披碱草属种间杂交组合(Wang 等,2009)

母本		父本		杂交后代
种	染色体组	种	染色体组	
$E.\ canadensis$	$2n=4x=28$,StStHH	$E.\ albicans$	$2n=4x=28$,StStHH	双二倍体
$E.\ canadensis$	$2n=4x=28$,StStHH	$E.\ caninus$	$2n=4x=28$,StStHH	双二倍体
$E.\ canadensis$	$2n=4x=28$,StStHH	$E.\ glaucus$	$2n=4x=28$,StStHH	双二倍体
$E.\ canadensis$	$2n=4x=28$,StStHH	$E.\ lanceolatus$	$2n=4x=28$,StStHH	双二倍体
$E.\ canadensis$	$2n=4x=28$,StStHH	$E.\ oschensis$	未知	双二倍体

续表4.3

母本		父本		杂交后代
种	染色体组	种	染色体组	
E. canadensis	$2n=4x=28$, StStHH	E. subsecundus	$2n=4x=28$, StStHH	双二倍体
E. canadensis	$2n=4x=28$, StStHH	E. semicostatus	$2n=4x=28$, StStYY	双二倍体
E. arizonicus	$2n=4x=28$, StStHH	E. canadensis	$2n=4x=28$, StStHH	双二倍体
E. donianus	$2n=4x=28$, StStHH	E. caninus	$2n=4x=28$, StStHH	双二倍体
E. donianus	$2n=4x=28$, StStHH	E. subsecundus	$2n=4x=28$, StStHH	双二倍体
E. lanceolatus	$2n=4x=28$, StStHH	E. caninus	$2n=4x=28$, StStHH	双二倍体,F_8
E. lanceolatus	$2n=4x=28$, StStHH	E. elymoides	$2n=4x=28$, StStHH	双二倍体,F_5
E. lanceolatus	$2n=4x=28$, StStHH	E. praecaespitosus	$2n=6x=42$,未知	双二倍体
E. lanceolatus	$2n=4x=28$, StStHH	E. trachycaulus	$2n=4x=28$, StStHH	双二倍体
E. lanceolatus	$2n=4x=28$, StStHH	E. glaucus	$2n=4x=28$, StStHH	F_8
E. caninus	$2n=4x=28$, StStHH	E. praecaespitosus	$2n=6x=42$,未知	双二倍体
E. trachycaulus	$2n=4x=28$, StStHH	E. elymoides	$2n=4x=28$, StStHH	双二倍体
E. fibrosus	$2n=4x=28$, StStHH	E. trachycaulus	$2n=4x=28$, StStHH	双二倍体
E. glaucissimus	$2n=6x=42$, StStStStYY	E. ugamicus	$2n=4x=28$, StStYY	双二倍体
E. tilcarensis	$2n=4x=28$, StStHH	E. lanceolatus	$2n=4x=28$, StStHH	双二倍体,F_4
E. ugamicus	$2n=4x=28$, StStYY	E. praecaespitosus	$2n=6x=42$,未知	双二倍体
E. scribneri	$2n=4x=28$, StStHH	E. angustiglumis	$2n=4x=28$,未知	双二倍体
E. alatavicus	$2n=6x=42$, StStPPYY	E. batalinii	$2n=6x=42$, StStPPYY	F_3
E. breviaristatus	$2n=6x=42$, SSHHYY	E. nutans	$2n=6x=42$, StStHHYY	F_2
E. kengii	$2n=6x=42$, StStPPYY	E. grandiglumis	$2n=6x=42$, StStPPYY	F_2
E. grandiglumis	$2n=6x=42$, StStPPYY	E. kengii	$2n=6x=42$, StStPPYY	F_2
E. kokonoricus	$2n=6x=42$, StStPPYY	E. kengii	$2n=6x=42$, StStPPYY	F_2
E. kengii	$2n=6x=42$, StStPPYY	E. thoraldianus	$2n=6x=42$, StStPPYY	F_2
E. thoraldianus	$2n=6x=42$, StStYYPP	E. kengii	$2n=6x=42$, StStYYPP	F_2
E. laxiflorus	$2n=6x=42$, StStPPYY	E. trachycaulus	$2n=4x=28$, StStHH	F_2
E. wawawaiensis	$2n=4x=28$, StStHH	E. lanceolatus	$2n=4x=28$, StStHH	F_2
E. sibiricus	$2n=4x=28$, StStHH	E. nutans	$2n=6x=42$, StStHHYY	F_2
E. sibiricus	$2n=4x=28$, StStHH	E. semicostatus	$2n=4x=28$, StStYY	F_1
E. tilcarensis	$2n=4x=28$, StStHH	E. trachycaulus	$2n=4x=28$, StStHH	F_4
E. tschimganicus	$2n=6x=42$, StStStStYY	E. ugamicus	$2n=4x=28$, StStYY	F_5

表4.4 披碱草属属间杂交组合(Wang 等,2009)

母本		父本		杂交后代
种	染色体组	种	染色体组	
E. canadensis	$2n=4x=28$, StStHH	Pseudoroegneria libanotica	$2n=2x=14$, StSt	双二倍体
E. canadensis	$2n=4x=28$, StStHH	P. spicata	$2n=2x=14$, StSt	双二倍体
E. tilcarensis	$2n=4x=28$, StStHH	P. libanotica	$2n=2x=14$, StSt	双二倍体,F_6
P. libanotica	$2n=2x=14$, StSt	E. caninus	$2n=4x=28$, StStHH	双二倍体
P. libanotica	$2n=2x=14$, StSt	E. trachycaulus	$2n=4x=28$, StStHH	双二倍体
P. libanotica	$2n=2x=14$, StSt	E. elymoides	$2n=4x=28$, StStHH	双二倍体
P. libanotica	$2n=2x=14$, StSt	E. sibiricus	$2n=4x=28$, StStHH	双二倍体
P. libanotica	$2n=2x=14$, StSt	E. lanceolatus	$2n=4x=28$, StStHH	双二倍体

续表 4.4

母本		父本		杂交后代
种	染色体组	种	染色体组	
P. libanotica	$2n=2x=14$, StSt	E. praecaespitosus	$2n=6x=42$, 未知	双二倍体
P. libanotica	$2n=2x=14$, StSt	E. drobovii	$2n=6x=42$, StStHHYY	双二倍体
P. libanotica	$2n=2x=14$, StSt	E. yezoensis	$2n=4x=28$, StStYY	双二倍体
P. spicata	$2n=2x=14$, StSt	E. lanceolatus	$2n=4x=28$, StStHH	双二倍体
P. spicata	$2n=2x=14$, StSt	E. trachycaulus	$2n=4x=28$, StStHH	双二倍体
P. spicata-4x	$2n=4x=28$, StStStSt	E. caninus	$2n=4x=28$, StStHH	双二倍体
P. spicata-4x	$2n=4x=28$, StStStSt	E. lanceolatus	$2n=4x=28$, StStHH	双二倍体
P. spicata-4x	$2n=4x=28$, StStStSt	E. elymoides	$2n=4x=28$, StStHH	双二倍体
P. ferganensis	$2n=4x=28$, StStHH	E. patagonicus	$2n=6x=42$, StStHHHH	双二倍体
P. spicata	$2n=2x=14$, StSt	Hordeum violaceum	$2n=2x=14$, HH	双二倍体
P. inermis	$2n=2x=14$, StSt	H. violaceum	$2n=2x=14$, HH	双二倍体
E. canadensis	$2n=4x=28$, StStHH	H. bogdanii	$2n=2x=14$, HH	双二倍体
H. jubatum	$2n=4x=28$, HHHH	E. trachycaulus	$2n=4x=28$, StStHH	双二倍体
E. canadensis	$2n=4x=28$, StStHH	Leymus secalinus	$2n=4x=28$, NsNsXmXm	双二倍体
E. repens	$2n=6x=42$, StStStStHH	Agropyron cristatum	$2n=4x=28$, PPPP	双二倍体
E. repens	$2n=6x=42$, StStStStHH	A. desertorum	$2n=4x=28$, PPPP	双二倍体
E. repens	$2n=6x=42$, StStStStHH	Thinopyrum curvifolium	$2n=4x=28$, EEEE	双二倍体
Thinopyrum scythicum	$2n=4x=28$, EEStSt	E. repens	$2n=6x=42$, StStStStHH	双二倍体
E. repens	$2n=6x=42$, StStStStHH	P. spicata-4x	$2n=4x=28$, StStStSt	F_{10}
E. repens	$2n=6x=42$, StStStStHH	P. stipifolia-4x	$2n=4x=28$, StStStSt	F_7

参考文献

[1] 鲍文奎,严育瑞,王崇义.禾谷类作物的多倍体育种方法研究:加倍小麦-黑麦杂种第一代染色体数的秋水仙碱技术.作物学报,1963,2(2):161-176.

[2] 杜威,云锦凤.关于采用染色体组分类系统划分中国小麦族多年生类群的建议.中国草地,1985,3:6-11.

[3] 李小雷,于卓,马艳红,等.老芒麦与紫芒披碱草杂种 F_1 代生育特性及细胞遗传学研究.麦类作物学报,2006,26(2):37-41.

[4] 李造哲,于卓,马青枝,等.披碱草和野大麦杂种 F_1 与 BC_1F_1 代的生物学及农艺特性研究.中国草地,2005,26(5):9-14.

[5] 李造哲,于卓,云锦凤,等.披碱草和野大麦杂种 F_1 及 BC_1 代育性研究.内蒙古农业大学学报,2003,24(4):13-16.

[6] 李造哲,云锦凤,马青枝,等.披碱草和野大麦及其杂种 F_1 与 BC_1 过氧化物酶同工酶分析.草业学报,2001,10(3):38-41.

[7] 李造哲,云锦凤,于卓,等.披碱草和野大麦杂种 F_1 与 BC_1 代的形态学研究.中国草地,2002,24(5):24-28.

[8] 卢宝荣.披碱草属与大麦属系统关系的研究.植物分类学报,1997,35(3):193-207.

[9] 马艳红. 几种小麦族禾草远缘杂交后代育性恢复研究. 博士学位论文. 呼和浩特:内蒙古农业大学,2007.

[10] 王树彦. 加拿大披碱草与老芒麦种间杂种 F_1 代的育性恢复研究. 博士学位论文. 呼和浩特:内蒙古农业大学,2003.

[11] 王照兰,云锦凤,杜建材. 披碱草与野大麦的属间杂交及 F_1 代细胞学分析. 草地学报,1997,5(4):281-285.

[12] 于卓,李造哲,云锦凤. 几种小麦族禾草及其杂交后代农艺特性的研究. 草业学报,2003,12(3):83-89.

[13] 于卓,云锦凤,李造哲. 加拿大披碱草与野大麦及其属间杂种细胞遗传学研究. 草业科学进展. 北京:《草业科学》编辑部出版,2002:33-37.

[14] 于卓,云锦凤,马有志,等. 加拿大披碱草×野大麦三倍体杂种染色体的分子原位杂交鉴定. 遗传学报,2004,31(7):735-739.

[15] 云锦凤,李瑞芬,米福贵. 冰草的远缘杂交及杂种分析. 草地学报,1997,5(4):221-227.

[16] 云锦凤,米福贵. 冰草遗传改良的成就与展望. 21世纪草业科学展望——国际草业(草地)学术大会论文集. 2001:68-71.

[17] 云锦凤,王照兰,杜建材. 加拿大披碱草×老芒麦种间杂交及 F_1 代细胞学分析. 中国草地,1997,19(1):32-35.

[18] 云锦凤,于卓,郭立华. 蒙古冰草染色体加倍的研究. 21世纪草业科学展望——国际草业(草地)学术大会论文集. 2001:315-318.

[19] 颜济,译. 小麦族(禾本科)染色体组符号. 西南农业学报,1997,10(2):118-124.

[20] Asay K H, Dewey D R, Gomm F B, et al. Genetic progress through hybridization of induced and natural tetraploids in crested wheatgrass. Journal of Range Management, 1986, 39(3):261-263.

[21] Asay K H, Dewey D R. Bridging ploidy differences in crested wheatgrass with hexaploid×dipoid hybrids. Crop Science, 1979, 19:519-523.

[22] Asay K H. Breeding potential in perennial Triticeae grasses. Hereditas, 1992, 116:167-173.

[23] Jensen K B, Larson S R, Waldron B L, et al. Cytogenetic and molecular characterization of hybrids between $6x$, $4x$, and $2x$ ploidy levels in crested wheatgrass. Crop Science, 2006, 46:105-112.

[24] Masterson J. Stomatal size in fossil plants: evidence for polyploidy in majority of angiosperms. Science, 1994, 264:421-424.

[25] Singh R J. Plant cytogenetics. 2nd ed. Boca Raton, Florida: CRC Press Inc, 2003.

[26] Wang R R C, Jensen K B. Wheatgrass and wildrye grasses(Triticeae). In: Singh R J. Genetic resources, chromosome engineering, and crop improvement, vol. 5: forage crops. Boca Raton, U.S.: CRC Press, 2009:41-79.

第5章
牧草体细胞多倍体诱导加倍技术原理与应用

云 岚[*]

多倍体普遍存在于植物界,是变异发生的重要途径之一。人工诱发的多倍体中,大多是用体细胞染色体加倍方法产生的。大量育种实践证实,适于用染色体加倍进行改造的物种应该是那些细胞内染色体数目比较少,以收获营养体为主,异花授粉,具有多年生习性和营养繁殖特性的植物种类。对于一些多年生牧草,利用诱导多倍体的方法进行改良非常适合,且成功培育出了一批同源多倍体牧草及饲料作物。常规的体细胞染色体加倍诱导方法包括物理和化学方法两大类,常以秋水仙素、某些有机汞杀菌剂和二硝基苯胺类除草剂等作为诱导剂。近年来,随着植物组织培养技术的成熟,通过植物离体组织诱导多倍体已经成为获得多倍体材料的有效途径。

5.1 植物体细胞诱导多倍体育种的意义

多倍性是高等植物细胞内染色体进化的显著特征,自然界中每一种生物都有一定数量的染色体,这是物种的重要特征。体细胞内含有两组以上染色体的生物即为多倍体,多倍体普遍存在于植物界,是变异发生的重要途径之一。在藻菌植物、苔藓植物、蕨类植物中都发现有多倍化的例子,在裸子植物中也发现有多倍体,在被子植物中更为多见。据估计,被子植物中近70%的种类是多倍体或经历了多倍化。一些重要的作物,如棉花、小麦、油菜、番茄等都是多倍体。一般单子叶植物中有比双子叶植物更多的多倍体种,禾本科植物中70%是多倍体。多倍体的地理分布也很广泛,在极地、沙漠和高山等生境严酷地区生长的植物很多是多倍体种。因此,有学者认为多倍体的形成与环境条件有密切关系,多倍体种可能比二倍体种在某些地区有更强的适应性。利用物种的多倍性改造现有的植物遗传资源,对于创造出更多具有更大增产

---

[*] 作者单位:内蒙古农业大学生态环境学院,内蒙古呼和浩特,010019。

潜力的植物新品种具有重要意义。

多倍体植物中，根据植物细胞内染色体组的起源，可分为同源多倍体（autopolyploid）和异源多倍体（allopolyploid）两大类。此外，还有界于二者之间的衍生类型，如同源异源多倍体（auto-allopolyploid）、区段异源多倍体（segmental allopolyploid）等。同源多倍体是由同一物种或同一个染色体加倍得到，加倍后的染色体与原来的染色体相同，如四倍体黑麦（RRRR）。多倍体植物在物种进化和育种上有重要意义，而利用植物体细胞进行多倍体诱导是获得同源多倍体的重要途径。

5.2 多倍体诱导在牧草育种中的应用

早在 16 世纪人们就在无意中选育出了三倍体大花郁金香品种，1891 年人工培育出第一个异源八倍体小黑麦，1916 年丹麦的 Winge 首次提出植物多倍体的概念并证实人工方法诱导产生植物多倍性的可能性。早期人工诱发多倍体多采用物理方法，比如断顶、摘心或温度的急骤改变等，诱使断口处产生愈伤组织和再生不定芽，以期得到染色体加倍的组织。此外，温度的急骤改变，尤其是高温，常能引起染色体加倍，但这些方法诱导多倍体成效甚微。

自从 1937 年 Dustin、Havas 和 Lits 报道了秋水仙素对诱导多倍体的良好作用后。利用植物碱、异生长素等化学药剂诱导多倍体的尝试越来越多。采用此类人工诱变的方法，可以在较短时期创造出多倍体的新种质。目前已在 1 000 多种植物中成功地诱变出多倍体植株。特别是在园艺植物、蔬菜、花卉、林木及药用植物育种中应用广泛。

人工诱发植物的同源多倍体是重要的育种途径，20 世纪 60 年代以来，欧洲一些国家先后培育出一批抗病力强、适口性好、粗纤维少、鲜草产量高的四倍体黑麦草品种。人工培育的同源四倍体牧草及饲料作物有黑麦、玉米、红三叶、杂三叶、甜菜等。我国选育同源多倍体牧草的研究中，江西省畜牧技术推广站用秋水仙碱使染色体加倍，又经 ^{60}Co 射线辐射种子，选育出四倍体赣选 1 号多花黑麦草；龙牧 18 饲用南瓜（黑龙江畜牧研究所，1988 年登记）也是通过秋水仙素诱变选育而成。王凤宝（1989）用秋水仙素及二甲基亚砜混合液间歇处理种子，诱导培养出的多倍体黑麦草，具有植株高大、茎秆粗壮、叶片肥厚等特点。在多年生牧草的雀麦属（*Bromus* L.）、冰草属（*Agropyron* Gaertn）、披碱草属（*Elymus* L.）内通过种间杂交及染色体加倍已经产生了一些人工多倍体。Lawrence 等（1990）利用秋水仙素处理二倍体新麦草萌动种子，获得了四倍体新麦草（$2n=4x=28$），并注册为栽培品种 Tetracan。与二倍体新麦草相比，四倍体新麦草具有种子大、穗大、叶宽等特征。内蒙古农业大学利用秋水仙素诱导蒙古冰草及新麦草的染色体加倍，均已获得了多倍体材料。截止 2008 年，我国共审定登记牧草品种 388 个，其中利用诱导同源多倍体选育的品种并不多见。多倍体育种技术作为一种有效的育种手段，需要与其他育种方法相结合，得到进一步发展。

多倍体具有很多优点，如同源四倍体黑麦草具有植株高大、茎秆粗壮、叶片宽厚、叶色浓绿、叶量大、品质优良、适口性好、鲜草产量高等优点，并且在对比二倍体和四倍体多年生黑麦草的进一步研究中发现，染色体数目的增加使植株的水分、可溶性糖分增加，而其结构性成分则减少。King（1989）对倍性影响羊茅、黑麦草×苇状羊茅杂种的品质问题进行了研究，结果表明经秋水仙碱加倍的苇状羊茅×大羊茅杂种的品质最佳，随着倍数性增加，体外干物质消化率降低，同时酸性洗涤纤维下降。这些研究表明诱导多倍体也是改良牧草品质的一种有效手段。

多倍体的形成不是两个基因组的简单融合或累加，而是涉及到大范围的分子和生理调整。据研究，植物多倍化后，与生物合成途径相关的基因发生了表达变化，如新陈代谢、光合作用、转录调控、抗逆性以及植物激素调控等。基因组加倍显著影响基因的表达，导致表观遗传诱发基因沉默。这样的基因组复合物会出现新的表型，如器官大小的改变、育性的变化等。

虽然多倍化给植物带来许多优势，但也产生了一些不利因素，如：细胞体积增大、纺锤体不规则引起有丝分裂障碍，易使染色体丢失形成非整倍体细胞；同源多倍体减数分裂中期Ⅰ形成多倍体，引起不平衡分裂，产生非整倍体而导致不育。因此常存在结实率低、生活力弱等缺陷，很大程度上限制了多倍体在生产中的应用。由于生物体内遗传物质与其他物质之间在长期进化过程中形成了一定的平衡关系，细胞中存在过量DNA，可能破坏这种平衡状态，从而导致生活力和育性的降低。而且染色体数目过多时，一些不利基因的累积效应加强，也使某些不良性状突出出来。经人工诱导成功的多倍体，仍需在育种过程中逐步克服其缺陷，如通过染色体加倍后的四倍体品种间杂交和选择来提高结实率。

植物经细胞内染色体加倍以后常表现出两种效应，即细胞体积增大和育性明显下降。一般那些能从细胞体积增大获得更多优势，而育性降低损失最小的植物比较适合多倍体育种，成功可能性较高。大量育种实践证实，最适于用染色体加倍进行改造的物种应该是那些细胞内染色体数目比较少，以收获营养体为主，异花授粉，具有多年生习性和营养繁殖特性的植物种类。对于多年生小麦族牧草，利用诱导多倍体的方法进行改良非常适合。这些牧草90%以上是多倍体，远缘杂交和诱导多倍体已经在小麦族牧草的进化中起了十分重要的作用。

5.3 体细胞多倍体诱导的常规方法

在自然界，多倍体是普遍存在和经常发生的。多倍体植物是由于细胞中染色体倍数增加而形成的。染色体数目加倍的途径有两个：即体细胞染色体加倍和生殖细胞的染色体加倍。

体细胞染色体加倍往往是由于体细胞有丝分裂时受到外界影响，染色体进行了分裂而细胞不分裂，已经分裂的染色体被包在一个细胞核内，形成染色体加倍的细胞，这种多倍性细胞可能发育成多倍性组织。人工诱发的多倍体中，大多是用体细胞染色体加倍方法产生的。

常规的染色体加倍诱导方法包括物理和化学方法两大类。早期多倍体诱导常采用物理方法，即通过机械损伤、辐射等作用诱导体细胞染色体加倍，但因该方法诱导效率普遍很低，目前已经很少使用。

化学诱导方法是使用化学诱导剂通过处理植株的生长点来达到染色体加倍的目的，多以秋水仙素等化学诱导剂处理种子、幼苗或分蘖芽等进行诱变。据报道，愈伤组织培养和细胞培养也可以诱发多倍体产生或非整倍体的产生，胚乳培养可以直接获得三倍体植株。

杂交是获得同源三倍体的常用方法。二倍体加倍后形成四倍体，再与二倍体杂交，便形成三倍体。如三倍体甜菜的形成就是利用这种方法获得的。此外，利用细胞融合也可以产生多倍体，但实践中采用较少。到目前为止，仍以利用秋水仙素进行染色体加倍法最常用，效果最好。但传统用秋水仙素处理植株、茎尖及分蘖芽等方法获得的同源加倍植株往往是倍性嵌合体,嵌合体植株在生长过程中,加倍细胞一般不具竞争优势,而逐步被淘汰,这是染色体加倍效率低以及难以形成稳定群体的主要原因。

5.3.1 秋水仙素诱导染色体加倍原理

秋水仙素是从百合科秋水仙(*Colchicum autumnale* L.)植物中提炼出的一种生物碱,其分子式为 $C_{22}H_{25}NO_6$。一般秋水仙素为浅黄色粉末,易溶于水、乙醇和氯仿,是一种有毒化合物,它对中枢神经有麻醉作用,因此操作时必须注意,切勿使药液进入眼睛。秋水仙素可与微管蛋白异二聚体结合,抑制微管装配,因而使细胞有丝分裂过程中细胞分裂中期纺锤丝的形成受阻,使已经分裂了的染色体不能走向两极,染色体分裂而细胞没有分裂,结果细胞内染色体加倍。

秋水仙素破坏及抑制纺锤体的形成作用是一时的,经过一段时间秋水仙素代谢排除,不再起作用,细胞又恢复常态,继续分裂,细胞内染色体数目却因此而加倍。需要注意的是,秋水仙素的作用是针对处于细胞分裂中期的纺锤丝,而对于处在静止状态的细胞却不起作用。在处理时,必须掌握适宜的处理浓度和时间,同时也要注意处理温度。适合的处理浓度和处理时间是试验成败的关键。浓度过低、时间过短则不易处理成功;而浓度过高、时间过长则细胞易死亡,进而可导致整个组织和植株的死亡。处理浓度和时间因作物种类、处理部位、处理方法的不同而异。处理幼嫩的组织器官、种苗、萌动种子时,浓度不宜过高。根据报道,秋水仙素的有效浓度的范围很广,在 0.000 6%~1.6%均有成功的报告,常用的浓度为 0.1%~0.2%,而以 0.2%应用较多。确定处理时间之前,首先要掌握被试验植物组织的"细胞分裂周期",如果处理时间超过了该组织的细胞分裂周期,就可能增加一倍以上的染色体数。一般而言,处理发芽种子持续 24~28 h。植物根系可采用间歇处理法,总处理时间 3~5 d。处理的温度在 5~30℃,一般认为以 15℃左右为宜,过低过高都会影响诱导效果。

5.3.2 诱导染色体加倍处理方法

诱导染色体加倍常用的处理方法有溶液浸渍法、注射法、琼脂法、涂抹法、滴液法等。在诱导植物染色体加倍时,为了使化学药剂更好地渗入组织,提高诱变效果,常用助渗剂二甲基亚砜(DMSO)与诱导剂共同处理。

5.3.2.1 溶液浸渍法

溶液浸渍法多用于处理干种子、萌动种子、禾本科幼苗、双子叶幼苗顶端生长点等。具体方法如下:种子处理时把已发芽的种子(或干种子)分散置于垫有吸水纸的培养皿中,然后注入已配好的秋水仙素溶液。为了防止药液蒸发需加盖,置于暗处,室内保持适宜的温湿度,滤纸要保持湿润。处理时间为 1~3 d 或更长。黑龙江省农业科学院进行了多倍体玉米育种工作,他们采用处理发芽种子的方法加倍染色体,其做法是:先将玉米种子用 60℃温水浸泡 24 h,在 22℃温箱内发芽,待芽(初生根)长至 5~10 mm 时,用 0.1%浓度的秋水仙素溶液浸泡,使发芽种子在药液内生长。在 10~15℃的室温下处理 3~4 d,为了不使药液伤害幼根,处理后将种子在清水中冲洗数次,然后进行砂培。已加倍成功的幼株,生长较慢,初生根膨大成棒状。

幼苗处理的时期在 5~6 片真叶期。有一些禾本科作物,如黑麦,可将整个植株挖出,洗去根系泥沙,然后将整个根系浸在盛有秋水仙素溶液的容器中,液面至茎基部即可。因为幼苗根系特别是豆科植物根系易受毒害,药液浸泡时,可考虑间歇处理,一次处理时间不宜过长,即处理12 h,清水中浸泡12 h,如此反复,处理3~6 d。对于一些禾本科植物,为了使药液尽快进入生长点,也可采用在植株基部生长点上方叶鞘处切一小口,切口深度以不切割生长点为度,药液面淹过切口。对于豆科幼苗的处理方法,是将种植幼苗的盒子倒置固定,使幼苗顶部生长点浸入秋水仙素溶液中,根系不接触药液,免受药害。幼苗处理完毕后,必须多次冲洗药液,然后进行移植。

5.3.2.2 滴液法

滴液法处理禾本科幼苗时,可在茎基部生长点切一小斜口,使其夹住一小片滤纸,用吸管滴药液,浓度0.02%~0.05%。处理双子叶植物时将顶芽、腋芽用脱脂棉包裹,然后滴液,每日滴1至数次,反复处理数日。为了不使药液很快蒸发,室内应保持一定湿度。这种方法可使茎叶免受药液影响,并且可随时观察处理效果,决定处理次数。

5.3.2.3 注射法

注射法适于禾谷类作物,做法是用注射针头把秋水仙素溶液注入小苗分蘖节的上部。这种方法对单倍体植物加倍效果良好。

5.3.2.4 外植体诱导法

可利用秋水仙素对培养的外植体材料进行处理,诱导产生多倍体。主要材料有愈伤组织、不定芽及双子叶植物茎尖。组织分化再生能力较强的植物,诱导染色体加倍用愈伤组织或胚状体为材料较好。因为愈伤组织的细胞可以分散,秋水仙素处理可以提高染色体加倍的效率。

实际操作时具体方法的选择需要根据植物种及处理材料器官组织类型加以调整。周朴华等(1995)对黄花菜诱导时,用浸有0.05%秋水仙素+2%二甲基亚砜溶液的棉花覆盖带芽状突起的球状体,诱变率达60%~65.2%。王凤宝(1989)用0.05%秋水仙素及1.5%二甲基亚砜混合液间歇处理种子10 d,诱导培养出多倍体黑麦草。云锦凤等(2001)用0.01%~0.075%秋水仙素诱导蒙古冰草萌动种子染色体加倍,获得了蒙古冰草多倍体植株。安调过等(2003)对小麦远缘杂交幼胚再生植株的染色体加倍技术进行研究,结果半浸根法加倍率达80%以上。韩毅科(2002)比较黄瓜双单倍体加倍为四倍体的方法,得出0.2%秋水仙素+1.5% DMSO滴苗处理,效果较明显,加倍率达18.2%;用1%秋水仙素+羊毛脂膏+1.5% DMSO涂抹生长点,加倍率为14.0%,认为该方法是双单倍体诱导纯合四倍体较好的方法。

5.3.3 化学诱导剂类型与原理

秋水仙素虽然是最普遍被用来诱导染色体加倍的化学诱导剂,并且离体诱导用秋水仙素作诱导剂在许多作物都很成功,但在许多物种上,秋水仙素容易产生副作用,诸如不育及植株生长不正常,由于细胞分裂的不同步性,而得到畸形植株等。

除秋水仙素外,某些有机汞杀菌剂,如磷酸乙基汞、萘嵌戊烷、吲哚乙酸及氧化亚氮等物质也具有抑制细胞分裂,诱导染色体加倍的作用。Berdahl等(1991)报道了用氧化亚氮加倍成功的Mankota新麦草。

近年来研究者发现二硝基苯胺类除草剂(DNH)也可作为诱导剂,如甲基胺草磷(amiprophosmethlin，AMP)、氨氟乐灵(pronamide)、氨磺乐灵(oryzalin)和氧乐灵(trifluralin)等，此类除草剂可结合到微管蛋白上，抑制小管生长端的微管聚合，从而导致微管的丧失，干扰纺锤体的形成，抑制细胞的有丝分裂。除草剂应用时主要通过正在萌发的幼芽吸收。

二硝基苯胺类除草剂作为染色体加倍诱导剂，在有些报道中被认为对植物离体组织微管蛋白的作用比秋水仙素更有效。氨磺乐灵和微管蛋白的高亲和性可形成氨磺乐灵-微管蛋白复合体，此外它还通过影响 Ca^{2+} 在微管丝组装中的作用来干扰细胞器的 Ca^{2+} 运输系统。氨磺乐灵在玉米、苹果和猕猴桃等植物上用于离体组织染色体加倍，被认为比秋水仙素更有效。这两种因素可能共同作用导致氨磺乐灵使更多微管解聚合，最终导致其产生四倍体的频率比秋水仙素高。Van Duren 等(1996)认为用 15 $\mu mol/L$ 氨磺乐灵和 2% DMSO 的液体培养基处理香蕉茎尖 7 d，可有效降低细胞嵌合体，诱导形成离体四倍体再生组织。但在某些研究中，二硝基苯胺类除草剂虽具有使染色体加倍的功能，但同时也具有抑制处理植株生长的作用。同诱导方式情况相似，诱导剂诱导效果也不是绝对的，同一种药剂对不同植物的诱导效果差别也很大。

5.4 植物外植体培养与多倍体诱导

随着现代生物技术的迅速发展，植物组织培养技术的成熟，通过植物离体组织诱导多倍体已经成为获得多倍体材料的有效途径。通过秋水仙素或其他诱导剂诱导离体组织多倍体在许多植物上都有成功报道。

5.4.1 植物外植体培养技术的发展

植物组织培养是现代生物技术中最活跃、应用最广泛的技术之一，用于培养的植物胚胎、器官、组织、细胞和原生质体通常称为外植体。1958 年，Steward 等以胡萝卜为材料，通过组织培养获得了再生植株，证实了植物细胞全能性的设想。1962 年，Murashige 和 Shoog 发表了促使烟草组织快速生长的培养基成分，即 MS 培养基，随后又研究出适于水稻组织培养的 N6 培养基，并开始普遍应用于禾本科植物外植体培养。1960 年，英国植物学家 Cocking 首次从烟草叶片中分离获得有活力的原生质体；1971 年，Nagata 和 Takebe 首次从烟草叶肉组织的原生质体中诱导出再生植株。此后这一技术得到迅速发展和广泛应用，并形成组织培养研究领域。虽然在理论上植物细胞具有全能性，但要经过脱分化和再分化的过程，这需要设计培养基和创造合适培养条件使植物组织和细胞完成脱分化和再分化，获得再生植株。完成这一过程的主要途径为诱导外植体细胞回复到分生性状态并进行分裂，形成无分化的细胞团即愈伤组织，再培养和诱导愈伤组织进行分化。愈伤组织细胞进行再分化的过程有两种不同的方式：一种是器官发生方式，另一种是胚胎发生方式。前者由愈伤组织细胞形成拟分生组织再形成器官原基，后者是由愈伤组织中的胚性细胞形成类似种子胚结构的胚状体。虽然组织培养已广泛应用于多种植物研究，但由于植物种类及不同外植体遗传特性、生理状态存在差异，仍需针对不同植物材料和不同外植体类型寻找适宜的培养基和培养条件，特别是生长调节物质的种类与浓度，才能获得高效的组织培养与再生体系。

组织培养是植物的任何器官、组织或细胞,在无菌和人工控制环境条件(光照、温度)下,在含有营养物质和植物生长调节物质的培养基上,进行生长、分化形成完整植株的过程。组织培养技术已广泛应用于植物育种,用于改良植物种性、创造新种质、缩短育种周期以及诱导胚性细胞系并建立遗传转化体系等。

5.4.2　植物组织培养技术在遗传育种领域的应用

植物组织培养实质上是植物组织或细胞的离体无性繁殖,因繁殖速度快、系数高、经济效益高、便于工厂化育苗等优点而被广泛用于生产,如茎尖培养生产无病毒植物、大规模培养细胞作为生物反应器进行植物次生代谢物生产。同时,植物组织培养过程中产生的突变体可作为遗传学、生物化学和生理学研究的良好材料,也是进行植物品种改良和育种的良好材料。组织培养作为一种技术手段,与其他育种技术相结合在遗传育种领域得到越来越广泛的应用。组织培养在遗传育种领域主要应用在以下几个方面。

5.4.2.1　获得植物突变体

植物培养过程中变异是一种常见现象,组织培养是遗传变异的重要来源之一。组织培养细胞中长期进行营养繁殖的植株积累变异或培养条件诱导等情况下,发生自发突变的频率显著高于自然界中自发突变的频率,如马铃薯原生质体培养中发现原生质体发育早期及愈伤组织形成和增殖过程中,一些细胞发生核内复制,愈伤组织团块中存在较复杂的非整倍体或超倍数体细胞。此外,再结合物理和化学因素诱导突变可大大提高突变体发生频率;再通过人工选择和育种措施就可能培育出生产上所需的优良品种。在细胞水平上进行诱导突变与选择具有许多优势,如投入少、诱变数量大、效率高、稳定性好、重复性高。在培养基中加入某种选择压力可以定向筛选抗性突变体。常见突变体有抗氨基酸及类似物突变体、抗病突变体、抗除草剂突变体、耐盐突变体、抗金属离子突变体和营养缺陷型突变体等。在离体植物细胞培养物中筛选细胞突变系已成为近代在细胞水平和基因水平改变植物遗传性的有效方法之一。

5.4.2.2　远缘物种的体细胞杂交

植物种间遗传物质交换和转移的传统方法是有性杂交,然而植物在进化过程中遗传性、花器官结构等方面的差异以及胚子和染色体水平的不亲和造成了远缘物种间的生殖隔离,从而限制了物种间遗传信息的交流和转移,细胞融合技术则提供了一条克服这一障碍的途径。通过体细胞融合和再生,可以扩大杂交亲本和植物资源的利用范围,可能创造出常规育种不能产生的变异类型。通过远缘物种的体细胞杂交也可实现对不同物种质膜、细胞器以及染色体行为和功能的研究。

5.4.2.3　获得植物单倍体

具有配子染色体数目的植物类型即单倍体,单倍体是研究植物遗传、变异、基因重组和表达的理想材料,在育种实践中具有重要价值。自然界自发单倍体的频率很低,人工诱导植物单倍体的研究开始于 1964 年 Guha 和 Maheshwari 报道的毛叶曼陀罗花药培养工作。花药和花粉培养现已成为制备植物单倍体的主要途径。

5.4.2.4　植物种质资源的离体保存

植物育种成效取决于所掌握种质资源数量和对其性状和遗传特性研究的深入程度,拥有丰富的种质资源并对其进行保护是创制或选育新品种的物质基础。随着环境的不断变化,许多种类的植物面临着灭绝的危险,非原生境保存显得格外重要。离体保存是将植物外植体在无菌环境中利用组织培养技术进行植物种质资源保存的方法。利用这种方法可以解决用常规种子贮藏所不宜保存的某些材料,再结合超低温保存技术,可以使这些植物得到较为永久性的保存。此外,离体保留还具有占用空间小,保存时间长,不需像种子那样经常更新等优点。离体保存的植物材料主要有试管苗、愈伤组织、悬浮细胞、幼芽生长点、花粉花药、体细胞、原生质体、幼胚、组织块等。我国已建立甘薯和马铃薯试管苗库,这一技术也必将用于牧草等其他植物的种质保存。

5.4.2.5 植物基因转化的受体体系

外源基因导入细胞的过程称为细胞转化。正因为植物细胞具有全能性,如果将外源基因整合到植物细胞中,再通过细胞和组织培养,就能获得再生的转基因植株。组织培养再生体系的建立是进行基因转化的基础。转化的方法有农杆菌转化法、基因枪转化法、花粉管通道法等。农杆菌虽不是单子叶植物的寄主,但随着技术改进,越来越多的单子叶植物也能够被成功转化。Hiei 等 1994 年建立农杆菌转化水稻的技术,以水稻盾片愈伤组织为转基因受体。Vasil 等 1993 年发表了基因枪转化小麦的第一篇报道,转化受体为小麦幼胚愈伤组织。以上 2 种转基因最常用方法均须以外植体为受体,通过农杆菌侵染、基因枪轰击等导入外源基因,再经过组织培养再生获得转基因植株。

5.4.2.6 通过胚胎培养生产人工种子

利用体细胞胚制作杂交种的人工种子,虽然目前技术上还存在难以解决的问题,但作为一种生物技术产品有很好的应用前景。

总之,植物组织培养仍然处于发展阶段,与植物发育分化有关的许多机理还有待进一步研究,它的潜力还远远没有发挥出来。相信在今后的几十年内,组织培养技术与其他育种手段相结合在植物育种领域将会有更大的发展,在农业、制药业、加工业等方面也将发挥更大的作用。

5.4.3 牧草的组织培养研究

组织培养技术已广泛应用于各种植物,用于种苗脱毒、无性快繁、药物生产和建立遗传转化体系等。牧草外植体培养中,应用较广泛、技术较成熟的主要有愈伤组织培养和悬浮细胞培养,此外也有一些原生质体培养、茎尖分生组织培养和花药(花粉)培养的研究。

愈伤组织是谷类作物和草种离体培养中的最基本的再生组织。已有不少研究者从多种牧草的多种外植体诱导获得愈伤组织并再生成植株。这些外植体包括成熟种子或成熟胚、幼胚、幼穗以及花梗组织。愈伤组织培养的方法与步骤相对较简单,一般需经过外植体的愈伤组织诱导、愈伤组织分化、绿色小苗再生和生根培养等几个步骤。已有不少研究者从多种牧草的多种外植体诱导形成愈伤组织并获得再生植株,如黑麦草(*Lolium perenne* L.)、紫羊茅(*Festuca rubra* L.)、高羊茅(*Festuca arundinacea* Schreb)、冰草(*Agropyron cristatum*)、史氏偃麦草(*Pascopyrum smithii*)、大黍(*Panicum maximum*)、加拿大披碱草(*Elymus canadensis*)等。

由于悬浮细胞系较愈伤组织更适于进行遗传转化,对胚性细胞的悬浮培养日益受到重视,胚性悬浮培养物主要培养过程和步骤包括:外植体(种子、茎尖或根尖)取材,诱导愈伤组织,愈伤组织的液体悬浮培养,滤膜过滤和胚性悬浮细胞在固体培养基中的植株再生。由悬浮培养细胞经去壁等分离获得原生质体,原生质体经条件培养基中培养或看护培养、平板接种、愈伤组织分化也可再生植株,但植株再生频率低,再生过程所需时间长达33周左右。目前,一些牧草和草坪草通过悬浮细胞培养已获得原生质体并再生植株。Wang等(1993)从草地羊茅(*Festuca pratensis* Huds.)胚性悬浮培养物分离原生质体并再生出绿色植株这些植株部分可育,与对照植株杂交后,获得了能正常发芽的成熟种子;Creemers(1989)和Olesen(1995)分别报道了多年生黑麦草(*Lolium perenne* L.)的原生质体培养和植株再生;Dalton(1988)通过悬浮培养原生质体获得了高羊茅(*Festuca arundinacea* Schreb)和多年生黑麦草再生植株;Takamizo(1990)培养原生质体获得了高羊茅再生无性系。

通过悬浮培养由愈伤组织或原生质体再生植株的还有加拿大披碱草(*Elymus canadensis*)、紫狼尾草(*Pennisetum purpureum*)、紫羊茅(*Festuca rubra* L.)、小糠草(*Agrostis alba*)、匍匐剪股颖(*Agrostis stoloniferra* L.)、结缕草(*Zoysia japonica* Steud.)、双穗雀稗(*Paspalum distichum* L.)、巴哈雀稗(*Paspalum notatum*)以及草地早熟禾(*Poa pratensis* L.)等。

有些不同种属植物远缘杂交可以形成杂种胚胎,但胚胎往往无法正常发育,离体培养是有效的胚拯救途径。李立会(1992)和Chen(1992)分别报道了小麦与冰草属植物杂交后通过胚胎离体培养获得了再生植株;伍碧华等(1995)对赖草的种间和属间杂种胚培养研究表明,对适宜发育期的杂种胚进行培养是成功的关键;侯建华(2007)为了恢复羊草(*Leymus chinensis*)与灰色赖草(*Leymus cinereus*)杂种F_1的育性,对杂种F_1的幼穗进行离体培养获得了再生植株。

花药培养是以花药或花粉为材料获得单倍体或者加倍单倍体植株的组织培养技术。Rose等(1987)对草地羊茅、黑麦草以及羊茅×黑麦草杂种进行了花药培养;Olesen等(1988)对多年生黑麦草进行了花药培养;Kasperbauer等(1985)通过组织培养对高羊茅单倍体进行加倍并获得了加倍植株。然而花药培养技术在牧草育种中尚处于初级阶段,一些草种及品种通过花药培养获得单倍体植株仍然相当困难,获得再生植株的效率仍然很低。

通过茎尖分生组织培养可获得无病毒植株,这项技术已应用于许多栽培植物脱毒种苗生产,但牧草茎尖分生组织培养的报道并不多见。Dale(1977)报道了多年生黑麦草(*Lolium perenne* L.)、高羊茅(*Festuca arundinacea* Schreb)、鸭茅(*Dactylis glomerata*)等草坪草的茎尖分生组织培养,并获得了可育的再生植株。

5.4.4 诱导植物离体组织染色体加倍

近年来利用植物离体组织诱导同源多倍体的研究在许多植物中有报道。诱导方法主要以化学诱导为主,即用化学药剂处理正处于分裂时期的细胞以诱导染色体加倍。该方法操作简便、诱变谱广,是一种比较理想的多倍体诱导方法。

应用组织培养进行多倍体诱导与植株或种子诱变方法相比,具有明显的优越性。首先,在组织培养条件下,可以反复大批量地在培养瓶中处理植物愈伤组织及丛生芽等,从而大大提高了诱导成功率,这在植株或种子处理中是难以做到的;其次,组织培养条件不受季节等自然条件的影响,诱导条件易于控制,可以大大缩短诱导所需要的时间;再次,经组织培养诱变后的植株,用试管苗进行根尖染色体鉴定比田间更直接;最后,通过离体培养获得四倍体可以提高再生植株群体中四倍体的频率,容易控制诱导条件,减少异倍性嵌合体。同时鉴定和筛选出来的多倍体可以利用组织培养在短期内迅速繁殖出大量的试管苗,为多倍体品种的筛选增加了机会。

化学方法诱导离体组织多倍体时,选取幼嫩组织作为材料是诱导成功的前提,通过组织培养可以获得大量细胞分裂旺盛的组织材料。离体材料一般有愈伤组织、胚状体和茎尖组织、丛生芽、茎节、胚珠、子房、原生质体。不同的外植体对多倍体变异影响很大。这些材料中丛生芽和茎节等容易得到,而愈伤组织、原生质体、胚状体都需要先建立再生体系,技术难度较高,但诱导率相对也较高。组织分化再生能力较强的植物,诱导染色体加倍用愈伤组织或胚状体为材料较好。因为愈伤组织的细胞可以分散,用秋水仙素处理可以提高染色体加倍的效率。诱导方式有涂抹或浸渍法、固体培养法、液体培养法等。各种培养方式都有自身优缺点,如一般认为浸渍或液体培养法对材料的伤害较大,将化学药剂直接加入固体培养基的固体培养法对组织损伤小但作用较慢。不同植物和外植体对药剂的耐受性不同,不同诱导时间和温度对组织的毒性也有差别,一般高浓度短时间或低浓度长时间组合可以保证较高的存活率和诱导率。浸泡或液体培养法秋水仙素常用浓度为 0.1%～1%,处理时间 2 h 至 3 d;固体培养法秋水仙素常用浓度为 10～300 mg/L,处理时间从几天到几十天不等。相同方法对不同植物的诱导率差别很大,应根据实际情况进行选择。

吴清等(2001)对金荞麦进行同源四倍体诱导研究后认为,处理材料以愈伤组织较为理想,最好是将带绿色芽点的愈伤组织直接浸泡于 0.1% 秋水仙素溶液中 10 h,再接种于不含秋水仙素的培养基上使其分化成苗;彭菲等(2000)对川白芷的叶轴切段进行离体诱导加倍时,当叶轴外植体上刚刚开始出现不定芽的分化时,立即用秋水仙素溶液处理效果最理想;刘俊等(2002)对芦荟组织培养诱导出的丛生芽、微块茎和愈伤组织分别用不同浓度秋水仙素处理,发现丛生芽和微块茎能较好地诱导出变异体;Frederick(1991)用秋水仙素诱导柑橘的体细胞胚,得到纯和的加倍植株;Li 等(1999)把西瓜的茎尖放入含 0.1 mg/L 秋水仙素的液体培养基中,在弱散射光下,用摇床摇动 24 h,再接种到固体培养基上培养,认为有利于西瓜和甜瓜四倍体产生;马国斌等(2002)用西瓜和甜瓜茎尖离体诱导四倍体,发现其诱导频率受茎尖苗龄、培养基中激素浓度、秋水仙素浓度以及处理时间等因素的影响,8 d 左右苗龄的茎尖在含有 0.1% 秋水仙素和较低浓度细胞分裂素的液体培养基中处理 24～48 h 的诱导方法最有利于四倍体的产生,而且茎尖为诱导材料不必建立材料的再生系统,因此对大多数植物都适用。总之,植物离体组织诱导同源四倍体的影响因素是多方面的,其中供体植株的基因型对离体诱导多倍体影响很大,此外,外植体的种类也是重要的影响因素。

研究者尝试了外植体诱导处理的多种方法,其中以添加诱导剂的固体培养基法和液体浸泡法较为多见,此外培养基中添加的生长调节物质也对多倍体诱导有显著影响。Stanysl 等(2006)用含不同浓度秋水仙素的液体培养基浸泡离体茎尖,诱导日本木瓜(*Chaenomeles japonica*)产生了四倍体;王鸿鹤等(1999)将重瓣大岩桐的叶片预培养 1 周后转到含不同浓度秋水仙素的固体培养基中处理,另外用预培养的外植体浸入秋水仙素溶液中,比较得出固体培养法比液体浸泡处理法好,认为液体浸泡处理法对外植体的伤害更直接;周嘉裕等(2002)以辣椒(*Capsicum frutescens*)的下胚轴为外植体,诱导出愈伤组织后,再用加入秋水仙碱的培养基和液体浸泡两种方法处理愈伤组织,结果表明加入秋水仙碱的培养基法优于液体浸泡法,加倍率可达 80%;雷家军等(1999)将草莓茎尖接种在含秋水仙素的培养基上获得了加倍株;李文卓等(1998)发现 6-BA 和 IAA 两种激素在促进小麦花培苗的生长和染色体加倍方面可能发挥重要作用。

对于植物通过离体诱导获得同源四倍体途径,由于受到植物基因型及器官组织发育特性等影响,仍需要针对植物种类进行探索,寻找适合的离体诱导技术体系,才能成功诱导人工多倍体植物。

5.4.5 诱导离体多倍体的其他方法

利用原生质体培养中的自体融合也可以得到染色体加倍的细胞。王清等(2001)用经花药培养获得的二倍体马铃薯试管苗为材料,探讨了原生质体自体电融合中的各种参数;李春丽等(2002)用原生质体融合和秋水仙素染色体加倍技术构建的纯合二倍体糖化酵母,证明原生质体融合和秋水仙素染色体加倍都能有效地将带有不同等效异位基因的单倍体糖化酵母诱导成同源融合或染色体加倍成纯合二倍体,但这种方法在同源多倍体诱导中很少应用。

5.5 染色体加倍植株的倍性鉴定

在诱导外植体染色体加倍并获得再生植株以后,必须对加倍株作进一步的分析与鉴定,以证实加倍株的真实性,并了解其形态特征。目前鉴定染色体倍性的方法主要有以下5种。

5.5.1 染色体直接计数法

对染色体加倍幼苗生根后的根尖细胞进行染色体直接计数是最准确和有效的倍性鉴定方法。郭启高等(2000)在离体培养过程中利用不定芽叶尖染色体计数,可以在组织培养早期100%检出倍性,即可转入分化培养基进行扩繁。

5.5.2 扫描细胞光度仪鉴定法

采用扫描细胞光度仪,用流式细胞测定法迅速测定叶片单个细胞核内 DNA 含量,根据 DNA 含量的曲线图推断细胞的倍性。特别是在离体培养过程中,试管中的芽或小植株很小且很嫩时,此方法仅用 1 cm×1 cm 的样品就很容易决定其材料倍性,从而能快速地在试管苗时期进行染色体倍性分析。该方法可以节约大量的时间和种植费用,而且不受植物取材部位和细胞所处的时期限制,近些年在许多作物上都得到使用,但该方法测定费用较高。

5.5.3 细胞形态学鉴定法

许多植物叶片单位面积上的气孔数及保卫细胞中叶绿体的大小和数目与倍性具有相关性。Cohen 等(1996)认为用气孔长度法比其他方法都简单易行,不需要昂贵的设备。Sari 等(1999)认为根据保卫细胞的大小、单位面积上的气孔数及保卫细胞中叶绿体的数目,可以有效区分倍性。刘文革等(2005)测定二倍体和四倍体的每对保卫细胞的叶绿体数目平均分别为9.7 和 17.8,差异显著。测定气孔保卫细胞的大小与染色体数目检验法相结合,可以快速准确地筛选出加倍植株。Tambong 等(1998)对 Cocoyam 的小球茎利用秋水仙素离体诱导时,观察气孔长度和保卫细胞的长度与染色体数目呈正相关。Compton 等(1994)用二乙酸盐荧光黄(fluorescein diacetate,FAD)涂抹在西瓜离体幼叶的下表皮上,在显微镜和紫外光下观察保卫细胞叶绿体的荧光存在差异。Tesvetova(1995)的研究指出花粉粒大小可以作为高粱倍性鉴定的指标。

5.5.4 逆境胁迫法

一些植物染色体加倍植株比二倍体更能耐受环境胁迫。郭启高等(2000)在西瓜子叶离体组织培养中利用西瓜二倍体和四倍体对高温和低温的不同反应进行倍性鉴定,分别在50℃和0℃下处理西瓜再生苗,二倍体的外植体全部受害甚至死亡,四倍体的外植体多数能正常生长。通过此方法鉴定的倍性符合度分别为90%和80%。这种方法省掉了独立的单株倍性鉴定过程,只需对试管再生苗进行一次短时处理,即可筛选出四倍体,筛选效率很高。但此方法仍需要在其他植物多倍体鉴定中进一步研究。

5.5.5 植物形态学鉴定法

不同倍性植株在早期幼苗形态上有比较明显的差别,主要表现叶片大、厚且多汁、植株较壮等。在植株生长的不同时期能够简便快速地将变异的四倍体植株筛选出来。但这需要有一定经验,且不同倍性植株形态特征因植物种类而异,筛选准确性不高,仍需用其他方法加以辅助鉴别。

参考文献

[1]安调过,钟冠昌,李俊明,等.半浸根法加倍小麦远缘杂交幼胚再生植株染色体.作物学报,2003(6):955-957.

[2]陈三有,梁正之,席嘉宾,等.七个多花黑麦草品种生产能力的研究.中国草食动物,2000(3):32-33.

[3]郭启高,宋明,梁国鲁.植物多倍体诱导育种研究进展.生物学通报,2000,35(2):8-11.

[4]郭启高,宋明,杨天秀,等.西瓜子叶组织培养中四倍体的产生及鉴定.西南农业大学学报,2000(22):298-300.

[5]韩毅科,杜胜利,王鸣,等.黄瓜染色体加倍研究.天津农业科学,2002,8(2):2-4.

[6]侯建华,张颖,云锦凤,等.羊草与灰色赖草杂种F_1再生体系的建立.草地学报,2007,15(2):109-112.

[7]康向阳.林木多倍体育种研究进展.北京林业大学学报,2003,25(4):70-74.

[8]King M J,米福贵.倍数性对苇状羊茅、多花黑麦草×苇状羊茅及苇状羊茅×大羊茅杂种品质的影响.国外畜牧学:草原与牧草,1989,(4):29-32.

[9] 雷家军,吴禄平,代汉萍,等.草莓茎尖染色体加倍研究.园艺学报,1999,26(1):13-18.

[10] 李春丽,金国英,李桃生.原生质体融合和秋水仙素染色体加倍构建强发酵淀粉的糖化酵母研究.河南农业大学学报,2002(1):1-6.

[11] 李竞雄,宋同明.植物细胞遗传学.北京:科学出版社,1993:188-197.

[12] 李立会,董玉琛,周荣华,等.小麦×冰草属间杂种F_1的植株再生及其变异.遗传学报,1992,19(3):250-258.

[13] 李文卓,都峥嵘,崔建平,等.激素对小麦和小黑麦杂交后代花药培养和染色体加倍的影响.复旦学报:自然科学版,1998,37(4):573-576.

[14] 李再云,华玉伟,葛贤宏,等.植物远缘杂交中的染色体行为及其遗传与进化意义.遗传,2005,27(2):315-324.

[15] 刘俊,卢向阳,刘选明,等.同源四倍体芦荟的诱导研究.湖南大学学报,2002,29(1):8-12.

[16] 刘文革,王鸣.西瓜甜瓜育种中的染色体倍性操作及倍性鉴定.果树学报,2002,19:132-135.

[17] 刘文革,阎志红.植物离体组织染色体加倍诱导同源四倍体.植物学通报,2005,22(增刊):29-36.

[18] 刘文革,阎志红,饶小利.不同倍性西瓜的叶表皮微形态特征比较.果树学报,2005,22:31-34.

[19] 马国斌,王鸣.西瓜和甜瓜茎尖离体诱导四倍体.中国西瓜甜瓜,2002(1):4-5.

[20] 潘瑞炽.植物组织培养.2版.广州:广东高等教育出版社,2001:60-110.

[21] 彭菲,郭昱.川白芷离体培养与多倍体诱导过程中的形态组织学观察.中国中药杂志,2000,25:17-19.

[22] 佘建明,吴鹤鸣,陆维忠.秋水仙素对大蒜离体培养细胞染色体倍性的影响.核农学通报,1991,12(4):162-164.

[23] 谭德冠.组织培养与秋水仙碱诱导相结合培育植物多倍体的应用.亚热带植物学报,2005,43(1):77-80.

[24] 王德华.引进德国黑麦草属牧草的优选试验.四川畜牧兽医,1995(2):15-16.

[25] 王凤宝.诱导培养普通小麦多倍体、黑麦草多倍体的研究.河北农业技术师范学院学报,1989,3(4):18-25.

[26] 王鸿鹤,葛欣,徐启江,等.秋水仙碱诱导重瓣大岩桐(*Sinningia speciosa*)多倍体的研究.热带亚热带植物学报,1999,7(3):237-242.

[27] 王清,黄惠英,李学才,等.二倍体马铃薯体细胞电融合的研究.甘肃农业大学报,2001(4):394-399.

[28] 王志敏,牛义,宋明,等.多倍体诱导在蔬菜育种上的应用.生物学杂志,2004,21(6):35-38.

[29] 魏育国,蒋菊芳.氟乐灵诱导甜瓜四倍体研究初探.华北农学报,2006,21(增刊):73-76.

[30] 伍碧华,孙根楼.赖草的种间和属间杂种胚胎培养研究.云南植物研究,1995,17(4):

445-451.

[31]吴清,向素琼,闫勇,等.金荞麦的离体快繁及同源四倍体的诱导.西南农业大学学报,2001(2):108-110.

[32]徐定华,项俊,徐霞玲,等.超低温保存技术在植物种质资源研究中的应用.安徽农业科学,2007,35(2):321-323.

[33]徐冠仁.植物诱变育种学.北京:中国农业出版社,1996.

[34]杨其光.禾本科植物的组培快速繁殖.安徽科技,2003,11:20-22.

[35]于盱,李维林,梁呈元,王小敏.组织培养中多倍体诱导育种研究进展.见:中国植物学会植物结构与生殖生物学专业委员会.江苏省植物学会2007年学术年会学术报告及研究论文集,2007:198-201.

[36]云锦凤,米福贵,杨青川,等.牧草育种技术.北京:化学工业出版社,2004:261-262.

[37]云锦凤,于卓,郭立华.蒙古冰草染色体加倍的研究.见:洪绂曾.21世纪草业科学进展——国际草业(草地)学术大会论文集.北京:中国农学会及中国草原学会,2001:315-318.

[38]张爱民,常莉,薛建平.药用植物多倍体诱导研究进展.中国中药杂志,2005,30(9):645-649.

[39]张冬生.植物体细胞遗传学.上海:复旦大学出版社,1998:34-42.

[40]张可炜.玉米耐低磷细胞的筛选及再生植株后代的研究.中国农业科学,2000,33(增刊):124-131.

[41]张全美,张明方.园艺植物多倍体诱导研究进展.细胞生物学杂志,2003,25(4):223-228.

[42]张秀丽,侯建华,云锦凤,等.山丹新麦草多倍体诱导的初步研究.中国草地,2005(1):34-38.

[43]张执信,刘玉梅,王世才,等.高产优质饲料新品种——18号饲用南瓜.中国畜牧杂志,1987(2):27-28.

[44]赵世坤,尹芳.植物细胞组织培养.植物杂志,1995,14(3):14-21.

[45]周嘉裕,卿人韦,兰利琼,等.辣椒离体细胞多倍体的诱导研究.四川大学学报,2002(4):746-749.

[46]周朴华,何立珍,刘选明.组织培养中用秋水仙素诱发黄花菜同源四倍体的研究.中国农业科学,1995(1):49-52.

[47]朱惠琴.二甲基亚砜(DMSO)对烟草单倍体植株的染色体加倍效应.青海师范大学学报:自然科学版,2004(2):54-56.

[48]Adams K L. Wendel J F. Polyploidy and genome evolusion in plants. Current Opinion in Plant Biology,2005(8):135-141.

[49]Akashi R,Hashimoto A,Adachi T. Plant regeneration from seed-derived embryogenic callus and cell suspension culture of bahiagrass. Plant Science,1993,90:73-80.

[50]Delaat A M M. Determination of ploidy of single plant populaat by flow cytometry. Plant Breeding,1987,99:303-307.

[51]Asay K H. Breeding potentials in perennial Triticeae grasses. Hereditas,1992,116:167-173.

[52] Berdahl J D, Barker R E. Characterization of autotetraploid Russian wildrye produced with nitrous oxide. Crop Science, 1991, 31:1153-1155.

[53] Bouvier L, Fillon F R, Lespinasse Y. Oryzalin as an efficient for chromosome doubling of haploid apple shoots *in vitro*. Plant Breeding, 1994, 113:343-346.

[54] Chalak L, Legave M. Oryzalin combined with adventitious regeneration for an efficient chromosome doubling of trihaploid Kiwifruit. Plant Cell Reports, 1996, 16:97-100.

[55] Chen Q, Jahier J, Cauderon. Production of embryo-callus-regenerated hybrids between *Triticum aestivum* and *Agropyron cristatum* possessing one B chromosome. Plant Improvement, 1992, 12:551-555.

[56] Chen Z J, Ni Z. Mechanisms of Genomic rearrangement and gene expression changes in plants polyploids. BioEssays, 2006(28):240-252.

[57] Chu C C, Wang C C, Sun C S, et al. Establishment of an efficient medium for anther culture of rice, through comparative experiments on the nitrogen sources. Sci. Sin., 1975, 18: 659-668.

[58] Cohen D, Yao J L, Yao J L. *In vitro* chromosome doubling of nine zantedeschia cultivars. Plant Cell, Tissue and Organ Culture, 1996, 47(1):43-49.

[59] Coking E C. A method for the isolation of plant protoplasts and vacuoles. Nature, 1960, 187:962-963.

[60] Coma I L. The advantages and disadvantages of being polyploidy. Nature Reviews Genetics, 2005(6):836-846

[61] Compton M E, Gray D J. Adventitious shoot oraganogenesis and regeneration from cotyledons of tereploid watermelon. Hortscience, 1994, 29:211-213.

[62] Creemers-Molenaar J, Van der Valk P, Loeffen J P M, et al. Plant regeneration from suspension cultures and protoplasts of *Lolium perenne* L. Plant Sci., 1989, 63:167-176.

[63] Dale P J. Meristem tip culture in *Lolium*, *Festuca* and *Dactylis*. Plant Sci. Lett., 1977, 9:333-338.

[64] Dalton S J. Plant regeneration from cell suspension protoplasts of *Festuca arundinacea* Schreb. (tall fescue) and *Lolium perenne* L. (perennial ryegrass). J. Plant Physiol., 1988, 132:170-175.

[65] Dewey D R. Genomic and phylogenetic relaionships among North American perennial Triticea. In: Estes J R. Grass and grassland: a systematics and ecology. Norman: Univ. Oklahoma Press, 1982:51-88.

[66] Dewey R D. Wide hybridization and induced polyploid breeding strategies for perennial grasses of the Triticeae tribe. Iowa Jour. Res., 1984, 58:383-399.

[67] Frederick G G, Xubai L Jr. Embryogenesis *in vitro* and nonchimeric tetraploid plant recovery from undeveloped citrus ovules treated with colchicines. Journal of the American Society for Horticultural Science, 1991, 116:317-321.

[68] Ganga M, Chezhiyan N. Influence of the antimitotic agents colchicines and oryzalin on *in vitro* regeneration and chromosome doubling of diploid bananas (*Musa* spp.). Journal

of Horticultural Science & Biotechnology,2002,77:572-575.

[69]Gleba Y Y,Parokonny A,Kotov V,et al. Spatial separation of parental genomes in hybrids of somatic plant cells. Proc Natl Acad Sci USA,1987,84:3709-3713.

[70]Goldblatt I N, Lewis W H. Polyploidy biological relevance. N. Y.:Plenum Press, 1980:291-240.

[71]Guha S,Maheshwari S C. *In vitro* production of embryos from anthers of Datura. Nature,1964,3:204-497.

[72]Gu J T. Conservation of plant diversity in China:achievements,prospects and concerns. Biological Conservation,1998,85(3):321-327.

[73]Hansen N T P, Anderson S B. *In vitro* chromosome doubling potential of colchicine,Oryzalin,trifluralin and APM in Brassica napus microspore culture. Physiologia Plantarum,1995,95(2):201-208.

[74]Hiei Y,Ohta S,Komari T. Efficient transformation of rice mediated by Agrobacterium and sequence analysis of the boundaries of the T-DNA. Plant J. ,1994,6:271-282.

[75]Inokuma C, Sugiura K, Cho C. Plant regeneration from protoplasts of Japanese lawngrass. Plant Cell Reports,1996,15(12):737-741.

[76]Karp A R,Risiott M G K,Jone S W,et al. Chromosome doubling in monoploid and dihaploid potatos by regeneration from cultured leaf explants. Plant Cell Tissue Organ Cult. , 1985,37(3):363-373.

[77]Kasperbauer M J, Eizenga G C. Tall tescue doubled haploids via tissue culture and plant regeneration. Crop Science,1985,25:1091-1095.

[78]Kaul B L Z. Dimethylsurfoxide as an adjuvant colchicines in the production of polyploids in crop plants. Indian J. Exp. Biol. U,1971(9):522-523.

[79]Lawrence T, Slinkard A E, Ratzlaff C D, et al. Tetracan, Russian wild ryegrass. Can. J. Plant Sci. ,1990,70:311-313.

[80]Leitch I L, Ennett M D. Polyploidy in angiossperm. Trends Plant Sci. ,1997(2): 470-476.

[81]Li Y,Whitesides J F,Rhodes B. *In vitro* generation of tetraploid watermelon with two dinitroanilines and collchine. Cucurbit Genetics Cooperative Report,1999,22:38-40.

[82]Murashige T,Skoog F. A revised medium for rapid growth and bioassays with tobacco tissue culture. Physiol. Plant,1962,15:473-497.

[83]Nielsen K A, Larsen E, Knudsen E. Regeneration protoplasts of derived green plants of Kentucky bluegrass. Plant Cell Rep. ,1993,12:537-540.

[84]Olesen A,Andersen S B,Due I K. Anther culture response in perennial ryegrass (*Lolium perenne* L.). Plant Breed,1988,101:60-65.

[85]Olesen A,Storgaard M,Madsen S B. Somatic *in vitro* culture response of *Lolium perenne* L. genetic effects and correlations with another Culture. Euphytica, 1995, 86: 199-209.

[86]Ourry A,Bigot J J,Boucaud. Protein mobilization from stubble and roots,and prote-

olytic activities during post-clipping regrowth of perennial ryegrass. Journal of Plant Physiology,1989,134:298-303.

[87]Pires J C,Zhao J,Schranz M E. Flowering time divergence and gnomic rearvangement in resynthesized polyploids (Brassica). Biol. J. Linn. Soc. ,2004,82:675-688.

[88]Potrykus I. Gene transfer to plants:assessment of published approaches and results. Annu Rev Plant Physiol Plant Mol. Biol. ,1991,42:205-225.

[89]Rose J B,Dunwell J M,Sunderland N. Anther culture of *Lolium temulentum*,*Festuca pratensis* and *Lolium × Festuca* hybrids:influence of pretreatment,culture medium and culture incubation conditions on callus production and differentiation. Ann. Bot. ,1987,60:191-201.

[90]Sakaia M T. *In vitro* conservation of plant genetic resources. Plant Biotechnology Lab UKM,1996(2):105-118.

[91]Sari N,Abak K,Pitrat M. Comparison of ploidy level screening methods in watermelon:*Citrullus lanatus* (Thunb.). Scientia Horticulturae,1999,82:265-277.

[92]Shaked H,Kashkush K,Ozkan H. Sequence elimination and cytosine methyletion are repid and reproducible responses of the genome to wide hybridization and alloplyploidy in wheat. Plant Cell,2001,13:1749-1759.

[93]Spangenberg G,Wang Z Y,Potrykus I. In:Frankel R,Grossman M,Linskens H F,et al. Monographs on theoretical and applied genetics,vol18. Biotechnology in forage and turf grasses improvement. New York:Springer,Berlin Heidelberg,1998:1-200.

[94]Standardi A,Piccioni E R. Perspectives on synthetic seed technology using nonembryogenic *in vitro* derived explants. Int. J. Plant Sci. ,1998,159(6):968-978.

[95]Takamizo T,Suginbo K,Ohsugi R. Plant regeneration from suspension culture derived protoplasts of tall fescue of a single genotype. Plant Science,1990,72:125-131.

[96]Tambong J T,Sapra V T,Garton S. *In vitro* induction of tetraploids in colchicines-treated cocoyam plantlets. Euphytica,1998,104:191-197.

[97]Terakawa T,Sato T,Koike M. Plant regeneration from protoplasts isolated from embryogenic suspension cultures of creeping bentgrass. Plant Cell Rep. ,1992,11:457-461.

[98]Tesvetova M I,Ishin A G. Large pollen grains in sorghum as an indicator of increased ploidy level due to colchicine treatment. International Sorghum and Millets Newsletter,1995,36:77.

[99]Van Duren M,Morpurgo R,Dolezel J,et al. Induction and verification of autotetraploids in diploid banana (*Musa acuminata*) by *in vitro* techniques. Euphytica,1996,88:25-34.

[100]Vasil V,Castillo A M,Frommm M E. Herbicide resistant fertile transgenic wheat plant obtained by bombardment of regenerable embryogenic callus. Bio. Technology,1992,10(6):667-674.

[101]Stanysl V,Weckman A,Staniene G. *In vitro* induction of polyploidy in Japanese quince (*Chaenomeles japonica*). Plant Cell Tissue and Organ Culture,2006,84:263-268.

[102] Wan Y, Duncan D R, Rayburn A L, *et al*. The use of antimicrotubule herbicide for the production of doubled haploid plants from anterderived maize callus. Theoreticaland Applied Genetics, 1991, 81: 205-211.

[103] Wang Z Y, Vallés M P, Montavon P, et al. Fertile plant regeneration from protoplasts of meadow fescue (*Festuca pratensis* Huds.). Plant Cell Rep., 1993, 12(2): 95-100.

[104] Wang Z Y, Hopkins A, Mian R. Forage and turf grass biotechnology. Crit. Rev. Plant Sci., 2001, 20: 573-619.

第6章

牧草有性多倍体的产生原理与应用

赵金梅[*]

自然界中存在的多倍体是通过 $2n$ 配子受精而产生,即有性多倍化作用,也就是说天然存在的多倍体均为有性多倍体。有性多倍化作用可以将亲本的杂合性最大限度的遗传到多倍体后代中,通常情况下多倍体在环境适应性能和生产性能方面比二倍体具有显著的优势,在自然界环境中表现为分布更广,而栽培利用的植物更多为多倍体。大多数牧草都同时有不同倍性水平的种群存在,具有一定的产生 $2n$ 配子的几率,因此有性多倍体育种也是牧草育种的重要途径和手段。本专题详细论述了植物 $2n$ 配子发生机制,植物有性多倍体形成途径,牧草 $2n$ 配子研究进展,影响 $2n$ 配子发生的因素和提高发生几率的方法以及有性多倍体在牧草育种中应用的前景。我们通过了解牧草有性多倍体的产生原理,人为提高 $2n$ 配子形成几率,可以提高牧草有性多倍体育种的效率,推进有性多倍体育种在牧草中的应用,并为克服牧草育种中的倍性隔离、远缘杂交不育、自交不育等问题提供有效、可行的解决方法。

6.1 有性多倍体的概念和产生原理

在自然植物种群中广泛存在着同一物种的不同倍性,如紫花苜蓿有二倍体类型、四倍体类型和六倍体类型,其中截形苜蓿为二倍体类型($2n=16$),大多数紫花苜蓿品种为四倍体类型($2n=32$)。野牛草在美国中部从南到北有二倍体($2n=20$)、四倍体($2n=40$)、六倍体($2n=60$)和少量的五倍体($2n=5x=50$)的自然分布。自然界分布的鸭茅有四倍体($2n=4x=28$)和二倍体($2n=2x=14$)两种类型。多倍体都是以二倍体为基础而形成的,自然界中存在的这些多倍体绝大多数或者说就是通过有性多倍化作用形成的。产生具有体细胞染色体数量的 $2n$ 配子是多倍体植物起源的重要过程,也就是说植物减数分裂过程中或之后发生异常,产生染色

---

[*] 作者单位:中国农业科学院草原研究所,内蒙古呼和浩特,010010。

体数量与体细胞相同的卵细胞或花粉细胞,这些细胞授粉后就会产生倍性增加的后代,即有性多倍体。

有性多倍体在自然界具有较多的优势,多倍体在生理和生活史上具有祖先所没有的新性状,如具有较强的抗逆性,有些一年生二倍体加倍后变为越年生或多年生等,这些新的特性使多倍体可以适应新的环境,并在新的生态环境下建植和发育、发展下去。众多研究表明,多倍体主要分布在环境恶劣的地区,如禾本科植物中有70%的物种属于多倍体,而草原生态系统中主要以禾本科牧草为建群种,这与多倍体的特性有密切的关系。此外,多倍体的营养体和种子的生产性能较强,具有较高的生产应用价值。因此,有性多倍化作用是植物改良和育种的重要途径和手段。

6.1.1 有性多倍体的概念

通过未减数分裂配子或者是减数分裂核复原配子(即 $2n$ 配子)受精而产生的多倍体称为有性多倍体(sexual polyploid)。

有性多倍化作用是指未减数分裂配子($2n$ 配子)参与的通过自然授粉形成整倍体后代的过程。有性多倍化作用又可分为一元多倍化作用和二元多倍化作用。一元多倍化作用是指 $2n$ 配子授粉产生有性多倍体的过程,二元多倍化作用是指 2 个 $2n$ 配子授粉产生有性多倍体的过程。

$2n$ 配子是指未减数分裂的配子,具有与体细胞相同的染色体数量。二倍体的孢子形成中,形成的未减数分裂的配子一般为 $2n$ 配子,但是有时也会产生 $3n$ 配子和 $4n$ 配子,如光叶百脉根的减数分裂中,纺锤体的异常可以产生 $2n$ 花粉和 $4n$ 花粉,但是产生 $4n$ 花粉的频率很低,仅为 0.08%,产生 $2n$ 花粉的频率为 14.7%。

6.1.2 有性多倍体的分类

根据体内染色体构成将有性多倍体分成同源多倍体(autopolyploid)和异源多倍体(allopolyploid)两种类型。同源多倍体是指具有 3 个或 3 个以上的来源于同一物种的同源染色体组的多倍体,它们的染色体来源可以是同一个个体,或是相同亲本的不同个体,或是同一个种的不同亲本群体。同源多倍体植物表现为多体遗传特性,因此大多是不育的或者是进行无性繁殖。同源多倍体可以是体细胞基因组加倍而产生,如马铃薯;也可以通过 $2n$ 配子融合或受精而产生,如香蕉和苹果。每个植物都有可能形成同源多倍体,因为减数分裂过程中第一次分裂周期中,核内的染色体是加倍的,而且在环境条件尤其是温度的影响下,减数分裂的各个步骤极易发生异常。但是在现实中,有些植物产生 $2n$ 配子的几率很低,几乎为零,或者产生的同源多倍体是严格不育型,因此同源多倍体应用于多倍体育种比较困难。

异源多倍体是指染色体来源于 2 个或多个不同种的部分同源染色体组的多倍体。异源多倍体也被认为是杂交 F_1 代染色体加倍的结果。黑小麦就是异源六倍体,它是四倍体小麦和二倍体黑麦杂交产生的。远缘杂交后,产生的杂交后代的染色体不能完全配对,从而导致了杂交后代是不育的。但是如果杂种后代可以产生 $2n$ 配子,通过 $2n$ 配子的受精作用使染色体加倍,并且可以完全配对,这样就产生了可育并稳定遗传的异源多倍体,并可以在自然界中建立和繁殖。由种间杂交产生的非整倍体(aneuploid,dysploid)也被认为是异源多倍体。

6.1.3 有性多倍体形成的途径和机理

植物中的多倍体现象被认为是植物物种形成和适应环境的重要机理。有性多倍化作用形成多倍体的机理很早就提出了。最初人们认为植物界中形成 $2n$ 配子的几率很小或者只是零星存在,因此错认为有性多倍化作用并不是自然界中多倍体形成的主要机制。但是 Harlan 和 De Wet 指出,几乎所有植物都具有一定的产生 $2n$ 配子的频率,并认为植物界中的所有多倍体都是通过 $2n$ 配子机理产生的。Skiebe(1985)第一次通过利用数量未减少的配子($2n$)系统合成了人工多倍体,并进一步指出天然形成的多倍体是通过 $2n$ 配子的机理而产生的。此外,有很多天然多倍体被证明是通过 $2n$ 配子和 n 配子融合形成的,而不是由体细胞突变后简单的加倍形成的。此后人们才认识到有性多倍化作用是自然界多倍体形成的主要途径。

6.1.3.1 有性多倍体形成途径

通过对自然界中的多倍体分析和试验研究,有性多倍体主要通过直接产生途径和奇数倍性多倍体桥梁途径产生。自然界中广泛存在的多倍体大多为四倍体,这里主要对四倍体进行详述。这些途径可为解决牧草传统育种中的问题和获得多倍体牧草提供依据。

1. 有性同源四倍体形成途径

有性同源四倍体可以通过三倍体桥梁作用和 $2n$ 配子直接融合而形成。

(1)三倍体桥梁途径。三倍体与同源的二倍体回交或者三倍自交可形成同源四倍体。二倍体种群中经常有三倍体的存在,它们通过二倍体产生的未减数分裂的 $2n$ 配子和正常的 n 配子融合而产生。这些自然形成的三倍体以及通过二倍体和四倍体杂交形成的三倍体,由于产生的配子是非整倍体的,因此是败育的。但是三倍体也能产生一些整倍体配子,如 x 配子、$2x$ 配子以及 $3x$ 配子,这样三倍体自交或者与二倍体的 n 配子和 $2n$ 配子受精就会产生四倍体。例如,一些四倍体欧洲山杨就是通过三倍体与二倍体山杨回交产生的。有些四倍体苹果品种也是来源于三倍体。

(2)直接途径。有性同源四倍体也可以通过二倍体群体中产生的 $2n$ 花粉和 $2n$ 卵细胞融合而直接产生,也就是二元多倍化作用。在自由授粉的二倍体苹果中,产生的四倍体后代就是通过 2 个 $2n$ 配子融合直接产生的,但是比率很小。可以产生 $2n$ 配子的闭鞘姜(*Costus speciosus*)不同无性系之间杂交也是通过二元多倍化作用产生四倍体种苗。

2. 有性异源四倍体形成途径

有性异源四倍体也可以通过三倍体桥梁作用和二倍体杂交 F_1 代或 F_2 代直接产生。

(1)三倍体桥梁途径。异源三倍体通常在种间杂交的 F_1 代自交或者回交产生的 F_2 代中出现的较多。在 F_1 代中通过正常 n 配子和 $2n$ 配子融合也可以产生异源三倍体。通过二倍体种间杂交的 F_1 代和 F_2 代中存在的三倍体自交或者与二倍体回交就会产生异源四倍体。例如,黄花耧斗菜(*Aquilegia chrysantha*)和长白耧斗菜(*Aquilegia flavellata*)杂交的 F_1 代中,有三倍体出现,三倍体自交虽然结实率不高,但是其中 2/3 的为四倍体。鼬瓣花属的毛叶鼬瓣花(*Galeopsis pubescens*)和华丽鼬瓣花(*Galeopsis speciosa*)的种间杂交种的 F_1 代高度不育,在 F_2 代中产生三倍体的频率为 0.5%,三倍体与二倍体回交可以形成可结实的四倍体。

(2)直接途径。直接通过二倍体种间杂交也可以产生异源四倍体,其中包括直接进行种间杂交产生异源四倍体的F_1代或者通过种间杂交F_1代的自交或者回交产生异源四倍体。一些植物种间杂交后,出现异源四倍体的频率很高,如二倍体的大花洋地黄(*Digitalis ambigua*)和毛地黄(*Digitalis purpurea*)杂交的F_2代中四倍体占90%,洋葱(*Allium cepa*)和葱(*Allium fistulosum*)杂交的F_2代中有1/2为四倍体或假四倍体(即$4x-1$),木薯(*Manihot epruinosa*)和木薯胶(*Manihot glaziovii*)的杂交F_1代中有2%为四倍体。

3. 更高倍性多倍体的产生

多倍体的正常n配子和$2n$配子结合,可以产生比亲本倍性更高的多倍体。这种现象在很多多倍体群体中都有存在。在四倍体紫花苜蓿群体中有1%的后代是六倍体,自由授粉的同源四倍体甜菜种有2%的后代为六倍体,在天然冰草群落中也有六倍体存在。

4. 有性异源多倍体的形成

有性异源多倍体可以通过同源多倍体的远缘杂交产生,后代的染色体组型与二倍体远缘杂交后再加倍的后代相同,不同之处在于前者的多倍体是通过有性过程产生,后者的多倍体是通过无性过程产生。例如,同源四倍体的番茄和同源四倍体的野生番茄杂交会产生可育的异源四倍体番茄,它的染色体组型与二倍体杂交F_1代加倍完全相同。

不同倍性水平的多倍体杂交也可以产生异源多倍体,这些多倍体可以是同源的也可以是异源的。

6.1.3.2 $2n$配子产生原理

一般来说,$2n$配子是由于植物减数分裂过程的变异而产生的。染色体配对被打乱和正常配对的植物都会发生减数分裂的变异,如远距离种间杂交杂种和联会变异体。从细胞水平上来说,减数分裂过程的变异导致了复原配子的形成,因此$2n$配子形成的过程也被称为减数分裂核复原。在减数分裂周期中的很多过程都可能发生核复原作用,如第一次分裂中的染色体配对、交叉形成、细胞液移动、中期Ⅱ中的纺锤体异常和第二次分裂末期Ⅱ的胞浆移动和细胞壁形成。根据小孢子或大孢子发生期核复原的减数分裂阶段,提出不同复原机理,即第一次分裂复原(first division restitution,FDR)和第二次分裂复原(second division restitution,SDR),以及不确定的减数分裂复原(indeterminate meiotic restitution,IMR)和减数分裂后复原(post meiotic restitution,PMR)等其他机理。

1. 第一次分裂复原机理

第一次分裂复原机理中,原来的减数分裂过程发生改变,分裂过程与有丝分裂相同:在减数分裂的末期Ⅰ之前将整个互补染色体均等分配到2个细胞中,将本该在第二次减数分裂期进行的着丝点分离过程在第一次减数分裂就发生。如果发生严格意义上的均等分离,形成的2个$2n$核子在遗传上与母细胞完全相同(图6.1a,b)。在一些发生第一次减数分裂复原的植物中,存在一定程度的染色体互换,因此第一次分裂复原作用可以产生遗传上不完全相同的$2n$配子,在重组部分存在差异(图6.1c)。这种$2n$配子主要是由染色体不能配对发生联会突变和纺锤体变异而产生的,如节节麦(*Aegilops squarrosa*)×硬粒小麦(*Triticum durum*)、二粒小麦×节节麦,硬质小麦×节节麦、黑麦×节节麦、小麦与大麦、六出花属(*Alstroemeria*)的种间杂种、百合种间杂种的F_1代,由于是远缘杂交,F_1代不能完全配对,常常会产生第一次分裂复原型$2n$配子。

但是染色体不能配对不是第一次分裂复原机理产生$2n$配子的前提,在类似第一次分裂复原机理中,小孢子正常发生,染色体正常配对的情况下,第一次分裂是正常的,由于多种原因,在第二次分裂的中期Ⅱ期间,纺锤体融合,所有染色单体分布在赤道面上,然后产生二分体,而不是四分体,这样就产生了与体细胞相同染色体数量的 $2n$ 配子。尽管是在第二次分裂中发生的,但形成的 $2n$ 配子与第一次分裂复原的 $2n$ 配子有共同的特征,即产生的 $2n$ 配子都与亲本相同。这种机理只存在于同时发生型胞浆运动植物中,即减数分裂中的细胞质分割和细胞壁形成发生在第二次分裂末期,这种情况主要发生在双子子叶植物的小孢子形成中。分裂后期Ⅱ之后的胞浆运动也可以导致第一次分裂复原 $2n$ 配子形成,如兰花中第一次分裂复原 $2n$ 小孢子(花粉粒)是通过细胞分裂末期Ⅱ胞浆运动异常发生 2 个非姐妹细胞核融合而产生的。与第一次分裂复原机理产生的 $2n$ 配子相比,类似第一次分裂复原机理形成的 $2n$ 配子在染色体上接近互换位点的杂合性较高,而且 $2n$ 配子群体的杂合性会高很多(比较图 6.1b 和图 6.1d)。

第一次分裂复原机理的一个重要的特征是产生的 $2n$ 配子保持有与亲本相同的并且是完整无缺的染色体组(图 6.1)。

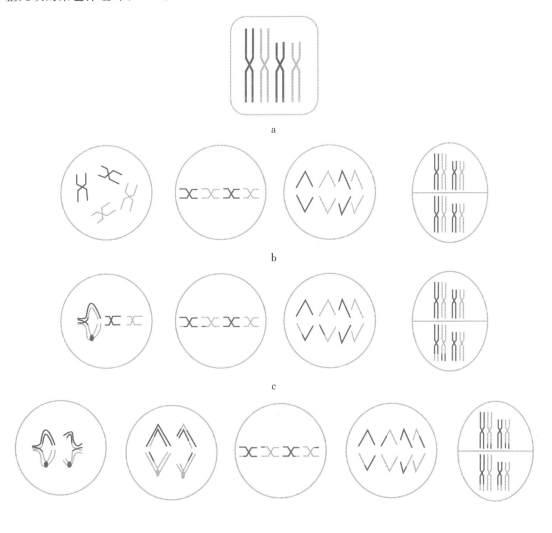

图 6.1

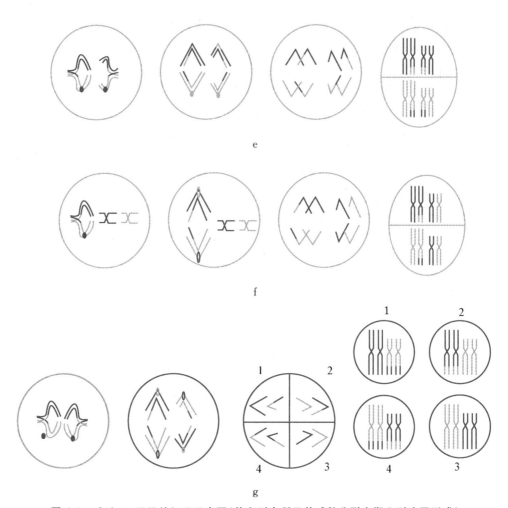

图 6.1 产生 2n 配子的机理示意图（从左到右所示从减数分裂中期Ⅰ到孢子形成）
a. 染色体组型（$2n=2x=4$） b. 严格意义的第一次分裂复原 c. 发生重组的第一次分裂复原 d. 类似第一次分裂复原机理
e. 第二次分裂复原 f. 不确定减数分裂复原
g. 减数分裂后复原

2. 第二次分裂复原机理

在典型的第二次分裂复原中，在减数分裂末期Ⅰ阶段同源或部分同源染色体完全配对，半二价体正常分离。产生的单价体并没有继续分离，而是发生复原，也就是着丝点分开，而染色体并没有分离和向两极运动（图 6.1e）。这样导致 2n 配子的产生。每个染色体上从第一次互换到着丝点之间的片段仍然是相同的（也是纯合的），而从染色体末梢到第一次互换点之间的片段是杂合的（图 6.1e），在同时发生型的胞浆运动的植物中，小孢子形成期细胞质分离和细胞壁形成过早，在分裂末期Ⅰ或初期Ⅱ阶段就已经发生，在第二次分裂末期就不再发生，从而产生第二次分裂复原型 2n 配子。在具有连续型胞浆运动的植物种，如一些单子叶植物的小孢子形成和大多数植物的大孢子发生，正常分裂产生的单价体发生复原，即着丝点分离而染色单体不分离，从而产生 2n 配子。当两极的两个核均复原，产生一个二价体，当只有一个发生复原，则产生三价体。第二次分裂复原机理形成的单个 2n 配子杂合性很低，但是第二次分裂复原机理形成的 2n 配子之间的差异较大，2n 配子群体是高度杂合的。

3. 不确定的减数分裂复原机理

除了第一次分裂复原和第二次分裂复原这两种 $2n$ 配子产生机理外,近年来在百合种间杂种中发现了不确定的减数分裂复原机理。这种机理既不是严格意义上的第一次分裂复原也不是第二次分裂复原,同一细胞内一部分互补染色体与第一次分裂复原机理一样均等地分裂,另一部分与第二次分裂复原机理一样,在后期Ⅰ正常地分离,并在第二次分裂后复原(图 6.1f)。也就是说,在远缘杂种的减数分裂中当同时形成单价体和二价体时,单价体均等地分裂,而二价体发生正常的分离,并在第二次分裂复原而产生 2 个整倍体的 $2n$ 配子。由于这种新的复原机理既不属于第一次分裂复原机理,也不属于第二次分裂复原机理,因此就被称为不确定的减数分裂复原机理。在经常产生二价体和单价体的异源三倍中,普遍存在不确定的减数分裂复原现象。

4. 减数分裂后复原机理

植物在生殖细胞形成中,减数分裂完全正常,同时也伴随着正常减数分裂中的基因重组和染色体分离,生殖细胞的染色体在减数分裂后加倍,从而产生 $2n$ 配子(图 6.1g)。在甘蔗的种间杂种的 $2n$ 配子就是由单倍体卵细胞发生染色体加倍而来。减数分裂后加倍作用产生的 $2n$ 配子具有一个显著特征就是遗传位点是 100% 同源的。这一特征可以通过多倍染色体特异的 RFLP 标记方法证明,也可以通过细胞学分析的方法间接证明,这种类型的植物中减数分裂是完全正常的,并产生正常的 n 配子,但是产生的后代为多倍体。

第一次分裂复原和类似第一次分类复原机理产生的 $2n$ 配子除了重组部分,与亲本的染色体组型完全相同,而第二次分裂复原、不确定的减数分裂复原和减数分裂后复原机理产生的 $2n$ 配子的染色体组型与亲本完全不同。

6.1.3.3 $2n$ 配子产生的细胞学变异类型

导致 $2n$ 配子产生的细胞学过程有纺锤体异常、胞浆运动异常、联会异常、减数分裂删减和减数分裂前染色体加倍等。

1. 纺锤体异常

在减数分裂过程中的中期Ⅰ和中期Ⅱ的纺锤体异常都可以导致 $2n$ 花粉和 $2n$ 卵细胞的产生。纺锤体发生方位变异主要有三种类型:平行纺锤体、纺锤体融合和三极纺锤体。平行纺锤体和纺锤体融合可以导致产生 2 个 $2n$ 配子,三极纺锤体可以产生 1 个 $2n$ 配子和 2 个 n 配子。在许多植物中如紫花苜蓿,从正常方位到平行方位的变异纺锤体都有,但是有的并不能产生 $2n$ 配子。

2. 胞浆运动异常

在双子叶植物的小孢子形成过程中,胞浆运动和细胞壁形成是在第二次分裂之后形成的,在减数分裂过程中细胞的染色体数量是体细胞的 2 倍,2 次分裂都是在同一个细胞中进行的。而双子叶植物的大孢子形成和单子叶植物的大孢子和小孢子形成中,每次分裂后都发生胞浆运动和细胞壁形成,这样第二次分裂是在 2 个单独的细胞中进行的。

胞浆运动异常是 $2n$ 配子产生的重要模式之一。双子叶植物的小孢子形成中,在第一次分裂的姐妹染色单体分离前就提前发生胞浆运动会导致 $2n$ 花粉的产生。不发生或发生不完全的胞浆运动会产生 $2n$ 花粉和 $2n$ 卵细胞的形成。例如,紫花苜蓿中,由于胞浆运动不正常,在一个植株上能产生 $2n$ 花粉和 $2n$ 卵细胞,也可以产生 $3n$ 和 $4n$ 花粉。

3. 联会异常

在很多植物的减数分裂的第一次分裂前期会发生联会异常,这种变异被称作联会突变体。由于分裂前期不能正常配对,因此联会突变体常常会产生单价体染色体,由于染色体数量的不平衡,这种配子大多是不育的。联会突变体的后代中有整倍体也有非整倍体。联会突变体有时也可以产生平衡的 2n 花粉和 2n 卵细胞,根据联会突变后核恢复的时间,可以分别产生第一次分裂复原和第二次分裂复原型的 2n 配子。

4. 减数分裂删减

正常的减数分裂过程中染色体的复制 1 次,细胞分裂 2 次,产生 4 个染色体减半的配子。但是一些植物的配子形成过程中,减数分裂只进行 1 次分裂,这样就产生了与体细胞染色体数量相同的 2n 配子。缺失的分裂有些是第一次分裂,有些是第二次分裂,这两种情况在茄科植物中都有发现。

5. 减数分裂前染色体加倍

多年生黑麦草和黑麦在减数分裂前,花粉母细胞在有丝分裂过程中由于不能形成纺锤体,染色体数量变为体细胞的 2 倍,这样即使进行正常的减数分裂,产生的配子也为 2n 配子,它的染色体与体细胞相同。

6.2 有性多倍体在植物中的分布

6.2.1 有性多倍体在植物中的分布特性

与二倍体比较,有性多倍体在自然界分布面积大、范围广,而且倍性越高分布范围越广。有性多倍化作用可以看作是植物物种形成和适应环境的重要机理。一般情况下,多倍体的地理分布一般比二倍体广泛,分布范围延伸到自然环境条件比较恶劣的地区,如二倍体鸭茅分布范围较窄,而且不同地域分布的二倍体鸭茅多存在地理隔离现象,而四倍体鸭茅的分布范围较广,在欧洲、西亚和非洲北部具有广泛而大面积的分布;野牛草的二倍体只分布在美国中部很小的地区,四倍体在美国中部分布在 29°~40°N,六倍体野牛草纵向分布范围向南延伸到 27°N,横向分布范围比四倍体更广,而且分布面积也较大。

有性多倍体在不同植物类群中分布不同。自然界中被子植物中多倍体的发生频率在 47%~70%。一般单子叶植物中的多倍体多于双子叶植物,有 70% 的单子叶植物有多倍体存在,并且以异源多倍体为多。

杂交体系植物的多倍体多于非杂交体系。如果二倍体杂交 F_1 代进行远缘杂交($F_1 \times F_1$)后代中四倍体占 63%,如果 F_1 代与亲本回交,四倍体的频率只有 2%,这主要是杂交体系中产生 2n 配子的几率较高。这也是自然界中异源多倍体多于同源多倍体的一个重要原因。

一般具有无性繁殖能力的物种中多倍体的产生频率高于只能有性繁殖的物种。这主要是由于可以营养繁殖的物种可以克服奇数倍性多倍体,尤其是三倍体不育的障碍,从而促进更高倍性的多倍体的产生。

6.2.2 植物中 2n 配子形成频率

2n 配子的形成频率决定着多倍体形成的机理。虽然普遍认为任何植物都具有一定的形成 2n 配子的频率,但是频率差异非常的大。不仅物种与物种之间、亚种和亚种之间 2n 配子产生的频率差异很大，同一种群的个体之间产生 $2n$ 配子的频率也有较大的差异，更甚的是有些个体可以产生 $2n$ 配子，而有些个体不能产生 $2n$ 配子。在鸭茅中，每个个体产生 $2n$ 花粉的频率为 0.14%～14%，产生 $2n$ 卵细胞的频率为 0.11%～26%。还有些植物同一个体不同花中产生 $2n$ 配子的频率也不同，如同一紫花苜蓿植株上不同花产生 $2n$ 花粉的频率为 4%～37%，在马铃薯同一花中不同花粉囊产生 $2n$ 花粉的频率最低为 5.6%，最高可达 61.7%。

有些植物既可以产生 $2n$ 花粉，也可以产生 $2n$ 卵细胞，但是二者的产生频率没有相关性。

可以无性繁殖植物的 $2n$ 配子发生具有一定的频率，而且是有规律的，同时 $2n$ 配子的产生是可遗传的。有性繁殖的物种 $2n$ 配子的产生在小孢子（花粉）形成和大孢子（卵细胞）形成过程中都存在，但 $2n$ 配子形成的频率非常低并且没有规律，很大程度上决定于环境因素。表 6.1 汇总了部分牧草 $2n$ 配子产生的频率。

表 6.1 部分牧草 $2n$ 配子产生频率汇总

植物种名	产生 $2n$ 配子的植物比例	个体产生 $2n$ 配子的比率	产生 $2n$ 配子个体几率	参考文献
$2n$ 花粉				
冰草 （Agropyron cristatum）	—	0.1%～4.9%		Ray 等,1992
鸭茅 （Dactylis glomerata）	60	0.14%～14%		Maceira 等,1992
多年生黑麦草 （Lolium perenne）	11	—		Sala 等,1989
细叶百脉根 （Lotus tenuis）	11	6.1%～100%		Negri,1992； Lemmi 等,1995
光叶百脉根 （Lotus corniculatus）	14.7			Neide 等,2002
苜蓿属 （Medicago spp.）	28	5.5%		Veronesi 等,1986
球花三叶草 （Trifolium nigrescens）	39	1.3%～34%		Bullita 等,1992
红三叶 （Trifolium pratense）	100	1%～84%	3	Parrott 等,1984
$2n$ 卵细胞				
鸭茅 （Dactylis glomerata）	47	0.11%～26%		De Haan 等,1992
苜蓿属 （Medicago spp.）	37	5.5%		Veronesi 等,1986
红三叶 （Trifolium pratense）	16	0.014%～0.5%		Parrott 等,1984

6.2.3 $2n$ 配子产生频率的检测方法

$2n$ 配子产生频率的检测方法主要有形态学检测、流式细胞仪分析花粉和后代分析以及大、小孢子形成检测。

$2n$ 配子检测的最直接的方法就是通过 $2n$ 配子大小进行鉴定。最简单的方法是用传统染料进行花粉粒的染色,如醋酸洋红、乳酸苯酚。植物细胞的体积随着染色体倍性的增加而增加,一般未减数分裂的 $2n$ 花粉的直径比正常花粉大 30%～40%,通过显微镜检测可以明显地分辨,所以应用花粉中大花粉粒的多少来估计 $2n$ 花粉产生的频率。

流式细胞仪是最直接的 $2n$ 配子产生频率的检测方法。这种技术可以快速、准确地检测大量个体和配子的 DNA 含量和倍性水平,根据配子和体细胞染色体的相对含量比较就可以获得准确的 $2n$ 配子产生频率。流式细胞仪分析主要适用于样品比较容易获得的花粉和体细胞的分析。

后代分析方法主要是通过二倍体互交、二倍体和四倍体互交的方法估算 $2n$ 配子的产生频率。二倍体和四倍体互交后代分析是当前常用的检测 $2n$ 花粉或 $2n$ 卵细胞和估算 $2n$ 配子产生频率的方法。例如,$2n$ 卵细胞通过三倍体障碍现象就可以很容易地检测。当 $2x$ 和 $4x$ 杂交时,由单倍体卵细胞和 $2x$ 雄性配子结合而形成的三倍体胚不能存活,这是由于胚-胚乳细胞在染色体数量上的不平衡导致的。当在杂交体内发生三倍体障碍时,能存活的只有四倍体孢子体,是由 $2n$ 卵细胞和 $2x$ 雄性配子结合产生。因此,通过简单的二倍体和四倍体杂交,就可以根据种子倍性分析而量化二倍体中 $2n$ 卵细胞形成的几率。根据二倍体与二倍体杂交后代中三倍体和四倍体是否出现和出现数量也可以确定该物种可否形成 $2n$ 配子,并估测群体 $2n$ 配子产生频率。

6.2.4 $2n$ 配子形成的影响因素

6.2.4.1 遗传因素

通过轮回选择可以显著提高二倍体紫花苜蓿 $2n$ 配子形成的几率,这就证明遗传因素对植物 $2n$ 配子的形成有重要的影响。虽然 $2n$ 配子在不同个体和不同花中的产生频率都会有较大变化,但遗传因素是控制 $2n$ 配子产生的重要因素之一。$2n$ 配子产生的遗传学机理还没有完全明确,多年的遗传学研究表明植物 $2n$ 配子的产生是由隐性的主基因控制,并受多个微效基因影响。在马铃薯中,控制联会消失是受 ds1 基因的影响,并受另外两个等位基因的影响,而胞浆运动异常的主效基因为两个独立的隐性基因 pc1 和 pc2,平行纺锤体的形成也是受一个主效基因控制。

$2n$ 配子产生的主效基因主要控制能否产生 $2n$ 配子,而 $2n$ 配子产生频率受微效基因控制。在红三叶中,$2n$ 花粉的形成受单个基因控制,但是 $2n$ 花粉产生频率受 2～6 个基因控制。$2n$ 配子产生的相关基因的表达和外显性变化较大,一方面是由于微效基因对主效基因表达的影响;另一方面是主效基因和微效基因受环境因素的影响较大。这也就是 $2n$ 配子产生频率变化幅度较大的原因。

6.2.4.2 环境因素

影响 $2n$ 配子的形成的主要环境因素有温度、营养胁迫等。

温度对 $2n$ 配子的形成有较大的影响,尤其是变化的温度对 $2n$ 配子的产生有很大的影响。大田和温室生长的白黎豆属植物(*Strizolobium* sp.)、曼陀罗(*Datura stramonium*)、大细钟花(*Uvularia grandiflora*)在非正常生长温度的轮替处理下,产生的 $2n$ 花粉明显增加。受温度因素的影响,可产生 $2n$ 花粉的马铃薯品种在沿海地区产生 $2n$ 花粉的平均频率最大可以达到温室时的 2 倍。在循环变温度的培养箱中,蓍草(*Achillea millefolium*)的 $2n$ 花粉产生频率是自然种群中的6倍。

土壤营养状况对植物$2n$配子的产生也有较大的影响。吉莉花属的杂交F_1代在低营养条件下每个植株产生的多倍体后代比高营养条件下高出7倍,主要是由于营养缺乏影响减数分裂的染色体正常配对,导致$2n$配子的产生频率较高。

有一些报道指出烟草花叶病毒和采食也对$2n$配子的产生有影响。多倍体植物抗逆性较强,在高纬度、高海拔和冰川覆盖地区的分布较多,这也证明恶劣环境可以诱导$2n$配子和有性多倍体的形成。

6.3 有性多倍体在牧草育种中的意义和应用

6.3.1 有性多倍体在牧草育种中的意义

6.3.1.1 有性多倍体的等位基因剂量效应对改良牧草具有重要意义

植物的很多性状是数量性状。当一个多倍体形成时,基因组中的每个基因数量都直接加倍,在很多重要性状上产生剂量效应。多倍体剂量效应在很多植物上被验证,并且新形成的多倍体还会产生一些新的性状和表现型。例如,控制植物开花时间的开花等位基因(fowering locus C,FLC),在芸薹属植物和拟南芥进化分叉后,其他十字花科植物倍性增加,所有四倍体如芜菁,从一年生的生活模式变为二年生,开花一次的模式。在甘蓝型油菜中等位基因也表现出加性遗传效应,这个等位基因的加倍也是甘蓝型油菜从春季一年生转变成二年生的主要原因。四倍体棉花植株产生的棉纤维比二倍体棉花的长、细,而且强度高,因此在当前全球棉花市场占据主导地位。在紫花苜蓿中二倍体类型的截形苜蓿是一年生的,而目前栽培利用的品种多是多年生植物。通过有性多倍化作用育成的四倍体紫花苜蓿在株高、分枝数、生物产量等方面显著高于二倍体母本,这主要是多倍体的剂量效应所致。

6.3.1.2 有性多倍化作用使多倍体的杂合性和等位基因的多样性增加

植物基因组的杂合性越高,植物活力越强,在许多性状上表现出杂种优势特性。在有性多倍体形成中,$2n$配子可以将亲本大部分的杂合性传递到多倍体中,这样新多倍体的形成并不会发生像体细胞加倍产生的多倍体中出现的杂合性消失导致多倍体衰退的现象。在有性异源多倍体中,由于有2个或者更多的不同基因组的加入,使等位基因的多样性增加。这样,杂合性不只存在于单一位点,而是整个基因组的杂合性都增加,从而表现较强的杂种优势。研究证明,基因组间的杂合性对油菜含油种子的产量有正效应,当多倍体中染色体重组产生的杂合性越低,种子产量也越低。在同源多倍体中,虽然只有一种基因组型,没有基因组间的杂合性,但是也可能在单个多倍体株系中渗入含有不同等位基因的片段,从而产生等位基因的杂合性。随着染色体倍性的增加,等位基因的多样性也会增加。例如,在同源四倍体苜蓿中,单个位点最多可以有4个不同的等位基因。

6.3.1.3 有性多倍体化作用形成的奇数倍性多倍体是培育多倍体的重要媒介

通过有性多倍化作用形成的奇数倍性多倍体一般育性较低,限制了其在生产实践中的推广、应用,但是很多研究者认为它们在自然界多倍体的形成和人工培育多倍体的过程中起着重要的桥梁作用,这就是"三倍体桥梁假说"。

三倍体桥梁假说认为三倍体或者中间类型是形成新的多倍体的过渡阶段。三倍体桥梁假说是植物有性多倍体形成的重要机理之一。但是由于三倍体障碍和三倍体相对较低的育性，很多人持反对意见。三倍体障碍是指由于胚乳染色体不平衡导致胚乳败育，限制杂交后胚的发育，从而不能形成三倍体种子。但是三倍体障碍在不同植物中的效应强弱差异很大，很多植物的研究证明，三倍体障碍并不能完全阻止三倍体种子的产生，而且在四倍体与二倍体杂交时，如果以四倍体作母本，可以满足胚乳中母本：父本为2：1的条件。此外，三倍体的育性虽然比二倍体和四倍体低，但很少为零，通常情况下雄配子是败育的，而雌配子是可育的。在不同倍性物种分布的交错区域有三倍体或者中间类型的存在。例如，黄花茅的二倍体和四倍体交错区域的种群中三倍体占6%。这些发现和研究结果证明三倍体桥梁作用是新的多倍体形成的重要步骤，在三倍体的形成过程中起着重要的作用。

三倍体桥梁作用在牧草多倍体育种中会有很大的应用前景。很多牧草植物具有营养生殖的功能，而且具有多年生的特性，因此三倍体不育的障碍对三倍体在牧草育种中的影响相对较小。因此，在牧草多倍体育种中，可以人工产生三倍体或者从自然群体中分离三倍体，用于多倍体育种的中间材料。

6.3.2 有性多倍化作用在牧草育种中的应用

6.3.2.1 有性多倍化作用在牧草育种中的应用

植物中的多倍体现象是在一个世纪以前被发现的，总的估计，被子植物中多倍体的发生频率在47%~70%，在栽培植物中，一些重要的作物如小麦、土豆、棉花、燕麦、甘蔗、香蕉、落花生、烟草和许多园艺植物都是多倍体。因此，在对多倍体的形成机制不明确的情况下，研究人员通过体细胞加倍的人工诱导方法形成了多种同源和异源多倍体，但是这些多倍体并没有表现出自然界中存在的多倍体在生产特性和环境适应方面的优势。很多重要的栽培作物都是从自然形成的多倍体引种、驯化而来。60多年的多倍体的研究成果让研究人员认识到有性多倍体是提高等位基因多样性，增加或固定杂合性，获得新的性状，创造新品种的重要途径。

具有相对较高的$2n$配子频率的植物种成为当前植物育种的重要材料，例如，在很多作物中，第一次分裂复原型$2n$配子成为开拓杂种优势以及将野生种质引入四倍体作物中的主要途径。在苜蓿中已经成功利用有性多倍化作用育成干物质产量较高的杂交种，在百合和郁金香中利用$2n$配子克服了种间杂交F_1代不育的限制。

1. 通过有性多倍化作用获得多倍体品种

多倍体植物在自然界中表现出的优势使很多育种者认识到多倍体育种是牧草改良的重要途径。在有性多倍体机理被认识之前，人们通过化学处理使染色体加倍或者基因突变，在一些植物中获得了多倍体植株，但是由于形成的多倍体大多为同源多倍体，同质性增加，常常发生严重的衰退现象。有性多倍化作用一方面可以实现多倍体育种的优势，另一方面可以较好的保持亲本的杂合性，克服染色体加倍后同源衰退现象和不育现象，是牧草改良的重要途径。在马铃薯、小麦、紫花苜蓿以及园艺植物如玫瑰、百合、郁金香中已经利用有性多倍化作用成功的育成了多倍体品种。$4x$和$2x$或$2x$和$2x$杂交中，经$2n$配子途径获得的紫花苜蓿四倍体品系，其牧草产量高于用秋水仙素处理相同材料获得的四倍体，充分显示了$2n$配子在苜蓿遗传改良中的潜力。

有性多倍化育种的前提就是选择具有一定的 $2n$ 花粉或者 $2n$ 卵细胞频率的品种或者株系。因此,首先要对育种对象的不同材料的 $2n$ 配子产生情况进行研究。已研究的牧草有紫花苜蓿、红三叶、鸭茅、披碱草、白三叶、百脉根等,在其他牧草中还有待进一步加强,以为多倍体育种建立基础数据和依据。

多倍体可以通过二元多倍化作用形成,即 $2n$ 卵细胞和 $2n$ 花粉融合产生。在一些二倍体植物种群中存在的极少的四倍体个体就是二元多倍化作用的结果,但是形成几率很小,在育种中可以辅以提高 $2n$ 配子产生频率的措施进行,可能会获得期望的多倍体。此外,多倍体也可以通过一元多倍化作用形成,即 $2n$ 配子和正常的 n 配子结合形成。利用一元多倍化途径时,会产生奇数倍性的多倍体或偶数倍性的多倍体,如当二倍体的 $2n$ 配子与 n 配子融合产生三倍体,当二倍体的 $2n$ 配子与四倍体的 n 配子融合则产生四倍体。一般奇数倍性的多倍体的育性较低,如三倍体,不能在生产、实践中应用,但是它可以作为偶数倍性多倍体形成的过渡倍性类型,它可以产生的整倍体配子有 x 配子、$2x$ 配子、$3x$ 配子,自交或者与二倍体的 $2n$ 配子和 n 配子融合都可能产生四倍体,这也就是三倍体桥梁假说的应用。

2. 实现优良性状、基因渗入

当前应用的牧草大多是四倍体类型,但是在野生的二倍体上具有很多优良的抗逆特性。物种的不同倍性之间具有遗传隔离特性,这种障碍可以通过产生 $2n$ 配子的途径克服,从而使二倍体的优良特性渗入多倍体中。在紫花苜蓿中已经成功应用 $2n$ 配子机理获得抗病品种。在马铃薯育种中,利用选育出的 $2n$ 配子材料将二倍体种质资源转移到四倍体马铃薯普通栽培种中,获得了淀粉含量高(20%以上)、炸片品质优良、高抗晚疫病的多个育种材料和后代高抗青枯病的四倍体材料。

3. 克服不同倍性之间的遗传隔离

植物不同倍性水平的种间在生殖上是隔离的,也就是杂交不结实。其主要原因是胚乳染色体数量不平衡。一般认为胚乳中母本与父本的染色体比例为 2∶1 时,胚乳才可以正常形成。利用 $2n$ 配子可以便捷地克服不同倍性之间杂交的障碍,如四倍体×二倍体杂交组合中,如果父本产生 $2n$ 花粉,则使后代胚乳平衡数(endosper balance number,EBN)为 4∶2(母本∶父本),表现杂交亲合。在实际育种中已经成功地利用 $2n$ 配子直接克服胚乳数量平衡障碍,获得了不同的种间杂种。

4. 克服远缘杂交不育的问题

由于杂交亲本亲缘关系较远,染色体不能完全配对,是远缘杂交育种中杂交障碍和杂种不育的重要原因。如果选择的育种材料可以产生 $2n$ 配子,那么就可以克服染色体配对的问题,获得杂交种子或者克服杂种 F_1 代不育的问题。在很多植物远缘杂交后出现倍性增加的杂种 F_1 代,就是 $2n$ 配子参与的有性多倍化作用的结果,如萝卜与甘蓝的远缘杂种就是异源四倍体。杂种不育的一种情况是产生奇数倍性的杂交 F_1 代,由于染色体数量不均衡导致多数配子败育,而在 $2n$ 配子参与的情况下可以实现自交和回交的部分结实;另一种情况是染色体不能完全配对,因此减数分裂过程中染色体不能联会或不均衡联会,形成的配子不育,导致不能结实。在这种情况下,杂交 F_1 代产生的 $2n$ 配子是可育的,因此通过有性多倍化作用可以实现部分可育。

5. 实现低倍体杂合性稳定传递到多倍体中

在育种中,最大限度地保持亲本的杂合性和上位效应时,可以获得较大程度的杂种优势。

体细胞加倍获得的多倍体由于纯合性增加,产生后代衰退现象。而 $2n$ 配子可以有效地传递亲本的杂合性,使有性多倍体保持较高的杂合性。不同机理产生的 $2n$ 配子传递杂合性的效果不同,理论上第一次分裂复原型 $2n$ 配子或等价于第一次分裂复原型的 $2n$ 配子可将亲本杂合性的 80% 以上传递给后代,如果染色体上不发生重组和交换,则可以 100% 传递。而第二次分裂复原型 $2n$ 配子只能传递 40% 的亲本的杂合性,不同途径获得的多倍体的杂合性程度不同,一般情况,二元多倍化作用产生的多倍体的杂合性高于一元多倍体化作用。因此,在牧草多倍体育种中可以优先选择产生第一次分裂复原型 $2n$ 配子的植株做育种材料,在 $2n$ 配子产生频率较高的情况下,可以优先选择二元多倍化育种途径。

提高植物的等位基因的多样性和增加等位基因的拷贝数量是植物改良的重要途径之一。在实际育种中,首先要区分和鉴定影响表现型的等位基因,然后优化育种方案,主要策略有:①增加等位基因的拷贝数,如果需要可以通过同源或部分同源重组的途径实现片段的渗入;②选择性状的主控基因,降低选择标记的数量和简化连锁遗传图谱;③可同时开展以上两个方面的工作。

6.克服自交不育的问题

植物育种中为了获得最大的杂种优势和整齐的杂交后代,常常需要建立纯合的自交系,很多异花授粉植物中普遍存在自交不育的问题。利用 $2n$ 配子可以显著提高自交不育植物的自交结实率。1943 年,Lewis 利用诱发的 $2n$ 花粉获得了西洋梨的自交种子。金冠苹果的突变体自花结实的原因是产生 $2n$ 花粉。苜蓿是同源四倍体植物,利用 $2n$ 配子可以克服苜蓿育种中的自交退化难题。因此,有性多倍化作用在培育纯合自交系和固定杂种优势方面具有很大的应用潜力。

6.3.2.2 提高 $2n$ 配子产生频率的途径

有性多倍体化作用是通过 $2n$ 配子来形成新的多倍体的,因此,提高 $2n$ 配子的频率可以极大地促进有性多倍体育种的应用和实施。提高 $2n$ 配子频率主要通过以下几个途径。

1.轮回选择

植物 $2n$ 配子的产生是受遗传控制的,通过多重选择可以提高 $2n$ 配子相关基因的纯合和突变的累积,从而提高选择后代的 $2n$ 配子产生频率。大田研究试验也证明轮回选择是提高 $2n$ 配子频率的最有效的途径。在三叶草中,在三轮选择后,$2n$ 配子的平均频率从 0.04% 提高到 47%,三轮以上的选择可以使紫花苜蓿的 $2n$ 配子频率从 9% 提高到 78%。我国马铃薯育种中通过轮回选择,获得多个 $2n$ 配子频率大于 20% 的优良的二倍体基因型,提高了资源创新的效果。

2.生长条件的控制

植物 $2n$ 配子的产生受环境条件的影响较大,同种的不同群体、不同植株甚至是不同花序的 $2n$ 配子频率差异也较大。因此,控制育种材料的生长条件也是提高 $2n$ 配子频率的有效途径。其中温度是重要的影响因子,尤其是高温和低温的循环处理可以显著提高 $2n$ 配子的频率,生长在冷热循环的培养箱中的蓍草($Achillea\ millefolium$)的 $2n$ 配子的发生频率比天然种群高 6 倍。

3.减数分裂过程的控制基因突变

$2n$ 配子主要是由于减数分裂过程的异常而产生的,利用诱变剂处理使控制减数分裂的基因发生突变,在后代中可以获得产生 $2n$ 配子的或者 $2n$ 配子频率较高的株系。甲基磺酸乙酯(ethyl methane sulfonate,EMS)和 N-亚硝基-N-甲基脲(N-nitroso-N-methylurea,MNN)是非常有效的基因诱变剂,可以用于减数分裂突变的诱导。拟南芥中由甲基磺酸乙酯产生的 $2n$ 花

粉突变体的 $2n$ 花粉粒产生的频率平均可达 1%～20%,其中一个突变体的频率可以达到 50%。此外紫外线和 γ 射线也可诱导减数分裂突变体,在甜菜和红花中通过射线处理提高了 $2n$ 配子的产生频率,并获得了三倍体植株。

4. 化学试剂处理

直接用化学试剂处理植物未成熟的花序也可以提高 $2n$ 配子的产生频率。主要有秋水仙素、氯仿、赤霉素等。秋水仙素处理甜樱桃花枝后可以将 $2n$ 配子的频率从 3.48% 提高到 55%。

参考文献

[1] 彭燕,张新全,曾兵. 野生鸭茅生育特性多样性研究. 安徽农业科学,2008,36(13):5368-5370,5419.

[2] 唐仙英,罗正荣,蔡礼鸿. 植物未减数配子及其应用研究进展. 武汉植物学研究,1999,17:1-7.

[3] 王玉海,曹彩霞,牟金贵,等. 大白菜 $2n$ 配子发生的细胞学机制研究. 河北农业科学,2005,13:1-5.

[4] 云锦凤. 牧草及饲料作物育种学. 北京:中国农业出版社,2001.

[5] 张新忠,闫立英,刘国俭,等. $2n$ 配子在植物育种和种质创新中利用的研究进展. 华北农学报,2003,18:30-51.

[6] 朱军. 遗传学. 北京:中国农业出版社,2009.

[7] Belling J. The origin of chromosomal mutations in Uvularia. J. Genet, 1925, 15:245-266.

[8] Bergstrom I. On the progeny of diploid×triploid ppulus tremula with special reference to the occurrence of tetraploidy. Hereditas, 1940, 26:191-201.

[9] Bingham E T, McCoy T J. Cultivated alfalfa at the diploid level: origin, reproductive stability. Euphytica, 1979, 93:113-118.

[10] Bingham E T. Backcrossing tetraploidy into diploid Medicago fakata L. using $2n$ eggs. Crop Science, 1990, 20:1353-1354.

[11] Buxton B H, Newton W C F. Hybrids of *Digitalis ambigua* and *Digitalis purpurea*, their fertility and cytology. J. Genet, 1928, 19:1269-1279.

[12] Calderini I O, Mariani A. Increasing $2n$ gamete production in diploid alfalfa by cycles of phenotypic recurrent selection. Euphytica, 1997, 93:113-118.

[13] De Haan A, Maceira N O, Lumaret R, et al. Production of $2n$ gametes in diploid subspecies of *Dactylis gomerata* L. 2. Occurrence and frequency of $2n$ eggs. Antials of Botany, 1992, 69:345-350.

[14] Einset J. Spontaneous polyploidy in cultivated apples. Am. Soc. Hort. Sci., 1952, 59:291-320.

[15] Felber F. Hybridization rate and its consequences in gene flow in a narrow hybrid zone between diploid and tetraploid *Anthoxantluini alpiiuiin* (Poaceae). New York: Plenum

Press,1994:471-490.

[16]Fowler N L,Levin D A. Ecological constraints on the establishment of a novel polyploici in competition with its diploid progenitor. The American Naturalist, 1984, 124:703-710

[17]Fukuda K,Sakamoto S. Cytological studies on unreduced male gamete formation in hybrids between tetraploid emmer wheats and *Aegilops squarrosa*. Japan J Breed,1992,42: 255-266.

[18]Gadella T W J. Some notes on the origin of polyploidy in *Hieraciuin pilosella* aggr. Acta Botanica Neerl,1988,37:515-522.

[19]Grant V. Cytogenetics of the hybrid *Gilia millefoliata × achilleaefolia*. Ⅰ. Variations in meiosis and polyploidy rate as affected by nutritional and genetic conditions. Chromosoma,1995,25:372-390

[20]Hahn S K,Bai K V,Asiedu R. Tetraploids,triploids,and $2n$ pollen from diploid interspecific crosses with cassava. Theor. Appl. Genet,1990,79:433-439.

[21]Hornsey K G. The occurrence of hexaploid plants among autotetraploid populations of sugar beet(*Beta vulgaris* L.),and the production of tetraploid progeny using a diploid pollinator. Caryologia,1973,26:225-228.

[22]Islam A K M R,Shepherd K W. Meiotic restitution in wheat-barley hybrids. Chromosoma,1980,78:363-372.

[23]Jauhar P P,Dogramaci-Altuntepe M,Peterson T S,et al. Seedset on synthetic haploidsof durum wheat:cytological and molecular investigations. Crop Sci. ,2000,40:1742-1749.

[24]Jay M,Reybaud J,Blaise S,*et al*. Evolution and diflérentiation of *Lotus corniculatus/Lotus alpinus* populations from French south-western Alps. Ⅱ. Conclusions. Evolutionary Trends in Plants, 1991,5:157-160.

[25]Johnston S A,Den Nijs T P N,Peloquin S J,*et al*. The significance of genetie balance to endosperm development in interspecific crosses. Theoretical and Applied Genetics, 1980,57:5-9.

[26]Karlov G I,Khrustaleva L I,Lim K B,*et al*. Homoeologous recombination in $2n$-gamete producing interspecific hybrids of *Lilium* (Liliaceae)studied by genomic *in situ* hybridization(GISH). Genome,1999,42:681-686.

[27]Kostoff D. A contribution to the sterility and irregularities in the meiotic processes caused by virus diseases. Genetica, 1933,15:103-114.

[28]Levan A. The cytology of the species hybrid *Allium cepa × fistulosum* and its polyploid derivatives. Hereditas,1941,27:253-272.

[29]Lin B Y. Ploidy barrier to endosperm development in Maize. Genetics, 1984, 107:103-115.

[30]Muntzing A. Cyto-genetic investigations on synthetic *Galeopsis tetrahit*. Hereditas, 1932,16:105-154.

[31]Maceira N O,De Haan A A,Lumaret R,*et al*. Production of $2n$ gametes in diploid

subspecies of *Dactylis glomerata* L. 1. Occurrence and frequency of 2n pollen. Annals of Botany,1992,69:335-343.

[32]Masterson J. Stomatal size in fossil plants:evidence for polyploidy in majority of angiosperms. Science,1994, 264:421-424.

[33]McCoy T J. Inheritanee of 2n pollen formation in diploid alfalfa(*Medicago sativa* L.). Canadian Journal of Genetics and Cytology,1982, 24:315-323.

[34]McHale N A. Environmental induction of high frequency 2n pollen formation in diploid *Solanum*. Can. J. Genet. Cytol. ,1983, 25:609-615.

[35]Mendiburu A O,Peloquin S J. Bilateral sexual polyploidization in potatoes. Euphytica, 1977,26:573-583.

[36]Mendiburu A O,Peloquin S J. Sexual polyploidization and depolyploidization:some terminology and cleflnitions. Theoretical and Applied Genetics,1976,48:137-143.

[37]Mendiburu A O,Peloquin S J. The signifieance of 2n gametes in potato breeding. Theoretical and Applied Genetics,1977,49:53-61.

[38]Mok D W,Peloquin S J. The inheritance of three meehanisms of diplandroid(2n pollen)formation in diploid potatoes. Heredity,1975,35:295-302

[39]Negri V,Falcinelli M. Polley disformity in some getiotypes of *Lotus tenuis* Wald. et Kit. ($2n=2x=12$). Proc. SVIJ Eucarpia Meeting,1991,11:14-17.

[40]Negri V,Veronesi F. Evidence for the existenee of 2n gametes in *Lotus tenuis* Wald. et Kit. ($2n=4x=24$). Theoretical and Applied Genetics,1989,78:400-404.

[41]Norrmann G,Quarin C,Keeler K. Evolutionary implications of meiotic chromosome behavior,reproductive biology,and hybridization in $6x$ and $9x$ cytotypes of *Andropogon gerardii* (Poaceae). American Journal of Botany,1997,84(2):201-207.

[42]Parrott W A,Smith R R. Production of 2n pollen in red clover. Crop Science,1984, 24:469-472.

[43]Parrott W A,Smith R R. Recurrent selection for 2n pollen formation in red clover. Crop Science,1986, 26:1132-1135.

[44]Quijada P A,Udall J A,Lambert B,*et al*. Quantitative trait analysis of seed yield and other complex traits in hybrid spring rapeseed(*Brassica napus* L.):1. Identifi cation of genomic regions from winter germplasm. Theor. Appl. Genet,2006,13:549-561.

[45]Ramanna M S,Jacobsen E. Relevance of sexual polyploidization for crop improvement. Euphytica,2003,33:3-18.

[46]Ramsey J,Schemske D W. Pathways,mechanisms,and rates of polyploid formation in flowering plants. Annual Review of Ecological Systems,1998,29:467-501.

[47]Ray M,Tokach M K. Cytology of 2n pollen formation in diploid crested beatgrass, *Agropyron cristatum*. Crop Science,1992,32:1361-1365.

[48]Sala C A,Camadro E L,Salaberry M T,*et al*. Cytological mecbanism of 2n pollen formation and unilateral sexual polyploidization in Lolium. Euphytica,1989,43:1-6.

[49]Sanford J C. Ploidy manipulation. In:Methods in fruit breeding. Indiana:Purduc U-

niversity Press,1983:100-123.

[50]Sasakuma T. Kihara H. A synthesized common wheat obtained from a triploid hybrid, *Aegilops squarrosa* var. strangulate × *Triticum durum*. Wheat Info. Serv. ,1981,52: 14-18.

[51]Skalinska M. Cytogenetic studies in triploid hybrids of *Aquilegia*. J. Genet,1945, 47:87-111.

[52]Skiebe. Die Bedeutung von unreduzierten Gameten für die polyploidiezüchtung bei der Fliededprimel(*Primula melacoides* Franchet). Züchter,1958,28:353-359.

[53]Stebbins G L. The role of polyploid complexes in the evolution of Nortb American grasslands. Taxon,1975,24:91-106.

[54]Stebbins G L. Types of polyploids:their elassification and significance. Advances in Genetics,1947, 1:403-429.

[55]Stebbins G L. Variation and evolution in plants:progress during the last twenty years. In:Heebt M K,Sterre W D. Essavs in Honor of Th. Dobzhanskv. New York:Plenum Press,1970:173-208.

[56]Tavoletti S,Mariani A,Veronesi F. Cytologieal analysis ol macro-and mierosporogenesis of a diploid alfalfa clone producing male and female $2n$ gametes. Crop Science,1991, 31:1258-1263.

[57]Tyagi B R. The mechanism of $2n$ pollen formation in diploids of *Costus speciosus* (Koenig)J. E. Smith and role of sexual polyploidization in the origin of intraspecific chromosomal races. Cytologia,1988,53:763-770.

[58]Van Santen E,Casler M D. Forage quality and yield in $4x$ progeny from interploidy crosses in *Dactvlis* L. Crop Science,1990,30:35-39.

[59]Veilleux R E,McHale N A,Lauer F L. Unreduced gametes in diploid *Solanum*. Frequency and types of spindle abnormalities. Canadian Journal of Genetics and Cytologv,1982, 24:301-314.

[60]Veronesi F,Mariani A,Bingham E T. Unreduced gametes in diploid Medicago and their importance in alfalfa breeding. Theoretical and Applied Genetics,1986,72:37-41.

[61]Veronesi F,Mariani A,Tavoletti S. Screening for $2n$ gamete producers in diploid species of genus *Medicago*. Genet. Agr. ,1988, 42:187-200.

[62]Watanabe K,Peloquin S J,Endo M. Genetic significance of mode of polyploidization;somatic doubling or $2n$ gametes? Genome,1991, 34:28-34.

[63]Wendel J F,Cronn R C. Polyploidy and the evolutionary history of cotton. Adv. Agron. ,2003,78:139-186.

[64]Xu S,Dong Y. Fertility and meiotic mechanisms' of hybrids between chromosome auto duplication tetraploid wheats and *Aegilops* species. Genome,1992,35:379-374.

[65]Yang S S,Chen Z J. Accumulation of genome-specific transcripts,transcription factos and phytohormonal regulators during early stages of fiber cell development in allotetraploid cotton. Plant J. ,2006,47:761-775.

第7章

牧草远缘杂交与染色体工程育种技术

于 卓 马艳红[*]

本章概述了牧草远缘杂交的意义及存在的关键问题,并结合试验研究实例,全面系统地阐述了牧草远缘杂交及染色体工程育种的理论与技术。主要内容有:①利用远缘杂交创制牧草新种质的关键技术,包括牧草远缘杂交亲本的选配、远缘杂交技术和方式、克服远缘杂交不亲和的关键技术、牧草远缘杂交后代的分离和选择;②牧草远缘杂种真实性鉴定技术,包括形态学、细胞遗传学、同工酶、分子标记技术和染色体原位杂交等鉴定技术;③牧草远缘杂种育性恢复主要途径,包括回交法、染色体加倍法和其他方法;④牧草远缘杂种染色体工程育种技术,包括秋水仙碱诱导牧草远缘杂种染色体加倍的方法、适宜处理浓度和时间、加倍关键技术实例、加倍植株的鉴定方法、染色体工程育种的基本程序,并介绍了近年来我们在冰草属、披碱草属牧草远缘杂交后代育性恢复研究中的技术与进展。

7.1 牧草远缘杂交概述

远缘杂交(wide cross 或 distant hybridization)通常指植物分类学上不同种(species)、属(genus)间或亲缘关系更远的植物类型之间的杂交,产生的后代为远缘杂种。在地理上远缘的种族、不同生态类型和系统发育上长期隔离的植物品种或亚种之间的杂交,称为地理远缘杂交或地理远距离杂交。远缘杂交又可分为种间杂交(interspecific hybridization)和属间杂交(intergeneric hybridization),种间杂交如蒙古冰草ב航道"冰草、羊草×灰色赖草、加拿大披碱草×老芒麦等,属间杂交如加拿大披碱草×野大麦、羊茅×黑麦草等。

---

[*] 作者单位:内蒙古农业大学农学院,内蒙古呼和浩特,010019。

通过远缘杂交,突破种属界限,可以把不同种、属牧草的特性结合起来,充分利用野生牧草种质资源的独有特性,扩大遗传变异,创造更加丰富的新变异类型或新物种。

近年来,随着生物技术的发展,品种间杂交难以满足育种目标要求,远缘杂交虽然难度较大,但牧草育种工作者进行了大量的杂交研究,使远缘杂交育种成果逐步得到应用,成为各种育种技术相互渗透、相互综合的切合点。

7.1.1 牧草远缘杂交的意义

7.1.1.1 创造新种质、新品种

通过远缘杂交方法,可以导入异种、属的染色体组,从根本上改变原有牧草的特性,并创造出结合双亲优良特性的新类型。如前苏联科学院植物园专家利用小麦和冰草(现归入偃麦草属,即 *Elytrigia*)杂交,获得了多年生的小麦——冰草新品种,该品种在种子收获后还能长出再生草作干草收获,兼备籽粒和饲草的双重用途。若只作饲草利用时,一年可刈 2～3 次,青草产量 24 900 kg/hm^2,粗蛋白质含量高达 12%,并具有很好的抗寒性和早熟特点。栽培种紫花苜蓿(*Medieago sativa*)产草量高,并含有丰富的蛋白质、维生素和钙、磷等矿物质,是最优良的多年生豆科牧草,号称"牧草之王"。栽培种紫花苜蓿在内蒙古呼伦贝尔盟、昭乌达盟、哲里木盟、锡林郭勒盟和乌兰察布盟等高寒牧区越冬率低、种子不易成熟,但高产优质,野生的黄花苜蓿抗旱与越冬性强,种子成熟好,但产草量低,再生性弱,为了结合双亲的优良特性,1962—1977 年吴永敷等(1987)将地理上远缘的、生态类型差异大的紫花苜蓿与黄花苜蓿相组配进行远缘杂交,选育出了"草原 1 号"与"草原 2 号"苜蓿新品种,在生产上大面积推广应用。再如 Hycrest 冰草品种,该品种是美国农业部农业研究所(USDA-ARS)和犹他州农业试验中心(Utah AES)将人工诱导染色体加倍的四倍体冰草(*Agropyron cristatum*)和四倍体沙生冰草(*A. desertotum*)相组配,通过远缘杂交育成的,抗寒、耐旱性很强,春季返青早,青绿持续期长,枯黄期晚,茎叶柔嫩,营养丰富,且产量较高,已在生产上得到广泛应用。

远缘杂交种由于遗传上或生理上的不协调,有时会表现出生活力衰退现象,但其杂种优势比品种间杂种表现更强。如高丹草就是高粱(*Sorghum bicolor*)与苏丹草(*Sorghum sudanense*)种间杂交产生的杂种类型,是一种以利用茎叶为主的一年生禾本科饲用作物,它结合了高粱抗寒、抗旱、耐倒伏、产草量高等特性和苏丹草分蘖力强、再生性强、营养价值高、适口性好等优良特性。近些年来,国内外学者在高粱-苏丹草远缘杂交育种方面成绩卓著。例如,日本育成了高产优质多抗的"格林埃斯"苏丹草-高粱杂交种,加拿大育成了"佳宝",美国育成了"健宝",国内育成了高丹草——"超能"、"天农青饲 1 号"、"皖草 2 号",蒙农青饲 1 号、2 号、3 号和蒙农 4 号、5 号等,这些新品种在生产中发挥着重大作用。

7.1.1.2 利用异种、属材料的特殊有利性状

许多野生牧草经过长期自然选择,具有较强的抗病性和对不良外界环境条件的抵抗能力,通过远缘杂交将野生类型的高抗逆特性转入到栽培品种中,是改善栽培品种的有效途径。如美国 Sorensen 等,用一年生蜗牛苜蓿(*M. scutalla*,茎、叶上直立的腺毛有明显抑制害虫的作用)和多年生紫花苜蓿杂交,把蜗牛苜蓿茎叶上具有能分泌黏液的腺毛特性传递到紫花苜蓿上,育成了具有双亲优良性状并且抗虫的苜蓿新品种,这个杂交品种具双亲的混

合性状,具有一年生亲本的浅绿色,多年生亲本的紫花,茎叶的形状、大小、茎高、毛的密度则介于两个亲本之间(杨玲,1984)。华山新麦草是新麦草属(*Psathyrostachys* Nevski)的中国特有种,具有优质、抗旱、抗寒、耐瘠薄、早熟、矮秆等特点,同时高抗小麦条锈病和白粉病,更是难得的全蚀病抗源。为将华山新麦草优良抗性转入到小麦中,进行了大量的远缘杂交,1988年陈勤等获得了第一个小麦与新麦草属间杂种。赖草属(*Leymus*)植物对寒冷、干旱、盐碱土等不良环境具有很强的适应性,有些物种还具有抗病虫、穗大、粒多、粒大、高光效等优良特性,国内外学者一直致力于将赖草属植物优良性状的控制基因导入小麦之中,至今已经有10种赖草属植物[大赖草(*L. racemosus*)、无芒赖草(*L. triticoides*)、灰赖草(*L. cinereus*)、窄颖赖草(*L. angustus*)、沙生赖草(*L. arenarius*)、羊草(*L. chinensis*)、滨麦(*L. mollis*)、多枝赖草(*L. multicaulis*)、赖草(*L. secalinus*)和新生赖草(*L. innovatus*)]与小麦杂交成功(杨瑞武,2003)。

7.1.1.3 创造新的雄性不育系

雄性不育是雄蕊发育不正常,但其雌蕊发育正常,能接受正常花粉而受精结实。不同物种间遗传差异较大,核质间有一定的分化,通过远缘杂交和回交进行核置换,将不同物种的不育细胞和不育核基因结合在一起,获得雄性不育系。利用植物的雄性不育性是简化育种程序的有效途径,如杂交母本具有雄性不育系,就可以免除人工去雄、节约人力、降低种子成本,且可保证种子的纯度。

雄性不育在植物界很普遍的,迄今已在18个科110多种植物中发现了雄性不育的存在,如水稻、玉米、高粱、大麦、小麦、甜菜、油菜等,其中水稻、油菜、玉米雄性不育性已用于大田生产之中。但牧草中发现的雄性不育性较少,研究较多的是豆科牧草——苜蓿,如1958年加拿大学者首先发现了苜蓿雄性不育系植株(命名为ZODRC),但ZODRC不是细胞质遗传的雄性不育系,也未找到保持系,不能用种子进行繁殖,只能用无性繁殖的办法进行繁殖和保存,所以难于在生产上大面积制种应用。1967年,Davis和Greenblatt首先报道了苜蓿的细胞质雄性不育性。Bradner等(1965)以及Pedersen等(1969)也相继报道了紫花苜蓿的细胞质雄性不育性,且有保持系植株,可应用于杂交制种。1978年,我国牧草育种专家吴永敷教授从草原1号杂花苜蓿(*Medicago varia* Martin. cv. 'Caoyuan No. 1')中选择出雄性不育株Ms-4,但由于其雌蕊育性低,杂交制种结实率低,在生产中很难大面积推广应用。再如,美国的Burton(1965)用远缘杂交方法选出了核质互作型美洲狼尾草(*Pennisetum americanum*)Tift 23A雄性不育系,我国粮饲用高粱雄不育系3197A等都是通过远缘杂交获得的。

7.1.1.4 探索研究物种形成、生物进化

不同物种经过天然的远缘杂交,把两个或多个物种的优良特性结合起来,经过自然选择,形成生命力更强的新物种,因此远缘杂交是自然界物种形成和进化的重要途径。大量的研究实践证明,通过人工远缘杂交并结合细胞遗传学和分子生物学研究,可再现牧草种进化过程中所出现的一系列中间类型和新物种类型,为研究物种的进化历史和确定物种之间的亲缘关系提供依据,有助于进一步阐明物种形成与演化的规律,所以人工远缘杂交是研究物种形成、生物进化的重要手段。Dewey(1975)研究证实,西方冰草(*Pascopyrum smithii* Löve)是由多次远缘杂交和染色体自然加倍形成的异源八倍体(图7.1)。

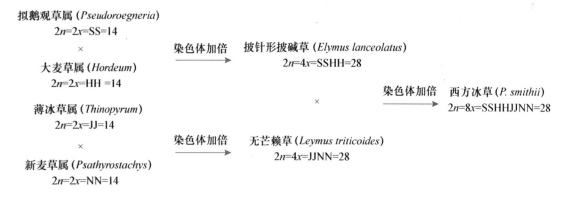

图 7.1 八倍体西方冰草的形成过程

7.1.2 牧草远缘杂交存在的主要问题

7.1.2.1 远缘杂交不亲和

杂交不亲和性(incompatibility)是物种间存在生殖隔离的表现形式。牧草的受精过程是一个复杂的生理生化过程,在此过程中,花粉粒的萌发、花粉管的生长和雌雄配子的结合,常常受到内外因素的影响。另外,由于远缘杂交的亲本长期进化过程中形成的种间生殖隔离,如双亲花期不育、亲缘关系较远、遗传差异较大、染色体数目和结构存在差异等原因都会影响受精过程,导致远缘杂交的不亲和性。为搞清每一杂交组合不亲和性的原因,需要从遗传学、胚胎学、细胞学、生理学和生物化学等方面深入研究。牧草远缘杂交不亲和的主要表现包括:①花粉不能在异种植物的柱头上萌发;②花粉萌发后花粉管不能进入柱头;③花粉管进入柱头后生长缓慢甚至破裂,不能进入到子房;④花粉管生长正常但不能进入子房;⑤花粉管进入子房但雌雄配子不能结合;⑥配子受精不完全,如雄配子、雌配子结合而未与极核结合等。

7.1.2.2 远缘杂种夭亡、不育

牧草远缘杂交不仅在受精之前存在很多问题,而且在受精成功后,仍存在杂种的夭亡(指在受精成功后,杂种幼胚、种子、幼苗在发育成株以前死亡)和不育等难题,主要表现为:①受精后幼胚不发育或在种子形成过程中停止发育;②能形成幼胚,但幼胚不完整或畸形;③幼胚完整,但没有胚乳或极少胚乳;④胚与胚乳均正常,但二者之间形成糊粉层类型的细胞房,妨碍了营养物质从胚乳进入胚;⑤由于胚、胚乳和子房组织间缺乏协调性,虽能形成皱缩的种子,但不能发芽或发芽后死亡;⑥杂种 F_1 植株在不同发育时期停止生长;⑦由于生长发育失调,营养体虽然繁茂发达,但不能形成结实器官或结实器官不正常;⑧无雌雄蕊,有的花粉囊壁较厚,不开裂散粉或不能产生有活力的雌雄配子,最后杂种在不利于生长环境条件下自然消亡。

自然界各物种在上下代繁衍、传递的过程中,之所以能够保证物种的遗传稳定性,是因为它们的生长发育都是受一定的遗传因素控制的,且这些遗传因素在进化的过程中已形成完整、平衡与稳定的遗传系统。远缘杂交打破了各个物种原有的遗传系统,其后代的生长发育必然会受到影响甚至导致个体死亡或不育。所以,远缘杂种夭亡、不育的根本原因是由于其遗传系统的破坏,具体表现如下。

1. 质核互作不平衡

从生化角度看,生物个体生长发育所需的物质大部分是靠核基因控制,在细胞质中合成

的,而远缘杂交将一个物种的核物质导入到另一个物种的细胞质中,由于质核不协调,必然会影响所需物质的合成,从而影响到生长发育,并有可能造成不育。

2. 染色体不平衡

由于双亲之一的染色体组、染色体数目、结构、性质与另一亲本不平衡,在减数分裂中同源染色体不能进行正常的配对、分离,因而不能形成正常功能的配子造成杂种不育。

3. 基因不平衡

基因不平衡指物种间基因的差异,从分子遗传学的角度看,不同的物种 DNA 分子的大小、核苷酸序列和结构、DNA 分子所携带的遗传信息所反映的代谢及其调控功能等上很不相同,因此就整个分子水平的表达和调控来说,大多数很难亲和,尤其是 DNA 携带的遗传信息所调控的功能差异很大,彼此很难协调地共处于一个细胞中。这种情况下,异源 DNA 进入后被细胞中的各种内切酶所裂解或排斥,造成遗传功能紊乱,不能合成适当的物质并形成正常有功能的配子,因而使杂种夭亡或不育。

7.2 利用远缘杂交创制牧草新种质的关键技术

7.2.1 牧草远缘杂交亲本的选配

牧草杂交育种常规亲本选配原则主要有:①亲本优点多、缺点少,亲本间优缺点尽可能得到互补;②亲本中最好有一个能够适应当地条件的牧草种或材料;③亲本在主要目标性状上表现突出;④亲本间遗传差异大;⑤亲本优良性状的遗传力应较高,不良性状的遗传力较低;⑥亲本一般配合力好。而牧草远缘杂交的亲本选择及选配原则除了遵循这些常规杂交亲本选配原则外,还必须着重考虑不同类群牧草种间、属间杂交亲和性的差异。同种牧草不同变种或品种,由于其细胞、遗传、生理等的差异,配子间的亲和力存在很大差异。为提高远缘杂交的成功率,亲本选配上应注意:①栽培种与野生种的远缘杂交组合应以栽培种为母本;②考虑正反交差异,确定合适的母本;③以染色体数目多的物种为母本;④以品种间杂种为母本。

7.2.2 牧草远缘杂交技术

杂交工作前,应对具体牧草的生育期、花器构造、开花习性、授粉方式、花粉寿命、胚珠受精能力以及持续时间等一系列问题有所了解,并对该牧草材料在当地条件下的具体表现有一定认识,才能有效地开展工作。杂交的方法与技术依牧草种类不同而异,但其共同原则归纳为以下几点。

7.2.2.1 调节开花期

杂交亲本的开花期相遇才能进行杂交。如果亲本花期不遇,则需要采取分株繁殖或调节播种期的措施使双亲间花期相遇。

对于一年生牧草来说,可采用分期播种的方法是双亲间花期相遇。一般是将花期难遇的早熟亲本或主要亲本相隔 7~10 d 为一期,分 3~4 期播种,如高粱与苏丹草杂交时,常采用分期播种法调节花期。

对多年生牧草可采取不同方法：①春季分株繁殖，推迟开花期，使双亲花期相遇。如加拿大披碱草与野大麦的属间远缘杂交就存在花期不遇的问题，父本野大麦开花期早于母本加拿大披碱草近 30 d，必须对野大麦在春季进行分株繁殖，推迟开花期，才能使两亲本花期相遇，便于杂交。②利用牧草分蘖特性调节开花期。如果父本花期早于母本，应将父本进行分期刈割或摘除主茎顶尖，用其再生草或分蘖（或分枝）推迟父本花期，使亲本的花期相遇。

此外，也可以采取地膜覆盖、施肥、灌水、调节种植密度等农业措施调节开花期，以便顺利地开展杂交工作。

7.2.2.2 控制授粉

准备用作母本的材料必须防止自花授粉和天然异花授粉，因此在母本雌蕊成熟前，进行人工去雄，并与其他牧草隔离，才能进行人工授粉杂交。人工授粉杂交的关键步骤如下。

1. 定株和修整花序

在雌穗未成熟前，从亲本群体中选择健壮、无病、丰产性状好的牧草植株作为杂交株。为了便于去雄和授粉，需要将选定植株的花序进行修整，如果是禾本科牧草，需要剪去芒、上部及下部发育不良的小穗，只留中部 7~8 对小穗，每小穗只留基部的 1~2 朵小花；若是豆科牧草，选择花序中部的花，将其余不需要的花及花蕾全部剪掉，每个花序保留 5~10 朵小花。

2. 去雄

去雄最常用的方法是人工夹出雄蕊，用镊子将颖壳或花冠拨开、夹出花药（注意：不要损伤柱头和花朵的其他部分），去雄要干净、彻底。去雄后，立刻套袋，防止外来花粉授粉，并挂上标签，用铅笔写明去雄日期。

3. 采粉与授粉

最适宜的时间是去雄后的 2~10 d，每日应在父本材料开花最盛的时间采粉，并将花粉收集在培养皿中，放入 4℃冰箱保存、备用。

为提高牧草杂交结实率，克服其远缘杂交不亲和性，常采用如下授粉方式。

(1) 混合授粉。异种花粉中加入少量的母本花粉（甚至死花粉）或多父本花粉，不仅可以解除母本柱头上分泌的抑制异种花粉萌发的特殊物质（或促使产生刺激两性活动的物质），创造有利的生理环境，而且由于多父本混合授粉，可以增加雌蕊对花粉的选择，使母本最大可能地选择得到较适合的花粉，弥补单一授粉造成的杂交困难，提高结实率。

(2) 重复授粉。同一母本柱头处在不同的发育时期，其成熟度和生理状况都存在差异，进行多次重复授粉，可以利用雌蕊不同发育程度和受精选择性的差异，促进受精结籽、提高结实率。一般授粉 1~2 d 后，可以进行第 2 次授粉。

(3) 提前或延迟授粉。母本柱头对于花粉的识别能力和选择能力，一般在柱头未成熟或过熟时最低。故在开花前 1~5 d 或延迟到开花后数日授粉，可以提高远缘杂交的结实率。

授粉后应立刻套袋，并在母本的标签上写明父本名称及授粉日期。授粉后应加强田间管理，特别是适当控制水肥、防止倒伏。

4. 适时收获

应注意观察远缘杂交种子成熟度，一般进入蜡熟期即可收获杂交种子。收获时，要将杂交种子连同标记牌一起收获、脱粒，同一杂交组合的不同杂交穗应单独脱粒、贮存。

7.2.3 牧草远缘杂交方式

杂交方式是指一个杂交组合中要用几个亲本以及各个亲本之间如何组配的问题,是影响远缘杂交育种的重要因素,并决定杂种后代的变异程度。杂交方式一般根据育种目标和亲本特点进行灵活运用,主要有单交、复交、回交。

7.2.3.1 单交

单交是两个亲本之间进行的杂交。单交只进行1次杂交,育种时间短,杂种后代群体的规模也相对较小,但是远缘杂交中的双亲亲缘关系比较远,杂种后代分离较大,性状稳定相对较慢。

7.2.3.2 复交

复交涉及3个或3个以上的亲本,进行2次或2次以上的杂交。复交杂种的遗传基础比较复杂,复交可以克服远缘杂种不育和育性低,改良杂种后代综合性状,加速杂种稳定。一般先将一些亲缘关系相对较近的亲本配成单交组合,再在组合之间或组合与远缘亲本之间进行2次或多次杂交。复交方式有三交、双交和聚合杂交等,具体采用哪一种方法视需要而定。在进行复交时,一般用杂种作母本,因为种间杂交常不能产生具有受精能力的花粉,却能产生少数具有受精能力的雌配子。

7.2.3.3 回交

回交是两个亲本杂交之后,子一代再与亲本之一反复杂交。采用回交法可以很好地改良亲本材料的个别性状。轮回亲本最好是当地适应性强、产量高、综合性状较好、发展前景好的牧草品种或种质材料。

7.2.4 克服牧草远缘杂交不亲和性的关键技术

远缘杂交的双亲亲缘关系较远,杂交往往会表现不亲和性,除了注意亲本选配和授粉方式,还应采取一定的措施克服远缘杂交不亲和现象,主要方法如下。

7.2.4.1 染色体预先加倍法

染色体倍数高低与远缘杂交的结实率高低有一定的关系。将双亲或亲本之一的染色体加倍,常常是克服难交配性最有效的办法。如美国 Dewey(1968)在进行二倍体"航道"冰草($A.$ $cristatum$ Gaertn,$2n=14$)与四倍体野生沙生冰草($A. desertorum$ Schult,$2n=28$)自然杂交时没有成功,当把二倍体"航道"冰草利用秋水仙碱诱导成四倍体后,与同倍数的沙生冰草杂交成功获得了杂种冰草 Hycrest 新品种。

7.2.4.2 媒介(桥梁)法

如果2个种直接杂交困难时,可利用两亲本都与之较易杂交的另一种近缘植物(桥梁品种)为媒介,进行杂交,将其杂种染色体加倍后,再和另一个亲本进行杂交,来克服杂交不亲和性。

7.2.4.3 试管受精与体细胞融合

试管受精是先将未受精的胚珠从子房中剥出,在试管内进行培养,成熟后授以父本花粉或已萌发伸长的花粉管。当有性的远缘杂交不能进行时,可以利用体细胞杂交法来获得种、属间杂种,但目前牧草上成功的实例较少。

7.2.5 牧草远缘杂种后代的分离和选择

7.2.5.1 远缘杂种后代分离和遗传特点
1. 性状分离难以找到规律性

某些质量性状在种内杂交时,其F_2代可能符合一定的分离比例,上下代性状的遗传有一定规律可循,但远缘杂种后代性状的分离常常看不到这种规律性。其原因是远缘杂交亲本间的遗传组成差异较大,且双亲的染色体不一定存在同源关系,在减数分裂时不能进行正常的联会配对,出现大量的单价体,导致减数分裂过程紊乱,形成具有不同染色体数目和质量的配子,因而远缘杂交种比品种间杂交种的分离更加多样和复杂。

2. 性状分离世代长、稳定慢

有的在F_2出现剧烈分离,有的到F_3、F_4才出现剧烈分离,常延续到7～8代仍不稳定,这是由于基因性状分离类型丰富、变异大,有向两亲分化的现象:远缘杂交后代的类型非常丰富,有时会出现亲本类型、亲本相近的类型及超亲类型、双亲中间类型,变异极其丰富。远缘杂交种的中间类型不易稳定,常在后代中消失,后代生长健壮的个体常是与亲本性状相似的个体,即随着世代的演进,出现回复亲本的趋势,主要是基因的分离复杂引起的。

7.2.5.2 远缘杂交后代分离的控制

控制牧草远缘杂交后代性状分离的主要方法有:①诱导远缘杂种F_1染色体加倍:用秋水仙素等药剂处理,使杂种染色体数目加倍,形成双二倍体或异源多倍体,能迅速获得性状稳定且可育的杂种材料。但由于杂种是由双亲的染色体组加倍而成,异源野生亲本的遗传性状也会结合到所有杂种中去,难以选优去劣,还需对加倍后代按照育种目标进行选育,才能创造出有应用价值的新物种或新品种。②诱导远缘杂种产生单倍体:远缘杂种的花粉大多不育,也有少数具不同程度的生活力,因此,可将F_1花粉进行离体培养产生单倍体植株,然后进行染色体加倍,就可以获得纯合二倍体。这一方法可克服性状分离,迅速获得遗传稳定的新类型。

7.2.5.3 远缘杂种后代的选择特点
1. 远缘杂种早代需种植较大的群体

远缘杂种F_2及以后世代普遍出现不同程度的不育性,并会出现生长不良的植株和畸形植株(黄苗、矮株等),所以杂种早代(F_2~F_3)的分离选择群体应比品种间杂交组合大,在较大的群体中才有可能通过分离、重组和选择,选出优良基因组合的个体。

2. 适当放宽早代材料选择标准

对于某些F_2代分离不明显的远缘杂种不要轻易淘汰,在F_3后还可能出现显著的性状分离,可混播、混选,待出现显著分离时再进行单株选择。

3. 采用适宜的选择方法

由于远缘杂种后代要求有较大的群体,采用系谱法难度较大。若希望利用某一远缘亲本改进本地牧草品种的某一性状,且该性状遗传力高,则宜采用回交法;如果希望结合不同种的一些优良性状和适应性,则宜采用混合种植法;若把野生种的若干有利性状与栽培中的有利性状相结合,可采用歧化选择(disruptive selection)。歧化选择是指在分离群体中选择那些极端类型、互交后再选择,这种选择可增加双亲染色体在减数分裂过程中非姊妹染色单体发生交换的机会,有利于打破有利与不利性状间的连锁,使控制有利性状的基因发生充分重组,这样按育种目标经过多代歧化选择,有可能把双亲较多的有利性状结合在一起,选出综合性状超过双亲的牧草新品种和新类型。

7.3 牧草远缘杂种真实性鉴定技术

由于远缘杂种的分离具有多样性,所以在人工远缘杂交获得杂种及其后代后,必须做进一步的分析鉴定,以证实杂种的真实性,并了解其与亲本的区别与联系。在杂种 F_1 及其后代的鉴定研究中,除了采用形态学(morphologic)比较方法外,还应采用细胞遗传学(cytogenetics)、同工酶(lsozyme)、DNA 分子标记(DNA molecular marker)和分子原位杂交(*in situ* hybridization)等技术。

7.3.1 牧草远缘杂种的形态学鉴定

形态学研究是指生物体外部的特征,一般指用肉眼能够观察到的一些表型特征,自然界的生物存在着许多非常明显的形态标记,如植株的高矮、穗型、穗重、粒型等,它是植物分类、种质资源鉴定、育种材料选择、远缘杂种真实性鉴定等研究的基础。穗型是禾本科牧草种间区别的重要形态学依据,如于卓(1999)研究发现蒙古冰草×"航道"冰草种间杂种 F_1 代、加拿大披碱草×野大麦属间杂种 F_1 代植株穗型呈双亲中间型(图 7.2),并在加拿大披碱草×披碱草、加拿大披碱草×老芒麦、披碱草×野大麦等杂交组合后代鉴定中均采用了形态学鉴定的方法。

图 7.2 蒙古冰草×"航道"冰草、加拿大披碱草×野大麦杂交组合亲本及杂种 F_1 穗型
a. ♀蒙古冰草 b. 种间杂种 F_1 c. ♂"航道"冰草 d. 加拿大披碱草
e. 属间杂种 F_1 f. 野大麦

7.3.2 牧草远缘杂种的细胞遗传学鉴定

经典细胞遗传学鉴定方法包括染色体数目检查、核型分析、花粉母细胞减数分裂行为分析、非整倍体材料检测和染色体分带技术等,其中染色体计数结合花粉母细胞配对行为分析法最为常用,如国内外学者在作物、园艺植物、牧草等远缘杂交研究中多采用此方法鉴定杂交种及其后代,该方法准确可靠、简便易行。

植物远缘杂种不育的主要原因是来自双亲的染色体差异大,彼此在结构和数量方面不相适应,造成花粉母细胞同源染色体配对频率低和配对发生改变,影响生殖器官内的细胞分裂过程和配子发生过程。于卓等(2002)研究观察发现,亲本四倍体加拿大披碱草与六倍体披碱草、圆柱披碱草杂交产生的两个种间杂种 F_1 的体细胞(RTC)染色体数目均为 $2n=5x=35$,即两个杂种 F_1 的染色体数目正好等于各自双亲染色体数目总和的平均数,为五倍体(图7.3c 和图7.4c,又见彩插);花粉母细胞染色体配对行为观测表明,亲本加拿大披碱草、披碱草、圆柱披碱草的 PMCMⅠ二价体频率很高,分别为13.96Ⅱ、20.90Ⅱ和20.96Ⅱ,且环状二价体比例占绝对优势,单价体及多价体频率很小,仅为0.01~0.06,表明双亲的染色体配对行为较规则(图7.2a,b 和图7.3a,b,又见彩插),2个五倍体杂种 F_1 的 PMCMⅠ染色体配对行为很不规则,单价体的普遍存在与少部分多价体、落后染色体、染色体桥的出现都是造成杂种不育的重要原因。另外,从染色体配对构型还可以看出,加拿大披碱草×披碱草杂种 F_1 的单价体数目比加拿大披碱草×圆柱披碱草杂种 F_1 多,说明加拿大披碱草与披碱草的亲缘关系要比加拿大披碱草与圆柱披碱草的远。这些染色体特征是造成杂种不育的重要原因,可作为杂种不育性克服及其鉴定的细胞遗传学依据。

另外,在蒙古冰草×"航道"冰草、加拿大披碱草×肥披碱草、披碱草×野大麦等杂交组合后代鉴定中均采用了染色体计数结合花粉母细胞配对行为分析法。

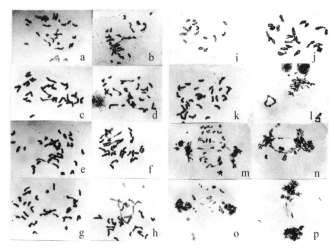

图7.3 加拿大披碱草×披碱草杂种 F_1 及其双亲 RTC 和 PMCMⅠ染色体特征

a. ♀加拿大披碱草 PMCMⅠ染色体构型为 $2n=28(14Ⅱ)$ b. ♂披碱草 PMCMⅠ染色体型为 $2n=42(21Ⅱ)$ c. 杂种 F_1 体细胞染色体数目为 $2n=5x=35$ d. 杂种 F_1 PMCMⅠ显示1个四价体 e~h. 杂种 F_1 后期Ⅰ显示染色体桥和落后染色体 i~p. 杂种 F_1 PMCMⅠ染色体构型,其中 i 为 17Ⅰ+9Ⅱ,j 为 16Ⅰ+8Ⅱ+1Ⅲ,k 为 11Ⅰ+12Ⅱ,l 为 17Ⅰ+9Ⅱ,m 为 23Ⅰ+6Ⅱ,n 为 21Ⅰ+7Ⅱ,o 为 23Ⅰ+6Ⅱ,p 为 16Ⅰ+5Ⅱ+3Ⅲ

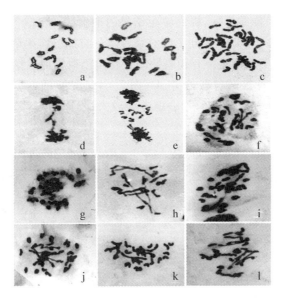

图 7.4 加拿大披碱草×圆柱披碱草杂种 F_1 及其双亲 RTC 和 PMCM I 染色体特征

a. ♀加拿大披碱草 PMCM I 染色体构型为 $2n=28(14II)$ b. ♂圆柱披碱草 PMCM I 染色体构型为 $2n=42(21II)$
c. 杂种 F_1 体细胞染色体数目为 $2n=5x=35$ d~e. 杂种 F_1 后期 I 显示染色体桥和落后染色体 f~l. 杂种
F_1 染色体构型,其中 f 为 5I+15II,g 为 11I+12II,h 为 3I+11II+3III,i 为 8I+12II+1III,
j 为 16I+8II+1III,k 为 15I+10II,l 为 6I+13II+1III

7.3.3 牧草远缘杂种的同工酶鉴定

同工酶(isozymes)一词是 Markert 和 Miller 两人于 1957 年提出来的,是指催化反应相同而结构及理化性质不同的一组酶,它们几乎存在于所有生物中。同工酶是基因的直接产物,由同一基因位点不同等位基因编码的具有同一底物的蛋白质分子,在同一物种不同个体之间有不同的表现形式,具有组织、器官、发育和物种特异性。其应用原理主要有 2 个方面:①酶在电场中移动性的不同反映了编码 DNA 顺序的不同,所以酶谱类型是可遗传的;②多数酶的不同形式都是等显性的,即一个基因位点上的两个或多个基因都是能表达的,由它们编码的多肽链所构成的酶,经电泳后,用特异性组织化学染色法,在凝胶上构成一电泳图谱,经直接或使用相关的统计法相互比较,可获取相应的信息。同工酶电泳技术作为一种蛋白质分子水平的遗传标记技术,以其成本低、操作简便、重复性好等优点,已被广泛应用于物种起源进化和分类、亲缘关系评价、杂种及染色体加倍后代鉴定等方面。

在小麦族多年生禾草远缘杂种后代鉴定中,于卓等(1999)对加拿大披碱草、野大麦及其杂种 F_1 和蒙古冰草、航道冰草及其杂种 F_1、BC_1 的过氧化物酶(POD)同工酶作了比较分析,认为同工酶用于杂种后代鉴定是可行的;李造哲等(2001)对加拿大披碱草和野大麦及其杂种 F_1 及其 BC_1F_1 的 POD 同工酶研究表明,同工酶酶谱多态性明显,可作为禾草远缘杂种鉴定和回交后代目标性状植株检测的遗传标记;谢可军等(2003)采用聚丙烯酰胺凝胶电泳法对 10 种早熟禾属植物 POD 同工酶分析结果表明,POD 同工酶技术对早熟禾属植物进行物种鉴定以及种间遗传距离分析是可行的。

同工酶酶谱是蛋白质分子水平上的表型,具有生育阶段特异性、组织特异性和生理特异性,在植物的某些组织或器官生长发育过程中,分几个阶段取样测定分析比单一某一阶段更能体现各材料酶带表型的遗传差异性,提高鉴定结果的准确性。权威等(2007)采用POD、酯酶(EST)和超氧化物歧化酶(SOD)3种同工酶对蒙古冰草与"航道"冰草杂交后代进行对比分析时,选择抽穗期和夏秋分蘖期这2个有代表性的生育阶段取样测定结果证实了这一点;同时,在相同或不同生育阶段,各供试材料的POD(图7.5,又见彩插)、EST(图7.6,又见彩插)、SOD(图7.7,又见彩插)3种同工酶酶带表型差异较大,不同的酶带表征可作为亲本及F_4 11个株系在蛋白质分子水平识别的遗传标记。

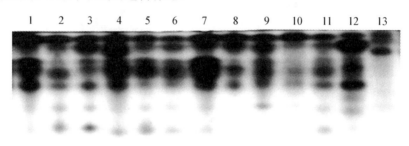

图7.5 夏秋分蘖期蒙古冰草×"航道"冰草杂种F_4代及其亲本的夏秋分蘖期POD同工酶谱带
1~11.F_4代11个株系 12.♂"航道"冰草 13.♀蒙古冰草

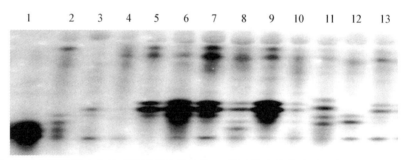

图7.6 夏秋分蘖期蒙古冰草×"航道"冰草杂种F_4代及其亲本的抽穗期旗叶EST同工酶谱带
1~11.F_4代11个株系 12.♂"航道"冰草 13.♀蒙古冰草

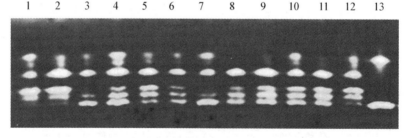

图7.7 夏秋分蘖期蒙古冰草×"航道"冰草杂种F_4代及其亲本的SOD同工酶谱带
1~11.F_4代11个株系 12.♂"航道"冰草 13.♀蒙古冰草

7.3.4 牧草远缘杂种的DNA分子标记鉴定

DNA分子标记技术是在20世纪80年代后期发展起来的以生物遗传物质DNA片段多态性为基础的遗传标记新技术。DNA分子标记技术,是直接以DNA形式体现,不受季节和环境的限制,不存在表达与否的问题,数量极多遍及整个基因组,多态性高,自然存在着许多等位变异,大多数标记表现为共显性,能鉴别出纯合基因型和杂合基因型。DNA 分子标记以电泳谱带的形式表现,依其所用的分子生物学技术,大致可分为三类:一是以 Southern 杂交技术为基础的分子标记,即限制性片段长度多态性(restriction fragment length polymorphism, RFLP);二是以 PCR 技术为基础的分子标记,包括随机扩增多态性 DNA(random amplified polymorphic DNA, RAPD)、选择性扩增片段长度多态性(amplified fragment length polymorphism, AFLP)、序列标志位点(sequence tagged sites, STS)、序列特异性扩增区域(sequence characterized amplified regions, SCAR)、酶切扩增多态性序列(cleaved amplified polymorphic sequences, CAPS);三是以串联重复的 DNA 序列为基础的分子标记,包括简单序列重复(simple sequence repeats, SSR)、简单序列重复区间扩增多态性(inter simple sequence repeat, ISSR)等,牧草远缘杂种鉴定中最常用的是 RFLP、RAPD、SSR、AFLP 和 ISSR。

7.3.4.1 RFLP

这是一项利用放射性同位素(通常用^{32}P)或非放射性物质(如地高辛等)标记探针,与转移于支持膜上的总基因组 DNA(经限制性内切酶消化)杂交,通过显示限制性酶切片段的大小,来检测不同遗传位点等位变异(多态性)的一种技术,用作 RFLP 的探针有 cDNA 探针、基因组 DNA 探针两种。cDNA 探针的保守性较强,许多禾本科植物的 cDNA 探针都可以通用。RFLP 标记具有共显性的特点,它可以区别纯合基因型和杂合基因型,能够提供单个位点上的较完整的信息。RFLP 标记主要应用于植物遗传连锁图的绘制和目标基因的标记,迄今为止,各种作物等的连锁图多由 RFLP 标记来绘制,但由于 RFLP 标记对 DNA 的需要量较大(5~10 μg),需要的仪器设备较多,技术也较为复杂、成本高,大多数情况下还要使用同位素进行检测,这在一定程度上限制了其在植物远缘杂交种及其后代鉴定上的应用。

7.3.4.2 RAPD

它是以基因组 DNA 为模板,以一个随机的寡核苷酸序列(通常为 10 个碱基对)作引物通过 PCR 扩增反应,产生不连续的 DNA 产物,用以检测 DNA 序列的多态性。该方法的优点是简单易行、DNA 用量极少(15~25 ng)、无放射性、实验设备简单、周期短,不足点是多数位点的标记带表现为显性,不能提供完整的遗传信息且扩增产物的稳定性差。李小雷等(2008)利用筛选出的 16 个适宜引物对加拿大披碱草、肥披碱草及其杂种 F_1 的 DNA 进行 RAPD 扩增,结果表明各材料扩增的 RAPD 带数范围为 68~76 条,各引物带数变化幅度为 1~7 条,平均每引物的带数范围为 4.3~4.8 条,扩增片段长度在 100~2 000 bp;不同引物检测的位点数变动于 9~17,多态性位点变动于 3~16;3 种材料共检测到 215 个位点,多态性位点比率为 72.1%,这些多态性位点是亲本间及其与杂交种间识别的重要分子依据(图 7.8,又见彩插)。

7.3.4.3 SSR

在植物的基因组中,均存在着许多由 1~4 个碱基对组成的简单重复序列,如(GA)n、(AC)n、(GAA)n(其中 n 为重复次数)等。Akkaya 等(1992)和 Morgante 等(1993)发现植物中的 AT 重复较 AC 重复更为普遍。SSR 标记为共显性标记、多态性高、重复性好,但是要克隆足够数量的 SSR,并对其进行测序和设计引物,需要足够的投资、人力和时间,成本较高。目前 SSR 标记已用于牧草远缘杂种及种质资源鉴定研究。

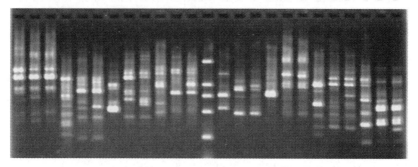

图 7.8 部分引物的 RAPD 图谱

1. ♀加拿大披碱草 2. ♂肥披碱草 3. 杂种 F_1 M. DNA Maker(DL 2000)

7.3.4.4　AFLP

AFLP 是由荷兰科学家 Zabean 和 Vos 于 1992 年建立起来的一项新技术。其基本原理是基于 PCR 技术选择性扩增基因组 DNA 限制性酶切片段,由于不同材料的 DNA 的酶切片段存在差异而产生扩增产物的多态性。AFLP 技术具有 DNA 用量少、反应灵敏、快速高效、多态性丰富、重复性好等优点,已成功应用于牧草远缘杂种后代的鉴定中,如于卓等(2008)利用 AFLP 分子标记技术对加拿大披碱草与披碱草、圆柱披碱草的 2 个种间杂种进行了分析鉴定,用筛选出的 13 个适宜引物对 2 个杂种 F_1 及其各自亲本共扩增出 1 247 个 AFLP 位点,其中多态性位点 1 042 个,多态性位点比率高达 83.56%,AFLP 指纹图谱可将两个杂种 F_1 与其各自亲本很好地区别开来(图 7.9,又见彩插),表明 AFLP 分子标记技术是鉴定远缘植物杂交后代准确、有效的分子方法。

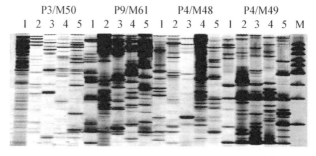

图 7.9　加拿大披碱草与披碱草、圆柱披碱草 2 个种间杂种 F_1
及亲本的部分引物 AFLP 扩增结果

1. 加拿大披碱草 2. 圆柱披碱草 3. 披碱草 4. 加拿大披碱草×披碱草杂种 F_1
5. 加拿大披碱草×圆柱披碱草杂种 F_1 M. DNA Marker (DL 2000)

7.3.4.5　ISSR

简单重复序列间隔区(inter-simple sequence repeat,ISSR)是一种简单序列重复区间扩增多态性的新型的分子标记,这项技术是由 Zietkiewicz 等人于 1994 年发明的。该技术是一种类似 RAPD,但利用包含重复序列并在 3′或 5′锚定的单寡聚核酸引物对基因组进行扩增的标记技术,即用 SSR 引物来扩增重复序列之间的区域。其原理是:根据生物广泛存在 SSR 的特点,利用在生物基因组 DNA 上常出现的 SSR 本身设计引物,无需预先克隆和测序。用于扩增的引物一般为16~18个碱基序列,由1~4或6个碱基组成的重复串联和几个非重复的锚定碱基组成,从而保证了引物与基因组 DNA 中 SSR 的 5′或 3′末端结合,导致位于反向排列、间隔不太大的重复序列间的基因组节段进行 PCR 扩增。ISSR 标记使用比 RAPD 引物更长的引物克服了 RAPD 标记稳定性和重复性差等缺点,操作简单,重复性好,多态性丰富,DNA 用量少,是一种非常理想的检测种内遗传变异的分子标记。另外,ISSR 与 SSR 相比,能检测出更多的多态性,且一套 ISSR 引物可在多种作物中通用,利用率高,成本低廉,已被广泛应用于品种鉴定、多样性分析、指纹图谱的构建等研究中。如周亚星等(2009)为明确散穗高粱与黑壳苏丹草、白壳苏丹草、棕壳苏丹草、红壳苏丹草 4 个种间杂种 F_1 在 DNA 分子水平上的差异程度,利用 ISSR 分子标记技术对散穗高粱 4 种苏丹草杂种 F_1 及其亲本间的多态性分析,结果表明 14 个 ISSR 适宜引物共扩增出 451 条带,其 DNA 片段长度为 200~2 000 bp,多态性条带 416 条,多态性条带百分率为 92.2%(图 7.10,又见彩插)。

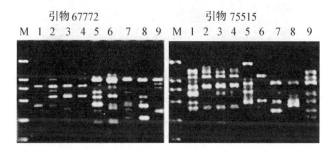

图 7.10 9 个供试材料部分引物的 ISSR 扩增结果

1.♀散穗高粱 2.♂黑壳苏丹草 3.♂白壳苏丹草 4.♂棕壳苏丹草 5.♂红壳苏丹草 6.散穗高粱×黑壳苏丹草 F_1 7.散穗高粱×白壳苏丹草 F_1 8.散穗高粱×棕壳苏丹草 F_1 9.散穗高粱×红壳苏丹草 F_1

7.3.5 牧草远缘杂种的染色体原位杂交技术鉴定

染色体原位杂交技术是在 1961 年由 Gual 和 Pardue 提出,其最大优点是准确、直观,目前染色体原位杂交技术已成为鉴定异源染色质的主要手段之一。

由于研究的目的不同,使用的探针也不同,按所用的标记探针的不同可将染色体原位杂交方法分为 3 类:①以物种专化的重复 DNA 作探针。小麦族植物基因组 DNA 中大部分是重复序列,目前已从小麦、黑麦、簇毛麦、长穗偃麦草中分离出物种专化 DNA 重复序列,主要用于杂交种中外源遗传物质的鉴定。②以单拷贝或寡拷贝 DNA 序列作探针,但由于其拷贝数少,要得到较强的杂交信号在技术上难度较大。③以基因组 DNA 作探针(genomic in situ hybridization,GISH),利用植物染色体组 DNA 间存在的差异,在原位杂交中只标记某一染色体组或某个物种的基因组 DNA,同时混合适量的另一亲本材料总 DNA 作封阻,直接与染色体 DNA 杂交。在杂交中,标记的基因组 DNA 首先与完全同源的 DNA 杂交,通过调节合适的标记 DNA 与封阻 DNA 比例,不仅可以检测出引入的外源染色体或染色体片段,而且还可以清楚地显示出染色体的断点位置。GISH 是分析检测外源染色体或染色体片段的有效方法(Schwarzacher 等,1992;Fukui 等,1994)。如于卓等(2005)利用生物素(biotin)标记♂野大麦基因组 DNA 作探针,用♀加拿大披碱草基因组 DNA 作封阻(blocking DNA),与杂种 F_1 体细胞中期染色体 DNA 进行分子原位杂交,首次证实三倍体($2n=3x=21$)杂种 F_1 是由其♀加拿大披碱草 S 染色体组的 7 条染色体和♂野大麦 H_1H_2 染色体组的 14 条染色体构成,丢失的 7 条染色体是加拿大披碱草 Hc 组染色体,由此说明应用 GISH 法是鉴定远缘植物杂交后代染色体构成的有效手段(图 7.11,又见彩插)。此外,GISH 法在多花黑麦草×苇状羊茅、小麦×大赖草、小麦×天兰冰草等远缘杂交后代的染色体构成鉴定中得到了应用。

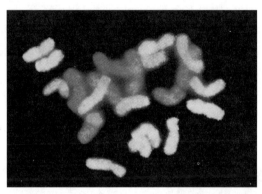

图 7.11 加拿大披碱草×野大麦属间杂种 F_1 根尖细胞染色体原位杂交图像
图中橙红色是 S 染色体组,黄色是 H 染色体组(见彩插)。

7.4 牧草远缘杂种育性恢复主要途径

牧草远缘杂种不育是育种家进行远缘杂交合成新物种、培育新品种及物种间基因渐渗的主要障碍。为克服远缘杂种 F_1 不育性,国内外学者进行了大量的研究,探索出一些关于克服远缘杂种不育性的有效方法,主要有回交、染色体加倍和改善营养条件等方法。

7.4.1 利用回交法克服牧草远缘杂种的不育性

当牧草杂交种雄性配子不育、雌性配子可育时,用双亲的花粉给杂种授粉一般可获得少量回交种子,该方法简易有效;当杂种的染色体数目过多时,染色体加倍不易成功,也可用回交法。在小麦族多年生禾草远缘杂交研究中,杂种 F_1 普遍存在不育现象,其植株可以正常孕穗、抽穗,但常常因为花粉败育或是育性极低而不能结实,可以将杂种植株用分株无性繁殖的方式保留下来,在开花期用父本或是母本的花粉反复授粉,可以获得少量回交种子。例如:李造哲(2003)用分株繁殖方法,分别将高度不育的披碱草和野大麦的正反交 F_1 代扩繁成株系群体,并采取 F_1 代与亲本相邻种植、套袋回交方法,成功的获得了(披碱草×野大麦)×野大麦和(野大麦×披碱草)×野大麦回交种子,回交结实率为 1.8% 左右。2005 年,于卓等用四倍体加拿大披碱草作轮回亲本,分别对加拿大披碱草×披碱草、加拿大披碱草×圆柱披碱草 2 个五倍体种间杂种 F_1 进行回交,在授粉的 895 和 1 098 朵小花中,各结实 5 粒种子,结实率分别为 0.56%、0.46%,继而将得到的回交种子播种在装有细沙土的塑料盆中,通过精细培养分别得到 4 个和 3 个十分宝贵的 BC_1 代材料,其成苗率分别为 80%、60%(图 7.12,又见彩插),后经 RTC 染色体鉴定其 BC_1 植株的 85% 的细胞染色体数目为 $2n=4x=28$(图 7.13a,b 和图 7.14a,b;又见彩插),说明用四倍体加拿大披碱草作轮回亲本进行回交,其 BC_1 代的染色体数目均趋向于加拿大披碱草,且育性明显恢复;PMC 染色体鉴定表明,2 个回交 BC$_1$ 植株花粉母细胞减数分裂中期 I(PMCM I)的二价体频率很高,分别为 $2n=4x=28(13.96\,\mathrm{II})$ 和 $2n=4x=28(13.94\,\mathrm{II})$,且环状二价体比例占绝对优势,单价体频率很小,仅为 0.04~0.06,表明回交植株的染色体配对行为较规则,这是其育性恢复的重要细胞遗传学原因(图 7.13c,d,图 7.14c,d)。(加拿大披碱草×披碱草)×加拿大披碱草 BC$_1$ 植株和 BC$_1$F$_1$ 花粉可育率分别为 80.64%和 81.04%,自然结实率分别为 68.04%和 69.14%,(加拿大披碱草×圆柱披碱草)×加拿大披碱草 BC$_1$ 植株和 BC$_1$F$_1$ 花粉可育率分别为 84.83%和 83.55%、自然结实率分别为 70.98%和 71.06%,表明通过一次回交后其育性已得到恢复。

图 7.12　田间回交及 BC$_1$ 植株
a.(加拿大披碱草×圆柱披碱草 F$_1$)×加拿大披碱草 3 个 BC$_1$ 植株
b.(加拿大披碱草×披碱草 F$_1$)×加拿大披碱草 4 个 BC$_1$ 植株

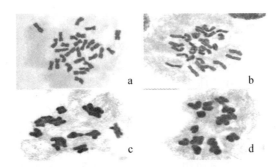

图 7.13　(加拿大披碱草×披碱草)×加拿大披碱草 BC$_1$ 的 RTC 和 PMCM I 染色体
a~b. BC$_1$ 根尖染色体($2n=28$)　c~d. PMCM I 染色体($2n=4x=28=14\,\mathrm{II}$)

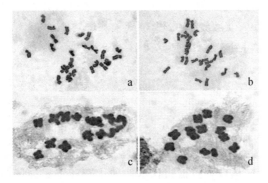

图 7.14　(加拿大披碱草×圆柱披碱草)×加拿大披碱草 BC$_1$ 的 RTC 和 PMCM I 染色体
a~b. BC$_1$ 根尖染色体($2n=28$)　c~d. PMCM I 染色体($2n=4x=28=14\,\mathrm{II}$)

7.4.2 利用染色体加倍法克服牧草远缘杂种的不育性

因牧草远缘杂交的双亲染色体组或染色体数目不同又缺少同源性,致使F_1在减数分裂时,染色体很少联会或不能联会,不能形成有生活力的配子而不育时,利用染色体加倍获得双二倍体,可以有效地恢复远缘杂种的育性。

染色体加倍方法有自然加倍法和人工加倍法2种,而自然加倍法在远缘杂交中报道的不是很多。2002年,于卓等在利用秋水仙碱对加拿大披碱草×野大麦杂种F_1(三倍体,$2n=3x=21$)加倍的同时,在田间F_1代分株繁殖的杂种圃中发现了一些珍贵的高大变异株丛,经细胞学和形态学鉴定,确认为自然加倍植株,并将当年收获的部分种子于秋季播种得到了加倍后代植株(图7.15,又见彩插)。

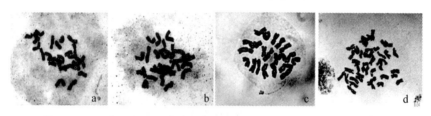

图7.15　加拿大披碱草×野大麦自然加倍植株RTC、PMCMⅠ染色体
a.♀加拿大披碱草RTC染色体($2n=4x=28$)　b.♂野大麦RTC染色体
($2n=4x=28$)　c.属间杂种F_1 RTC染色体($2n=3x=21$)
d.自然加倍植株RTC染色体($2n=6x=42$)

人工诱导染色体加倍方法有两大途径:一是物理因素诱导法,包括温度激变、机械创伤、电离射线、摘心等因素;二是化学因素诱导法,包括各种植物碱、麻醉剂、除草剂和生长素等,其中应用最普遍且有效的是秋水仙碱处理法。

7.4.3 改善营养条件克服牧草远缘杂种的不育性

杂种的育性与外界环境条件密切相关,通过延长杂种生育期、改善杂种的营养条件等方法,可促使其生理机能逐步趋向协调,使育性得到一定程度的恢复。黑龙江农科院作物所,将1株小麦×中间偃麦草杂种F_1的不同分蘖分成4株,分别栽植于不同的花盆中,其中1盆用缩短光照、延长生育期的方法处理后结实11粒种子,其余3盆均未结实。

7.5　牧草远缘杂种染色体工程育种技术

7.5.1 秋水仙碱诱导牧草远缘杂种染色体加倍的方法

秋水仙碱(colchicine)是从百合科植物秋水仙种子和球茎中提取的一种生物碱,是一种抗微管药物(antimicrotubule drug),也称微管特异性药物、微管解聚剂(microtubule depolymerizaing drug)。1937年,Blakeslee和Avery发现秋水仙碱可诱导植物染色体加倍。适宜浓度的秋水仙素能阻碍细胞纺锤丝的形成,使分生细胞复制的染色体在细胞分裂时不能分向两极,从而导致新生细胞染色体加倍。

7.5.1.1 秋水仙碱诱导杂种染色体加倍的方法

一般秋水仙碱处理方法分为实体人工加倍处理法和离体组织培养加倍法2种。

1. 实体人工加倍处理法

在实体人工加倍处理中,普遍采用浸泡法、注射法、涂抹法及包埋法。①浸泡法:用不同浓度秋水仙碱溶液直接浸泡种子或幼苗可使染色体加倍。如意大利黑麦草×高羊茅草属间杂种F_1、加拿大披碱草×野大麦属间杂种F_1、加拿大披碱草×披碱草和加拿大披碱草×圆柱披碱草种间杂种F_1、蒙古冰草与"航道"冰草正交杂种F_1等均采用此方法获得了染色体加倍植株。该方法的优点是操作简便、宜行,不足点是秋水仙碱用量大,成本较高,对植物体的毒害作用最为直接,有时也因缺氧而死亡。②注射法:用微量注射器将秋水仙碱溶液注入植物生长点可使染色体加倍。其优点是秋水仙碱溶液能够直接接触植株的生长点,不足点是针头易刺伤组织造成生长点霉烂死亡,诱导效率低。③涂抹法:用秋水仙碱溶液直接涂抹植物生长点使染色体加倍。该法可避免对生长点的机械损伤,不足点是药液易挥发。④包埋法:将秋水仙碱溶液滴在包埋植物生长点的脱脂棉上使染色体加倍,该方法较好地解决了秋水仙碱溶液挥发损失问题,使药液充分接触生长点。

2. 离体培养加倍法

离体培养条件下染色体加倍有两种途径:一是先用秋水仙碱溶液处理培养材料,然后转入分化培养基;二是在含秋水仙碱的固体培养基培养一段时间,诱导加倍,再转入分化培养基。近年来研究发现,离体培养条件下染色体加倍具有明显的优越性,表现在试验条件容易控制、试验结果重复性强、嵌合体发生率低。因此,用秋水仙碱进行离体组织的染色体诱导加倍方法倍受重视。

关于多年生禾草的离体培养染色体加倍研究国内外报道较少。Richard等(1990)将薄冰草(*Thinopyrum elongatum*)与新麦草属的3个种 *Psathyrostachys juncea*、*P. fragilis* 和 *P. huashanica* 的属间杂交种,以及大麦属内 *Hordeum violaceum*×*H. bogdanii* 的种间杂交种进行幼穗培养,经过秋水仙素处理后获得双二倍体植株。Park(1989)用秋水仙碱处理加拿大披碱草×黑麦属间杂种F_1愈伤组织产生的再生苗获得了双倍体植株,并在1990年利用人工授粉和幼胚拯救方法获得了加拿大披碱草与新麦草属间杂交种,用秋水仙碱诱导愈伤组织获得了双倍体植株。马艳红(2007)首先建立了加拿大披碱草与披碱草、圆柱披碱草2个杂种F_1的组培再生体系,然后用秋水仙碱诱导愈伤组织(图7.16,又见彩插),结果表明加拿大披碱草×披碱草杂种F_1在秋水仙碱处理浓度为150 mg/L、处理时间为48 h时,变异率最高,为12%;加拿大披碱草×圆柱披碱草杂种F_1在秋水仙碱处理浓度为200 mg/L、处理时间为16 h时,变异率最高,为10%。

7.5.1.2 秋水仙碱处理适宜的浓度、时间和温度

秋水仙碱诱导牧草远缘杂种染色体加倍的关键点是确定适宜的处理浓度、处理时间和处理温度,三者为统一体,任何一个因素水平的上升或者下降都会不同程度地影响加倍效率。不同植物种类及不同处理材料对秋水仙碱的敏感度存在差异,所要求的药液浓度、处理时间和温度可能不同。研究表明,随着处理浓度增加,染色体加倍几率增大,但相应地秋水仙碱对细胞的伤害也增大,细胞死亡率增加;浓度高时处理时间宜短、浓度低时处理时间则相应延长,实践

中秋水仙碱溶液适宜的处理浓度为0.03%～0.50%、处理时间为6 h～7 d；处理温度略高于细胞分裂的临界温度18℃可以促进染色体加倍，但同时也会加深药害，采用变温处理，即在低温条件下(11～17℃)进行秋水仙碱处理，然后恢复到常温(25℃)生长，可有效减轻药害，刺激细胞分裂，增加细胞同步化程度，减少混倍体，提高加倍效率。如郝峰等(2008)用秋水仙碱处理蒙古冰草×"航道"冰草正交杂种F_1、"航道"冰草×蒙古冰草反交杂种F_1的种子，获得了染色体加倍植株，并摸索出适合于蒙古冰草与"航道"冰草正、反交杂种F_1染色体诱导加倍的秋水仙碱溶液适宜的处理浓度为0.15%～2.0%，适宜处理时间为24～36 h，其中秋水仙碱浓度在0.20%、处理时间为24 h时诱变效果最好，其变异率在7.6%左右。

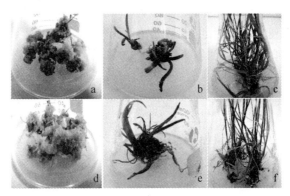

图7.16　愈伤组织诱导及变异植株与正常植株生长发育对比

a～c.加拿大披碱草×披碱草杂种F_1　d～f.加拿大披碱草×圆柱披碱草杂种F_1　a,d.秋水仙素处理前的愈伤组织
b,e.秋水仙素诱导变异植株　c,f.未变异植株

另外，利用二甲基亚砜(DMSO)和细胞分裂素与秋水仙碱配合使用，能够有效提高加倍效率。有关二甲基亚砜的作用，有人认为它是一种助渗剂，单独使用对加倍没有作用，但秋水仙碱配合使用能够起到促进秋水仙碱溶液进入植物细胞，并使分生组织更加活跃，缩短处理时间，提高加倍效果(白守信等，1979；纪风高等，1987)。

7.5.1.3　秋水仙碱处理牧草远缘杂种染色体加倍关键技术实例

于卓等(2008)针对多年生禾草及其正、反交杂种F_1代植株分蘖能力强的特性，利用分株无性繁殖方式将育性低的蒙古冰草、"航道"冰草正、反交杂种F_1植株迅速扩繁成群体，提供充足的诱导染色体加倍试验的材料。通过反复试验摸索出适合蒙古冰草、"航道"冰草及其杂种F_1分蘖苗染色体诱导加倍的关键技术，要点如下。

1．秋水仙碱处理分蘖苗染色体加倍技术

从田间或温室挖取蒙古冰草与"航道"冰草正、反交杂种F_1代分蘖期的带根株丛，移栽到盛有pH 7.2的沙壤土的花盆中室内培养，待植株缓苗、生长旺盛后，剪掉地上部茎叶，留茬3～5 cm(以露出分蘖苗的生长点为宜)，用脱脂棉包住切口或用脱脂棉直接覆盖在切口处(保证秋水仙碱溶液能够浸到分蘖苗的生长点处)，将0.15%或0.20%的秋水仙碱溶液滴在脱脂棉上(秋水仙碱溶液用量以完全浸透脱脂棉为宜)，然后用保鲜膜覆盖花盆(其上留几处通风孔)，再用黑色遮光纸或黑色塑料袋遮光处理(以防止秋水仙碱溶液见光分解，处理过程见图7.17)，在室温下(20～25℃)诱导处理24 h，处理结束后去掉保鲜膜及脱脂棉。

2. 秋水仙碱处理杂种 F_1 种子染色体加倍技术

将蒙古冰草与"航道"冰草正、反交杂种 F_1 的种子用 0.10% 的氯化汞溶液消毒 10 min，清水洗净后，分别放在铺有双层滤纸的培养皿中，用清水湿润滤纸，置黑暗的恒温培养箱中催芽、萌发，恒温培养箱内昼夜温度为 $(25\pm2)℃/(20\pm2)℃$，相对湿度 $(65\pm1)\%$。经 3～4 d 后种子萌发，即在胚根刚刚露出白时取出，在 $(19\pm1)℃$ 下，放入浓度为 0.15% 或 0.20% 的秋水仙素溶液中浸泡处理 24 h。秋水仙素溶液处理结束后，用清水洗净种子表面的秋水仙碱溶液，播种在盛有湿沙土（60 目过筛）的塑料花盆中（直径 20 cm、深 20 cm），播深 1.5 cm，每盆 3 颗。

3. 染色体加倍植株的培养和观察

将秋水仙碱处理后的分蘖苗和萌动种子，置人工培养箱内精心培养，培养箱内昼夜温度为 $(25\pm2)℃/(20\pm2)℃$，相对湿度 $(65\pm7)\%$，光强度 11 000～13 000 lx，光周期 14 h。待幼苗成活并长到 5 片真叶时，移栽到温室或田间，并精心管护。定期观测植株的成活情况，并从形态上初步观察秋水仙碱溶液处理一定时间后成苗植株的变异状况（秋水仙碱处理后染色体加倍植株的表观特征一般为：生长缓慢，叶片宽大、肥厚，有时叶稍扭曲或皱缩等），然后对变异植株进行根尖细胞和花粉母细胞染色体制片观察，确认染色体加倍情况。孕穗期观察花粉育性，收获期观察加倍植株的结实率。

图 7.17 秋水仙素处理分蘖苗过程
a. 脱脂棉包埋反复滴加秋水仙素溶液　b. 涂抹秋水仙素溶液后遮光处理　c. 处理后成活植株

7.5.2 染色体加倍植株的鉴定方法

关于染色体加倍植株鉴定，常采用间接法（如核体积测量、蛋白质电泳、形态学观察）与直接法（如染色体记数、DNA 含量测定）相结合来确定其倍性。首先对处理的材料进行形态学观察，选择生长迅速、叶大花大的植株进行核体积测定。在间接鉴定的基础上，再进行直接鉴定，一方面采用扫描细胞光度仪测定单个细胞 DNA 含量，如果 DNA 含量是处理前的倍数，则可判定为已经加倍，再进行染色体制片，显微观察染色体数。经过秋水仙碱处理以后，有些材料的染色体加倍，有些未发生加倍，还有些为嵌合体。因而，其加倍效果的鉴定是倍性操作的重要一步。目前牧草远缘杂种染色体加倍鉴定中所使用的方法主要有以下几种。

7.5.2.1 形态学观察鉴定法

牧草体细胞加倍后分化生成的多倍体植株，一般表现为巨大性，如细胞体积增大、茎变粗短、叶片变厚、花朵、果实和种子变大、气孔增大等，且有时表现出叶色加深、表面粗糙或生皱纹、多毛、生长缓慢等特性，这些特征都可以作为鉴定加倍植株的依据。虽然形态特征具易于识别和掌握、简单直观等优点，但易受环境因素影响。

目前，可根据气孔保卫细胞中的叶绿体数目、单位面积气孔数目、气孔的长度和宽度进行多倍体鉴定。如 Tsvetova 等(2002,2003)在饲用高粱茎尖染色体加倍研究中发现,四倍体的花粉粒明显大于二倍体的花粉粒,认为根据花粉粒的数目和大小鉴定加倍后代是可行的。

另外,用1%醋酸洋红滴染花粉粒后,10倍显微镜下观察,双亲的花粉粒多为圆形、饱满、红色的状态的花粉粒视为正常的可育花粉粒,畸形、空瘪、无色或浅粉色的花粉粒视为不育的花粉粒。从花药形态上,正常可育的花药在未散粉前是饱满、鲜黄色的,能够自动开裂,花药挤破后,可看见花粉散出,而不育的花粉开花时不开裂、花药内花粉极少(图 7.18,又见彩插),花粉形态鉴定是杂种后代育性鉴定的一项可靠指标。

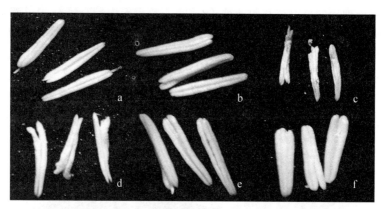

图 7.18　蒙古冰草与"航道"冰草正、反交杂种 F_1 加倍植株和亲本的花药特征(郝峰等,2008)

a.蒙古冰草　b."航道"冰草　c.正交杂种 F_1　d.反交杂种 F_1
e.正交杂种 F_1 加倍植株　f.反交杂种 F_1 加倍植株

7.5.2.2　细胞染色体镜检法

鉴定人工加倍成功与否最简单的办法是运用染色体制片技术,对根尖细胞、花粉母细胞或植物组织培养物等进行染色体计数。对于杂种育性恢复后代进行花粉母细胞减数分裂行为分析,不仅可以作为染色体加倍的真实性的细胞学依据,而且可用于与亲本间及杂种亲缘关系的鉴定以及杂种恢复育性高低的细胞学原因分析。郝峰等在牧草远缘杂交后代育性恢复研究中均用此方法进行加倍后代植株的真实性鉴定(图 7.19,又见彩插),该法是到目前为止最为直观准确的鉴定方法。

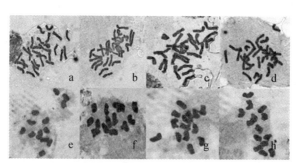

图 7.19　蒙古冰草×"航道"冰草正、反交杂种 F_1 加倍植株 RTC 及 PMCM I 染色体

a~b.蒙古冰草×"航道"冰草正交杂种 F_1 加倍植株 RTC 染色体($2n=4x=28$)　c~d."航道"冰草×蒙古冰草反交杂种 F_1 加倍植株 RTC 染色体($2n=4x=28$)　e~f.蒙古冰草×"航道"冰草正交杂种 F_1 加倍植株 PMCM I 染色体($2n=4x=14$ II)　g~h.蒙古冰草×"航道"冰草反交杂种 F_1 加倍植株 PMCM I 染色体($2n=4x=14$ II)

7.5.2.3 其他鉴定法

1. 同工酶酶谱表型鉴定

同工酶酶谱表型分析已广泛应用于牧草远缘杂种染色体加倍后代鉴定分析中。马艳红等(2004)研究发现加拿大披碱草-野大麦染色体加倍后代与杂种 F_1 及亲本的 EST、POD 和 SOD 同工酶酶谱表型在抽穗期、夏秋分蘖期 2 个不同发育阶段都存在着明显的差异(图 7.20 和图 7.21,又见彩插),验证了该加倍植株及加倍 F_1 代的真实性,从而认为同工酶电泳技术用于牧草染色体加倍植株鉴定是可行的,并认为从几个不同的发育阶段进行 EST、POD、SOD 同工酶酶谱的对比分析,所获得的酶带遗传信息量比单一生育阶段大,更能系统的体现各材料在不同生育时期酶谱的遗传差异性,使同工酶电泳技术鉴定的结果更为准确。郝峰等(2008)在染色体加倍后代真实性鉴定研究中也采用了同工酶鉴定分析的方法,认为在牧草远缘杂种染色体加倍后代鉴定研究中应采用几种同工酶、在几个不同的生育时期进行鉴定分析,结果更加可靠。

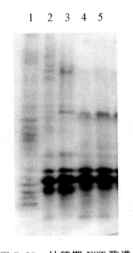
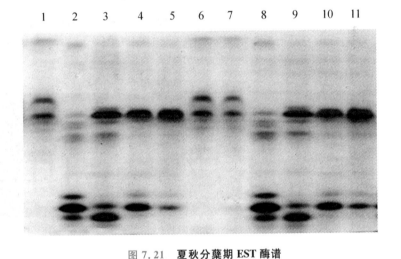

图 7.20 抽穗期 EST 酶谱
1.♂野大麦 2.♀加拿大披碱草
3.杂种 F_1 代 4.加倍植株
5.加倍 F_1 代

图 7.21 夏秋分蘖期 EST 酶谱
1,6,7.♂野大麦 2,8.♀加拿大披碱草
3,9.杂种 F_1 代 4,10.加倍植株
5,11.加倍 F_1 代

2. DNA 指纹图谱鉴定

DNA 指纹图谱鉴定是新兴的牧草远缘杂种染色体加倍后代鉴定方法之一,已有不少的成功的应用实例。马艳红等(2007)利用筛选出的 19 个 AFLP 引物组合对加拿大披碱草-野大麦染色体加倍植株及其后代、亲本及杂种 F_1 代 8 个供试材料进行 PCR 扩增,多态性位点比率为 84.60%,表明各供试材料的 AFLP 多态性丰富,且加拿大披碱草-野大麦染色体加倍植株及其加倍 F_1、F_2、F_3、F_4 代与杂种 F_1 及亲本之间的 AFLP 指纹图谱存在明显差异(图7.22,又见彩插),可作为杂种染色体加倍后代鉴定的分子依据。包美莲等(2010)从 150 个 ISSR 引物中筛选出多态性丰富、重复性好的引物 12 个,通过对蒙古冰草与航道冰草正、反交杂种染色体加倍植株 F_2 代、正反交杂种 F_1 及其亲本共 6 个材料基因组 DNA 的 PCR 扩增结果显示,每个引物的 ISSR 指纹图谱都可以清晰地将 6 个材料区别开来(图 7.23,又见彩图),据此认为 ISSR 分子标记技术用于杂交冰草染色体加倍后代(四倍体)真实性鉴定是

可行的。

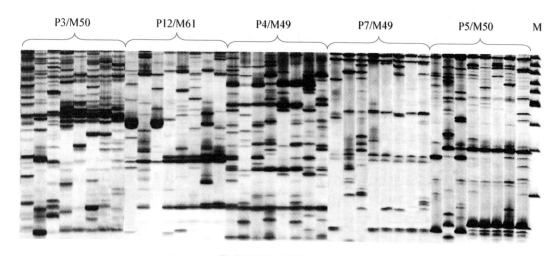

图 7.22 供试材料部分引物 AFLP 扩增结果

图中每对引物组合从左至右供试材料依次为:♀加拿大披碱草、♂野大麦、杂种 F_1 代、染色体加倍植株及其加倍 F_1、F_2、F_3、F_4 代。

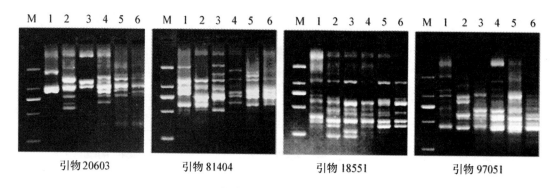

图 7.23 供试材料部分引物 ISSR 扩增结果

1.蒙古冰草 2."航道"冰草 3.正交杂种 F_1 4.反交杂种 F_1 5.正交杂种染色体加倍植株 F_2 6.反交杂种染色体加倍植株 F_2

7.5.3 牧草远缘杂交染色体工程育种的基本程序

牧草远缘杂种染色体加倍后代新品种选育程序与常规远缘杂交育种基本相同,只是远缘杂交种染色体加倍后代理论上为纯合的双二倍体或异源多倍体,虽然个体之间可能有差异,但其遗传相对稳定,不易发生性状分离,且由于染色体加倍植株在花粉母细胞减数分裂中期Ⅰ同源染色体均能正常配对,不存在育性问题,所以育种年限比远缘杂交短得多,染色体加倍植株一般选育到 $F_4 \sim F_5$ 代即可达到育种目标的要求。

牧草远缘杂交染色体工程育种的基本程序:确定育种目标→适宜亲本选配→远缘杂交→杂交种真实性鉴定→染色体加倍→加倍植株鉴定→优异单株选择→株系选择→新品系选育→品比试验→区域试验→生产试验→新品种审定或认定(详见图 7.24)。

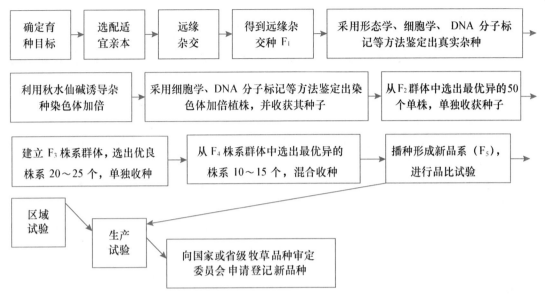

图 7.24 牧草远缘杂交染色体工程育种的流程

参考文献

[1] 白守信,刘翠云,张振刚.单倍体小麦染色体加倍的研究.遗传学报,1979,6(2):230-232.

[2] 陈勤,周荣华,李立会,等.第一个小麦与新麦草属间杂种.科学通报,1988,1:17.

[3] 纪凤高,邓景扬.秋水仙素与二甲基亚砜混合水溶液处理小麦×黑麦杂交一代苗进行染色体加倍的试验.遗传,1987,9(3):1-4.

[4] 郝峰,于卓,马艳红,等.蒙古冰草与航道冰草正、反交 F_1 及其染色体加倍植株同工酶分析.中国草地学报,2008,30(4):1-6.

[5] 李小雷,于卓,马艳红,等.老芒麦与紫芒披碱草杂种 F_1 代生育特性及细胞遗传学研究.麦类作物学报,2006,26(2):37-41.

[6] 李造哲,云锦凤,于卓,等.披碱草和野大麦杂种 F_1 与 BC_1 代的形态学研究.中国草地,2002,24(5):24-28.

[7] 马艳红,于卓,李小雷,等.加拿大披碱草×圆柱披碱草杂种 F_1 的生育及细胞遗传学分析.麦类作物学报,2007,27(1):45-48.

[8] 马艳红,于卓,李小雷,等.加拿大披碱草与2种国产披碱草杂种 F_1 愈伤组织诱导及植株再生研究.西北植物学报,2006,26(9):1888-1892.

[9] 马艳红,于卓,赵晓杰,等.加拿大披碱草-野大麦三倍体杂种加倍植株的同工酶分析.草地学报,2004,12(2):98-102.

[10] 吴永敷.苜蓿雄性不育系的选育.中国草原,1980,2:37-39.

[11] 吴永敷,云锦凤,马鹤林."草原二号"与"草原二号"苜蓿新品种选育.草与畜杂志,1987,6:37.

[12] 杨玲.有毛、粘质苜蓿的培育.草原与草坪,1984,5:51.

[13] 杨瑞武.赖草属植物的系统进化研究.博士学位论文.雅安:四川农业大学,2003:19.

[14] 于卓,李造哲,云锦凤.几种小麦族禾草及其杂交后代农艺特性的研究.草业学报,2003,12(3):83-89.

[15] 于卓,马艳红,李小雷,等.加拿大披碱草与披碱草、圆柱披碱草2个种间杂种F_1及其亲本的AFLP分析.草地学报,2008,16(5):341-345.

[16] 于卓,王晓娟,刘杰,等.加拿大披碱草与肥披碱草杂种F_1的形态学及细胞学分析.麦类作物学报,2004,24(4):6~10.

[17] 于卓,云锦凤.小麦族内几种远缘禾草及其杂种过氧化物酶同工酶分析.中国草地,1999,21(2):4-7.

[18] 于卓,云锦凤,李造哲.加拿大披碱草与野大麦及其属间杂种细胞遗传学研究.草业科学进展,北京:《草业科学》编辑部出版,2002:33-37.

[19] 于卓,云锦凤,马有志,等.加拿大披碱草×野大麦三倍体杂种染色体的分子原位杂交鉴定.遗传学报,2004,31(7):735-739.

[20] 云锦凤.牧草及饲用作物育种学.北京:中国农业出版社,2001.

[21] 云锦凤,王照兰,杜建材.加拿大披碱草×老芒麦种间杂交及F_1代细胞学分析.中国草地,1997,19(1):32-35.

[22] Ahmad A,Darvey N L. The effect of colchicine on triticale antherderived plants:Microspore pretreatment and haploid-plant treatment using a hydroponic recovery system. Euphytica,2001,122(2):235-241.

[23] Beth M,Jack M W. Ploidy of small individual embryo-like structures from maize anther cultures treated with chromosome doubling agents and calli derived from them. Plant Cell Reports,1996,15(10):781-785.

[24] Chaly S T,Ostrovsky V V,Ostrovskii V V. Comparison of haploid maize plants with idengtifical genotypes. Journal Genetic Breed,1993,47:77-80.

[25] Dewey D R. Wide hybridization and induced polyploid breeding strategies for perennial grasses of the Triticeae tribe. Iowa Jour Res.,1984,58(4):383-399.

[26] Hamill S D,Smith M K,Dodd W A. *In vitro* induction of banana autotetraploids by colchicine treatment of micropropagated diploids. Australian Journal of Botany,1992,40:887-896.

[27] Hansen N J P,Andersen S B. *In vitro* chromosome doubling with colchicine during microspore culture in wheat(*Triticum aestivum* L.). Euphytica,1998,102(1):101-108.

[28] Ma Y H,Yu Z,Li X L,*et al*. Identification of Chromosome and Fertility of BC_1 between *Elymus canadensis* and *E. cylindricus*. Acta Bot. Boreal. Occident. Sin.,2008,28(11):2184-2188

[29] Navarro A W. Addition of colchicines of wheat anther culture media to increase doubled haploid plant production. Plant breeding,1994,112:192-198.

[30] Negri V,Lemmi G. Effect of selection and temperature stress on the production of 2n gametes in *Lotus tenuis*. Plant Breeding,1998,117(4):345-349.

[31]Park C H,Walton P D. Embryo-callus-regenerated hybrids and their colchicines induced amphiploids between *Elymus canadensis* and *Secale cereale*. Theoretical and Applied Genetics,1989,78(5):721-727.

[32]Park C H,Walton P D. Intergeneric hybrids and an amphiploid between *Elymus canadensis* and *Psathyrostachys juncea*. Euphytica,1990,45(3):217-222.

[33]Redha A,Attia T,Büter B,et al. Improved production of doubled haploids by colchicine application to wheat(*Triticum aestivum* L.)anther culture. Plant Cell Reports,1998,17(12):974-979.

[34]Richard R C,Wang C J. Chromosome doubling by colchicines treatment following inflorescence culture of Perennial Triticeae hybrids. Proceedings of the second international symposium on chromosome engineering in plants. Utah:College of Agriculture University Extension University of Missouri-Columbia,1990:218-222.

[35]Song P,Kang W,Peffley E B. Chromosome doubling of *Allium Fistulosum* × *A. cepa* interspecific F_1 hybrids through colchicine treatment of regenerating callus. Euphytica,1997,93(3):257-262.

[36]Toshinori K. Chromosome doubling of germination seeds of intergeneric F_1 hybrids between Italian Ryegrass(*Lolium multiflorum* Lam.)and tall Fescue(*Festuca arundinacea* Schreb.). Grassland Science of Japan,2000,46(3/4):293-295.

[37]Wenzel G,Hoffmann F,Thomas E. Increased induction and chromosome doubling of andro-genetic haploid rye. Theoretical and Applied Genetics,1977,51(2):81-86.

[38]Yang X M,Cao Z Y,An L Z,et al. *In vitro* tetraploid induction via colchicine treatment from diploid somatic embryos in grapevine(*Vitis vinifera* L.). Euphytica,2006,152(2):217-224.

[39]Yu Z,Ma Y H,Li X L,et al. Identification of Chromosome and Fertility of BC_1 of Pentaploid Hybrid between *Elymus canadensis* and *E. dahuricus*. Multifunctional Grasslands in a Changing World,Volume II,2008:410.

[40]Yu Z,Ma Y H,Li Z H. Identification of chromosome and fertility of chromosome doubling plant of triploid hybrid F_1 between *Elymus canadensis* and *Hordeum brevisubulatum*. Grassland of China,2004,26(5):1-8.

[41]Zaki M,Dickinson H. Modification of cell development *in vitro*:The effect of colchicine on anther and isolated microspore culture in *Brassica napus*. Plant Cell,Tissue and Organ Culture,1995,40:255-270.

[42]Zeng S H,Chen C W,Liu H,et al. *In vitro* induction,regeneration and analysis of autotetraploids derived from protoplasts and callus treated with colchicine in *Citrus*. Plant Cell,Tissue and Organ Culture,2006,87(1):85-93.

第 8 章

牧草雄核发育诱导与单倍体育种

郭仰东　赵永钦　史文君[*]

随着以基因工程、细胞工程和酶工程等为代表的生物技术的迅猛发展,牧草生物技术研究也在不断地拓展,生物技术正在改变着传统的牧草育种方式,其中牧草单倍体育种备受关注。牧草单倍体育种雄核发育诱导技术可以分为花药培养和花粉培养两种方式。按照花粉第一次分裂方式的不同可以分为 A、B、C 三种途径。植物的世代交替特性、再生特性、细胞全能性是保证花粉细胞在人工培养条件下进行增殖,进而分化发育成单倍体植株的生物学基础。经过人工培养获得的单倍体植株具有植株相对弱小、生活力比较弱、高度不孕性、加倍后基因型纯合等特性。进行牧草单倍体育种的意义在于:第一,控制杂种分离,缩短育种年限;第二,排除显、隐性干扰,提高选择效率和准确性;第三,通过培育单倍体植株可快速获得异花授粉植物自交系;第四,单倍体育种与诱变育种结合,可以加速育种进程;第五,克服远缘杂种不育性与分离的困难。人工花药(花粉)培养获得单倍体基本操作方法主要包括:培养材料的选择、基本培养基及激素的确定、适宜花粉(花药)发育时期的选择、接种材料的消毒处理、花药(花粉)的接种、愈伤组织的诱导及分化培养、再生植株的移栽及加倍鉴定等工作。影响牧草雄核诱导的因素主要有以下几点:第一,供试材料的影响;第二,供体的生理状态和取材部位及时期;第三,小孢子发育时期;第四,预处理方式;第五,培养基及其附加成分的影响;第六,培养条件如温度、湿度、光照等。

8.1 高等植物雄核发育的途径

牧草在农业可持续发展、水土保持和生态环境治理等方面起着越来越重要的作用。随着以基因工程、细胞工程和酶工程等为代表的生物技术的迅猛发展,牧草生物技术研究也在不断地拓展,生物技术正在改变着传统的牧草育种方式,其中牧草单倍体育种备受关注。

---

[*] 作者单位:中国农业大学农学与生物技术学院,北京,100193。

第8章 牧草雄核发育诱导与单倍体育种

单倍体育种(haploid breeding)是指用诱发单性生殖(如花药培养)的方法,使某些品种或其杂交后代的异质配子长成单倍体植株,经染色体加倍成为纯系,然后进行品种选育的一种育种方法。单倍体(haploid)即具有配子染色体数(n)的个体或细胞。由二倍体($2n=2x$)植物产生的单倍体,其体细胞中只含有一个染色体组($1x$),称为一元单倍体(monohaploid),简称一倍体(monoploid)。例如,玉米是二倍体($2n=2x=20$)植物,它的单倍体就是一倍体($x=10$);草原山黧豆是二倍体($2n=2x=14$)植物,其单倍体同样是一倍体($x=7$)。而由多倍体植物产生的单倍体称作多元单倍体(Polyhapliod)。例如,紫花苜蓿是四倍体($2n=4x$),它的多元单倍体就是二倍体($2n=2x=16$);小黑麦是六倍体植物,它的多元单倍体是三倍体($2n=3x=21$)。其中又可根据多倍体植物的起源再分为同源多元单倍体(homopolyhaploid)和异源多元单倍体(allopolyhaploid)。

花药培养(anther culture)是把发育到一定阶段的花药接种到培养基上,改变花粉原有的发育程序,使其发育形成胚状体或愈伤组织,经过培养后形成再生完整植株的过程。利用花药培养获得的单倍体植株,孢子体细胞染色体与配子体染色体数目一致,不存在隐性性状,从植株表型可直接观察其基因型。这一技术已逐步应用于牧草作物杂交育种或将其与其他育种方法相结合,培育出一些新品种,已成为某些牧草作物品种改良和新品种培育的重要手段。

花粉培养是在花药培养的基础上发展起来的一项新技术。花粉培养(pollen culture)又称小孢子培养,是从花药中分离出花粉粒,使之处于分散或游离状态,通过培养使之脱分化进而再分化发育成完整植株的过程。花粉培养区别于花药培养之处在于:前者属于单细胞培养的范畴,而后者属于器官培养的范畴。与花药培养相比,花粉培养不受药隔、药壁和花丝等体细胞的干扰,雄核发育是在脱离花药环境的状况下进行的。

1964 年,Guha 和 Maheshwari 最先在被子植物毛叶曼陀罗(*Datura innoxia*)的花药培养中获得了胚状体,进一步证实这些胚状体是起源于花粉细胞的单倍体。由于大量获得单倍体植株对于育种实践以及遗传学、细胞学、细胞生物学及植物生理学等方面的基础研究均具有重要意义,近 40 年来,花药离体培养研究发展十分迅速,利用花药培养产生单倍体植株的技术,逐步推广于多种植物。据不完全统计,已有 23 个科 52 个属约 300 种高等植物中花药培养获得成功,目前中国已经在很多植物中花药培养获得成功,其中水稻、紫花苜蓿、小黑麦、小麦等,在某些方面已达到世界领先水平。

目前大多数学者习惯把小孢子或花粉沿孢子体途径发育成为花粉植株的过程称为"雄核发育"。这个定义与雄核发育的原始定义略有出入。在 Little 和 Jones 合编的《*A Dictionary of Botany*》中,"androgenesis"一词原指单雄生殖(或称孤雄生殖),即在雌雄配子结合前,卵细胞解体,由精子发育成新个体。因此,这些个体是单倍体,只有父本的染色体。Maheshiwari(1950)将"雄核发育"一词定义为"精子在卵细胞质中发育成为单性胚",其含义与《*A Dictionary of Botany*》中的定义相同。国内有的学者主张用"花粉胚胎发生"(pollen embryogenesis)来表示由小孢子或花粉发育成为花粉植株的过程。不过,鉴于"雄核发育"一词已在花药培养研究领域中通用,"雄核发育"一直沿用至今。

根据小孢子第一次分裂的方式可将雄核发育分为 A、B、C 三种途径,其中 A 途径又可以根据第二次分裂及其以后的情况细分为 A-V 途径、A-G 途径、A-VG 途径(又称 E 途径)等类型。

8.1.1　A 途径

A 途径小孢子的第一次有丝分裂仍按配子体方式进行,为不均等分裂,形成营养细胞和生殖细胞(即营养核和生殖核)。这种途径又可以细分为以下几种类型。

1. A-V 途径

A-V 途径,即在第一次分裂的基础上,生殖细胞(或生殖核)有时不分裂,有时只分裂 1~2 次,多细胞花粉(或多核花粉)由营养细胞(或营养核)不断分裂形成。因此,在这类花粉中往往可以观察到生殖细胞(或生殖)的存在。这种发育途径在小麦、大麦、黑麦、小黑麦等物种中均可观察到。

2. A-G 途径

A-G 途径,即在第一次分裂的基础上,具有营养细胞和生殖细胞的花粉,营养细胞不分裂,或者仅分裂数次而形成胚柄结构,而生殖细胞则进行多次分裂形成胚状体。由生殖细胞形成的细胞群其核致密,染色后着色较深,容易同营养细胞衍生而来的细胞群区分开来。

3. A-VG 途径

A-VG 途径,又称 E 途径,即在第一次分裂的基础上,花粉内的营养细胞和生殖细胞分别进行独立分裂,形成两类细胞群,各群的子细胞都类似其母细胞。目前,在水稻和玉米中已观察到这种途径的存在。

此外,Sunderland 等(1980)在大麦中还发现了所谓"分隔单位"(partitioned unit)花粉。在这种花粉发育过程中,生殖细胞和营养细胞的发育以一种更为特殊的方式表现出来,不但可以区分为两类细胞群,而且可观察到营养细胞核的游离核区,核之间还可发生融合。营养细胞的分裂常常分化为胚柄结构,有时还可以形成胚状体。通常,由生殖细胞分裂成为胚状体,它们不形成游离核区,也不发生核融合。

8.1.2　B 途径

B 途径小孢子第一次分裂为均等分裂,形成两个大小相近的细胞(或游离核)。以后,由这两个细胞(或游离核)连续分裂产生单一类型细胞组成的多细胞花粉或多核花粉。这种分裂方式在水稻、小麦、玉米、曼陀罗等物种中均可以观察到。

8.1.3　C 途径

C 途径是指经过第一次分裂形成的生殖细胞和营养细胞通过核融合后共同形成多细胞花粉,从而产生非单倍体植株。曾君祉等(1980)在小麦中观察到分裂中期生殖核与营养核靠近,彼此的染色体交错排列的核融合现象。

由于形成雄核发育多途径现象的原因比较复杂,到目前为止尚无公认的确切解释。刘国民(1994)认为,不能用单一原因来解释多途径现象的存在,因为至少存在以下三个方面的原因直接或间接地影响着雄核发育的途径:首先,物种和基因型;其次,花药离体后预处理;再次,接种时小孢子所处的发育阶段。

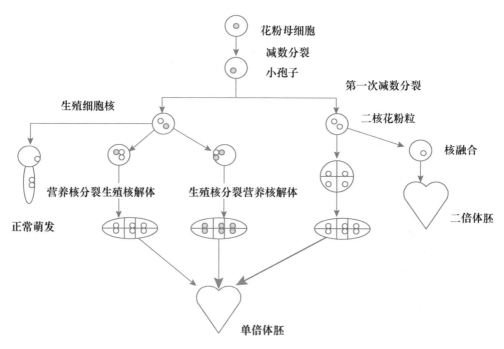

图 8.1　在体或离体条件下，花粉母细胞可能的发育途径

在体状态下，花粉母细胞正常分裂成两个小孢子，即营养核和生殖核。在花药培养或离体小孢子培养过程中，存在着以下发育途径：营养核或生殖核经过不断分裂、增殖最终形成单倍体胚。第一次减数分裂产生的二核花粉细胞经过持续分裂发育成单倍体胚，或者两核发生融合进而分裂增殖形成二倍体胚。由单倍体小孢子发育形成的愈伤组织能够发育成完整的胚。

纵观研究小孢子发育的历史，总的来看，与花药培养中其他方面诸如培养条件的改进、培养基改良以及培养材料范围的拓展等方面相比，雄核发育的机理研究相对滞后。刘国民(1994)认为主要存在以下三个难以克服的困难：第一，在连体条件下花药内的小孢子基本处于同一发育途径(配子体途径)的高度同步状态，在离体条件下则转变为多途径发育(配子体途径、不同孢子体途径及其他形式)的不同步状态；第二，在大多数物种中，诱导小孢子启动雄核发育的频率很低；第三，花药个体之间对培养条件的反应差异极大。第一个困难使得人们难以用一些先进的现代生物学技术去深入研究某些生化过程，后两个困难则往往造成研究结果不一致而众说纷纭。然而，研究雄核发育的启动机理又是十分重要的，它不仅有助于了解细胞脱分化和再分化的机理，而且对于将花药培养更有效地用于作物品种改良具有十分重要的意义。因此，在这一领域中，仍需科学工作者进行大量而艰苦的探索。

8.2　花粉单性发育的生物学基础及单倍体获得的途径

在通常情况下，花粉细胞不具备再生分裂和繁殖自身的能力，但在人工培养条件下，可以使花粉细胞增殖，进而分化发育成单倍体植株，其基本生物学原理如下。

8.2.1 植物的世代交替

在植物生命活动期间,单元的有性世代和二元的无性世代交替进行着。对于一些低等植物来说,在其整个生活史中,单元的有性世代是独立生活的,而高等植物的有性世代则分化成生殖细胞,但它们仍具有分裂增生的能力,所以从某种意义上说,花粉发育成独立生活的单倍体植株,是植物固有的本性决定的。

8.2.2 植物的再生特性

植物的任何一部分器官、组织和细胞都具有再生成完整植株的能力。这种再生作用主要决定于生长激素的变化和调节。如果将花粉置于适当的培养基和生长激素下,可以将其培养成一个完整的再生植株。

8.2.3 植物细胞的全能性

植物的每个细胞都潜在着发育成完整植株的能力,且具有该物种的全部遗传物质。目前大量试验已经证明,用人工方法可以使植物的任何细胞,包括营养细胞和生殖细胞在适当的培养条件下,可以发育成完整的植株,并与原亲本植株的性状表现基本相同。

一般地,理论上只要能诱发植物单性生殖,即可获得单倍体。获得单倍体的途径主要有3种:第一,通过孤雌生殖,即由胚囊中的卵细胞与极核细胞不经过受精单性发育而获得植株;第二,通过无配子生殖,即胚囊中的反足细胞和助细胞不经过受精单性发育成完整植株;第三,通过孤雄生殖,即花药、花粉离体人工培养,使其发育成完整植株。以上3种途径统称为无融合生殖。诱导孤雌生殖、无配子生殖不易进行,且诱导单倍体的频率低,因此,在育种和生产实践中,主要采用花粉或花药离体培养的方法来获得单倍体植株。此外,利用体细胞培养物在培养过程中发生的染色体变异也可选择出单倍体植物。Kasperbauer 等(1980)直接用高羊茅花药进行培养,未能获得单倍体植株,但将超出旗叶以上的幼穗切段接种到含有2,4-二氯苯氧乙酸(2,4-D)的诱导培养基上,以幼穗作为看护组织,得到一批小再生植株。经根和茎尖发育中期细胞检查,再生植株大多具有单倍体染色体数。

8.3 单倍体植株的特点

8.3.1 植株相对弱小

由于单倍体植株细胞内只含有一套完整的染色体,所以其形态基本上与二倍体相似,可以说是亲本的复制品,只是发育程度较差,植株的个体较小,具体表现为:叶片较薄,花器官相对二倍体较小,并且通常只开花不结实。Zagorska 等(1997)对4种不同基因型紫花苜蓿的花药进行培养,得到再生植株。在开花期对再生植株和供体植株的高度、茎数、节间数、第一花序下的 3 个小叶的宽度和长度进行观察,供体植株与再生植株相比较发现,供体植株较高,植株的茎多且节间数多,叶片宽而长。

8.3.2 生活力比较弱

在植物长期进化的过程中,植物有机体已经形成了生理相对平衡的二倍(或多倍)系统。由于单倍体少了一半染色体,使此平衡受到干扰或破坏,因而生长发育必然受到一定的影响,生活力明显降低。如果不进行特殊培养,很难正常完成其生活史。Zwierzykowski 等(1999)研究了高羊茅和多花黑麦草 F_1 代花药的培养,发现所有再生植株均不如 F_1 代生长旺盛。

8.3.3 高度的不孕性

由于单倍体细胞中只有一套染色体,减数分裂时染色体几乎不能配对,不能形成有效配子,从而表现出高度不孕性。因此,单倍体植株本身在育种上没有直接利用价值,必须进行染色体加倍才可利用。Zagorska 等(1997)对 4 种不同基因型紫花苜蓿的花药进行培养,获得的再生植株绝大多数在自然状态下不能正常产生种子,经过特殊处理,获得少数种子。

8.3.4 加倍后基因型纯合

因为单倍体植株只具有配子的整套染色体,所以无论是来源于纯合的或杂合的亲本,还是只有一个或几个染色体组,它的基因型总是单一的。因此,只要自发地或人为的使其染色体加倍,便可获得纯合的二倍体。Kiviharju 等(2005)在燕麦的花药培养试验中,通过改良培养基组成成分和培养条件不仅获得了较高的再生植株诱导率,而且获得了在育种上有实际应用价值的双单倍体材料。

8.4 单倍体植物在育种上的意义

虽然杂交育种是育种工作中行之有效的方法,但是由于后代性状分离的缘故,杂种后代的稳定需要很长时间。如何控制杂种后代的分离,缩短育种年限,很早就有人提出利用单倍体植株的设想。花粉培养单倍体是育种技术上的一项重大成就,但它必须与目前采用的育种方法结合,克服其他育种方法中的一些缺点和困难,单倍体育种的意义主要有以下几点。

8.4.1 控制杂种分离,缩短育种年限

在常规杂交育种中,由于杂种后代性状的分离,培育一个经济性状稳定的品系,通常需要 4~6 年的时间。如果再加上品种评比试验等工作,对于一年生植物,培育出一个稳定的新品种,就需要 6~9 年的时间;而对于多年生植物,要培育出新品种就需要更长的时间。如果采用单倍体育种技术,采用杂种一代植株(F_1)或杂种二代植株(F_2)的花药进行培养,获得单倍体

植株,再经过染色体加倍处理,便可获得纯合的二倍体,而这种二倍体具有稳定的遗传特性,不会再发生性状的分离。因此,从杂交到获得稳定的品系,往往只需要经历2个世代的时间,只需3~4年的时间,从而大大缩短育种年限。

8.4.2 排除显、隐性干扰,提高选择效率和准确性

利用小孢子培养技术,可以快速得到具有稳定遗传特性的单倍体或纯合二倍体植株,相当于同质纯合的纯系,消除基因型与表现型的差别,提高选择效率。由于单倍体植株只具有配子的整套染色体,所以无论是来源于纯合的或杂合的亲本还是只有一个或几个染色体组,它的基因型总是单一的,可以很好地使由隐性基因控制的性状得以显现,从而提高选择效率和准确性。假定只有两对基因差别的亲本进行杂交,即AAbb×aaBB,需要选择基因型为AABB的后代,其F_2代出现纯显性的个体的几率是1/16,而且后代中AABB和AABb、AaBB、AaBb的表现型一样,难以识别,也必然会影响到选择效率。再者,常规杂交育种由于杂种后代的杂合性使世代间的基因型的相关性较小,因此选择效果也不如双单倍体。而杂种F_1的花药离体培养,加倍成纯合二倍体后,其纯合显性单倍体出现的几率是1/4。因此,一般杂交育种与利用单倍体所出现的纯显性个体的几率1/16∶1/4($1/2^{2n}$∶$1/2^n$,n是基因对数)。后者与前者相比,获得纯显性材料的效率提高了4倍(2^n)。目前,由于花药诱导频率低的缘故,实际上还达不到上述理论预期的效果。Griffing(1975)统计加倍单倍体的轮回选择效率比用一般二倍体选择效率高5倍。Choo等(1979)认为加倍单倍体混合选择的效率比一般混合选择的效率高14倍。

8.4.3 通过培育单倍体植株可快速获得异花授粉植物自交系

自交系是只将某个优良单株连续自交多代,经过选择而产生的基因型相对纯的后代群体。在异花授粉的牧草植物杂种优势利用中,为了获得良好的自交系,按照常规的方法,需要投入大量的人力和物力进行连续多年的套袋、去雄、人工杂交等烦琐工作。如果采用花粉培养单倍体植株的方法,再进行染色体加倍,只需一年时间,就可获得性状稳定的纯系。

8.4.4 单倍体育种与诱变育种结合,可以加速育种进程

诱变育种是目前品种选育工作中经常应用的一种育种技术。通常,由人工诱变产生一个新的植物品种,一般需要4年以上的时间,而且选择时,由于多种因素的干扰,如性状显隐性,很难做到正确的选择,加之为了增加选择几率而使得群体过大,易造成误选或漏选。如果用花药做材料进行辐射和化学药物处理,再把这种花药人工离体培养成单倍体植株,由于花粉是单倍体,又是单个细胞,所以一经处理发生诱变后,就可不受显性、隐性遗传的干扰,很容易作出选择,从而使选择效率大大提高,加速育种进程。

8.4.5 克服远缘杂种不育性与分离的困难

在远缘杂交育种过程中,由于亲本的亲缘关系较远,后代不易结实,而且杂种后代的性状

分离复杂,时间长,稳定慢。通过花药培养技术,则可以克服远缘杂种的不育性和杂种后代呈现的复杂分离现象。因为尽管远缘杂种存在不育性,但并不是绝对不育,仍有少数或极少数花粉是具有生活力的。这样可以通过对这些可育花粉的培养,使其分化成完整单倍体植株,再经染色体加倍,就可形成遗传性状稳定,纯合的二倍体新品系。

除了以上五个方面的主要意义外,对于许多遗传复杂、只能依靠无性繁殖方式进行繁殖推广的物种来说,如果采用花粉培养单倍体,经染色体加倍成纯合二倍体,就可使其采用种子繁殖来保持其品种特性,防止因无性繁殖世代过多而造成的品种退化。另外,值得提及的是,在一些物种中,由于长期的无性繁殖,造成植物病毒的大量积累,从而使品性下降,给农业生产造成巨大损失。利用花药培养技术可以达到脱除病毒的目的,如草莓花药培养过程被认为是一种脱毒过程。

虽然单倍体育种在植物育种过程中发挥着越来越大的作用,但是在目前单倍体育种中同样存在以下几个方面的问题:①诱导频率较低,诱导频率最高的是烟草,大于30%,低者仅千分之几,甚至更低,这使许多植物的花粉培养难以成功,后期的利用开发难以进行;②由于体细胞(花丝、花药壁、药隔)干扰严重,造成对培养植株后代的鉴定十分困难;③出愈率低,甚至得到的绿苗也往往中途夭亡,导致白化苗问题严重,而单倍体群体又小,优良基因型单倍体可能被淘汰;④对核内复制、核融合引起的倍性变异尚缺乏有效的控制方法;⑤由于药壁绒毡层细胞对花粉发育的作用还不完全了解,使得目前选配的人工培养基成分带有一定的盲目性。此外,染色体的正确有效加倍问题也有待进一步研究。

8.5 利用人工花粉(花药)培养获得单倍体植株的方法

单倍体植株在牧草育种上的意义重大,因此花药培养技术和花粉培养技术在牧草育种的应用日益广泛。在牧草育种过程中,首先获得大麦花粉培养的再生植株。被子植物的花粉培养主要采用悬滴培养法和看护培养法两种方法。悬滴培养法是由 Kameya 等(1970)在培养芥蓝、甘蓝杂种的花粉时发明的。他们首先把杂种一代(F_1)的花序取下,表面消毒后用塑料薄膜包裹,放置一夜令其花药开裂,散出成熟的花粉粒,然后将收集到的花粉粒与培养液混合均匀,将每滴含有 50～80 个花粉粒的培养液置于组培室内的培养装置中培养,培养条件如下:培养基采用改良 Nitstch 配方,并附加各种激素和酵母提取液等,蔗糖浓度提高到 10%～15%,温度 20℃,黑暗。应用此种方法他们成功地获得了杂种单倍体植株。看护培养法是 Sharp(1972)在番茄花粉培养时发明的一项新技术,该培养方法先将要培养的番茄完整花药放在半固体的培养基表面,之后用一张无菌的圆形滤纸片盖住花药,使其与花药充分接触,然后吸取 0.5 mL 的小孢子悬浮液(密度 20～25 粒/mL)滴在滤纸上,使花药与小孢子充分接触(有助于小孢子的分裂的启动),利用这种技术他们获得了再生植株。

小孢子培养与花药培养相比,具有以下几个特点:第一,直接从花药或者花蕾中分离得到的小孢子是天然分散的单倍体细胞,便于进行多种遗传操作;第二,由于单倍体的核基因组内每个等位基因仅出现一次,染色体组加倍后理论上可以产生完全纯合的二倍体,有利于有多个隐性基因控制的遗传性状的表达;第三,利用游离小孢子培养技术能够在较宽的基因范围内以较高的胚状体发生率得到小孢子胚和再生植株;第四,利用单倍体培养物的突变能够筛选抗病、抗虫、抗旱的高产植株,一旦筛选成功,将得到非常稳定的品系,其表现整齐、生活力稳定。

因此,可以通过游离小孢子培养的方法首先得到单倍体植株,然后通过自然加倍或者人工加倍得到双单倍体(dihaploid),这样的植株基因型和表现型是相同的,可以方便地鉴定出所需要的个体,用于遗传分析、遗传图谱的构建和分子标记等基础研究,以及用于育种材料的创新和新品种的选育等应用研究。人工花粉(花药)培养获得单倍体基本操作方法如下。

8.5.1 培养材料的选择

培养材料的选择与预处理对于花粉(花药)能否诱导形成完整的植株有着极密切的关系,是单倍体育种成败的关键。通常采用优良的杂种一代植株(F_1)或杂种二代植株(F_2)的花药进行培养。选择亲本材料的原则与杂交育种亲本选配的原则基本一致。在牧草育种过程中通常对提供花粉的亲本进行无性繁殖或延长其生育期,以使花药采集时间延长,也可采用分株、分蘖、割取地上部分等方法以及控制日照长短等措施调节植物的生育过程。由于小孢子发育及接种材料带杂菌的程度与外界环境有关,所以选材时最好选择晴朗的天气上午10点左右进行,如果采取的材料不能立即用于接种,应该密封放在4℃冰箱中保存。

8.5.2 基本培养基及激素的选择

不同牧草进行花药培养时,一般选择的基本培养基不同,最终产生的培养效果也不同。在培养前首先要筛选出较适宜的培养基,然后再进行激素等方面的调整,这是花药培养能否成功的关键。目前国内外所用基本培养基种类较多,最常应用的有 MS 培养基(表8.1)、N_6 培养基(表8.2)、B_5 培养基(表8.3)、PG-96 培养基(表8.4)、改良 LS-3 培养基(表8.5)等。无论采用何种培养基,其成分一般包括以下几大类物质:①各种无机盐类,包括大量元素和微量元素;②有机化合物,包括蔗糖、维生素类、氨基酸、核酸或其他水解物,如水解乳蛋白(LH),水解酪蛋白(CH)等;③植物激素,包括细胞分裂素、生长素等。无论什么样的花药培养,加入植物激素是必须的,否则难以成功。至于加入何种激素、与何种激素配合使用,其浓度大小等因素,需要根据不同牧草品种及其生理、生化特性及培养目的的不同确定。

表8.1 MS 培养基的组成和配方   mg/L

化合物	浓度	化合物	浓度
硝酸钾(KNO_3)	1 900	钼酸钠($Na_2MoO_4 \cdot 2H_2O$)	0.25
硫酸镁($MgSO_4 \cdot 7H_2O$)	370	硫酸铜($CuSO_4 \cdot 5H_2O$)	0.025
磷酸二氢钾(KH_2PO_4)	170	氯化钴($CoCl_2 \cdot 6H_2O$)	0.025
氯化钙($CaCl_2 \cdot 2H_2O$)	440	甘氨酸	2.0
硫酸亚铁($FeSO_4 \cdot 7H_2O$)	27.8	盐酸硫胺素(维生素 B_1)	0.1
乙二胺四乙酸二钠(Na_2EDTA)	37.3	盐酸吡哆素(维生素 B_6)	0.5
硫酸锰($MnSO_4 \cdot 4H_2O$)	22.3	肌醇	100
硫酸锌($ZnSO_4 \cdot 7H_2O$)	8.6	烟酸	0.5
硼酸(H_3BO_3)	6.2	蔗糖	30 000
碘化钾(KI)	0.83	琼脂	6 000~10 000
硝酸铵(NH_4NO_3)	1 650	pH	5.8~6.0

表 8.2　N₆ 培养基的组成和配方　　　　　　　　　　　　　　　　　　　　mg/L

化合物	浓度	化合物	浓度
硝酸钾（KNO₃）	2 830	硼酸（H₃BO₃）	0.8
硫酸铵[(NH₄)₂SO₄]	463	碘化钾（KI）	1.6
磷酸二氢钾（KH₂PO₄）	400	甘氨酸	2.0
硫酸镁（MgSO₄·7H₂O）	185	盐酸硫胺素（维生素 B₁）	1.0
氯化钙（CaCl₂·2H₂O）	166	盐酸吡哆素（维生素 B₆）	0.5
硫酸亚铁（FeSO₄·7H₂O）	27.8	烟酸	0.5
乙二胺四乙酸二钠（Na₂EDTA）	37.3	蔗糖	50 000
硫酸锰（MnSO₄·4H₂O）	4.4	琼脂	10 000
硫酸锌（ZnSO₄·7H₂O）	1.6	pH	5.8

表 8.3　B₅ 培养基的组成和配方　　　　　　　　　　　　　　　　　　　　mg/L

化合物	浓度	化合物	浓度
硫酸铵[(NH₄)₂SO₄]	134	钼酸钠（Na₂MoO₄·2H₂O）	0.25
硝酸钾（KNO₃）	2 500	硫酸铜（CuSO₄·5H₂O）	0.025
氯化钙（CaCl₂·2H₂O）	150	氯化钴（CoCl₂·6H₂O）	0.025
硫酸镁（MgSO₄·7H₂O）	250	盐酸硫胺素（维生素 B₁）	10.0
乙二胺四乙酸二钠（Na₂EDTA）	37.3	盐酸吡哆素（维生素 B₆）	1.0
硫酸亚铁（FeSO₄·7H₂O）	27.8	肌醇	100
硫酸锰（MnSO₄·4H₂O）	10	烟酸	1.0
硫酸锌（ZnSO₄·7H₂O）	2.0	蔗糖	20 000
硼酸（H₃BO₃）	3.0	琼脂	6 000～10 000
碘化钾（KI）	0.75	pH	5.8

表 8.4　PG-96 培养基的组成和配方　　　　　　　　　　　　　　　　　　mg/L

化合物	浓度	化合物	浓度
硝酸钾（KNO₃）	1 500	脯氨酸	20
硫酸铵[(NH₄)₂SO₄]	150	天冬氨酸	10
磷酸二氢钾（KH₂PO₄）	125	柠檬酸	10
氯化钙（CaCl₂·2H₂O）	250	生物素	0.05
硫酸镁（MgSO₄·7H₂O）	200	甘氨酸	2.0
硝酸钙（Ca(NO₃)₂·4H₂O）	200	肌醇	100
氯化钾（KCl）	50	盐酸硫胺素	10
硫酸锰（MnSO₄·4H₂O）	10	盐酸吡哆素	1.0
硫酸锌（ZnSO₄·7H₂O）	3.0	L-谷氨酰胺	500
硼酸（H₃BO₃）	5.0	烟酸	0.5
碘化钾（KI）	0.83	谷胱甘肽	10
钼酸钠（Na₂MoO₄·2H₂O）	0.25	L-丝氨酸	20
硫酸铜（CuSO₄·5H₂O）	0.025	酪蛋白	200
氯化钴（CoCl₂·6H₂O）	0.025	L-丙氨酸	10
乙二胺四乙酸二钠（Na₂EDTA）	37.3	麦芽糖	90 000～130 000
硫酸亚铁（FeSO₄·7H₂O）	27.8	琼脂	6 000～10 000
抗坏血酸	10.0	pH	5.7

表 8.5 改良 LS-3 培养基的组成和配方   mg/L

化合物	浓度	化合物	浓度
硝酸铵(NH_4NO_3)	165.2	硫酸铜($CuSO_4 \cdot 5H_2O$)	0.03
硫酸镁($MgSO_4 \cdot 7H_2O$)	370	氯化钴($CoCl_2 \cdot 6H_2O$)	0.03
磷酸二氢钾(KH_2PO_4)	170	甘氨酸	20.0
氯化钙($CaCl_2 \cdot 2H_2O$)	440	盐酸硫胺素(维生素 B_1)	10.0
硫酸亚铁($FeSO_4 \cdot 7H_2O$)	27.8	盐酸吡哆素(维生素 B_6)	1.0
乙二胺四乙酸二钠(Na_2EDTA)	37.2	肌醇	100
硫酸锰($MnSO_4 \cdot 4H_2O$)	22.3	烟酸	1.0
硫酸锌($ZnSO_4 \cdot 7H_2O$)	8.6	谷氨酰胺	292.2
硼酸(H_3BO_3)	6.2	麦芽糖	90 000
碘化钾(KI)	0.83	凝胶	3 000
钼酸钠($Na_2MoO_4 \cdot 2H_2O$)	0.25	pH	5.8

8.5.3 适宜花粉(花药)发育时期的选择

大量花培试验证明,选择适宜发育时期的花粉(花药)进行培养,对诱导愈伤组织和分化培养效果的好坏十分关键。一般地,大多数牧草及饲料作物选用单核期的花药比较适宜,禾本科牧草处于孕穗期,豆科牧草则是处于孕蕾期。在接种花药前应对花粉发育时期镜检观察,把花粉细胞发育时期与花序或花蕾的外部形态联系起来,找出花粉发育时期与花序(或花蕾)外部形态特征之间的相互关系,以便根据特征选取适宜的培养材料。

8.5.4 接种材料的消毒

首先将田间(或温室)采集的用作接种的材料用自来水冲洗 2 h 以上,然后在超净工作台上用 75% 的酒精消毒 30~40 s,用无菌水冲洗 3~4 次,再将穗子(或花蕾)从叶鞘中轻轻剥出,在 10% 的漂白粉水(2% 的次氯酸钠)或 0.1% 氯化汞(升汞)中灭菌 5~10 min,再用无菌水冲洗 3~4 次,最后用无菌的滤纸吸干残余的水分。常用的消毒剂及其效果见表 8.6。

表 8.6 常用的消毒剂及其效果

灭菌剂	使用浓度/%	持续时间/min	去除的难易	效果
次氯酸钙	9~10	5~20	易	较好
次氯酸钠	2	5~20	易	较好
过氧化氢	10~12	5~15	最易	好
溴水	1~2	2~10	易	较好
硝酸银	1	5~25	较难	好
氯化汞	0.1~1	3~15	较难	最好
抗菌素	4×10^{-6}~5×10^{-5}	30~60	中	较好

8.5.5 花药的接种和小孢子的分离与纯化

8.5.5.1 花药的接种

在超净工作台上进行,接种前先用紫外灯将超净工作台消毒 15 min,然后用消过毒的镊子轻轻剥掉萼片、花冠,从花蕾中取出花药,迅速放入盛有培养基的培养皿中,最后用接种针将花药拨放到适当位置(若花药足够大可直接摆放到适当位置),在酒精灯火焰附近用封口膜将皿封好。注意:所用接种针、镊子等每次使用前需在酒精灯火焰附近灼烧灭菌。

8.5.5.2 小孢子的分离与纯化

在牧草小孢子培养中,小孢子的分离方法主要有以下三种方法:自然法(自动散落法)、研杵-离析技术和微型搅切法。自然法,是将花药培养在液体培养基中,花粉自动散落。2~3 d后,分离小孢子进行培养。该法分离的小孢子受到的损伤小,容易培养成功但它收集的小孢子数量少,因此效率较低。后来人们对该法进行了改进,首先置花药于液体培养基中培养,然后将花药与液体培养基一起用磁力搅拌棒搅拌,以收集未散落的小孢子。研杵-离析技术,是用一个玻璃或金属棍挤压花药,然后过筛,其中有部分小孢子会受到损伤。微型搅切法,是在微型搅切器的玻璃管中装有微马达带动的旋转刀片,可以迅速将花药打碎,经过滤和离心,能收集到大量游离的小孢子。现在,该方法已被广泛用于大麦等植物的小孢子的分离。

分离过程中死亡的小孢子或花药壁碎片可释放酚类化合物,在以后的培养中对小孢子造成毒害。为得到理想的实验结果,需要对小孢子进行纯化。用不同方法分离到的小孢子通过一定孔径的金属网过滤,可以进行纯化。但是使用该方法往往纯化程度不够理想,常含有一些大小合适但却是死亡的或发育不良的小孢子。经预处理之后,可以根据小孢子的生理状况不同而造成的密度差异,使用密度梯度离心进行纯化。Percoll 梯度离心可获得很好的效果,但是 Percoll 试剂较昂贵,近年来人们将小孢子悬在 0.3 mol/L 的甘露醇中,使用 21% 的麦芽糖梯度离心,取得了与 Percoll 试剂同样的分离效果。

8.5.6 花药接种后的培养

花药接种后,将其放入培养室内的培养架上。培养温度一般控制在 25℃ 左右,每日光照 12 h 左右,但同时注意有些牧草的花药培养在不同的发育阶段对温度、光照的要求不同,需要根据具体情况作相应的调整。例如,袁清等(1990)指出,草木樨状黄芪花药接种后,培养温度在诱导愈伤组织阶段为 (25 ± 1)℃,分化培养及生根阶段 27~28℃,再生苗移入花盆的最初 3 d 为 21℃ 左右。愈伤组织诱导阶段不加光照,愈伤组织产生后,光照强度为 2 000~3 000 lx,时间 12 h。

在人工离体培养的条件下,花药培养产生单倍体植株一般有两种途径:一种是先形成愈伤组织,再诱导愈伤组织分化为完整植株;另一种是花粉直接形成胚状体,然后由胚状体直接产生再生植株。例如,Richard 等(1991)将高冰草的花药培养在 85D12-1 培养基上,没有形成愈伤组织,而在花药中的花粉粒上直接形成胚状体,进一步培养,胚状体上长出根和芽,成功地得到了绿色单倍体植株。大多数牧草作物的花药都是先形成愈伤组织,再由愈伤组织分化出单倍体植株。

8.5.6.1 诱导花药产生愈伤组织

当把处于一定发育时期的花药接种在适宜的培养基上,花粉粒吸收培养基中的营养物质,被迫改变了原来的发育途径,不是变为精细胞,而是进行增殖,长出愈伤组织,然后诱导愈伤组织再分化,长成花粉植株。

在诱导花粉植株的过程中,采用 2~3 种培养基,第 1 种是诱导花粉长出愈伤组织的培养基;第 2 种是诱导愈伤组织分化成苗的培养基;第 3 种是壮苗培养基。3 种培养基中,第 1 种是最为关键的。

不同植物诱导愈伤组织的基本培养基不同,若能对基本培养基附加成分加以调整和变化,对诱导愈伤组织产生的效果更好。有人认为,2,4-D 降低为 2 mg/L,加激动素 0.5 mg/L,对提高花粉愈伤组织有明显作用。把蔗糖浓度适当提高(如 10%),能提高愈伤组织形成的频率。

在诱导愈伤组织时,温度和湿度不是特别重要,湿度在 60% 左右即可,不必辅助光照。培养的花药在 22~25℃ 恒温下经 1 个月左右,愈伤组织陆续长出。花药产生愈伤组织的表面,于 25~28℃ 温度下静置培养。花药越成熟,发生开裂所需要的时间也越短。花药裂开后,花粉便落到培养液里,发育成幼胚或愈伤组织。花药中花粉的掉出是连续的过程,因此开裂后隔一定时间就将花药转移到新的培养基上,这样可以从同一批花药得到一系列花粉培养物。这种方法可以避免花粉因为拥挤在花药里所受到的限制,提高花粉胚的诱导率。

8.5.6.2 愈伤组织分化形成幼苗

将长出的愈伤组织(约 3 mm 大小),移到诱导分化的培养基上继续培养,使它分化成芽和根。一般是在诱导愈伤组织的基本培养基中,去掉 2,4-D,添加一定量的吲哚乙酸或萘乙酸(0.1~1.0 mg/L)、细胞分裂素(0.2~2.0 mg/L),并将蔗糖浓度改为 1.5%~5%,即成为分化培养基。试验表明,培养基中激动素与生长素(吲哚乙酸或萘乙酸)的比例能够影响芽和根的分化。当细胞分裂素和生长素的比值高时有利于长芽,反之易为长根。若是生长素浓度过高时芽和根的分化均不能进行。一般说来,愈伤组织如果先形成芽,随后根自然会发生,而如果首先分化生根则以后不一定会发芽,因此在诱导植物时必须掌握芽分化的条件。在诱导愈伤组织分化时,一般白天宜采用光照,这对分化出来的小植株的正常生长是必须的,通常采用 400~1 000 lx 强度的光照。

8.5.6.3 分化形成小苗的生长

幼苗从愈伤组织分化出来后,因分化培养基上渗透压偏高而不利于小苗的正常生长。因此,待小苗长到 1~2 cm 高时,再进行培养基的移换,将幼苗移到渗透压比较低以及没有生长素类物质的培养基上,使它正常生长和健壮。待根系有了良好的发育后,即可以移出进行沙培或直接栽入土中。

8.5.7 再生植株的移栽

经过花粉培养形成的再生植株是在试管、三角瓶内长成的,十分娇弱细嫩,对环境适应能力较差,如叶片光合作用低,小苗生长慢,叶表皮薄,气孔开闭机能弱,根的调节机能弱,导致根系吸收水分、养分的能力差。从试管中移出时需要特别精心培植,以免中途夭折。为了提高再生植株的成活率,一般采取以下几项措施:第一,为了使花粉植株有发育良好的根系,可在幼苗生根过程中加入合适的植物激素,使其能够诱导出较多的根系,或者在小苗移栽过程中用合适的激素浸根,使其移栽后也能促进根系的生长;第二,在试管中培育壮苗;第三,尽量为小苗提供适宜的生长环境条件。移栽初期注意保持适当的温度和湿度,避免日光强烈照射,以防蒸腾量过大,必要时可从试管移出后先在光照培养箱培养。经过一段时间的过渡,使其逐步适应外界环境后,再移栽入土壤中。

8.5.8 染色体加倍及鉴定

花粉(花药)培养出的小植株是单倍体植株,没有直接利用的价值,但将其染色体加倍后,在育种过程中就具有了巨大的应用价值。人工加倍一般选用适宜浓度的秋水仙素进行处理,加倍效果最好。此外,还可以选用的加倍诱变剂有:氨磺乐灵(oryzalin)、甲酰胺草磷(amiprophose methyl, APM)、氟乐灵(trifluralin)、对二氯苯(para dichlorobenzene)和8-羟基喹啉(dichloro-8-hydroxyquinoline)等。

花粉植株染色体加倍可在两个阶段进行:一是在试管培养阶段进行;二是在花粉植株定植后进行。在试管培养阶段进行染色体加倍的方法有两种:第一,在培养基中加入一定浓度的秋水仙碱,使愈伤组织或胚状体的染色体加倍。采用这种方法有一定的缺陷,即这样做往往影响愈伤诱导率和胚状体的诱导率及小植株的分化率。第二,通过愈伤组织或下胚轴切断繁殖,使之在培养过程中染色体自然加倍。在大多数情况下,对花粉植株染色体加倍是在花粉植株定植后进行的。

双子叶牧草植物可用1.5份的0.1%~0.4%的秋水仙素和1份的羊毛脂混合调成糊状乳液,涂抹单倍体植株的腋芽或生长点,使生长点细胞加倍成二倍体。禾本科植物可将幼苗或新生的分蘖株基部浸在0.04%~0.1%的秋水仙素溶液中,在20~25℃的条件下处理1~4 d,用清水洗去残液后栽入土中。2~3周后便可恢复正常生长,通常认为,加入2%二甲基亚砜可提高染色体加倍的效果,但同时也应注意有些单倍体植株未经人工加倍处理也能自然加倍形成二倍体,尤其以禾本科牧草居多。

花药培养过程中自发加倍为纯合二倍体,使花粉植株群体具有两个显著的遗传学特点:第一,花粉植株的遗传多样性。花粉植株是小孢子发育形成的,反映了杂合体减数分裂产生的各种配子的基因型。加倍单倍体基因纯合,各种隐性基因控制的性状都能充分表达。第二,花粉植株遗传稳定性。花粉植株的群体中,大部分的二倍体株系内性状整齐一致,并能稳定的遗传。至于少数株系出现不同程度的分离,其可能来源于供体植株花药壁等体细胞或由发生体细胞无性系变异引起的。

经过染色体加倍处理的花粉植株必须先进行染色体倍性鉴定。鉴定的方法有以下几种:①观察器官,单倍体植株一般比较小;②观察细胞,单倍体植株细胞及细胞核都较小;③检查气孔保卫细胞叶绿体数目,一般单倍体叶片和气孔都较小,叶绿体较少;④观察染色体数目,这是最可靠的鉴定方法,采用染色体压片法,在显微镜下检查根尖、茎尖分生组织的染色体数目;⑤利用流式细胞技术检测倍性。

8.5.9 后代的选择培育

花粉植株加倍成活后,按照一般植株进行常规管理。开花结籽成熟后,应单穗分别收获留种,以备下一步品种选育试验。当花粉植株收获一代植株种子后,以后各代同一般选育工作一样进行试验、鉴定,从中选出优良株系。鉴定方法有形态学鉴定、细胞学鉴定、杂交鉴定、生化鉴定和分子标记鉴定。有些花粉植株不能直接作为品种应用时,可作为育种的原始材料或杂交亲本加以保存和利用。

单倍体育种的好处虽然很多,但也存在一些问题。例如,许多植物的花粉培养还未成功,或者有的培养技术虽已突破,但诱发频率很低,诱发成的植株白化苗严重,就是得到绿色苗也中途夭亡,在冰草、燕麦、高粱的花药培养中经常有白化苗产生。白化苗在外形、营养生长和染色体倍性方面与绿苗无差异,但在亚显微结构上,白化苗的前质体缺乏核糖体。关于白化苗形成的机理目前还不清楚,但由于白化苗一旦形成后就不可逆转,成为花培绿苗率低的重要原因,影响花培技术在育种中的应用。此外,如何正确有效地做到染色体加倍等问题有待进一步研究。禾本科植物花药培养过程如图 8.2 所示。

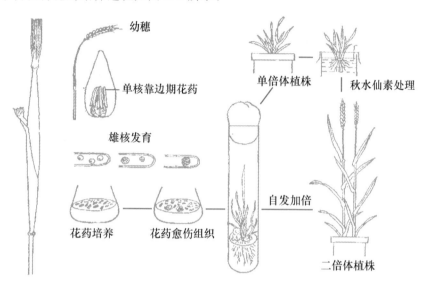

图 8.2 禾本科植物花药培养过程

8.6 影响牧草雄核诱导的相关因素分析

采用花药培养获得单倍体植株已成为植物育种的重要途径之一,经过 30 多年的研究和发展,花药(花粉)培养育种已与常规杂交育种、远缘杂交育种、诱变育种以及转基因技术相结合,形成了一套完整的育种技术体系。现在已基本弄清离体条件下影响雄核发育的主要因素,一般认为,供体植株基因型和生理状态、花粉发育时期、预处理、营养和调节因子等对雄核发育有明显影响。影响牧草雄核诱导的因素主要有以下几点。

8.6.1 供试材料的影响

8.6.1.1 材料的基因型

影响牧草雄核诱导的因素很多,有内因也有外因,而大多数研究者认为供体植株的基因型是影响单倍体诱导的关键因素,同一作物不同基因型植株的花药(或花粉),在同样的试验条件下,对培养的反应不同,表现在花药培养力,如愈伤组织诱导率、分化率、胚胎诱导率和植株诱导率等方面,有些材料对某些培养基根本没有反应。袁妙葆等(1989)、杨晓辉等(1991)、曹禹等(2007)对不同基因型的大麦花药培养的研究以及 Daniel 等(1985)、Tony 等(1987)对苜蓿花药培养所做的研究表明,不同基因型花药的愈伤组织诱导率存在很大差异。Opsahl-Ferstad 等(1994)报道了多年生黑麦草的花药培养,其再生植株的能力取决于基因型对于雄核发育诱导的不同反应,如果雄核发育受基因型影响不大,可诱导出 100%的类胚结构,进而诱导出 100%的绿色再生植株,而对于雄核发育受基因型影响较大的,要诱导出单倍体就要通过改变培养基的化学成分或者改变培养条件,如改变培养基中总氮含量和 NO_3^-/NH_4^+ 的比率以及对材料进行一定的冷处理,可以提高花药培养的诱导率。

Ślusarkiewicz-Jarzina 等(1997)研究了 20 种基因型的小黑麦花药在 3 种培养基上的诱导情况,结果表明,胚状体的诱导和植株的再生受供体植株的基因型的影响很大。在猫尾草的花药培养中,雄性胚胎发生是依赖基因型的(Niizeki 等,1973;Abdullah 等,1994)。Guo 等(2000)首次通过游离小孢子培养,研究了猫尾草雄性特征胚的发生,试验证明猫尾草小孢子培养的成功受基因型的影响很大。试验所选取的 12 种不同基因型的材料,其中只有 6 种基因型的小孢子产生了胚状体和愈伤组织,只有 4 种基因型的小孢子经过培养得到了再生植株。即使在同一种内采用同一方法,不同的材料间也有很大差别。有的材料对某些培养基根本无反应。有关控制牧草花药培养胚发生的基因及其遗传规律的研究尚未见报道。

8.6.1.2 供体的生理状态和取材部位及时期

供体植株的生理状态显著影响花药培养和游离小孢子培养的后续反应(Ferrie 等,1995)。大量研究表明,在合适的供体发育时期选取合适部位的材料是非常重要的。Jacquard 等(2006)研究大麦花药培养中穗的位置对雄核发育的影响,结果表明,当供体的穗起源于主芽或第四分蘖时,花药反应在"Igri"品种中从 76.6%降到 31.5%,在"Cork"品种中从 58.8%降到 32.0%。花药采自第二分蘖节的穗上时,再生苗的比例急剧增加,在"Igri"品种中增加了316%,在"Cork"品种中增加了 1 800%。吴丽芳等(2005)研究了不同时期的紫花苜蓿的花药培养,研究发现 9 月份较 7、8 月份选取的花药愈伤组织诱导率高。

8.6.1.3 小孢子发育时期(即花粉发育时期)

在诱导花粉进行雄性发育(小孢子沿孢子体途径发育成花粉植株)的过程中,不同物种花粉最适的发育时期不同。一般来说,培养处于单核中期至晚期的花粉效果较好(李守岭等,2006)。这可能是因为这一时期的小孢子比较活跃,小孢子处于胚胎形成的临界期,是不同分裂方式和发育途径的共同起始点。然而,不同植物的适宜诱导时期也不尽相同。曹禹等(2007)选取冬性小黑麦主穗上处于单核中、晚期的花药,经培养得到了绿苗,绿苗分化率最高达 22.22%。吴丽芳等(2005)取紫花苜蓿单核期的花粉进行培养得到了绿苗。Guo 等(1999)通过猫尾草小孢子培养发现,小孢子发育时期从单核晚期至双核期为宜。Zagorska 等(1997)研究了紫花苜蓿的花药培养,结果表明,花粉发育时期是愈伤组织诱导和器官发生的关键因素之一,并且紫花苜蓿离体花药培养中的大多数小孢子处于单核期。

8.6.2 预处理的影响

在花药或花粉培养之前,对花芽或花药给予特定的物理或化学处理有益于花粉发育成植株(Maheshwari 等,1980)。花药(花粉)培养中采用的预处理方法很多,具体采用什么方法因材料而异。

8.6.2.1 温度预处理

为使离体小孢子的遗传发育途径从配子体途径转向孢子体途径,在进行培养前通常使用多种处理方法进行预处理。多数试验表明,通过温度预处理,在一定程度上对提高了花药诱导愈伤有促进作用。温度预处理方式有低温、高温、变温。在牧草花药培养中经常应用低温预处理诱导离体雄核发生。低温如何起到提高诱导频率的作用,各研究者看法不同,黄斌(1985)曾提出低温预处理对花药培养的可能作用机制。他认为低温可能通过3个方面的作用来促进小孢子雄核发育启动,一是使花药内源激素发生变化,由此影响小孢子,改变其配子体发育途径;二是导致小孢子的孤立化,对小孢子胚胎发生的诱导起促进作用;三是低温有利于绝大多数的小孢子保持生活力,防止退化。Nitsch 等(1973)认为,在低温预处理时,小孢子受寒冷刺激,使有丝分裂由不均等分裂转为均等分裂,结果使多核细胞增多,启动了雄核发育。Maheshwari 等(1980)也认为低温预处理是花药和花粉培养中大幅度提高雄核发育频率的手段之一。低温预处理与较低培养温度综合作用使胚状体的产量明显增加,正常胚状体的诱导率也显著增加。潘建伟等(2002)将大麦花粉处于单核中后期的穗子在4℃条件下处理1~2 d,提高了再生植株的绿苗分化率。Kiviharju 等(1998)研究了冷处理和热处理对不同基因型燕麦花药培养的影响,结果表明,热激处理(+32℃)5 d 对其中两个品系胚状体诱导有促进作用,而对依赖基因型较强的"Stout"品种胚状体的产生没有促进作用;对分蘖给予7 d 的冷预处理,可轻微地提高了"Stout"品种的诱导反应水平。吴丽芳等(2005)在低温预处理时间及热激处理培养条件下对苜蓿进行了培养。结果表明:花药低温预处理24~48 h 较72 h 处理对愈伤组织诱导的效果好,低温预处理与热激处理相结合比单用低温预处理其花药愈伤组织诱导率高。

很多试验证实,低温处理对花药培养诱导愈伤组织有较好的效果,但也有研究表明低温处理不利于木薯花药愈伤组织的诱导。席世丽等(2009)研究了低温处理对木薯花药培养的影响,结果表明,经过不同时间(0、1、3、5 d)的4℃低温处理,其中以不进行低温处理的花药愈伤组织诱导率最高,诱导率为90%;随着低温处理时间的延长,愈伤组织的诱导率呈下降趋势,处理5 d 后出愈率为0,因此,对木薯不宜进行低温处理,以利于愈伤组织的形成。

8.6.2.2 甘露醇预处理

不同浓度的甘露醇溶液预处理虽然在诱导胚状体数上没有较大差异,但在形成的胚状体质量上却差异明显。较高的渗透压可使诱导的胚状体结构致密、坚硬,因而再分化能力强,使绿苗产量有较大增加。杜永芹等(1997)研究发现,在固体培养体系中,采用甘露醇预处理3 d 完全可以取代常规3~5℃条件下21 d 的低温预处理,而且前者效果好于后者,并能缩短周期。郭向荣等(1999)用不同浓度的甘露醇预处理,随甘露醇浓度的增加,绿苗分化频率有显著的提高。基因型与甘露醇预处理的时间之间存在相互作用,即甘露醇预处理的最适时间,因大麦基因型的不同而有所差异,其变动范围为3~5 d。另外,李文泽等(1991)对大麦花药培养中甘露醇预处理作用进行研究,结果表明,甘露醇预处理能明显提高花粉粒存活率和质量,有利于进一步分裂形成胚状体和愈伤组织;并且,各发育时期明显比对照提早2~5 d。Cistué 等(1999)通过试验发现,对于低响应的大麦品种,甘露醇预处理比低温预处理好,而预处理最佳的甘露醇浓度因栽培品种而异,低响应基因型比敏感型需要的甘露醇浓度高。

8.6.2.3 其他预处理方法的影响

Arabi 等(2005)对3种基因型的大麦(Igri、Arabi Abiad 和 AECS 76)用不同剂量(0、5 和10 Gy)γ射线辐照,观察对胚状体和植株再生的影响。研究发现,经过辐照的品种的胚状体产量明显升高,辐照的影响与基因型有关,尽管"Igri"胚状体诱导率高,但是植株再生率低。"Arabi Abiad"产生绿色植株的能力很强,而辐照对"Igri"和"AECS76"植株的再生没有影响。总体来看,10 Gy剂量辐照下胚状体产量比5 Gy剂量辐照时高。

李文泽等(1995)首次将山梨醇预处理应用到大麦花药培养中,获得了理想的试验结果。不同浓度(0.1～0.5 mol/L)的山梨醇预处理3 d绿苗产量差异不显著;但同一浓度(0.3 mol/L)山梨醇处理不同天数(1～7 d)绿苗产量差异显著,以3 d处理效果最好,绿苗产量是对照的51.2倍。

8.6.3 培养基及其附加成分的影响

8.6.3.1 基本培养基

选择合适的基本培养基是花药(花粉)培养技术的重要环节之一,培养基提供营养物质的同时创造渗透性的环境。在大多数试验中尚没有一种确定的培养基可以满足不同植物花药(花粉)培养,一般在牧草花药培养中常采用的基本培养基有MS、B_5、Milley和N_6,以及在此基础上优化出的植物花药(花粉)培养基,大致以MS培养基最为普遍。Jähne等(1995)认为,诱导培养基不但要滋养小孢子,而且改变小孢子发育途径转向胚状体的形成。

培养基的状态及所用的琼脂浓度的异同,都会影响花药培养的效果(萨日娜等,2008)。Ponitka等(2007)比较了固体和液体C_{17}培养基上9种基因型冬性小黑麦花药培养诱导的效率。结果表明,在液体培养基上,所有基因型小黑麦的胚状体和绿色植株的诱导率均较高。吴丽芳等(2005)研究了不同培养基对紫花苜蓿花药培养的影响,结果表明,NB培养基对愈伤组织的诱导效果比B_5培养基好。Opsahl-Ferstad等(1994)研究表明,培养基中的总氮含量、NO_3^-/NH_4^+比率和冷预处理等影响多年生黑麦草花粉培养的结果。Christensen等(1997)研究了不同基本培养基R_2M和FW对鸭茅花药培养的影响,用这两种培养基做诱导培养基,R_2M上得到的胚状体大约是FW上得到的(每100个花药上得到的胚状体0.81)4.5倍,R_2M上得到的绿色植株是FW上得到的(每100个花药上得到0.054个绿色植株)5.5倍。

8.6.3.2 碳源

培养基中的糖提供培养物的能量,同时起着调节渗透压的重要作用,而且对花粉的脱分化和再分化起着有利的效应。对多数植物组织来说,蔗糖和葡萄糖是良好的碳源。不同植物细胞渗透压差异很大,因此不同植物对花药培养需要的糖的浓度和糖的种类不同。例如,猫尾草小孢子培养的诱导培养基上使用了6%的麦芽糖,鸭茅花药培养所用的诱导培养基中麦芽糖的浓度为9%时效果显著。在花药培养中,Flehinghaus等(1991)试验证明麦芽糖能提高黑麦的花药培养诱导率。用麦芽糖代替蔗糖作为碳源,在冬性小黑麦(Lazaridou等,2005)、小黑麦(Marciniak等,1998)、燕麦(Kiviharju等,1998)、大麦(孙敬三等,1991)的花药培养中得到了较高的诱导率。Christensen等(1997)研究了所选基因型鸭茅花药培养得到的无性繁殖系在麦芽糖取代蔗糖作为碳源的培养基上的反应状况,结果发现,在含有蔗糖的培养基上每100个花药得到了7.1个胚状体,麦芽糖取代蔗糖的培养基上每100个花药得到了133个胚状体;在麦芽糖培养基上得到的绿色植株比蔗糖培养基上得到的多,每100个花药上得到的绿色植株数分别为66.3和1.9。麦芽糖能显著提高胚状体或愈伤组织分化率,可能是由于在麦芽糖培养基中产生的胚状体或愈伤组织较为"年轻",从而具有更高的再生能力(Nägeli,1999)。因而,在试验中应根据不同的作物,选用合适的碳源及其浓度。

8.6.3.3 激素

培养基中激素的种类、用量和配比,对诱发小孢子的启动、分裂、生长和分化具有重要的影响。在花药培养时,调节激素成分不但可影响花粉发育的类型(即形成胚状体还是形成愈伤组织,以及形成量的多少),而且还可以影响到二倍体的体细胞组织(如药壁、药隔等)生长增殖以及单倍体花药的细胞生长增殖。在大多数禾本科牧草的花药培养中,外源生长素,特别是2,4-D,是启动小孢子细胞形成愈伤组织的必要条件。Kiviharju等(1999)研究了2,4-D和细胞分裂素对两种燕麦及其杂交后的花药培养的影响,结果表明,高浓度的2,4-D(5～6 mg/L)提高了两种基因型燕麦($Avena\ sativa$ L. 和 $A.\ sterilis$ L.)胚状体的产量,同时促进这两种燕麦杂交后代花药培养的再生植株的产生。然而,激动素引起严重的褐化。低浓度激动素对栽培种"Kolbu"花药培养产生再生胚状体的开始是必要的。Cistué等(1999)通过试验证明,抗生素三碘苯甲酸(TIBA)对低反应型的大麦产生胚状体有促进作用。

8.6.3.4 附加成分

附加成分是指在有碳源和一定激素配比的基本培养基中添加的某些营养物质(如谷氨酰胺等)、吸收物质(如活性炭等)等外源添加物(张绿萍等,2007)。很多研究证实,附加成分在花药和花粉培养中发挥着一定的作用。

1. 活性炭

目前,活性炭已经在多种作物中应用,某些牧草作物如黑麦、小黑麦的花药培养中同样得到应用,不同种类的作物对活性炭的反应不同。张玉华等(1995)研究了诱导过程中活性炭对大麦花药培养的影响,结果表明,活性炭会降低花粉胚和愈伤组织产量,影响植株分化率,尤以诱导培养基中添加活性炭的影响大。

2. 多效唑(MET)

多效唑是一种植物生长调节剂,在植物体内抑制内源激素GA的生物合成,对提高植物抗逆性、促进壮苗生根等有重要的作用。近年来人们开始将多效唑应用于植物组织培养。杜永芹等(1998)就麦芽汁、多效唑及愈伤组织低温处理对大麦花粉离体培养的影响进行了研究,结果表明,分化培养基中添加1.5 mg/L MET可明显增强幼苗质量;在试验条件下,在壮苗生根培养基中 MET 0.5～1.0 mg/L ＋ IBA 0.3 mg/L 配合使用,有利于植株地上部与地下部的协调。

3. 人参粉

王子霞等(1989)以两个不同基因型处于单核中、晚期的八倍体小黑麦的花药为材料,经过处理后接种于附加人参粉的培养基上进行培养,结果表明,在培养基中附加1.5 g/L人参粉能延缓细胞衰老,对小黑麦花粉愈伤组织诱导率的提高均有良好作用,而人参粉是否对愈伤组织的质量有影响,尚待研究。

4. 海藻酸钠

戎均康等(1994)以普通大麦品种单核晚期的花药为材料,研究了海藻酸钠在液体培养过程中的作用,结果表明,在供试的4个海藻酸钠浓度中,以浓度为2%～3%的效果最佳。当它们代替20%～30%的"Ficoll"时,无论是用BAC3培养基,还是用MS培养基;无论培养基中加NAA,还是加2,4-D,都能诱导出愈伤组织,但以每升培养基加 2.0 mg NAA 和 1.0 mg 6-BA 的效果最佳,在含这种激素的培养基上,一些基因型的出愈率相当高,供试基因型都在100%

以上,而且有些花粉粒能直接发育成能正常发芽出苗的胚状体。

5. 氨基酸

袁妙葆等(1989)研究了大麦花药培养中不同氨基酸(L-丙氨酸、谷氨酰胺和天冬氨酸)添加物对绿化苗的影响,发现对绿苗分化有一定的促进作用,诱发频率比对照的有所增加。

6. 植物提取液

孙月芳等(2003)以4个大麦品系为供试材料,比较了诱导培养基中添加不同发育时期和不同添加量的大麦幼穗提取液以及添加油菜花蕾提取液对大麦花药培养反应的影响,摸索促进诱导分化率提高的最佳方案,结果表明,诱导培养基中添加油菜花蕾提取液对花药反应率及幼苗分化率有明显的促进效果,单核期大麦提取液的效果优于二核期优穗提取液的效果;添加油菜花蕾提取液对花培反应的影响优于单核期大麦幼穗提取液的影响。杜永芹等(2001)以不同基因型大麦为试材,研究了天然大麦芽提取及其浓度、低温贮存对大麦花药培养力的影响,结果表明,诱导培养基添加麦芽提取液对大麦花药离体培养具有明显的促进作用,新鲜麦芽提取液的效果最为理想。杜永芹等(1998)等以不同基因型大麦为材料,就麦芽汁、MET及愈伤组织低温处理对大麦花粉离体培养的影响进行了研究,结果表明,在含有10%麦芽汁的诱导培养基上花药反应早,诱导率绿苗率均有不同程度的提高。

8.6.4　培养条件

8.6.4.1　温度

温度是培养条件中最主要的因素,特别是诱导花粉形成愈伤组织(或胚状体)的阶段。离体花药对温度比较敏感,是诱导雄核发育的关键因素,花粉萌发的适宜温度因植物种类而异(Torregrosa等,1998)。在大麦离体培养试验得出,气温与愈伤组织产量呈负效应关系,说明供体植株离体时外界温度是影响大麦花药培养因素之一。吴丽芳等(2005)在研究苜蓿组织培养时发现,愈伤组织的诱导培养比分化培养和生根培养的温度高2~3℃。

8.6.4.2　培养密度及花药座位

关于培养密度及花药座位对花药(花粉)培养的影响在大麦上的研究较多,培养其他作物的花药(花粉)时可以考虑这个因素。培养的花药释放出内源性的激素和特定的化学物质,依次地调节和影响胚胎发生(George,1993)。孙敬三等(1991)等研究了大麦花药在培养基上的座位对愈伤组织形成的影响,经观察指出,"竖放"比"平放"的效果要好,"竖放"时不但绝大多数花粉愈伤组织发生在上部的两个药室中,而且这种愈伤组织质量好,比源于下部的愈伤组织胚胎发生能力强。Davies等(1998)研究大麦小孢子培养时发现,小孢子接种密度和群体密度对植株再生有影响;当小孢子接种密度大于5×10^4 mL^{-1}时产生大量的群体,当群体数量在每平方厘米12.5~25个时,产生最理想数目的绿色小苗。另外,Mark等(1985)研究了大麦花药的方位对小孢子愈伤组织的产生的影响,研究表明,经过冷预处理的大麦穗,接种时两个小室都接触到培养基,则不产生或产生很少的愈伤组织;若接种时只有一个小室接触到培养基,则高比例的花药产生愈伤组织,并且处于顶部小室朝上的花药非常富有成效。"平放"的花药与"竖放"的花药相比,不仅产生多细胞花粉粒和微愈伤组织的速度很慢,而且很少一部分能产生微愈伤组织,还很早终止愈伤产生。

8.6.4.3 光照

Kiviharju 等(2005)研究了光照对燕麦花药培养的影响。结果表明,燕麦花药培养诱导期间,对光照的反应因基因型而异。使用暗光线使栽培品种"Lisbeth"的绿苗再生率明显降低,而对栽培品种"Aslak"的影响不是很明显。何茂泰等(1988)在黄花苜蓿花药培养是采用 3 000 lx 的光照强度,光照时间为 12 h/d。Zagorska 等(1997)研究苜蓿的花药培养时发现,愈伤组织和芽生长在(25±1)℃,16/8 光周期和 2 000 lx 光强条件下,得到了再生植株。吴丽芳等(2005)研究了光照对紫花苜蓿花药培养的影响,结果表明,暗培养结合光照培养较直接光照培养愈伤组织诱导率低,但绿苗率高。

8.6.4.4 pH

花药(花粉)在一定 pH 范围内培养,能够诱导出愈伤组织或胚状体。倘若培养基的 pH 超出培养花药(花粉)适应的范围,就会产生抑制作用。朱建华等(2001)提出不同植物花药(花粉)最佳诱导的 pH 不同,大多培养基的 pH 都要求在 5.8 左右。Karsai 等(1994)研究了 pH 对离体小黑麦花药培养的影响,结果表明,诱导培养基中 pH 为 4.8 时所有处理的胚状体诱导率比 5.8 时的高。李文泽等(1995)研究了 pH 对甘露醇预处理效果的影响,结果表明,甘露醇预处理溶液的 pH 不同,其预处理的效果也不同,其中,愈伤组织诱导率和绿苗产量均以 pH 5.6 最高。

8.7 牧草雄核诱导存在的问题与展望

目前,利用花药(或花粉)培养获得单倍体植株的研究已经取得了很大进展,但是在理论和应用上还存在着下列问题。

8.7.1 诱导频率和分化成苗率较低

花培技术虽然有许多优势,但目前没有真正广泛应用到牧草育种中,主要原因在于愈伤诱导频率和分化成苗率低。对大多数牧草来讲,能形成有活力胚的花药百分率很低。通常花药或花粉离体培养时没有生长和发育的迹象,或刚开始生长便导致胚败育,大量畸形胚状体出现,愈伤组织分化能力低,白化苗难以避免,尤其是在禾本科牧草中。例如,Guo 等(2000)研究了猫尾草小孢子培养,发现植株再生过程中白化苗是一个不可忽视的问题,白化苗率在 9.3%~22%。在大麦花药培养(Knudsen 等,1989)和多年生黑麦草花药培养(Madsen 等,1995)中,白化苗的形成与特定基因型有关。因此,应加强这方面的基础研究,如采用分子标记手段,将控制花培能力的有关数量性状基因组合在一起,从根本上解决花培效率低的问题。此外,综合应用已取得的各种改良的花培技术(如低温预处理),并通过对培养过程中某些生理生化指标(如内源激素、氨基酸类物质的含量等)与培养力之间的关系,寻找更加有效的培养技术措施,提高花培效率。

8.7.2 花药培养易受到体细胞的干扰

在花药培养过程中,花药壁、绒毡层组织不可避免地通过愈伤组织阶段形成胚状体。因而,花药培养易受到体细胞的干扰,在产生单倍体的同时也产生二倍体或四倍体;药壁绒毡层细胞对花粉发育的作用,还不十分清楚。如何用人工合成培养基代替绒毡层的作用目前还存在一定的盲目性,应加强这方面的研究。培养中要使小孢子分裂,而二倍体组织不分裂,但这种情况往往难以办到;在混倍性的材料中很难分离出单倍体,因为单倍体细胞的生长很容易被生长旺盛的多倍体细胞所掩盖。花药培养中进一步提高诱导花粉单倍体植株的频率,减少体细胞干扰等是应该重视的问题,需要进一步研究以探索新的快速鉴定的方法。另外,单倍体植株的起源问题有待于进一步研究,有些获得单倍体植株的报道缺乏细胞学和组织学的鉴定,没有充分证据证明其单倍体的起源。Zagorska 等(1997)对四种基因型苜蓿的花药进行培养,得到了再生植株,并对再生植株根的分生组织细胞进行分析,结果显示,染色体数目变化幅度很大,大部分再生植株是二倍体($2n=32$),一些是混倍体,只有 4%的植株是单倍体($2n=16$)。试验得到的二倍体很可能一部分是源于非还原配子或者来源于花药壁体细胞的增殖。对离体花药培养开展细胞学研究提供证据证明,单倍体再生植株起源于小孢子。另外,Richard 等(1991)培养了十倍体高冰草($2n=10x=70$)的花药,发现胚状体从花药中的花粉粒上直接形成,进一步培养,胚状体上长出根和芽,成功地得到了绿色再生植株。取花药培养得到的再生植株的根尖细胞,形态鉴定其中含有 36 条染色体,说明得到的是非整倍多元单倍体($2n=36$)。另外,有些牧草花药培养只得到混倍体。例如,Shigemune 等(2000)研究禾本科狼尾草属一年生草本植物御谷的花药培养,经过诱导得到愈伤组织,进而得到了再生植株,分析发现所有的再生植株是混倍体。Christensen 等(1997)研究了同源四倍体($2n=4x=28$)鸭茅的花药培养。利用流式细胞计量术对取自不同无性繁殖系中的 54 株绿色再生植株的倍性进行分析,发现 22 株为二倍体,29 株为四倍体,3 株为八倍体;其中 9 株植株的根尖染色体数目证实了流式细胞仪结果,二倍体植株中含有将近 40%的再生植株源于四倍体亲本的小孢子。

8.7.3 花粉培养中的诱导单倍体植株的发育调控及其分子机理研究不够

小孢子的诱导机制、启动机理、发育途径及其与生理生化变化的关系等都尚不明确,有待进一步研究小孢子的发育调控机理,从而主动地进行调控,以定向增加突变,筛选目的性状,增强育种的可预见性,这将是花粉培养育种的发展方向。另外,小孢子自身由于核内复制、核融合等产生的倍性变异,应该进一步研究如何有效地进行控制,从而达到控制不利变异和利用有效变异的目的。根据细胞全能性的原理,理论上每一个花粉粒都可以发育成一个完整植株。但事实上有的基因型尚得不到单倍体,有的胚发生率太低,没有应用价值。可见,花粉成胚与否受遗传基因控制。应加强基础理论研究,从根本上解决花培效率低的问题。目前,关于牧草雄核发育方面的研究不多,尚待进一步深入地研究。Tanner 等(1990)研究了紫花苜蓿花粉发育途径。他们取紫花苜蓿单核晚期的花粉,进行培养,研究表明,花粉发育有两种途径:一种是涉及均等有丝分裂,其产生的花粉含有两个营养核或生殖核,这种花粉形态学仅在培养中观察到,花粉遵循这种发育的途径被定义为非生理型。双细胞(V+G)的产生伴随着三胞花粉(V+2G)。由于在发育期这种类型谷粒在离体条件下遇到,花粉遵循的这种发育途径被定义为生理型。研究发现,非生理型花粉与生理型花粉的比率受到培养基渗压剂性质的影响。培养基中含有麦芽糖或蜜二糖时的非生理性花粉的比例比含有葡萄糖或蔗糖时的高。Rose 等(1987)研究了毒麦、草地羊茅及它们的杂交种的花药培养中花粉雄核发育的途径。结果表明,营养细胞的发育是这三种作物花粉愈伤组织发育过程中的主要途径,而生殖细胞的发育存在着差异。牧草雄性发育诱导与单倍体育种研究进展见表8.7。

表8.7 牧草雄核发育诱导与单倍体育种研究进展一览表

中文名	拉丁名	英文名	外植体	结果	参考文献
禾本科牧草					
冰草	*Agropyron cristatum* (L.)Gaertn.	Wheatgrass, Crested wheatgrass	A	RP	Chekurov 等(1999)
高冰草	*Thinopyrum ponticum*	Tall wheatgrass	A A	AP RP	Marburger 等(1988) Richard 等(1991)
中间冰草	*Agropyron intermedium* (Host)Beauv.	Intermediate wheatgrass	A	AS	Yao 等(1991)
天蓝偃麦草	*Agropyron glaucum*	Blue wheatgrass	A	RP	Chekurov 等(1999)
燕麦	*Avena sativa* L.	Common oat, Oat	A A A M	RP RP AP RP	Rines 等(1983) Kiviharju 等(1999) Kiviharju 等(1999) Parminder 等(2009)
不实野燕麦	*A. sterilis* L.	Animated oat	A	RP,AP	Kiviharju 等(1997,1998,1999)
燕麦	*A. sativa*×*A. sterilis*	Oat×Animated oat	A	RP,AP	Kiviharju 等(1999)
燕麦	*Avena sativa* L. × *Avena sativa* L.	Oat×Oat	A	RP	Kiviharju 等(2005)
草地羊茅	*Festuca pratensis* Huds.	Meadow fescue	A	AP	Rose 等(1987)
毒麦	*Lolium temulentum*	Darnel	A	AP	Rose 等(1987)
多花黑麦草×草地羊茅	*Lolium multiflorum* × *Festuca pratensis*	Italian ryegrass× Meadow fescue	A	AP,RP	Rose 等(1987)
多年生黑麦草×草地羊茅	*Lolium perenne* × *Festuca pratensis*	Perennial ryegrass× Meadow fescue	A	AP,RP	Rose 等(1987)
高羊茅×多花黑麦草	*Festuca arundinacea* × *Lolium multiflorum*	Tall fescue× Iitalian ryegrass	A	RP	Zwierzykowski 等(1999)
鸭茅	*Dactylis glomerata* L.	Common orchardgrass	A	RP,AP	Christensen 等(1997)
大麦	*Hordeum vulgare* L.	Barley	M A	RP RP	Davies 等(1998) Piccirilli 等(1991)
多花黑麦草	*Lolium multiflorum.* Lam.	Italian ryegrass, Annual ryegrass	A	RP	Boppenmeier 等(1989)
多年生黑麦草	*Lolium perenne* L.	Perennial ryegrass	A A A	RP RP RP	Halberg 等(1990) Opsahl-Ferstad 等(1994) Madsen 等(1995)

续表 8.7

中文名	拉丁名	英文名	外植体	结果	参考文献
多年生黑麦草×高羊茅	*Lolium* perenne L. × *Festuca arundinacea* Schreb.	Perennial Ryegrass×Tall Fescue	A	RP	Guo 等(2009)
多花黑麦草×高羊茅	*Lolium multiflorum* × *Festuca arundinacea*	Annual ryegrass×Tall fescue	A	RP	Zare 等(2002)
猫尾草	*Phleum pratense* L.	Timothy	A	C	Niizeki 等(1973)
			A	RP	Abdullah 等(1994)
			A	RP	Guo 等(1999)
			M	RP	Guo 等(2000)
黑麦	*Secale cereale* L.	Rye	A	E	Thomas 等(1975)
			M	RP	Guo 等(2000)
			A	RP	Ma 等(2004)
			M	RP	Ma 等(2004)
象草	*Pennisetum purpureum* Schum.	Napier grass	A	RP	Haydu 等(1981)
高粱	*Sorghum bicolor*(L.)Moench	Sorghum, Broom-corn	A	AP	Rose 等(1986)
			A	RP	Wen 等(1991)
			A	RP	韩福光等(1993)
			A	AP	Kumaravadivel 等(1994)
小黑麦	*Triticale Wittmack* L.	Triticale	A	C	孙娜等(2009)
				RP	曹禹等(2007)
				RP	Tuvesson 等(2000)
豆科牧草					
塔落岩黄芪	*Hedysarum fruticosum* Pall. var. leave(Maxim). H. C. Fu	Leaf sweetvetch	A	C	何茂泰等(1988)
紫云英	*Astragalus sinicus* L.	China milkvetch	A	S	余韶颜(1996)
				C	郭景文等(1991)
红豆草	*Onobrychis viciaefolia* Scop.	Sainfoin	A	RP	郭景文等(1991)
草木樨状黄芪	*Astragalus melilotoides*	Sweetclover-like Milkvetch	A	RP	袁清等(1990)
秣食豆	*Glycine max* (L.)Merr.	Soybean	A	RP	尹光初等(1982)
			M	C,S	刘德璞等(1986)
			A	ELS	Zhuang 等(1991)
			A	E	叶兴国等(1994)
			A	RP	叶兴国等(1997)
山鳘豆	*Lathyrus sativus* L.	Grass peavine	M	RP	Ochatt 等(2009)
紫花苜蓿	*Medicago sativa* L.	Alfalfa, Lucerne	A	RP	Zagorska 等(1984)
			A	RP	郭景文等(1991)
			A	RP	Zagorska 等(1997)
			A	RP	吴丽芳等(2005)

续表 8.7

中文名	拉丁名	英文名	外植体	结果	参考文献
黄花苜蓿	*Medicago falcata* L.	Sickle Alfalfa, Yellow Sickle Medick	A	RP	何茂泰等(1988)
蒺藜苜蓿	*Medicago truncatula* Gaertn.	Barrel medic	M	RP	Ochatt 等(2009)
野苜蓿	*Medicago denticulata*	Yellow sweet clover	A	RP	Xu 等(1979)
红三叶草	*Trifolium pratense* L.	Red Clover	A	RP RP	Phillips 等(1979) Bhojwani 等(1984)
豌豆	*Pisum sativum* L.	Pea, Garden Pea	M	RP	Ochatt 等(2009)
百脉根	*Lotus corniculatus* L.	Birdsfoot Trefoil	A	RP RP	Tomes 等(1981) 郭景文等(1991)
大戟科牧草					
木薯	*Manihot esculenta* Crantz.	Cassava	A	C	席世丽等(2009)

注：A，花药；M，小孢子；RP，再生植株；C，愈伤组织；AP，白化植株；S，芽；E，胚状体；ELS，胚状结构；AS，白化芽。

将单倍体育种与常规育种、分子育种有效结合，拓宽花培育种的应用领域，这样不但可以显著提高培养效率，快速纯合植物基因型，尽快获得纯合转基因植物，而且易于目的基因的表达。Ferrie 等(1995)认为单倍体胚性系统提供了一种有效的转化手段，引入的性状很易通过染色体加倍固定下来。例如，Guo 等(2009)利用农杆菌转化花药培养得到的愈伤组织，最终获得了双二倍体羊茅黑麦草植株。将携带 CaMV 35S 启动子控制的编码潮霉素抗性和 β-葡萄糖醛酸酶基因 pIG121-Hm 的农杆菌 LBA4404 侵染羊茅黑麦草"Bx351"花药培养得到的愈伤组织。经潮霉素选择发现，82.6%的转化株有 GUS 活性。经过分子鉴定分析，证明外源基因已经整合到双单体转化株中。

参考文献

[1] 曹禹,李鹏飞,甘玲玉,等.冬性小黑麦花药培养的基因型和培养基效应的研究.新疆农业科学,2007,44(增刊3):91-100.

[2] 杜永芹,陈如梅,泰国卫,等.气温、ABT 等因素对大麦花药离体培养的影响.上海农业学报,1997,13(2):19-22.

[3] 杜永芹,陈如梅,张国荣,等.麦芽汁、多效唑(MET)等因素对大麦组织培养的效应.上海农业学报,1998,14(12):85-88.

[4] 杜永芹,陈如梅,张国荣,等.天然麦芽提取液对大麦花药培养力的影响.上海农业学报,2001,17(1):27-30.

[5] 郭景文,曹致中,师尚礼,等.重要豆科牧草花药及组织培养的研究.草业科学,1991,8(3)52-57.

[6] 郭向荣,方红曼,李安生,等.甘露醇预处理方式、方法对大麦花粉植株再生的影响.农

业生物技术学报,1999,7(4):321-324.

[7] 韩福光,赫庞.高粱不同外植体愈伤组织诱导的研究.辽宁农业科学,1993(1):45-48.

[8] 何茂泰,白静仁,袁清,等.野生黄花苜蓿花药愈伤组织的诱导和植株再生.植物生理通讯,1988(6):44.

[9] 何茂泰,白静仁,李永干,等.羊柴的花药和组织培养初报.中国草地,1988(3):50-51.

[10] 胡建斌,李建吾,孙守如,等.植物单倍体材料创制方法及其应用.贵州农业科学,2007,35(4):135-137.

[11] 黄斌.大麦花药培养中低温预处理对花粉愈伤组织形成的影响.植物学报,1985,27(30):439-443.

[12] 李守岭,庄南生.植物花药培养及其影响因素研究进展.亚热带植物科学,2006,35(3):76-80.

[13] 李文泽,胡含.大麦花药培养中甘露醇预处理作用的研究.莱阳农学院学报,1991,8(4):252-256.

[14] 李文泽,胡含.不同预处理方法对大麦花药-花粉培养的影响.遗传,1995,17(5):5-7.

[15] 刘德璞.大豆花粉离体培养获得愈伤组织.大豆科学,1986,1:17-19.

[16] 刘国民.花药离体培养中若干问题的研究进展.海南大学学报:自然科学版,1994,12(3):253-260.

[17] 刘庆昌.遗传学.北京:科学出版社,2007.

[18] 潘建伟,王卫军,潘伟槐,等.大麦花药培养及其胚性悬浮细胞的高频快速建立.浙江大学学报:理学版,2002,29(4):454-456.

[19] 戎均康,黄巧玲.大麦花药培养中海藻酸钠作用的初步探讨.遗传,1994,16(1):31-34.

[20] 闵绍楷,申宗坦,熊振民,等.水稻育种学.北京:中国农业出版社,1996.

[21] 萨日娜,陈永胜,黄凤兰,等.植物花药培养技术研究进展.内蒙古民族大学学报,2008,23(6):650-653.

[22] 孙敬三,路铁刚,吴逸,等.大麦花药培养技术的改进.植物学通报,1991,8:27-29.

[23] 孙娜,石培春,魏凌基,等.冬春性小黑麦花药愈伤组织诱导的影响因素.石河子大学学报,2009,27(1):1-5.

[24] 孙月芳,陆瑞菊.大麦优穗和油菜花蕾提取液对大麦花药培养反应的影响.麦类作物学,2003,23(2):19-22.

[25] 王子霞,冯仑,海热古力,等.人参粉对小麦和小黑麦花药培养的影响.新疆农业科学,1989,6:12-13.

[26] 温常龙,赵冰,郭仰东,等.黑麦草与羊茅属间杂种研究进展.中国农业科学,2010,43(7):1346-1354.

[27] 武冲,唐树梅,张勇,等.植物花粉研究进展.中国农学通报,2008,24(11):146-149.

[28] 吴丽芳,毕玉芬,奎嘉祥.紫花苜蓿花药愈伤组织和幼苗诱导技术的研究.中国草地,2005,27(6):28-33.

[29] 吴丽芳,毕玉芬,奎嘉祥.影响紫花苜蓿花药培养因素的探讨与分析.四川草原,2005,

10:16-19.

[30] 席世丽,冯斗,潘玲华. 木薯花药愈伤组织诱导初步研究. 广西农业科学,2009,40(2):124-125.

[31] 杨晓红. 园林植物遗传育种学. 北京:气象出版社,2004.

[32] 杨晓辉,胡道芬. 影响大麦花药培养因素的研究. 华北农学报,1991,6(1):87-95.

[33] 叶兴国,付玉清,王连铮. 大豆花药培养几个问题的研究. 大豆科学,1994,13(3):193-198.

[34] 叶兴国,王连铮. 大豆花药愈伤组织的分化及其内源激素分析. 作物学报,1997,23(5):555-561.

[35] 尹光初,朱之垠,徐振,等. 大豆花粉植株的诱导及其雄核发育的研究. 大豆科学,1982,1(1):69-75.

[36] 余韶颜. 转基因紫云英花药诱导愈伤. 福建农业科技,1996(1):21.

[37] 袁妙葆,朱睦元,王林济,等. 大麦花药培养中不同基因型和不同培养基条件对出愈率和分化率的效应研究. 科技通报,1989,3:52-55.

[38] 袁清,何茂泰,祁翠兰,等. 草木樨状黄芪花药和茎段的培养方法. 中国草地,1990,6:64.

[39] 云锦凤. 牧草及饲料作物育种. 北京:中国农业出版社,2001.

[40] 云锦凤. 牧草育种技术. 北京:化学工业出版社,2004.

[41] 负旭疆. 中国主要优良栽培草种图鉴. 中国农业出版社,2008.

[42] 张绿萍,陈红. 园艺植物花药培养研究进展. 安徽农业科学,2007,35(17):5140-5142.

[43] 张新全. 草坪草育种学. 北京:中国农业出版社,2004.

[44] 张玉华,吴晖霞,黄剑华,等. 活性炭和花药密度对大麦花培效率的影响及外源基因导入初探. 上海农业学报,1995,11(1):1-8.

[45] 曾君祉,欧阳俊闻. 在常温和低温条件下培养的小麦中小孢子的早期发育. 1980,27(5):469-475.

[46] 周旭红,莫锡君,吴旻,等. 花药培养的研究进展. 江西农业学报,2007,19(8):74-76.

[47] 朱建华,彭士勇. 植物组织培养实用技术. 北京:中国计量出版社,2001:106-107.

[48] Abdullah A A, Pedersen S, Andersen S B. Triploid and hexaploid regenerants from hexaploid timothy (*Phleum pratense* L.) via anther culture. Plant Breeding, 1994, 112: 342-345.

[49] Arabi M L E, Al-Safadi B, Jawhar M, *et al*. Enhancement of embryogenesis and plant regeneration from barley anther culture by low doses of gamma irradiation. *In vitro* Cell. Dev. Biol. -Plant, 2005, 41:762-764.

[50] Bhojwani S S, Mullins K, Cohen D. Intra-varietal variation for *in vitro* plant regeneration in the genus *Trifolium*. Euphytica, 1984, 33:915-921.

[51] Boppenmeier J S Z, Forough W B. Haploid production from barley yellow dwarf virus resistant clones of *Lolium*. Plant Breed, 1989, 103:216-220.

[52] Chekurov V M, Razmakhnin E P. Effect of inbreeding and growth regulators on the

in vitro androgenesis of wheatgrass, *Agropyron glaucum*. Plant Breeding, 1999, 118: 571-573.

[53] Choo T M, Reinbergs E. Doubled haploids for estimating genetic variances in presence of linkage and gene association. Theor. Appl. Genet, 1979, 55: 129-132.

[54] Christensen J R, Borrino E, Olesen A, *et al*. Diploid, tetraploid, and octoploid plants from anther culture of tetraploid orchard grass, *Dactylis glomerata* L. Plant Breeding, 1997, 116: 261-210.

[55] Cistué L, Ramos A, Castillo A M. Influence of anther pretreatment and culture medium composition on the production of barley doubled haploids from model and low responding cultivars. Plant Cell, Tissue and Organ Culture, 1999, 55: 159-166.

[56] Daniel C W, Atanassov A. Role of genetic background in somatic embryogenesis in Medicago. Plant Cell, Tissue and Organ Culture, 1985, 4: 111-122.

[57] Davies P A, Morton S A. Comparison of barley isolated microspore and anther culture and the influence of cell culture density. Plant Cell Repots, 1998(17): 206-210.

[58] Ferrie A M R, Palmer C E, Keller W A. Haploid embryogenesis. In: Thorpe T A. *In vitro* embryogenesis in plants. London: Kluwer Academic Publishers, 1995: 309-344.

[59] Flehinghaus T, Deimling S, Geiger H. Methodical improvements in rye anther culture. Plant Cell Reports, 1991, 10(8): 397-400.

[60] George E F. Plant propagation by tissue culture. Part 1, the technology. Edington, England: Exegetics Limited, 1993.

[61] Griffing B. Efficiency changes due to use of doubled-haploids in recurrent selection methods. Theor. Appl. Gent, 1975, 46: 367-386.

[62] Guha S, Maheshwari S C. *In vitro* production of embryos from anthers of datura. Nature, 1964, 204: 497.

[63] Guo Y D, Pulli S. Isolated microspore culture and plant regeneration in rye (*Secale cereale* L.). Plant Cell Reports, 2000, 19: 875-880.

[64] Guo Y D, Hisano H, Shimamoto Y. Transformation of androgenic-derived Festulolium plants (*Lolium perenne* L. × *Festuca pratensis* Huds.) by Agrobacterium tumefaciens. Plant Cell, Tissue and Organ Culture, 2009, 96(2): 219-227.

[65] Guo Y D, Pulli S. An efficient androgenic embryogenesis and plant regeneration method through isolated microspore culture in timothy (*Phleum pratense* L.). Plant Cell Reports, 2000, 19: 761-767.

[66] Guo Y D, Sewón P, Pulli S. Improved embryogenesis from anther culture and plant regeneration in timothy. Plant Cell, Tissue and Organ Culture, 1999, 57: 85-93.

[67] Halberg N, Olesen A, Tuvesson I K D. Genotypes of perennial ryegrass (*Lolium perenne* L.) with high anther culture response through hybridization. Plant Breed, 1990, 105: 89-94.

[68] Haydu Z, Vasil I K. Somatic Embryogenesis and plant regeneration from leaf tissues and anthers of *Pennisetum purpureum* Schum. Theor. Appl. Genet, 1981, 59: 269-273.

[69] Jacquard C, Asakaviciute R, Hamalian A M. Barley anther culture: effects of annual cycle and spike position on microspore embryogenesis and albinism. Plant Cell Rep, 2006, 25: 375-381.

[70] Jähne A, Lörz H. Cereal microspore culture. Plant Science, 1995, 109: 1-12.

[71] Kameya T, Hinata K. Induction of haploid plants from pollen grains of *Brassica*. Jpn J Breed, 1970, 20: 82-87.

[72] Karsai I, Bedö Z, Hayes P M. Effect of induction medium pH and maltose concentration on *in vitro* androgenesis of hexaploid winter triticale and wheat. Plant Cell, Tissue and Organ Culture, 1994, 39: 49-53.

[73] Kasperbauer M J, Buckner R C, Springer W D. Haploid plants by anther-panicle culture of tall fescue. Crop Sci., 1980, 20: 103-107.

[74] Kiviharju E, Puolimatka M, Pehu E. Regeneration of anther-derived plants of *Avena sterilis*. Plant Cell Tissue Organ Cult., 1997, 48: 147-152.

[75] Kiviharju E, Pehu E. The effect of cold and heat pretreatments on anther culture response of *Avena sativa* and *A. Sterilis*. Plant Cell, Tissue and Organ Culture, 1998(54): 97-104.

[76] Kiviharju E M, Tauriainen A A. 2,4-Dichlorophenoxyacetic acid and kinetin in anther culture of cultivated and wild oats and their interspecific crosses: plant regeneration from *A. sativa* L. Plant Cell Reports, 1999, 18: 582-588.

[77] Kiviharju E M, Moisander S, Laurila J. Improved green plant regeneration rates from oat anther culture and the agronomic performance of some DH lines. Plant Cell Tiss Organ Cult., 2005, 81: 1-9.

[78] Kumaravadivel N, Rangsamy S R. Plant regeneration from sorghum anther cultures and field evaluation of progeny. Plant Cell Repots, 1994, 13: 286-290.

[79] Lazaridou T B, Lithourgidia A S, Kotzamanidis S T. Anther culture response of barley genotypes to cold pretreatments and culture media. Russian Joumal of Plant Physiology, 2005, 52(5): 696-699.

[80] Little R J, Jones C E. A dictionary of botany. New York: VanNostrand Reinhold Co., 1980.

[81] Linsmaier E M, Skoog F. Organic growth factor requirements of tobacco tissue cultures. Physiol. Plant, 1965(18): 100-127.

[82] Madsen S, Olsen A, Dennis B, *et al*. Inheritance of anther-culture response in Perennial ryegrass. Plant Breeding, 1995, 114: 165-168.

[83] Mahesh W S C, Tyagi A K, Malhotra K. Induction of haploidy from pollen grains in angiosperms the current status. Theor Appl Genet, 1980, 58(5): 193-206.

[84] Marburger J E, Wang R C. Anther culture of some perennial triticeae. Plant Cell Reports, 1988, 7: 313-317.

[85] Marciniak K, Banaszak Z, Wedzony M. Effect of genotype, medium and sugar on triticale(*Triticosecale* Wittm.) anther culture response. Cereal Research Communications,

1998,26(2):145-151.

[86] Mark S P R, Nicholson A E, Dunwell J M, et al. Effect of anther orientation on microspore-callus production in barley (*Hordeum vulgate* L.). Plant Cell Tissue Organ Culture,1985,4:271-280.

[87] Nägeli M, Schmid J E, Stamp P, et al. Improved formation of regenerable callus in isolated microspore culture of maize: impact of carbohydrates, plating density and time of transfer. Plant Cell Reports,1999,19(2):177-184.

[88] Niizeki M, Kati F. Studies on plant cell and tissue culture, Ⅲ. *In vitro* production of callus from anther culture of forage crops. J. Fac. Agric. ,Hokkaido Univ,1973,57:293-300.

[89] Nitsch C, Norreel B. Effect dum choctechnique sur pepouvoir embrygnose du pollen de Datura innoxia cultive dansl anthere ouisole de l'anthere. C. R. Acad. Sci. Paris, 1973 (276):303-306.

[90] Ochatt S, Pach C. Abiotic stress enhances androgenesis from isolated microspores of some legume species(*Fabaceae*). Journal of Physiology,2009,(166):1314-1328.

[91] Opsahl-Ferstad H G, Bjornstad A, Rognli O A. Influence of medium and cold pretreatment on androgenetic response in *Lolium perenne* L. Plant Cell Rep. , 1994, 13: 594-600.

[92] Parminder K, Sidhu, Davies P A. Regeneration of fertile green plants from oat isolated microspore culture. Plant Cell Rep. ,2009(28):571-577.

[93] Phillips G C, Collins G B. *In vitro* tissue culture of selected legumes and plant regeneration from callus cultures of red clover. Crop Sci. ,1979,19:59-64.

[94] Ponitka A, Ślusarkiewicz-Jarzina A. The Effect of Liquid and Solid Medium on Production of Winter Triticale(×*Triticosecale* Wittm.)Anther-Derived Embryos and Plants. Cereal Research Communications,2007,35(1):15-22.

[95] Richard R C, Wang J E, Marburger, et al. Tissue-culture-facilitated production of aneupolyhaploid *Thinopyrum ponticum* and amphidiploid *Hordeum violaceum*×*H. bogdanii* and their uses in phylogenetic studies. Theor Appl Genet,1991,81:151-156.

[96] Rines H W. Oat anther culture:genotype effect on callus initiationand the production of a haploid plant. Crop Sci. ,1983,23:268-272.

[97] Rose J B, Dunwell J M, Sunderland N. Anther culture of *Sorghum bicolor* (L.) Moench: Ⅰ. Effect of panicle pretreament, anther incubation temperature and 2,4-D concentration. Plant Cell Tissue Organ Culture,1986,6:15-22.

[98] Rose J B, Dunwell J M, Sunderland N. Anther culture of *Lolium temulentum* ,*Festuca pratensis* and *Lolium*×*Festuca* hybrids. Ⅱ. Anther and pollen development *in vivo* and *in vitro*. Annals of Botany,1987,60:203-204.

[99] Rose J B, Dunwell J M, Sunderland N. Anther culture of *Lolium temulentum* ,*Festuca pratensis* and *Lolium*×*Festuca* Hybrids. Ⅰ. Influence of pretreatment, culture medium and culture incubation conditions on callus production and differentiation. Annals of Botany, 1987,60:191-201.

[100] Ma R, Guo Y D, Pulli S. Comparison of anther and microspore culture in the embryogenesis and regeneration of rye(Secale cereale). Plant Cell, Tissue and Organ Culture, 2004,76:147-157.

[101] Sharp W R, Raskin R S, Sommer H E. The use of nurse culture in the development of haploid clones in tomato. Planta,1972,104(4):357-361.

[102] Ślusarkiewicz-Jarzina A, Ponitka A. Effect of genotype and media composition on embryoid induction and plant regeneration from anther culture in triticale. Journal of Applied Genetics,1997,38(3):252-258.

[103] Shigemune A, Yoshida T. Methods of anther culture of pearl millet and ploidy level of regenerated plants. Japnese Journal of Crop Science,2000,69(2):227-228.

[104] Sunderland N, Evans L J. Multicellular pollen formation in cultured barley anthers. J. Exp. Bot,1980,31(21):501-514.

[105] Svensson J, Johansyson L B. Anther culture of Fragaria ananassa:environmental factors and medium components affection microspore division and callus production. Journal of Horticulture Science-biology,1994,69:417-426.

[106] Quarta R, Nati D, Paoloni F M. Strawberry anther culture. Acta Horticulture,1991,300:335-339.

[107] Tanner G J, Piccirilli M, Moore A E, et al. Initiation of non-physiological division and manipulation of developmental pathway in cultured microspores of Medicago sp. Protoplasma,1990,158:165-175.

[108] Thomas E, Wenzel G. Embryogenesis from microspores of rye. Naturwissenschaften,1975,62:40-41.

[109] Tomes D T, Peterson R L. Isolation of a dwarf plant responsive to exogenous GA 3 from anther cultures of birdsfoot trefoil. Can J Bot,1981,59:1338-1342.

[110] Tony H H, Janet M, Thompson B G. Genotype effects on somatic embryogenesis and plant regeneration from callus cultures of alfalfa. Plant Cell, Tissue and Organ Culture,1987(8):73-81.

[111] Torregrosa L. A simple and efficient method to obtain stable embryogenic cultures from anthers of Vitis vinifera L. Vitis,1998,37(2):91-92.

[112] Tuvesson S, Ljungberg A, Johansson N, et al. Large-scale production of wheat and triticale double haploids through the use of a single-anther culture method. Plant Breeding, 2000,119:455-459.

[113] Wen F S, Sorensen E L, Barnett F L. Callus induction and regeneration from anther and inflorescence culture of Sorghum. Euphytica,1991,52:177-181.

[114] Xu S. Successful induction of alfalfa pollen haploid plant. Plant Mag,1979,11:65.

[115] Yao K, Chen C H, McMullen C R. Regeneration of albino shoots in cultured anthers of intermediate wheatgrass[Agropyron intermedium (Host)Beauv.]. Plant Cell, Tissue and Organ Culture,1991,26(3):189-193.

[116] Zagorska N, Robeva P, Dimetrov V, et al. Induction of regeneration in anther cul-

tures in *Medicago sativa* L. Comp Rend Acad Bulgare Sci. ,1984,37:1099−1102.

[117]Zagorska N, Dimitrov B, Gadeva P, *et al*. Regeneration and characterization of plants obtained from anther cultures in *Medicago Sativa* L. *In vitro* Cell. Dev. Biol. -Plant, 1997,33:107−110.

[118]Zare A G, Humphreys M W, Rogers J W, *et al*. Androgenesis in a *Lolium multiflorum*×*Festuca arundinacea* hybrid to generate genotypic variation for drought resistance. Euphytica, 2002,125:1−11.

[119]Zhuang X J. Embryoids from soybean anther culture. Soybean Genetics Newsletter,1991,18:265.

[120]Zwierzykowski Z, Zwierzykowska E, Slusarkiewicz-Jarzina A, *et al*. Regeneration of anther-derived plants from pentaploid hybrids of *Festuca arundinacea* × *Lolium multiflorum*. Euphytica,1999,105:191−195.

第9章

牧草多倍体等位位点分离特征及同源性类型分析

王赟文　李曼莉[*]

根据植物染色体组式可将多倍体分为4种主要类型：①同源多倍体；②节段异源多倍体或区段异源多倍体；③异源多倍体；④同源异源多倍体。节段异源多倍体、异源多倍体和同源异源多倍体等多倍体类型是由两个或多个具有不同染色体组的物种杂交，并且不同物种的染色体组间无同源性或同源性程度很低，它们的杂交种减数分裂中不发生染色体联会，具有高度的不育性。这样的杂交种染色体加倍得到的以上多倍体类型，又统称为双多倍体。自然界中存在大量的牧草多倍体种质，在其物种形成和进化过程中发生了复杂的多倍化过程。准确地鉴别牧草多倍体的类型，对于揭示物种的系统发生和亲缘关系，制定科学的育种策略具有重要意义。目前，很多牧草，特别是染色体数目多、遗传来源复杂的草种，多倍体的类型和染色体组构成还不清楚。归纳起来，确定多倍体类型和染色体组来源的依据可包括：①细胞学减数分裂染色体联会行为；②等位酶和DNA分子标记分离比率。本章对这两种方法在牧草多倍体类型和染色体组构成研究中的应用作了较全面的综述，以期为相关研究提供方法学借鉴。

9.1　引　言

在生物界，一个物种的细胞内的染色体数目通常是固定的，染色体所携带的基因数目也是固定的，使物种具有遗传稳定性，正常地繁衍后代。植物有性繁殖过程中，随着孢子体与配子体的世代交替，染色体数目也发生倍数增减。若以 n 表示配子中的染色体数目，$2n$ 表示体细胞内的染色体数目。通过生殖母细胞的减数分裂使原来二倍体(diploids)($2n$)的染色体数目减半成为单倍体数(n)，单倍体(haploids)的雌、雄配子受精后又恢复形成二倍体的合子($2n$)，这种真核生物在有性生殖过程中单倍体和二倍体的正常交替是生物界的普遍现象。植物界除

---

[*] 作者单位：中国农业大学动物科技学院草业科学系，北京，100193。

第9章 牧草多倍体等位位点分离特征及同源性类型分析

单倍体和二倍体外,还有更多染色体数目的变异,如果这种变化能稳定遗传给后代,就可能形成新种或新属。我们将染色体数目按单倍体染色体组数成倍数有规则增加的类型,称为整倍体(euploid)。在整倍体中,凡是比二倍体具有更多染色体的类型,统称为多倍体(polyploid)。以二倍体生物中能维持配子或配子体正常生长发育所需的最低数目的一套染色体作为该物种的染色体基数,用 x 表示。多倍体系列按染色体基数的倍数变化,则可分为三倍体(triploid, $2n=3x$)、四倍体(tetraploid, $2n=4x$)、五倍体(pentaploid, $2n=5x$)、六倍体(hexaploid, $2n=6x$)、七倍体(heptaploid, $2n=7x$)和八倍体(octoploid, $2n=8x$)等,以此类推。例如,禾本科植物的染色体基数($1x$)为 7 或 10,该科一些属种的染色体数目分别为二倍体($2n=2x=14$)、四倍体($2n=4x=28$)、六倍体($2n=6x=42$)和八倍体($2n=8x=56$)等,都是 7 的不同倍数。

根据染色体组式(genome formula)可将多倍体分为 4 种主要类型:①同源多倍体(autopolyploid),是指体细胞中染色体组相同的多倍体,如同源四倍体苜蓿($2n=4x=32$,AAAA)。②节段异源多倍体(segmental allopolyploid),又称区段异源多倍体,是指不同染色体组间具有部分同源性,但相互间又有大量不同的基因或染色体区段的异源多倍体,染色体组式为 AAA'A',染色体构成当中,A 和 A' 亲缘关系较近,通常是由杂种 AA' 自然加倍而来。如雀稗属的四倍体植物 *Paspalum maritimum* ($2n=4x=40$)和臂形草属四倍体植物 *Brachiaria brizantha* ($2n=4x=40$)。Martin 等(1999)通过荧光原位杂交技术(GISH)在同源四倍体扁穗冰草(*Agropyron cristatum*)($2n=4x=28$,PPPP)材料中发现具有节段异源四倍体特征的材料,染色体组当中包含 P_1 和 P_2 两类亲缘关系较近的染色体组。③染色体组异源多倍体(genomic or truly allopolyploid),是由不同种、属间个体杂交得到的 F_1 后代经染色体加倍而成。例如,高羊茅为异源六倍体($PPG_1G_1G_2G_2$),包含 3 个染色体组来源,P 染色体来自草地羊茅(*F. pratensis*)($2n=2x=14$),G_1G_2 染色体来自高羊茅变种(*F. arundinacea* var. *glaucescens*)($2n=4x=28$)。④同源异源多倍体(auto-allopolyploid),具有多倍性同源染色体组的异源多倍体,是异源多倍体的一种类型,多为六倍体或更高水平的多倍体,结合了同源多倍体与异源多倍体两种类型的特征。如猫尾草(*Phleum pratense*)($2n=6x=42$,AAAABB),其 A 染色体组与二倍体高山猫尾草亚种(*P. alpinum* subsp. *rhaeticum*)的染色体组类似,B 染色体组与同属的二倍体 *P. bertolonii* 的染色体组相似,表明它们可能是猫尾草的自然杂交的亲本来源(Cai 等,1991)。节段异源多倍体、染色体组异源多倍体和同源异源多倍体等多倍体类型是由两个或多个具有不同染色体组的物种杂交,并且不同物种的染色体组间无同源性,或同源性程度很低,它们的杂交种减数分裂中不发生染色体联会,具有高度的不育性。这样的杂交种染色体加倍,得到的以上多倍体类型,又统称为双多倍体(amphiploid)。各多倍体类型的起源及相互关系如图 9.1 所示。

植物界多倍体物种所占比例很高,多倍体化可能是同区域物种形成的最为普遍的机制(Otto 等,2000)。Müntzing(1936)和 Darlingtong(1937)推测 1/2 的被子植物是多倍体,而 Stebbin(1950)估计 30%~35%的被子植物为多倍体。Grant(1963)估计 47%的有花植物起源于多倍体,其中 58%的单子叶植物和 43%的双子叶植物为多倍体,他认为有花植物中单倍体染色体数 $n \geqslant 14$ 的物种具有多倍体起源。Goldblatt(1980)提出 Grant(1963)的估计太过保守,他认为有花植物单倍体染色体数 $n \geqslant 9$ 的物种均具有多倍体起源。Lewis(1980)在双子叶植物中采用与 Goldblatt 相同的方法,估计 70%~80%的双子叶植物为多倍体。Masterson(1994)通过比较植物化石与现有种的气孔大小,估计得出约 70%的被子植物在进

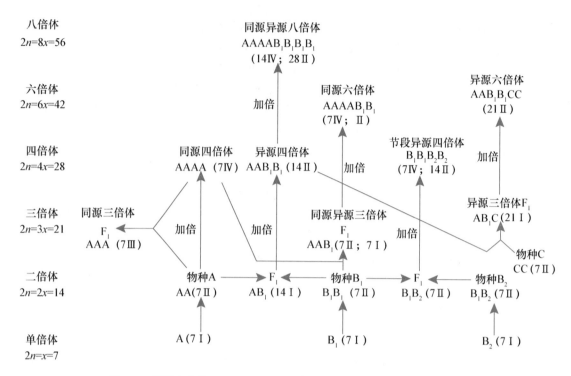

图 9.1 同源多倍体和异源多倍体的相互关系及产生途径（Stebbins，1950）

图中所示为减数分裂中期 I 阶段，假定物种 A、B_1、B_2 和 C 的二倍体染色体数均为 $2n=2x=14$。

化过程中具有多倍体的阶段。据估计，70%的禾本科和 23%的豆科植物为多倍体，主要的栽培牧草以同源多倍体和异源多倍体为主。确定牧草多倍体的类型是揭示物种的系统发生、制定科学的育种策略的前提条件。目前，很多牧草，特别是染色体数目多的草种，多倍体的类型和染色体组构成还不清楚。归纳起来，确定多倍体类型和染色体组来源的依据可包括：①细胞学减数分裂染色体联会行为；②等位酶和 DNA 分子标记分离比率。

9.2 细胞学减数分裂染色体联会行为

染色体联会，又叫配对，由联会复合体（synaptonemal complex，SC）引起或促进。染色体联会研究是重要的细胞学研究手段，可以鉴定外源染色体（片段）并跟踪了解外源染色体的减数分裂特点，确定多倍体的类型，探讨杂种的育性和确定物种的染色体组来源等。近年来，各种先进的分子细胞遗传学研究手段的出现推动了染色体组分析的发展。但染色体配对研究与染色体分带及原位杂交等技术相结合，在染色体组分析中仍然发挥着重要的作用。

9.2.1 最佳观察时期

减数分裂（meiosis），又称成熟分裂（maturation division），出现在进行有性繁殖的真核生物的生殖细胞中，是形成配子的一种特殊有丝分裂。植物的生殖母细胞在进行减数分裂时，细胞发生两次分裂,而染色体只复制一次,在第一次分裂时,就发生了染色体数目的减半,再经过第二次有丝分裂后,最终形成单倍性的配子。减数分裂过程复杂,包括两次连续的细胞分裂,即减数分裂Ⅰ和减数分裂Ⅱ。两次分裂间有一短暂的间期,在此期间不进行 DNA 合成,不发生染色体复制。减数分裂Ⅰ可以进一步划分为前期Ⅰ、中期Ⅰ、后期Ⅰ和末期Ⅰ,其中减数分裂特有的过程主要发生在减数分裂Ⅰ的前期Ⅰ,此期可细分为细线期、偶线期、粗线期、双线期和终变期 5 个不同的时期。通常在减数分裂Ⅰ的末期Ⅰ,移向两极的染色体逐渐解旋变成细丝状,核膜和核仁重新形成,同时细胞质也分裂,形成两个子细胞。之后,经过分裂间期,减数分裂Ⅱ在两个新形成的子细胞中同时进行,过程与普通有丝分裂基本相同。前期Ⅱ时间较短;中期Ⅱ时,染色体又整齐排列于赤道面上;后期Ⅱ时,两条染色单体分别由纺锤丝牵引移向两级;末期Ⅱ时,移向两极的染色体又逐渐解旋,核膜和核仁重新形成,经过胞质分裂,减数分裂过程结束。许多植物在减数分裂Ⅰ只发生核分裂,而细胞质分裂要到减数分裂Ⅱ的末期进行,使四个核同时分开。植物减数分裂过程中染色体发生配对行为的时期至少有 4 个:①减数分裂前间期,每个 DNA 双螺旋经复制产生两个双螺旋,它们通过内聚蛋白配对,在第一次减数分裂中始终在一起;②细线期,上述配对单元呈细线状,可见每条细线状的染色体包含两条姊妹染色单体,且每个配对单元开始寻找自己的同源伙伴,染色体间出现一种配对即排列现象(alignment);③偶线期初期,同源配对伙伴间大致排列呈平行状,之后,联会复合体的出现使配对更为紧密,此时的配对现象通常称为联会(synapsis);④粗线期、双线期及终变期,联会复合体完全交叉化。观察染色体联会的最理想时期是粗线期,此时的染色体对异质性结构(易位、倒位等)非常敏感,而且同源染色体虽已纵裂和收缩,但彼此间仍有联系,特别适合于染色体配对行为和结构变异的观察。

终变期和中期Ⅰ也是判断染色体同源性的重要时期。终变期的染色体变成紧密凝集状态,极度缩短,染色体交叉已经端化,同源染色体还没有分开,发生交叉的染色体靠末端使其结合在一起,姊妹染色单体由着丝粒连接在一起。染色体在细胞中的位置比较分散,有利于染色体计数,并且可以从染色体的构型(单价体、二价体、三价体和多价体等的有无及出现频率)来判断同源染色体的配对和交叉行为。中期Ⅰ同源染色体都移动到赤道面上,但有单价染色体发生的样品,会出现单价体落后现象,因而是判断单价体最佳时期。

由此,减数分裂粗线期、终变期或中期Ⅰ是适合于观察染色体配对行为和结构变异的三个主要时期。

9.2.2 染色体构型与出现频率

减数分裂过程中,染色体的联会方式与生殖母细胞内染色体组的来源有关。多倍体的联会复合体构型可分为二价体和多价体两类。二价体(bivalent)是由两条同源染色体紧密靠拢配对所形成的构型。在二倍体或异源多倍体的生殖母细胞内,减数分裂Ⅰ的前期Ⅰ,两条完全或部分同源染色体是以同源配对出现的,每个同源对的两条染色体都在偶线期联会成连续无间的二价体。多价体(multivalent)是由两条以上同源染色体紧密配对所形成的构型。在多倍体的生殖母细胞内,减数分裂Ⅰ的前期Ⅰ,多于两条的完全或部分同源染色体因配对及交叉结合在一起的表现。多价体是同源多倍体和一些异源多倍体,以及某些结构杂种(如相互易位的杂种)的特征。根据减数分裂时在一起配对的染色体相对应的数目,可具体分为三价体

(trivalent,3 条染色体配对,以此类推)、四价体(quadrivalent)、五价体(pentavalent)等。除二价体与多价体外,因缺少同源染色体,在减数分裂时未能配对的染色体,可以形成单价体(univalent)。或由于不发生联会和联会很快消失等,出现染色体单独存在和活动的现象。我们以同源四倍体和异源四倍体为例,来比较说明同源多倍体和异源多倍体染色体构型与出现频率的差异。

对于同源四倍体,每一条染色体都有 4 个完全相同的成员。在减数分裂时,通常染色体的每个连接点只能有两个同源染色体成员相互配对,4 条同源染色体的配对会出现比较复杂的构型组合。如果像二倍体那样,每两条同源染色体是从头到尾紧密配对,则会出现两个二价体。如果 4 个染色体成员在配对时,在染色体的不同连接点上相互取代,则可以全部牵连到同一个联会复合体中,形成四价体。也有染色体成员由于在细胞核中所处位置等原因,未能和其余 3 个成员发生联会,则会出现三价体和单价体,但通常出现频率较低。因此,同源四倍体在减数分裂时联会复合体主要形式是四价体和二价体。几个同源四倍体牧草在减数分裂过程中观察到的染色体联会构型的平均数量见表 9.1。

表 9.1 五个同源四倍体牧草每个小孢子母细胞内的染色体构型平均数量

牧草种	染色体数目	单价体	二价体	三价体	四价体
燕麦属(*Avena strigosa*)[1]	$2n=4x=28$	0.0	4.3	0.0	4.8
球茎大麦(*Hordeum bulbosum*)[1]	$2n=4x=28$	0.1	5.6	0.2	4.0
大麦(*Hordeum vulgare*)[1]	$2n=4x=28$	0.3	5.7	0.1	3.9
御谷(*Pennisetum americanum*)[2]	$2n=4x=28$	2.64	8.97	0.38	1.49
黑麦(*Secale cereale*)[3]	$2n=4x=28$	0.5	6.1	0.2	3.7
鸭茅(*Dactylis glomerata*)[4]	$2n=4x=28$	0.06	5.73	0.03	4.09
多年生黑麦草(*Lolium perenne*)	$(2n=4x=28)$[5]	0.35	6.54	0.37	3.26
草地羊茅(*Festuca pratensis*)[6]	$2n=4x=28$	0.43	8.25	0.14	2.64
百脉根属(*Lotus* spp.)[7]	$2n=4x=24$		8.79		0.77

注:文献来源,1. Morrison 等,1960a;2. Hanna 等,1976;3. Müntzing,1951;4. McCollum,1958;5. Lewis,1980;6. Simonsen,1975;7. Somaroo 等,1972。

异源四倍体联会复合体的构型取决于提供染色体组的原始物种的亲缘关系,即染色体组的同源性程度。如果不同染色体组间无同源性或者同源性程度很低,在减数分裂时,联会复合体构型一般与二倍体相同,为二价体。因此,异源四倍体类型的确定较为简单,只需根据多倍体物种减数分裂中期Ⅰ的二价体配对构型就可以确定。

节段异源四倍体(AAA'A')由于同源染色体及部分同源染色体的配对,会有较多的二价体,三价体的联会复合体可以是同源的,即配对染色体来自同一物种;也可以是异源的,配对染色体来自不同物种;甚至是混合的。又由于部分同源配对染色体成员的交换,会出现比例不等的单价体、三价体和四价体,如 Adamowaki 等(2000)根据 *Paspalum maritimum* ($2n=4x=40$)减数分裂中期Ⅰ低频率多价体的出现判断其为节段异源多倍体。

除以上 3 种四倍体类型外,同源异源多倍体的情况更为复杂。同源异源多倍体主要包括两种类型,即三倍体(AAB)型和六倍体(AAAABB)型。AAB 型减数分裂中期Ⅰ的染色体构型是二价体和单价体;如果有单价体、二价体、三价体和四价体等多种构型,且中期Ⅰ二价体和多价体占较大的比例(Sybenga,1996),则可确定其为 AAAABB 型。AAAABB 型同源异源六倍体减数分裂中期Ⅰ的二价体频率通常高于节段异源四倍体(AAA'A')(Sybenga,1996)。

9.2.3 基因组原位杂交技术鉴定异源多倍体染色体组构成及其来源

基因组原位杂交(genomic in situ hybridization,GISH)技术是 20 世纪 80 年代末,在荧光原位杂交(fluorescence in situ hybridization,FISH)技术的基础上发展起来的一项细胞遗传学技术。它的原理与荧光原位杂交相同,在使用的杂交探针上进行了改进。它以来自一个物种或亲本的总基因组 DNA 为标记探针,用适当的浓度将另一物种或亲本的总基因组 DNA 进行封阻,在目标染色体上进行原位杂交。在封阻 DNA 和标记 DNA 探针之间,封阻 DNA 优先与一般序列杂交,剩下的特异性序列主要被标记探针所杂交。基因组原位杂交的原理与应用可参见本书第 12 章。

基因组原位杂交技术具有简便、灵敏和分辨率较高的优点,可与整条染色体进行杂交,可以在细胞分裂任何时期观察到杂交位点。利用花粉母细胞减数分裂中期Ⅰ、后期Ⅰ的制片进行原位杂交,就能获得外源染色体的配对、分离等遗传信息,可以准确判断减数分裂时期染色体行为特征,尤其适合于研究包含两组以上不同染色体组的异源多倍体的染色体来源及配对行为。Humphreys 等(1995)采用基因组原位杂交技术,确定六倍体高羊茅(*Festuca arundinacea*)($2n=6x=42$)是由二倍体的草地羊茅(*F. pratensis*)和高羊茅的四倍体亚种 *F. arundinacea* var. *glaucescens* 杂交并加倍后形成的异源六倍体。在燕麦属(*Avena* spp.)异源四倍体或异源六倍体染色体组构成方面,四倍体的 *A. maroccana* 和 *A. murpheyi* 属异源四倍体,染色体组式为 AACC;裂稃燕麦(*A. barbata*)和 *A. agadiriana* 为节段异源四倍体,染色体组式为 AAA'A';燕麦(*A. sativa*)和野燕麦(*A. fatua*)等为异源六倍体,染色体组式为 AACCDD。基因组原位杂交技术可以明显地将 C 基因组与 A 和 D 基因组区分开来,而由于 A 基因组与 D 基因组存在高同源性,基因组原位杂交技术还不能将两个基因组进行进一步区分。

在基因组原位杂交技术的基础上,利用不同颜色的荧光素标记的多个目标序列探针,同时对一张制片进行杂交,从而对不同的目标 DNA 同时进行定位和分析,并可以显示各个探针在染色体上的位置,开发出多色基因组原位杂交(multicolor genomic *in situ* hybridization,McGISH)技术。Martin 等(1999)利用多色基因组原位杂交技术,对节节麦(*Triticum tauschii*)($2n=4x=28$,DDDD)和扁穗冰草(*Agropyron cristatum*)($2n=4x=28$,PPPP)杂交后得到的异源四倍体的染色体组构成进行了研究。根据四倍体扁穗冰草的同源和异源联会配对结果,Martin 等(1999)确认他们所用的扁穗冰草材料应为节段异源四倍体,由 P_1 和 P_2 两个染色体组构成,这两个染色体组具有同源性,之间有 3 个易位区域存在差异。

9.2.4 细胞遗传学方法区分同源多倍体和异源多倍体的局限性

与异源多倍体相比,同源多倍体的减数分裂过程更为复杂,育性通常较异源多倍体低。同源多倍体的低育性被认为是自然发生同源多倍体是不适应表现,是物种进化过程中对物种不利的事件,从自然选择的角度看只有负面作用(Stebbins,1947,1957)。因而,同源多倍体在进化过程中,逐步向二倍性方向演化,不育性的缺点得到一定的改善。与自然产生的古老的同源多倍体相比,人工同源多倍体减数分裂细胞的二价体比例较低,减数分裂时期染色体联会构型的组成比例可以作为同源多倍体进化程度的指标。这种趋势在玉米多倍体诱导加倍后代当中表现的尤为典型。玉米诱导加倍获得的同源四倍体小孢子母细胞减数分裂时,包含有8~10个四价体的细胞比例为89%,经过10代的繁殖,这一比例降低到52%(Gilles等,1951)。

一些同源多倍体如百脉根(*Lotus corniculatus*)和鸭茅(*Phleum pratense*),减数分裂联会复合体的染色体构型以二价体为主,但从遗传性状分离比例分析,百脉根和鸭茅均表现为多体(四体或六体)遗传模式,应为同源多倍体而不是二倍体或异源多倍体类型。由此可见,仅通过染色体构型的细胞学并不是可靠的划分同源多倍体和异源多倍体的方法。由于同源多倍体和异源多倍体在遗传位点的分离上具有显著差异,特别是随着生物化学和分子生物学的快速发展,在多倍体遗传研究中已经有大量的生化标记和分子标记得到开发和应用。通过这些标记所表现出的等位基因位点的分离和遗传信息,可以进一步更为准确有效地区分同源、异源或节段异源多倍体类型。

9.3 多倍体遗传模式与位点分离特征

同源多倍体的基因座分离为多体遗传(polysomic inheritance)类型,与异源多倍体或二倍体的二体遗传(disomic inheritance)类型存在显著的差异。以同源四倍体为例,每个基因座有4个等位基因位点,对于A基因座位,可以有5种基因型组合,分别是四显性组合(quadruplex)AAAA、三显性组合(triplex)AAAa、二显性组合(duplex)AAaa、单显性组合(simplex)Aaaa和无显性组合(nulliplex)aaaa。基因位点的分离为四体遗传(tetrasomic inheritance)模式。如果构成异源四倍体的两个原始物种的亲缘关系较远,属于双二倍体类型的异源四倍体,基因位点的遗传分离与二倍体相同,为二体遗传模式。

9.3.1 多体遗传与二体遗传基因座分离后代的预期比率

对于一个确定的基因座,同源多倍体的多体遗传比例的差异介于染色体随机分离(random chromosome segregation,RChS)和染色单体随机分离(random chromatid segregation,RCdS)两种极值之间。

染色体随机分离是指当基因座距离染色体的着丝粒很近,不发生姊妹染色单体的交换,该基因随着染色体为单位分离。在这种情况下,两个姊妹染色单体不会进入同一个配子体细胞中,基因座位点分离完全符合孟德尔独立分配与自由组合定律。如同源四倍体的二显性组合(AAaa)与无显性组合(aaaa)测交,四体遗传的后代基因型分离比例为 AAaa:Aaaa:aaaa=1:4:1,或显隐性基因型比例为5:1;而二倍体杂合体(Aa)与隐性基因型(aa)测交,二体遗传的后代基因型和显隐性基因型比例均为 Aa:aa=1:1。在分析杂合体基因型自交的情况,四倍体二显性组合(AAaa)与二倍体杂合体(Aa)自交后代基因型分离比例进行比较,四体遗传显隐性基因型比例为35:1,二体遗传则为3:1,具体的后代基因型分离比例如图9.2所示。

第9章 牧草多倍体等位位点分离特征及同源性类型分析

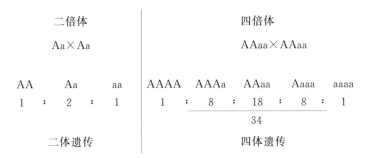

图 9.2 二体遗传和四体遗传的后代基因型分离比例

若基因座距染色体的着丝粒较远,与着丝粒之间可发生非姐妹染色单体的交换,基因表现为染色单体随机分离。如果发生交换的染色体形成四价体,而这四条同源染色体在减数分裂后期Ⅰ又发生完全均等的随机分离,在减数分裂后期Ⅱ,染色单体之间继续发生均等式随机分离,这样两个姐妹染色单体就能进入同一个配子体细胞。这种染色体分离方式现象被称为双减数(double reduction),也称为最大均等式分裂或完全均等式分离,是同源多倍体特有的遗传分裂方式。其基因座位点分离比率也较染色体随机分离模式更为复杂一些。对于一个基因座,设 α 表示减数分裂过程中发生双减数配子的频率,则有

$$\alpha = qeas \qquad (式 9.1)$$

式中,q 为多价体形成频率;e 为基因座与着丝粒之间发生交叉的频率;a 为交换后两对染色单体后期Ⅰ进入同一级的频率;s 为两个姐妹染色体进入同一个配子体细胞的频率。

对于同源四倍体,考虑到基因座与着丝粒之间可以发生多个交叉,e 的极值可以趋向于1,而染色单体随机分离模式下 e 的最大值为 6/7,染色体随机分离模式下 e 为 0。如果着丝粒的分布是随机的,同源多倍体 a 的期望值为 1/3。而减数分裂后期Ⅱ姐妹染色单体的分离是随机的,则 $s=1/2$。假设同源多倍体减数分裂过程中联会复合体均为多价体,即 $q=1$。那么,同源多倍体的 α 最大值为 1/7 或 1/6,取决于 e 的取值为 6/7 或 1。

如果某条染色体只在 50% 的生殖母细胞中形成多价体,则其 α 值就为染色单体随机分离模式下的 α 值的一半,为 1/12。

根据同源四倍体双减数配子发生频率 α 值的大小,即基因座分离模式,可以计算出各类杂交组合测交和自交后代的显隐性预期比率,具体见表 9.2。

表 9.2 同源四倍体基因座分离模式自交和测交后代显隐性预期比率

杂交组合	显性(A):隐性(a)表现型预期比率			
	染色体随机分离			染色单体随机分离
	$\alpha=0$	$\alpha=1/12$	$\alpha=1/6$	$\alpha=1/7$
AAAa×AAAa	1:0	2 303:1	575:1	783:1
AAAa×aaaa	1:0	47:1	23:1	27:1
AAaa×AAaa	35:1	25.4:1	19.3:1	20.8:1
AAaa×aaaa	5:1	4.1:1	3.5:1	3.7:1
Aaaa×Aaaa	3:1	2.7:1	2.4:1	2.5:1
Aaaa×aaaa	1:1	0.92:1	0.85:1	0.87:1

根据 Gallais(2003)对已报道人工诱导或自然发生的同源四倍体遗传性状或基因座位点减数分裂模式的总结,其中部分牧草和灌木的分裂模式见表 9.3。

表 9.3 部分牧草和灌木同源四倍体的减数分裂模式(Gallais,2003)

种	减数分裂模式	
	($\alpha=0$)	$\alpha\neq0$
藏报春(*Primula sinensis*)	+	+
报春花(*Primula malacoides*)	+	+
百脉根(*Lotus corniculatus*)	+	
千屈菜属(*Lythrum*)		+
金鱼草属(*Antirrhinum*)	+	+
苜蓿(*Medicago sativa*)	选择性配对	+
鸭茅(*Dactylis glomerata*)		+
三色堇(*Viola tricolor*)	+	+
高雪轮(*Silena armeria*)	+	+
白三叶(*Trifolium repens*)		+

9.3.2 等位酶标记

20 世纪 80—90 年代,在大量的 DNA 分子标记还未得到开发应用之前,多倍体遗传模式及基因座分离比率研究主要借助于同工酶或等位酶标记。常用的酶标记包括:醛缩酶(ALD)、过氧化氢酶(CAT)、荧光酯酶(FE)、β-半乳糖苷酶(β-GAL)、甘油醛-3-磷酸脱氢酶(G-3PDH)、异柠檬酸脱氢酶(IDH)、亮氨酸氨肽酶(LAP)、葡糖磷酸变位酶(PGM)、莽草酸脱氢酶(SkDH)和丙糖磷酸异构酶(TPI)、比色酯酶(CE)、顺乌头酸酶(ACO)、硫辛酰胺脱氢酶(DIA)、谷氨酸丙酮酸转氨酶(GPT)、己糖激酶(HK)、苹果酸脱氢酶(MDH)、磷酸葡糖酸脱氢酶(6-PGD)、丙氨酸氨肽酶(AAP)、天冬氨酸转氨酶(AAT)、乙醇脱氢酶(ADH)、甲酸脱氢酶(FDH)、谷氨酸脱氢酶(GDH)、葡萄糖磷酸异构酶(GPI)、过氧(化)物酶(PRX)等。

Kholina 等(2004)对以上 19 种等位酶在四倍体托木尔峰棘豆(*Oxytropic chankaensis*)自然群体的 154 个个体当中的多态性进行了测定。结果表明,除 8 个等位酶 AAP、ACO、ADH、ALD、FDH、G-3PDH、HK 和 LAP 仅有一个位点,没有多态性以外,其余的 11 个等位酶均表现出多态性位点。在所检测的样品当中,获得 35 个等位酶位点,等位基因数合计为 70 个,平均每个位点有 2 个等位基因。例如,天冬氨酸转氨酶(Aat-1)位点共有 4 个等位基因,各种基因型构成及电泳谱带结果如图 9.3 所示。

根据亲本及其杂交分离群体的等位酶标记谱带表现,用卡方(χ^2)显著性检验的方法判断分离比率符合二体遗传模式还是四体遗传模式,可以推断多倍体为异源还是同源多倍体。Quiros(1982)对四倍体紫花苜蓿(*Medicago sativa*)和黄花苜蓿(*M. falcata*)的亲本个体,以及亲本自交和杂交后代幼苗根部和种子的过氧(化)物酶(PRX)和亮氨酸氨肽酶(LAP)位点谱带进行了分离比率的研究。以上3个等位酶标记均表现出共显性特点,按 Prx-1、Lap-1 和 Lap-2 3 个等位基因座观测到的酶电泳谱带数目,将亲本的基因型分为双等位位点、三等位位点和四等位位点等 3 种主要类型,其中以上各基因型个体自交后代按四体遗传分离比率、期望

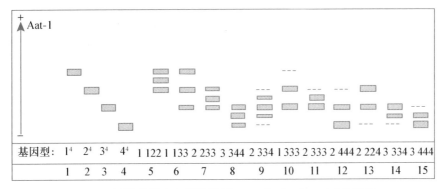

图9.3 四倍体托木尔峰棘豆(*Oxytropic chankaensis*)个体的
天冬氨酸转氨酶 Aat-1 位点电泳结果示意图(Kholina 等,2004)
1～4.位点纯合基因型　5～8.平衡基因型
9.三位点变异基因型　10～15.非平衡基因型

分离比率分别为 1∶3、1∶8∶18∶8∶1 和 1∶1∶1∶1∶1∶6∶6∶6∶6∶6。通过观测到的各分离基因型个体实际分离比率与期望比率之间的一致性的卡方(χ^2)显著性检验,确定苜蓿属四倍体为同源四倍体。此外,根据单个位点基因型个体 79M6-51 与三个位点基因型个体 FV 11～27 之间杂交后代的基因型分离比率关系,与期望比率 1∶2∶2∶1 相比,两个重组基因型的比率略低,反映出苜蓿同源四倍体存在双减数分离的特征。Rieseberg 等(1989)对葱属植物 *Allium nevii* 的 6 个营养繁殖个体自交后代进行了乙醇脱氢酶(ADH)、荧光酯酶(FE)和异柠檬酸脱氢酶(IDH)位点分析,获得 Adh-1、Fe-2 和 Idh-2 三个基因座位点。亲本基因型包括双等位位点和三等位位点的杂合基因型,根据其自交后代各基因型分离比率、与四体遗传期望比率和二体遗传分离比率的符合性程度的卡方显著性检验,结果与二体遗传存在显著差异,为四体遗传模式,从而确定 *Allium nevii* 为同源四倍体。

等位酶标记具有分析简单,开发成本低等特点。但电泳结果的可分辨率较低,亲本与后代个体的基因型难以分离,特别是多等位位点基因型的表达剂量区分等存在一定的缺陷。因此,等位酶标记并不是判断同源多倍体和遗传多倍体的最佳方法。

9.3.3　分子标记基因座位点分离比率检测的相关因素与标记选择

从基因型或表现型分离的预期比率上,同源多倍体的染色体片段或基因座的多体遗传模式,与异源多倍体通常的二体遗传模式上存在显著差异。基于这一原理,通过适合的蛋白质等位酶、基因座分子标记等基因型标记在杂交或测交后代中分离比率与期望比率的卡方显著性检验,即可区分同源多倍体与异源多倍体,并可以检测和估算基因座位点的连锁距离。然而,在实际检测过程中,结果的准确性或可操作性又受以下几方面的影响。

9.3.3.1　杂交或自交后代检测群体的大小

以表9.2同源四倍体基因座位点分离期望比率为例,因为 Aaaa 基因型自交和测交后代的显隐性比例分别为 3∶1 和 1∶1,与 Aa 基因型的二体遗传期望比率相同,所以可区分四体与二体遗传模式的为 AAAa 和 AAaa 两种基因型。若使用共显性(co-dominant)标记,如限制性片段长度多态性(RFLP)标记或简单微卫星重复序列(SSR)标记等,能够鉴别纯合基因型

AAAA、aaaa 以及杂合基因型,但三个杂合基因型 AAAa、AAaa 和 Aaaa 之间不能区分。对于最简单的 AAaa 基因型测交与二体遗传 Aa 基因型测交后代的期望比率,考虑到基因座分离的复杂性,可鉴别的显隐性后代比率四体遗传模式为≥3.5∶1,二体遗传模式为 1∶1。因此,卡方显著性检验的基本假设为 Ho(显性个体∶隐性个体)=1∶1,备择假设为 Ha(显性个体∶隐性个体)≥3.5∶1。令 p=测交后代显性基因型个体数,q=测交后代隐性基因型个体数,则有卡方显著性检验

$$\chi^2[2]=(p-q)^2/(p+q) \tag{式 9.2}$$

若卡方显著性检验差异不显著,接受 Ho,即属于二体遗传模式,否定 Ha;反之,差异显著,则为四体遗传模式。当同时考虑第一类错误(α_1)和第二类错误(α_2)可能发生的几率,在 $\alpha_1=\alpha_2=0.025$、0.010 和 0.005 的水平下,即置信水平分别为 95%、98% 和 99% 的条件下,获得准确的卡方检验结果所需要的样本数分别为 54、75 和 92 个后代个体。再分析 AAaa 基因型自交以及 AAAa 基因型测交或自交后代检测的情况,根据期望比率,卡方显著性检验所需要的后代样本数将达到几乎无法完成的规模。

9.3.3.2 分离后代基因型的检测

虽然理论上各个位点分离的期望比率易于计算,然而实际检测过程中,各个基因型是否能被准确区分,则取决于所采用的标记或仪器设备的性能等。例如,显性标记随机扩增引物多态性(RAPD)标记或扩增片段长度多态性标记(AFLP),显性纯和体 AAAA 与显性杂合体 AAAa、AAaa、Aaaa 之间无法区分,因此用 RAPD 标记检测同源四倍体二显性基因型自交后代的分离比率为 35/36[A]∶1/36[a]。如前所述,检验这一分离比率所需要的后代个体样本量很大。而如果采用共显性标记,如 RFLP 标记,纯和基因型 AAAA 和 aaaa 能够与其他杂合基因型区分开来。RFLP 分子标记获得的 DNA 杂交带的反应强度与染色体基因座位点的数量成正比,通过 DNA 杂交带剂量的差异,可以进一步检测出同源四倍体二显性基因型自交后代杂合体的分离比率为 2/9[AAAa]∶1/2[AAaa]∶2/9[Aaaa]。如果无法分析 DNA 杂交带剂量,共显性标记能检测到的同源四倍体二显性基因型自交后代的分离比率为 1/36[A]∶34/36[Aa]∶1/36[a],检验仍然需要后代个体样本量很大。

9.3.3.3 单剂量与多剂量 DNA 分子标记

根据 RFLP 分子标记在一个亲本材料获得的限制性酶切片段位点的数量,可以将标记划分为单剂量限制性片段标记(single-dose restriction fragment, SDRF),对应于杂合单显性基因型位点有或无($Mmmm$,M 表示有,m 表示无);双剂量限制性片段标记(double-dose restriction fragment, DDRF),对应于杂合双显性基因型($MMmm$);三剂量限制性片段标记(triple-dose restriction fragment, TDRF),对应于杂合三显性基因型($MMMm$);四剂量限制性片段标记(quadri-dose restriction fragment, TDRF),对应于四显性基因型($MMMM$);以此类推还可以有五剂量限制性片段标记(penta-dose restriction fragment, PDRF)等,三剂量以上限制性片段标记统称为多剂量限制性片段标记(multi-dose restriction fragment)。仅考虑显隐性分离比例,与隐性纯合亲本杂交,这四类标记在二倍体和多倍体当中的显性组合的比例见表 9.4。

表9.4 不同剂量限制性片段标记在不同倍性水平的显性组合比例(Ripol等,1999)

剂量标记	二倍体	四倍体	六倍体	八倍体	十倍体
1	1/2	1/2	1/2	1/2	1/2
2	1	5/6	4/5	11/14	7/9
3		1	19/20	13/14	11/12
4		1	1	69/70	41/42
5			1	1	251/252

从各个剂量水平标记在四倍体到十倍体上的显隐性分离比例可见,单剂量限制性片段标记的分离比例易于检测,而双剂量标记在一定大小的分离群体内,也可以实现检测。而三剂量及以上标记无论从 DNA 杂交带的剂量测定,还是后代样本量大小及分离比率,都难以应用于实际检测当中。根据 Julier 等(2002a,b)在两个四倍体苜蓿株系上的多态性 RFLP 标记当中,约有 46% 的标记为单剂量标记,双剂量标记约为 12%;Da Silva 等(1993)在八倍体甘蔗的多态性 RFLP 标记中,73% 的标记为单剂量标记。基于 PCR 反应的 DNA 分子标记,如 AFLP、SSR 等分子标记,也可以按照 RFLP 标记的划分方法,将不同多态性表现的标记分为单扩增标记(single-dose amplicon,SDA)、双扩增标记(double-dose amplicon,SDA)或多扩增标记(multi-dose amplicon,SDA)等。由于单剂量标记具有易于开发,分离比率相对简单,后代群体样本数的要求较小等优点,单剂量标记是检测多倍体类型最为常用的一类标记。

9.3.3.4 测交纯和基因型亲本的问题

通常多年生牧草多倍体都为异花授粉植物,具有自交不亲和性,而且基因座的杂合性高,很难得到纯合基因型亲本作为测交亲本。因此,多年生牧草多倍体类型检测,或者连锁图谱构建一般都以杂合体基因型杂交后获得的后代分离期望比率为基础。

9.3.4 单剂量标记检测区分同源与异源多倍体

根据上一节所述,单剂量标记是检测多倍体类型最为常用的一类标记。怎样判断某一个标记属于单剂量标记呢?以 P_1、P_2 为杂交组合的两个亲本,无论是二倍体、异源多倍体和同源多倍体,划分单剂量标记均需要相同的两个必备条件:①标记的探针杂交或 PCR 扩增条带在一个亲本如 P_1 上为有,而在另一个亲本上为无,如 P_2;②在 $P_1 \times P_2$ 杂交组合后代群体当中,标记的探针杂交或 PCR 扩增条带"有"或"无"的个体分离比率为1:1,用卡方显著性检验检验这一比率关系的显著性。标记探针杂交或 PCR 扩增产物条带只代表某一分子量大小的产物,而不用检测亲本之间详细的多态性表现。

确定单剂量标记后,再进一步分析两个连锁位点均为单剂量标记的情况。假设杂交组合的两个亲本分别为 P_1、P_2,在检测的 RFLP 标记当中,有 DNA 探针 i 和 j,分别在 A 位点和 B 位点表现出单剂量标记特点,M_1、M_2 表示"有"DNA 杂交带出现,而 m_1、m_2 表示"无"DNA 杂交带出现(表9.5)。M_1 和 M_2 可能存在连锁关系,也可能是相互独立关系。在连锁情况下,可位于同一条染色体,即相引项连锁;或者位于两条同源染色体上,还存在通过交叉互换重组到同一条染色体上的概率,为相斥项连锁。

表 9.5　两个单剂量限制型片段标记探针 i 和 j 的谱带和基因型示意（Wu 等，1992）

DNA探针	谱带数目	亲本		亲本杂交后代个体与位点标记基因型											
		P_1	P_2	1	2	3	4	5	6	7	8	9	10	11	12
		M_1	m_1m_2	M_1	M_1	m_1	m_1	m_1	m_1	M_1	M_1	M_1	M_1	m_1	M_1m_2
		M_2		M_2	M_2	m_2	m_2	m_2	m_2	m_2	M_2	M_2	M_2	M_2	
i	1	—	—			—	—	—	—					—	
	2(A)	—	—			—	—	—	—					—	
	3	—	—												
	4	—	—												
	5	—	—												
j	6	—	—												
	7(B)	—	—												
	8	—	—												
	9	—	—												
	10	—	—												

减数分裂过程中，P_1 亲本的 1/2 配子体细胞包含 A 位点杂交 DNA 片段 M_1，同样包含 B 位点杂交 DNA 片段 M_2 的配子体细胞也是 50%。若 M_1 与 M_2 是随机组合关系，那么 M_1M_2、M_1m_2、m_1M_2 和 m_1m_2 四种配子类型的出现比率是相等的。若 $P_1×P_2$ 杂交组合后代群体当中，出现上述四种配子类型的观测个体数分别为 a、b、c 和 d。后代群体当中重组表现型（M_1m_2 和 m_1M_2）与亲本表现型（M_1M_2 和 m_1m_2）的预期比率为 1:1。如果实际观测群体当中，重组表现型与亲本表现型的比率与预期 1:1 比率存在显著差异，那么 A 位点与 B 位点则存在连锁关系，可能位于同一条染色体（相引连锁）或者位于两条同源染色体（相斥连锁）。根据 Mather（1951）提出的检验遗传位点连锁关系的卡方显著性检验公式：

$$\chi^2[1]=(a-b-c+d)^2/(a+b+c+d) \qquad (式9.3)$$

$\chi^2[1]$ 实测值与自由度为 1 的卡方检验值相比较，如果检验结果达到显著水平，说明 A 位点与 B 位点存在连锁关系，为相引连锁或相斥连锁。

在相引连锁或者相斥连锁条件下，A 位点与 B 位点重组率（r）的最大似然估计值分别如下。

相引连锁条件下，即 M_1 和 M_2 位于同一条染色体上，亲本 P_1 的标记表现型为 M_1M_2，亲本 P_2 的标记表现型 m_1m_2，则 M_1m_2 和 m_1M_2 为重组表现型，对应的杂交后代当中重组个体数分别为 b 和 c，则有：

$$r_1=(b+c)/n \qquad (式9.4)$$

相斥连锁条件下，即 M_1 和 M_2 位于两条同源染色体上，亲本 P_1 的标记表现型为 M_1m_2，而亲本 P_2 的标记表现型 m_1M_2，则 M_1M_2 和 m_1m_2 为重组表现型，对应的杂交后代当中重组个体数分别为 a 和 d，则有：

$$r_2=[(h-1)(a+d)-0.5(h-2)n]/n \qquad (式9.5)$$

式中，h 为同源染色体的数目；$n=a+b+c+d$。对于异源多倍体，$h=2$；而对于同源多倍体，$2n=4x, 6x, 8x$ 或 $10x$，$h=4, 6, 8$ 或 10。

式 9.4 和式 9.5 相比可知，相引连锁与相斥连锁的重组概率存在显著差异。换句话说，也就是在相同的观测样本数量条件下,能检测到的相引连锁与相斥连锁的最大重组率也有差异。

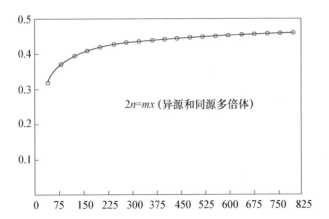

图 9.4 相引连锁条件下异源和同源多倍体($2n=mx$,m 为倍性水平)最大可检测重组率($\max r_1$)与样本数(n)的关系。曲线方程式为 $\max r_1=0.5(1-2.3264\sqrt{1/n})$,$p\leqslant 1$

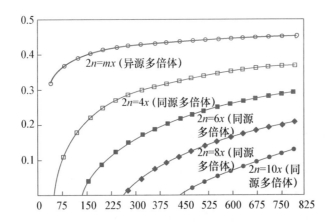

图 9.5 相斥连锁条件下异源多倍体和同源多倍体($2n=mx$,m 为倍性水平)最大可检测重组率($\max r_1$)与样本数(n)的关系。曲线方程式为 $\max r_1=0.5[1-2.3264(h-1)\sqrt{1/n}]$,$p\leqslant 1$

由图 9.4 和图 9.5 可以看到,在相同的重组和置信率水平下,检测到相斥连锁标记所需要的检测样本数远远大于相引连锁标记。例如,根据 Wu 等(1992)计算,在 $r_1=r_2=0.2$,且相同的置信率水平,同源四倍体相斥连锁条件下,检验标记需要的样本数 n 是相引连锁条件下的 13.5 倍。

反过来看,当检测样本数相同的条件下,例如,分离群体观测数 $n=75$,异源多倍体相引连锁与相斥连锁的比率都是相同的。而对于同源四倍体($2n=4x$),能检测到的相斥连锁关系仅为相引连锁的 25%。在此样本观测量,所有同源六倍体、八倍体和十倍体检测到的连锁关系均为相引连锁,而不会出现相斥连锁(Wu 等,1992)。

根据在一定的较小分离群体观测样本情况下,异源多倍体和同源多倍体之间,所有单剂量标记谱带表现型能检测到的相引连锁关系与相斥连锁关系的比率的差异,可以从分离比率区分亲本属于哪种多倍体类型。当分离群体样本量 $n=75$ 时,四倍体及以上多倍体,相引连锁关系与相斥连锁关系的比率为 1∶1 时,可以判断为异源多倍体;比率介于 0.25∶1～0∶1,判断为同源多倍体。通过卡方显著性检验这两个连锁关系检测比率的显著性差异,即可实现这一目标。Okada 等(2010)报道了低地型(lowland ecotype)柳枝稷(*Panicum virgatum*)($2n=4x=36$)的分子标记遗传连锁图谱。采用 420 个 EST-SSR、181 个基因组 SSR 和 36 个 EST-STS 标记,在两个母本"Kanlow"和父本"Alamo"上扩增得到 2 093 个扩增谱带,其中 72.1% 的在亲本之间表现出多态性。根据对 F_1 代分离群体共 238 个个体的统计,在这些多态性谱带当中,单剂量扩增标记在母本上有 583 个,父本上有 555 个。根据 Wu 等(1992)提出的公式,计算在分离群体样本量 $n=238$ 时,相引连锁关系与相斥连锁关系的比率 1∶1 为二体遗传模式,1.5∶1 为四体遗传模式。所有 LOD≥3.0 的单剂量扩增标记对检测获得的相引连锁关系与相斥连锁关系的比率,检测结果符合 1∶1 关系,从而推测低地型柳枝稷的遗传分离模式为二体遗传模式。低地型柳枝稷的二体遗传模式与之前细胞遗传学研究结果相吻合。四倍体柳枝稷减数分裂时期的联会复合体均为二价体,且均未出现三价体或四价体。但在八倍体或非整倍体柳枝稷材料当中,有少量的三价体或四价体出现(Barnett 等,1967;Brunken 等,1975;Lu 等,1998)。Martínez-Reyna 等(2001)对柳枝稷四倍体低地型品种"Kanlow"和高地型品种"Summer"的杂交后代减数分裂染色体配对行为观测表明,均为二价体,且杂交种育性良好。然而,由于同源多倍体进化过程中,为降低减数分裂过程中染色体配对的复杂性及提高杂交后代的育性,逐渐向部分或所有染色体有选择地配对方式演变,最终从染色体配对行为及基因座遗传模式发生二倍体化(diploidization)(Le Comber 等,2010)。柳枝稷究竟属于异源四倍体还是二倍体化的同源四倍体有待进一步的研究。

由于相斥连锁在同源多倍体多体遗传模式下重组率的估计的不准确性,以及对检测样本量具有很高的要求,目前同源多倍体构建分子标记遗传连锁图谱时,主要采用相引连锁模型进行分析。

尽管牧草及饲用植物当中,多倍体物种占据较大比例。有关牧草多倍体物种的起源与多倍体类型目前研究还较为缺乏。特别是同源多倍体由于染色体分离及基因座遗传模式复杂,不仅需要形态学和细胞学研究的支持,还需要利用适合的等位酶或 DNA 分子标记,检测亲本基因型及测交或自交后代基因型的分离比率,进一步确定其同源或异源多倍体的特征。多倍体类型的确定,对于分子标记连锁图谱构建和制订科学的分子标记辅助育种选择策略均具有重要意义。随着基于 PCR 反应的共显性分子标记如 SSR 分子标记的大量开发,或 DNA 杂交探针标记如 RFLP 分子标记技术的不断改进,有关单剂量扩增或片段标记(SDA 或 SDRF)在检测多倍体自交或测交后代分离比率与连锁关系方面已成为重要手段。可以预见,分子标记方法辅以细胞遗传学观测结果,将在未来牧草多倍体起源、进化和遗传研究领域发挥有效的作用,并获得可靠结论,推动牧草多倍体遗传育种研究进一步深入发展。

参考文献

[1] 农业大词典编辑委员会. 农业大词典. 北京:中国农业出版社,1998:370.
[2] 宋同明,陈绍江,金危危,等. 植物细胞遗传学. 2 版. 北京:科学出版社,2009.

[3]中国农业百科全书总编辑委员会农作物卷编辑委员会,沈克全.中国农业百科全书:农作物卷.上卷.北京:农业出版社,1991:457-458.

[4]中国农业百科全书总编辑委员会生物学卷编辑委员会,胡含.中国农业百科全书:生物学卷.北京:农业出版社,1991:353-354.

[5]Adamowski E V, Pagliarini M S, Batista L A R. Chromosome number and microsporogenesis in *Paspalum maritimum* (Caespitosa group, Gramineae). Brazilian Archives of Biology and Technology, 2000, 43:301-305.

[6]Barnett F L, Carver R F. Meiosis and pollen stainability in switchgrass, *Panicum virgatum* L. Crop Science, 1967, 7:301-304.

[7]Brunken J N, Estes J R. Cytological and morphological variation in *Panicum virgatum* L. The southwestern naturalist, 1975, 19(4):379-385.

[8]Cai Q, Bullen M R. Characterization of genomes of timothy(*Phleum pretense* L.). Ⅰ. Karyotypes and C-banding patterns in cultivated timothy and two wild relatives. Genome, 1991, 34:52-58.

[9]Da Silva J, Sorrells M E, Burnquist W L, et al. RFLP linkage map and genome analysis of Saccharum spontaneum. Genome, 1993, 36:782-791.

[10]Darlingtong C D. Recent advances in cytology. Philadelphia PA, USA: P. Blakiston's Son, 1937.

[11]Gallais A. Quantitative genetics and breeding methods in autopolyploid plants. Paris, France: Institut National de la Recherche Agronomique, 2003.

[12]Garlos F Q. Tetrasomic segregation for multiple alleles in alfalfa. Genetics, 1982, 101:117-127.

[13]Gilles A, Randolph L F. Reduction of quadrivalent frequency in autotetraploid maize during a period of ten years. American Journal of Botany, 1951, 38:12-17.

[14]Goldblatt P. Polyploidy in angiosperms: monocotyledons. In: Lewis W H. Polyploidy: biological relevance. New York, USA: Plenum Press, 1980:219-239.

[15]Grant V. The origin of adaptations. New York, USA: Columbia University Press, 1963.

[16]Hanna W W, Powell J B, Burton G W. Relationship to polyembryony frequency, morphology, reproductive behavior, and cytology of autotetraploids in *Pennisetum americanum*. Canadian Journal of Genetics and Cytology, 1976, 18:529-536.

[17]Humphreys M W, Thomas H M, Morgan W G, et al. Discriminating the ancestral progenitors of hexaploid *Festuca arundinacea* using genomic in situ hybridization. Heredity, 1995, 75:171-174.

[18]Julier B, Henri D, Ecalle C, et al. Tetraploid alfalfa mapping using AFLP markers and research of markers of pollen fertility. Options Mediterr: Série A, 2003, 45:41-46.

[19]Julier B, Barre P, Huyghe C. Molecular mapping in the autotetraploid alfalfa: preliminary results. Plant, animal & microbe genomes X conference, abstract, in San Diego, 2002a.

[20]Kholina A B, Koren O G, Zhuravlev Y N. High polymorphism and autotetraploid or-

igin of the rare endemic species *Oxytropis chankaensis* Jurtz. (Fabaceae) inferred from allozyme data. Russian Journal of Genetics,2004,40(4):393-400.

[21]Le Comber S C,Ainouche M L,Kovarik A,et al. Making a functional diploid:from polysomic to disomic inheritance. New Phytologist,2010,186:113-122.

[22]Lewis E J. Chromosome pairing in tetraploid hybrids between *Lolium perenne* and *L. multiflorum*. Theoretical and Applied Genetics,1980,58:137-143.

[23]Lewis W H. Polyploidy in angiosperms:dicotyledons. In:Lewis W H. Polyploidy:biological relevance. New York,USA:Plenum Press,1980:241-268.

[24]Lu K,Kaeppler S,Vogel K,et al. Nuclear DNA content and chromosome numbers in switchgrass. Great Plains Research,1998,8:269-280.

[25]Martin A,Cabrera A,Esteban E,et al. A fertile amphiploid between diploid wheat (*Triticum tauschii*) and crested wheatgrass (*Agropyron cristatum*). Genome,1999,42:519-524.

[26]Martínez-Reyna J M,Vogel K P,Caha C,et al. Meiotic stability,chloroplast DNA polymorphisms and morphological traits of upland×lowland switchgrass reciprocal hybrids. Crop Science,2001,41:1579-1583.

[27]Masterson J. Stomatal size in fossil plants:evidence for polyploidy in majority of angiosperms. Science,1994,264:421-423.

[28]Mather K. The measurement of linkage in heredity. London:Mehuen,1951:149.

[29]McCollum G D. Comparative studies of chromosome pairing in natural and induced tetraploid *Dactylis*. Chromosoma,1958,9:571-605.

[30]Morrison J W,Rajhathy T. Chromosome behavior in autotetraploid cereals and grasses. Chromosoma,1960,11:297-309.

[31]Müntzing A. Cyto-genetic properties and practical value of tetraploid rye. Hereditas,1951,37:17-84.

[32]Müntzing A. The evolutionary significance of autopolyploidy. Hereditas,1936,21:263-378.

[33]Okada M,Lanzatella C,Saha M C,et al. Complete switchgrass genetic maps reveal subgenome collinearity,preferential pairing,and multilocus interactions. Genetics,2010,185:745-760.

[34]Otto S P,Whitton J. Polyploid incidence and evolution. Annual Review of Genetics,2000,34:401-437.

[35]Quiros C F,Morgan K. Peroxidase and leucine-aminopeptidase in diploid Medicago species closely related to alfalfa:multiple gene loci,multiple allelism and linkage. Theoretical and Applied Genetics,1981,60:221-228.

[36]Quiros C F. Tetrasomic segregation for multiple alleles in alfalfa. Genetics,1982,101:117-127.

[37]Raina S N,Rani V. GISH technology in plant genome research. Methods in Cell Science,2001,23:83-104.

[38] Rieseberg L H, Doyle M F. Tetrasomic segregation in the naturally occurring autotetraploid Allium nevii(Alliaceae). Hereditas, 1989, 111: 31−36.

[39] Ripol M I, Churchill G A, da Silva J A G, et al. Statistical aspects of genetic mapping in autopolyploids. Gene, 1999, 235: 31−41.

[40] Simonsen ϕ. Cytogenetic investigations in diploid and autotetraploid populations of *Festuca pratensis*. Hereditas, 1975, 79: 73−103.

[41] Singh R J. Plant Cytogenetics. Boca Raton, FL, USA: CRC Press, 1993.

[42] Sleper D A, West C P. Tall fescue. In: Moser L E, Buxton D R, Casler M D. Cool-season forage grasses. Madison, WI, USA: ASA-CSSA-SSSA Publishers, 1996.

[43] Somaroo B H, Grant W F. Meiotic chromosome behavior in tetraploid hybrids between synthetic *Lotus amphidiploids* and *L. corniculatus*. Genome, 1972, 14(1): 57−64.

[44] Stebbins G L. Self-fertilization and population variability in higher plants. American Naturalist, 1957, 91: 337−354.

[45] Stebbins G L. Types of polyploids: their classification and significance. Advances in Genetics, 1947, 1: 403−429.

[46] Stebbins G L Jr. Variation and evolution in plants. New York, USA: Columbia University Press, 1950.

[47] Sybenga J. Chromosome pairing affinity and quadrivalent formation in polyploids: Do segmental allopolyploids exist? Genome, 1996, 39: 1176−1184.

[48] Wu K K, Burnquist W, Sorrells M E, et al. The detection and estimation of linkage in polyploids using single-dose restriction fragments. Theoretical and Applied Genetics, 1992, 83: 294−300.

[49] Xu W W, Sleper D A, Hoisington D A. A survey of restriction fragment length polymorphisms in tall fescue and its relatives. Genome, 1991, 34: 686−692.

第10章
牧草多倍体分子标记连锁图谱的构建原理与应用

才宏伟*

牧草遗传育种是畜牧业发展的重要研究领域之一,但由于大部分牧草具有多倍体和杂合性等遗传特点,遗传分离复杂,加之对牧草基因组学研究的重视程度不够,因而构建牧草的分子连锁图谱以及进行有关重要农艺性状的数量性状基因座(QTL)分析还远远落后于水稻玉米等主要作物。本文首先介绍了牧草在遗传上的特性,多倍体的类型,然后介绍了目前主要应用的分子标记类型及其在多倍体牧草中的遗传分离,多倍体牧草分子连锁图谱的构建方法及其所利用软件,最后通过具体实例介绍了目前已经构建的主要牧草的分子遗传图谱。力图通过本章的介绍对牧草分子遗传图谱的构建等使读者有一个入门性质的了解,进而为今后的深入研究打下基础。

10.1 饲料作物在遗传上的特点以及多倍体的类型

饲料作物一般可分为刈割型和青饲型2种,其中青饲作物一般包括饲料用玉米、高粱和燕麦,广义上讲所有的粮食作物在收获了种子之后剩余的秸秆都可以用作动物的饲料。而刈割型饲料作物一般指整个植物包括种子用于动物饲料,本文主要讨论牧草不包括玉米、高粱等青饲作物。从植物分类学上牧草包括禾本科和豆科。按照这些作物的生长环境,可以把这些禾本科和豆科的牧草分为冷季型和暖季型,按生殖方式分又可以分为自交、异交和无融合生殖3种类型,表10.1列出了主要牧草的染色体数、生活环境、基因组大小等。

牧草是一个很大的群,包括很多分类学上的种,这些种大部分是异交的,遗传行为复杂,和一般的自交作物比(如水稻和小麦等)有如下特点:异交牧草作物的每个植株都是高度杂合的,一个开放授粉的群体的每个植株都代表一个不同的生态型;自交导致异交牧草的弱势和育性

---

* 作者单位:中国农业大学农学与生物技术学院,北京,100193。

降低,这种弱势和育性降低的程度因不同的种和不同的个体而不同;大部分的禾本科和豆科牧草可以用营养繁殖的方式繁殖后代;自交不亲和性以及无融合生殖的特性导致了传统的育种方法在异交牧草育种中很难利用,反过来说,这些独特的育种方式又提供了一个其他作物所没有的育种技术的可能性。

表10.1 一些重要栽培禾本科和豆科牧草的授粉方式、染色体数、基因组大小以及生态习性(修改自 Poehlman 等,1995)

作物	学名	染色体数 x	染色体数 $2n$	生态习性	栽培地区[①]	基因组大小[②]
常异交禾本科牧草						
狗牙根	*Cynodon dactylon*	9	18,36,54	多年生	W	1 436
无芒雀麦	*Bromus inermis*	7	56	多年生	C	11 564
草地羊茅	*Festuca pratensis*	7	14	多年生	C	2 181
高羊茅	*Festuca arundinacea*	7	42	多年生	C	5 929
珍珠稷	*Pennisetum americanum*	7	14	一年生	W	2 352
鸭茅	*Dactylis glomerata*	7	28	多年生	C	
俯仰马唐	*Digitaria decumbens*	15	30	多年生	W	
翦股颖	*Agrostis alba*	7	28,42	多年生	C	
虉草	*Phalaris arundinacea*	7	14,28	多年生	C	
无芒虎尾草	*Chloris gayana*	10	20,40	多年生	W	343
意大利黑麦草	*Lolium multiflorum*	7	14	一年生	C	2 000[③]
多年生黑麦草	*Lolium perenne*	7	14	多年生	C	2 034
长颖狗牙根	*Cynodon nlemfuensis*	9	18,36	多年生	W	
猫尾草	*Phleum pratense*	7	42	多年生	C	4 067
结缕草	*Zoysia japonica*	10	40	多年生	W	421
钩叶结缕草	*Zoysia matrella*	10	40	多年生	W	
常异交豆科牧草						
紫花苜蓿	*Medicago sativa*	8	32	多年生	C	1 715
百脉根	*Lotus corniculatus*	6	12,24	多年生	C	446,1 029
杂三叶	*Trifolium hybridum*	8	16	二年生	C	784
红三叶	*Trifolium pratense*	7	14	二年生	C	637
白三叶	*Trifolium repens*	8	32	多年生	C	956
无融合生殖牧草						
巴哈雀稗	*Paspalum notatum*	10	20,40	多年生	W	706
草地早熟禾	*Poa pratensis*	7	28,56,70,84	多年生	C	5 263
毛花雀稗	*Paspalum dilatatum*	10	40,50	多年生	W	588
几内亚草	*Panicum maximum*	8	16,32,40,48	多年生	W	
弯叶画眉草	*Eragrostis curvula*	10	40,50	多年生	W	
雌雄异株牧草						
野牛草	*Buchloë dactyloides*		40,56,60	多年生		779

注:①:C,寒季型;W,暖季型。
②:Royal Botanic Gardens,Kew,Plant DNA C-values Database<http://www.rbgkew.org.uk/cval/homepage.html>.
③:Hutchinson J, Rees H, Seal AG (1979) Assay of the activity of supplementary DNA in *Lolium*. Heredity, 43:411-421.

据研究在禾本科中大约70%和豆科中的23%为多倍体(Muntzing,1956),其中包括很多禾本科和豆科的牧草。由于比较大的体细胞的存在,因而一般来说多倍体的植株一般要比它的二倍体要大。多倍体按起源分又可以分成同源多倍体和异源多倍体,主要作物中的普通小麦、燕麦为异源多倍体;而马铃薯、甘薯和甘蔗则为同源多倍体。在主要牧草中,苜蓿($Medicago\ sativa$,$4x$)、鸭茅($Dactylis\ glomerata$,$4x$)和梯牧草($Phleum\ pratense$,$6x$)都是同源多倍体,一般来讲同源多倍体的育性有所降低,没有它的二倍体产生的种子多。另外,同源多倍体表现出更加复杂的遗传特征。大部分自然界中存在的都是异源多倍体,除前边提到的普通小麦等以外,牧草中的异源多倍体主要有高羊茅($Festuca\ arundinacea$,$6x$)和白三叶草($Trifolium\ repens$,$4x$)等。异源多倍体一般和二倍体表现出相同的遗传行为。

10.2 各种分子标记的特点与分离比例

目前有多种分子标记可以用来构建分子连锁图谱,分子标记的种类主要有如下几种。①随机扩增多态性 DNA(random amplified polymorphic DNA,RAPD);②扩增片段长度多态性(amplified fragment length polymorphism,AFLP);③限制性片段长度多态性(restriction fragment length polymorphism,RFLP);④简单重复序列(simple sequence repeat,SSR),也称作微卫星 DNA(microsattllet DNA);⑤表达序列标签(expressed sequence tags,EST)、序列标签位点(sequence-tagged site,STS)以及酶切扩增多态性序列(cleaved amplified polymorphism sequence,CAPS);⑥单核苷酸多态性(single nucleotide polymorphism,SNP)。

RAPD 标记是指在利用随机核苷酸序列的单个引物扩增出来的随机 DNA 片段的多态性(Williams 等,1990)。RAPD 分析一般是检测到基因组 DNA 的单个碱基的变化。RAPD 分析所需的 DNA 量较少,分析快,比较经济。另外,一套不需要任何目标组织碱基序列信息的公共 RAPD 引物可以用于广泛物种的基因组分析。RAPD 分析在 20 世纪 90 年代初利用较多。

几乎所有的 RAPD 标记都是显性的。RAPD 标记的缺点是重复性差和非位点特异性扩增,特别是对于多倍体来说。并且无法确认 RAPD 标记扩增出来的位点是杂合 1 个拷贝的还是纯和的 2 个拷贝,它们的分离比率为 3∶1。由于 RAPD 标记是显性标记,因而在计算重组时的贡献较低。

在分子标记研究的初级阶段,基因组文库被用来提取低拷贝的 DNA 片段作为探针,这些 DNA 探针用来和基因组 DNA 杂交来检测复等位基因长度的变异,这种方法被称作 RFLP 分析。RFLP 标记和其他标记如 RAPD 以及 AFLP 相比,有着共显性和从 RFLP 标记构建的连锁图上的信息能够在其他不同作图群体中使用的优点(Beckmann 等,1986;Helentjaris,1987)。

尽管 RFLP 分析需要大量的基因组 DNA,费时并且药品比较贵,但一个信息丰富的 RFLP 连锁图可以用于如下几个方面:①分析基因组的结构组成(Berhan 等,1993);②利用这些标记通过原位杂交($in\ situ$ hybridization)来构建特定染色体的物理图谱(Werner 等,1992;Wanous 等,1995;King 等,2002)。另外,在相关物种中的比较 RFLP 图谱为我们提供了研究植物基因组进化的一个重要线索(Ahn 等,1993;Huang 等,1994)。

到目前为止，各种主要的作物的 RFLP 连锁图谱都已完成。在牧草中也构建了多年生黑麦草、一年生黑麦草、草地羊茅和高羊茅的 RFLP 连锁图谱(Xu 等,1995;Chen 等,1998;Hayward 等,1998;Armstead 等,2002;Jones 等,2002;Alm 等,2003;Inoue 等,2004a)。

AFLP 分析技术是检测基于 PCR(polymerase chain reaction)基础上的利用基因组限制性片段的一部分扩增所得到的多态性技术(Vos 等,1995)。在这种方法中,大多数的复等位基因在亲本中都是单拷贝的,因而 AFLP 标记大部分是显性标记,后代可以按带的有无来记录。AFLP 技术提供了一个快速检测大量多态性位点而相对中等的试验强度的分析手段,因而被广泛应用于连锁图谱构建和分子标记的开发(Simons 等,1997)。

所有的真核生物基因组中都包含有一类叫 SSR(Tautz 等,1986)或者叫微卫星(microsatellites)(Litt 等,1989)的序列。它是带有小于 6 bp 的串联重复序列被用作许多真核基因组的重要的遗传标记的来源之一(Wang 等,1994)。和其他标记相比,SSR 标记有着是基于 PCR 的,多位点和容易产生高多态性的优点。但从基因组文库中开发 SSR 标记效率不高,同时很昂贵。

EST 是 cDNA 克隆的末端序列,长度为 300～500 bp,通常是从已有的 cDNA 文库中随机取出几百到几千个克隆一次测序产生(Adams 等,1991)。通常情况下 EST 本身由于是来源于 cDNA 的表达序列因而在片段长度上差异较少。STS 标记是指特定的一段 DNA 序列由来的片段,和 EST 标记类似,但 STS 可以来自基因组序列也可以来自 cDNA 序列,因而扩增 EST 本身有时也会产生片段长度的多态性(Green 等,1991)。CAPS 标记也是以已知序列为基础的分子标记,它的基本原理是先用已知位点的 DNA 序列去设计一套特异性的 PCR 引物;然后应用这些引物去扩增该位点上的某一 DNA 片段;接着用一种专一性的限制性内切酶切割所得的扩增带并进行 RFLP 分析(Konieczny 等,1993)。CAPS 标记是将特异引物 PCR 与限制性酶切相结合而产生的一种 DNA 标记,它实际上是一些特异引物 PCR 标记(如 SCAR 和 STS)的一种延伸。当 SCAR 或 STS 的特异扩增产物在扩增长度上不表现多态性时,就可以用限制性内切酶对扩增产物进行酶切,然后再通过琼脂糖或聚丙烯酰胺凝胶电泳检测其多态性。用这种方法检测到的 DNA 多态性就称为 CAPS 标记,CAPS 标记一般为共显性标记。

近几年发展的标记为 SNP 标记。随着 DNA 测序技术变得更容易和更便宜,允许我们测定和分析某个位点上复等位基因的差异。研究发现,每几百个 bp 到 1 000 个 bp 之间就可以出现一个 SNP(Tenaillon 等,2001;Kanazin 等,2002;Somers 等,2003)。SNP 高通量和全自动化的平台来分析。目前有复等位基因特异性 PCR(allele-specific PCR)、单碱基延伸法(single-base extension)、芯片杂交(array hybridization)(Gupta 等,2001)以及近年来发展起来的 HRM 分析法(high resolution melting analysis)(Reed 等,2004)可以检测 SNP。虽然 SNP 是一种非常有效的标记但开发 SNP 非常昂贵,并且对于包括牧草在内的异交作物来说收集整理 SNP 十分困难,因为在同一品系的不同个体之间有很大的遗传多样性。

10.3 遗传图谱构建的群体类型

构建遗传图谱首先要求有分离群体。像前边叙述的那样,多数牧草都是异交的并且自交不亲和,因而无法得到纯和的自交品系,所以像在主要作物小麦、水稻等中常用的分离群体如

F_2、回交群体（back cross，BC_1）、双单倍体（double haploid，DH）以及自交重组系（recombinant inbred，RI）等都无法使用，而一些比较独特的群体类型被利用在牧草的连锁图谱构建上。

10.3.1 拟测交 F_1 群体（pseudo-testcross F_1 population）

由于在树木类的遗传图谱构建中，也有类似于牧草的遗传特点，比如个体的杂合性，另外由于树木的生长周期长，即使能够杂交得到下一代，所需的时间也非常长。因此在树木上首先提出了构建异交作物连锁图谱的方法，也就是拟测交的方法，其中包括单向拟测交（one-way pseudo-testcross）（Ritter 等，1990）和双向拟测交（two-way pseudo-testcross）（Grattapaglia 等，1994）。在这些方法中由 2 个不同由来的杂合的个体被用作亲本来构建 F_1 群体，这样的 F_1 群体就允许我们直接来利用它来构建连锁图谱（Viruel 等，1995；Maliepaard 等，1998）。但在这种构建连锁图谱的方法中，由于标记的分离是有 BC_1 和 F_2 两种类型，因而分离的测验和重组率的计算更加复杂和困难，另外每一个位点可以分离出 3 个以上甚至更多的复等位基因，因而当利用这种拟测交的分离群体时一般要利用特殊的作图软件比如 JoinMap（Stam，1993；http：//www.kyazma.nl/），特别是当想利用所有的分离标记的类型时（同时利用 BC_1 和 F_2 的标记），当然如果只利用 BC_1 标记的话也可以利用一般的作图软件如 Mapmaker（Lander 等，1987；http：//www.broadinstitute.org/ftp/distribution/software/mapmaker3）、Mapmanger QT（Manly，1999；http：//www.mapmanager.org/）等。

利用拟测交群体构建连锁图谱的步骤如下：首先，检测有遗传分离的位点，然后只选择母本杂合而父本纯合的标记，之后按自交作物 BC_1 的模式来分析这些标记构建母本的连锁图谱。其次，同样地只选择父本杂合母本纯和的标记来构建父本的遗传图谱。最后，根据 2 个图谱中父母本都是杂合的共显性标记如 RFLP 或者 SSR 标记的位置来构建双亲的综合图谱。

10.3.2 全同胞群体（full-sib family）

首先用 2 个个体配组一对杂交组合，然后从第一次杂交的后代中随机选取 2 个个体配组，之后利用第 2 次配组得到的后代构建连锁图谱。

10.3.3 半同胞群体（half-sib family）

首先利用 4 个不相关的个体配制 2 对杂交组合，然后从分别得组合后代中随机选取 2 个个体组配 F_1 代，之后利用这个 F_1 代构建图谱。

10.4 遗传图谱构建的方法及软件

异源多倍体由于在遗传分离上和二倍体相同，因而在分子图谱的构建上没有特别的要求。

作图软件可以利用一般的免费的作图软件,如 Mapmaker、Mapmanger QT 等,由于一般牧草都是杂合的,因而在异源多倍体的作图群体中,标记的分离比一般都是回交(BC_1)和自交 F_2 分离比共存的,当用上述的 Mapmaker 和 Mapmanger QT 作图时一次只能利用其中的一种类型来构建,当同时需要利用两种分离类型的标记作图时需要分两次来完成。另外,Mapmaker 开发的时间较早,虽然有权威性但由于是基于 DOS 操作系统的程序,用起来不是很方便。

Mapmanger QT 软件则是基于 Windows 操作系统的,用起来比较方便,还能作 QTL 分析(Mapmanger QTX 版本)。商用作图软件 Joinmap 可以同时利用 BC_1 和 F_2 分离类型的标记完成作图,用起来简便直观,但价格较贵。

对于同源多倍体来说,除了 1∶1 分离的单式分离外,还有 3∶1 到 5∶1 的二式分离和 11∶1 等更高次的分离。在野生甘蔗(*Saccharum spontaneum* L.)的连锁图谱构建中,Wu 等(1992)提出了利用单剂量限制性片段(single-dose restriction fragment,SDRF)标记来确定同源多倍体中连锁群的方法。在这种方法中,某个复等位基因在亲本中以单拷贝存在,后代中可以记录为有和无在分离后代中以 1∶1 分离,可以利用这些标记来确认每个染色体上的连锁关系,同时根据同源连锁群可以构建复合综合图谱。由于当时发表论文的时候,可以利用的标记主要是 RFLP 标记,因而他们称之为单剂量限制性片段标记,这种类型的标记也可以利用于其他类型的所有标记,因而我们可以把它笼统地称为单剂量标记(single-dose markers)。在同源多倍体的连锁图谱构建时,一般就是利用这种呈现 1∶1 分离比的单式分离标记也就是单剂量标记来作图。

对于一般的单式分离我们可以采用一般作图软件的回交模式来进行相引组标记的连锁图谱构建,标记可以使用 AFLP、RAPD 等显性标记,也可以是 SSR 等共显性标记。共显性标记可以用来确定同源连锁群的关系。对于那些没有 SSR 标记可以利用的物种来说,要确定同源连锁群就需要利用二式分离的标记来确定。目前对于同源四倍体可以利用 Tetraploidmap 软件(Hackett 等,2003;http://www.bioss.ac.uk/knowledge/tetraploidmap/)来进行图谱构建,这个软件的优点是可以根据剂量效应来区分出同源染色体,并且可以作 QTL 分析。遗憾的是,对于同源六倍体以上的物种还没有专用的软件来利用,目前只好利用 SSR 和 RFLP 等可区分多个复等位基因的标记来确定同源连锁群,也就是说一般来讲同一个引物或探针扩增或检测到的多态性应该位于同一同源连锁群,这些 SSR 或 RFLP 标记事先要确认它们在二倍体中是否只能扩增出单一位点。

10.5 具体应用实例

牧草基因组相对来比落后于主要的作物,包括基因组测序,EST 序列的累积以及分子标记,如 RFLP 和 SSR 标记的开发等。其主要原因在于牧草一般是异交作物,加上有比较大的基因组,同时它的经济重要性低于主要作物也是其落后的原因所在。另外,在牧草连锁图谱构建上一般用二倍体构建的图谱较多,主要是由于同源多倍体复杂的遗传模式,分析这样复杂遗传模式的计算机软件很少。表 10.2 中列出了部分牧草分析图谱。

表 10.2　部分牧草分析图谱

种	群体类型	个体数	标记类型（标记数）	图谱长度/cM	文献
草地羊茅	双向拟测交	138	RFLP、AFLP、同工酶、SSR(466)	658.8	Alm 等,2003
	F_2	56	RFLP(66)	280.1	Chen 等,1998
高羊茅	F_2	105	RFLP(95)	1 274	Xu 等,1995
	双向拟测交		SSR、AFLP(918)	1 841	Saha 等,2005
意大利黑麦草	双向拟测交 F_1	82	RFLP(274)、AFLP(867)、TAS(85)	1 244.4	Inoue 等,2004
多年生黑麦草	单向拟测交 F_1	165	RFLP、AFLP、同工酶、EST(240)	811	Jones 等,2002
	F_2,BC1	180,156	RFLP、AFLP、同工酶、SSR(74,134)	446 327	Armstead 等,2002
多年生黑麦草×意大利黑麦草	F_1	89	同工酶、RFLP、RAPD(106)	692	Hayward 等,1998
苜蓿（四倍体）	F_1	168	SSR(107)	709	Julier 等,2003
苜蓿（四倍体）	回交后代	101	RFLP(88)	443	Brouwer 等,1999
苜蓿（二倍体）	F_2	86	RFLP(108)	467.5	Brummer 等,1993
苜蓿（二倍体）	自交后代	138	RFLP、RAPD、同工酶、形态标记(89)	659	Kiss 等,1993
苜蓿（二倍体）	F_2	137	RFLP、RAPD、同工酶、形态标记、种子蛋白、PCR 标记(868)	754	Kaló 等,2000
苜蓿（二倍体）	F_1	55	RFLP(50,55)	234 261	Tavoletti 等,1996
苜蓿（二倍体）	回交后代	87	RFLP(33,46)、RAPD(28,40)	603 553	Echt 等,1994
蒺藜苜蓿	F_2	124	RAPD、AFLP(289)、同工酶	1 225	Thoquet 等,2002
白三叶草	双向拟测交 F_1	92	EST-SSR(493)	1 144	Barrett 等,2004

　　第一代分子图谱主要应用 RFLP、RAPD 和同工酶等标记,标记密度也不是很高。RFLP 标记被用来构建草地羊茅(二倍体)的遗传图谱并和它的相关六倍体种高羊茅图谱相比较(Chen 等,1998)。来源于高羊茅 PstI 基因组文库的异源 RFLP 标记被用来构建连锁图谱,其中 66 标记被定位在 7 个连锁群上,全长 280.1 cM,33 个标记被定位在 2 个种的连锁图谱上,其中大约 70% 分别定位在对应的草地羊茅和高羊茅的连锁群上(Xu 等,1991,1995)。

　　紫花苜蓿(Medicago sativa L.)是一个同源四倍体种($2n=4x=32$)。尽管有很多二倍体苜蓿的连锁图谱构建的报道(Brummer 等,1993;Kiss 等,1993;Echt 等,1994;Tavoletti 等,1996;Kaló 等,2000;Thoquet 等,2002),并分别鉴定出 8~10 个连锁群,但由于同源四倍体的栽培苜蓿复杂的 4 体分离模式,因而四倍体的连锁图谱报道较少。Brouwer 等(1999)利用 82 个 SDRF 标记在包含 101 个个体的 2 个同源四倍体的回交群体中构建了连锁图谱,在 8 个二倍体连锁群中的 7 个连锁群上检测到了 4 对相引组共分离的同源连锁群,但没有检测到第 7

连锁群上的共分离因为在这个连锁群上缺乏多态性标记。综合图谱包括了分布在7个连锁群上的88个标记,覆盖了443 cM的遗传图距,同时检测到4对同源连锁群,这个图谱上的标记的顺序和标记间的距离大体上和二倍体作图所得结果一致。

第二代的分子连锁图谱主要应用AFLP、SSR和SNP标记,第2代连锁图谱的特点是高密度、高分辨率和进行了不同基因组间的比较。Saha等(2005)报道了第一张以PCR标记(AFLP和EST-SSR)为主的高羊茅连锁图谱。双亲的图谱构建是利用了双向拟测交的作图群体,母本图谱包括了558个位点分布在22个连锁群上覆盖了2 013 cM的遗传距离,父本图谱包含了579个位点也分布在22个连锁群上覆盖了1 722 cM的遗传距离,2个图谱的平均标记密度是每个标记间隔为3.61(母本)和2.97 cM(父本)。之后,在双亲中都表现多态性并出现3∶1分离的标记被用来连接2个亲本图谱以构建综合连锁图谱,综合连锁图谱包含和17个连锁群覆盖1 841 cM的遗传距离,平均每个连锁群上有54个标记,平均标记间的距离为2.0 cM,另外,理论上检测到了预想的7个同源连锁群中的6个。

Julier等(2003)利用由2个高度杂合的亲本杂交而来的含有168个个体的F_1作图群体构建了包含599个AFLP标记和107个SSR标记的同源四倍体的栽培苜蓿的第2代连锁图谱。两个亲本的图谱中包括了4对同源群的8个连锁群,长度分别是2 649和3 045 cM,标记间平均遗传距离为7.6和9.0 cM。作者利用SSR标记构建了覆盖709 cM的综合图谱,用这个综合图谱和其他发表的二倍体苜蓿的图谱相比较,四倍体的图谱覆盖了88%~100%的二倍体的基因组。另外,在107个SSR标记中除去2个标记以外,其余的标记在四倍体的栽培苜蓿和二倍体的截形苜蓿(*M. truncatula*)之间有相似的标记顺序,揭示了2个基因组间的保守的线性关系。

Barrett等(2004)开发了白三叶草的EST-SSR和基因组SSR标记,并在一个由2个高度杂合的亲本杂交而来的F_1作图群体(92个体)中检测到335个EST-SSR标记由来的493个位点,这些标记覆盖了1 144 cM的遗传距离构成了16个同源连锁群。

综上所述,牧草中有很多多倍体种,包括同源多倍体和异源多倍体,由于这些多倍体种牧草的基因组较大,异交和自交不亲和的特点,并且分子标记的开发相对落后,因而这些牧草的分子连锁图谱进展较慢。最近几年随着人们对牧草基因组学研究的关心和DNA测序技术变得更便宜、快速,大部分主要牧草特别是冷季型牧草的分子标记包括SSR标记和EST的开发得到较快的发展,可以想象在未来几年内有关多倍体牧草,特别是同源多倍体牧草的高密度的SSR分子图谱构建将得到较快的发展,同时有关重要农艺性状的QTL分析也将得到实施。

参考文献

[1] Adams M D, Kelley J M, Gocayne J D, *et al*. Complementary DNA sequencing: expressed sequence tags and human genome project. Science, 1991, 252(5013): 1651-1656.

[2] Ahn S, Tanksley S D. Comparative linkage maps of the rice and maize genomes. Proc Natl Acad Sci USA, 1993, 90: 7980-7984.

[3] Alm V, Fang C, Busso C S, *et al*. A linkage map of meadow fescue (*Festuca pratensis*

Huds.)and comparative mapping with other Poaceae species. Theor Appl Genet,2003,108:25-40.

[4]Armstead I P,Turner L B,King I P,et al. Comparison and integration of genetic maps generated from F_2 and BC1-type mapping populations in perennial ryegrass. Plant Breeding,2002,121:501-507.

[5]Barrett B,Griffiths A,Schreiber M,et al. A microsatellite map of white clover. Theor Appl Genet,2004,109:596-608.

[6]Beckmann J S,Soller M. Restriction fragment length polymorphisms and genetic improvement of agricultural species. Euphytica,1986,5:111-124.

[7]Berhan A M,Hulbert S H,Butler L G,et al. Structure and evolution of the genomes of Sorghum bicolor and Zea mays. Theor Appl Genet,1993,86:598-604.

[8]Brouwer D J,Osborn T C. A molecular marker linkage map of tetraploid alfalfa (Medicago sativa L.). Theor Appl Genet,1999,99:1194-1200.

[9]Brummer E C,Bouton J H,Kochert G. Development of an RFLP map in diploid alfalfa. Theor Appl Genet,1993,86:329-332.

[10]Chen C,Sleper D A,Johal G S. Comparative RFLP mapping of meadow and tall fescue. Theor Appl Genet,1998,97:255-260.

[11]Echt C S,Kidwell K K,Knapp S J,et al. Linkage mapping in diploid alfalfa(Medicago sativa). Genome,1994,37:61-71.

[12]Grattapaglia D,Sederoff R. Genetic linkage maps of Eucalyptus grandis and Eucalyptus uraphylla using a pseudo-testcross:mapping strategy and RAPD markers. Genetics,1994,137:1121-1137.

[13]Green E D,Green P. Sequence-tagged site(STS)content mapping of human chromosomes:theoretical considerations and early experiences. Genome Res,1991,1:77-90.

[14]Gupta P K,Roy J K,Prasad M. Single nucleotide polymorphisms(SNPs):a new paradigm in molecular marker technology and DNA polymorphism detection with emphasis on their use in plants. Curr Sci,2001,80:524-536.

[15]Hackett C A,Luo Z W. TetraploidMap:construction of a linkage map in autotetraploid species. Journal of Heredity,2003,94:358-359.

[16]Hayward M D,Forster J W,Jones J G,et al. Genetic analysis of Lolium. I. Identification of linkage groups and the establishment of a genetic map. Plant Breeding,1998,117:451-455.

[17]Helentjaris T. A genetic linkage map for maize based on RFLPs. Trends Genet,1987,3:217-221.

[18]Huang H,Kochert G. Comparative RFLP mapping of an allotetraploid wild rice species(Oryza latifolia)and cultivated rice(O. sativa). Plant Mol Biol,1994,25:633-648.

[19]Inoue M,Gao Z,Hirata M,et al. Construction of a high-density linkage map of Italian ryegrass(Lolium multiflorum Lam.) using restriction fragment length polymorphism, amplified fragment length polymorphism,and telomeric repeat associated sequence markers.

Genome,2004,47:57-65.

[20]Jones E S,Mahoney N L,Hayward M D,et al. An enhanced molecular marker based genetic map of perennial ryegrass(*Lolium perenne*)reveals comparative relationships with other Poaceae genomes. Genome,2002,45:282-295.

[21]Julier B,Flajoulot S,Barre P,et al. Construction of two genetic linkage maps in cultivated tetraploid alfalfa(*Medicago sativa*)using microsatellite and AFLP markers. BMC Plant Biol,2003,3(1):9.

[22]Kaló P,Endre G,Zimanyi L,et al. Construction of an improved linkage map of diploid alfalfa(*Medicago sativa*). Theor Appl Genet,2000,100:641-657.

[23]Kanazin V,Talbert H,See D,et al. Discovery and assay of single nucleotide polymorphisms in barley(*Hordeum vulgare*). Plant Mol Biol,2002,48:529-537.

[24]King J,Armstead I P,Donnison I S,et al. Physical and genetic mapping in the grasses *Lolium perenne* and *Festuca pratensis*. Genetics,2002,161:315-324.

[25]Kiss G B,Csanadi G,Kalman K,et al. Construction of a basic genetic map for alfalfa using RFLP,RAPD,isozyme,and morphological markers. Mol Gen Genet,1993,238(1/2):129-137.

[26]Konieczny A,Ausubel F M. A procedure for mapping Arabidopsis mutations using co-dominant ecotype-specific PCR-based markers. Plant Journal,1993,4(2):403-410.

[27]Lander E,Green P,Abrahamson J,et al. Mapmaker:an interactive computer package for constructing primary genetic linkage maps of experimental and natural populations. Genomics,1987,1(2):174-181.

[28]Litt M,Luty J A. A hypervariable microsatellite revealed by *in vitro* amplification of a dinucleotide repeat within the cardiac muscle actin gene. Am J Hum Genet,1989,44:397-401.

[29]Maliepaard C,Alston F H,van Arkel G,et al. Aligning male and female linkage maps of apple(*Malus primula* Mill)using multi-allelic markers. Theor Appl Genet,1998,97:60-73.

[30]Manly K F,Olson J M. Overview of QTL mapping software and introduction to mapmanager QT. Mamm Genome,1999,10:327-334.

[31]Muntzing A. Chromosome in relation to species differentiation and plant breeding. Conference on chromosomes. Lecture,1956,6:161-197.

[32]Reed G H,Wittwer C T. Sensitivity and specificity of single-nucleotide polymorphism scanning by high-resolution melting analysis. Clin Chem,2004,50:1748-1754.

[33]Ritter E,Gebhardt C,Salamini F. Estimation of recombination frequencies and construction of RFLP linkage maps in plants from crosses between heterozygous parents. Genetics,1990,125:645-654.

[34]Saha M C,Mian R,Zwonitzer J C,et al. An SSR-and AFLP-based genetic linkage map of tall fescue(*Festuca arundinacea* Schreb.). Theor Appl Genet,2005,110:323-336.

[35]Simons G,van der Lee T,Diergarde P,et al. AFLP-based fine mapping of the Mlo

gene to a 30-kb DNA segment of the barley genome. Genomics,1997,44:61-70.

[36]Somers D J, Kirkpatrick R, Moniwa M, et al. Mining single nucleotide polymorphisms from hexaploid wheat ESTs. Genome,2003,49:431-437.

[37]Stam P. Construction of integrated genetic linkage maps by means of a new computer package, JoinMap. Plant J,1993,3:739-744.

[38]Tautz D, Trick M, Dover G A. Cryptic simplicity in DNA is a major source of genetic variation. Nature,1986,322:652-656.

[39]Tavoletti S, Pesaresi P, Barcaccia G, et al. Mapping the jp(jumbo pollen) gene and QTLs involved in multinucleate microspore formation in diploid alfalfa. Theor Appl Genet, 2000,101:372-378.

[40]Tenaillon M I, Swakins M C, Long A D, et al. Patterns of DNA sequence polymorphism along chromosome 1 of maize(*Zea mays* ssp. mays L.). Proc Natl Acad Sci USA, 2001,98:9161-9166.

[41]Thoquet P, Ghérardi M, Journet E P, et al. The molecular genetic linkage map of the model legume Medicago truncatula: an essential tool for comparative legume genomics and the isolation of agronomically important genes. BMC Plant Biol,2002,2(1):1.

[42]Viruel M A, Messeguer R, de Vicente M C, et al. A linkage map with RFLP and isozyme markers for almond. Theor Appl Genet,1995,91:964-971.

[43]Vos P, Hogers R, Bleekers M, et al. AFLP: a new technique for DNA fingerprinting. Nucleic Acids Res.,1995,23:4407-4414.

[44]Wang Z, Weber J L, Zhong G, et al. Survey of plant short tandem DNA repeats. Theor Appl Genet,1994,88:1-6.

[45]Wanous M K, Gustafson J P. A genetic map of rye chromosome 1R integrating RFLP and cytogenetic loci. Theor Appl Genet,1995,91:720-726.

[46]Werner J E, Endo T R, Gill B S. Toward a cytogenetically based physical map of the wheat genome. Proc Natl Acad Sci USA,1992,89:11307-11311.

[47]Williams J G K, Kubelik A R, Livak K J, et al. DNA polymorphisms amplified by arbitrary primers are useful as genetic markers. Nucleic Acids Res,1990,18:6531-6535.

[48]Wu K K, Burnquist W, Sorrells M E, et al. The detection and estimation of linkage in polyploidy using single-dose restriction fragments. Theor Appl Genet,1992,83:294-300.

[49]Xu W W, Sleper D A, Chao S. Genome mapping of polyploid tall fescue(*Festuca arundinacea* Schreb.)with RFLP markers. Theor Appl Genet,1995,91:947-955.

[50]Xu W W, Sleper D A, Hoisington D A. A survey of restriction fragment length polymorphisms in tall fescue and its relatives. Genome,1991,34:686-692.

第11章

流式细胞仪技术原理及其在牧草体细胞倍性鉴定中的应用

杨起简 刘 祎[*]

牧草具有草本植物中最丰富的基因库,具有广泛的遗传背景,其染色体数目和倍性常常具有很大的变化范围,大多数牧草都具有多倍性特点。染色体倍性化在植物进化、作物品种改良、遗传育种、优良农艺性状利用上发挥重要的作用。因此,准确的鉴定出牧草的染色体倍性,是科研和生产的重要环节,并在倍性育种、品种分类、组织培养、种质资源保存中具有低成本、高效率等重要意义。

本章介绍了目前在牧草的科研和生产中常用的染色体倍性鉴定的方法,包括形态鉴定法、生理生化指标鉴定法、生育状况鉴定法、细胞学鉴定法、杂交鉴定法、染色体计数法、核仁数目与核型分析鉴定法和流式细胞术鉴定法,并对各方法的优缺点进行了简单的分析和比较。其中流式细胞术鉴定法不受植物取材部位和细胞所处时期限制,具有制样简单,灵敏度、分辨率及准确性较高,数据的可重复性好,测试速度快,DNA含量变异可在分布图上直观显示的特点,特别适用于样品较多的倍性检测分析。

从20世纪90年代开始,国内有学者将流式细胞术(flow cytometry, FCM)运用到植物倍性分析中,近年发现利用植物根尖分裂组织或者幼嫩叶片较易获得合适的单细胞悬液,使得FCM在植物学研究方面得到了广泛应用,尤其是倍性分析和染色体结构分析等领域。该部分通过介绍组成流式细胞仪的基本结构系统(流动室和液流系统、光路系统和电子系统)及其功能,进而展示了流式细胞术的工作原理,主要的技术指标以及使用过程中质量控制的情况和注意事项;详尽地说明了流式细胞术在牧草倍性鉴定中的应用流程,包括检测材料的选择、单细胞悬液的制备、开机程序及上样、数据的获取及分析等。

此外,本章还列出了国内市场上流式细胞仪的主要两大生产厂商及各自不同系列机型的特点,为需要者提供选择和使用的依据。同时,指出了现在流式细胞仪应用中存在的一些问题,并对其今后的发展趋势和改进方法进行了总结。

---

[*] 作者单位:北京农学院,北京,102206。

11.1 牧草体细胞倍性鉴定的重要意义

牧草染色体不同倍性现象在自然界普遍存在。大多数牧草都具有多倍性特点,如小麦族中9个属的279个亚种中,多倍体占了84%。其中披碱草属牧草中约21%是六倍体,75%是四倍体,3%是八倍体;赖草属牧草中约67%是四倍体,还有25%是八倍体。从进化角度讲,染色体组的染色体基数总是从不稳定到稳定,染色体倍数也是由少到多的。多倍体,特别是四倍体不仅是自然界中物种形成的重要途径,也是人工合成物种和培育新品种的重要手段。在牧草育种中,三倍体是一个特殊的倍性。从理论上讲,由于三倍体的不育性,三倍体牧草的绿色期要比亲本长,三倍体牧草产量较高。由于三倍体没有生殖生长,所有的营养都进行了营养生长,三倍体牧草有可能是提高产量的一条途径。

染色体倍性化在植物进化、作物品种改良上作用重大,在遗传育种、优良农艺性状利用上还将发挥越来越重要的作用。植物染色体倍性鉴定应当遵循这样的原则:早期筛选、破坏性小、准确度高、因陋就简。因此,准确的鉴定出牧草的染色体倍性,是科研和生产的重要环节。

11.1.1 体细胞倍性鉴定在单倍体育种中的重要作用

体细胞倍性鉴定是牧草遗传育种及其应用中十分重要的环节。

单倍体具有很多优点,因此单倍体育种是培育新品种的一种良好的途径。但在牧草育种中,由于多数牧草属于异花授粉植物,所以一般不使用单倍体手段育种,尤其不能单一使用单倍体育种手段,否则需要庞大的单倍体样本容量,这在实际当中可能是很难办到的,而且会降低后代群体的基因杂合性,反而造成其他性状的衰退。通过单倍体加倍形成的纯系所笃定的优良性状,在开放授粉的条件下,这些优良性状可能会被掩盖起来,从而失去单倍体育种的优点和价值。对于自花授粉植物来说,利用单倍体育种技术可快速形成纯系并固定优良性状是可行的。单倍体育种可加速育种材料纯化,缩短育种周期,加速育种进程,提高选育效率,并可以用于离体诱变和抗性突变体筛选等。由于F_1代植株所形成的花粉带有其双亲的染色体,这样获得的纯合株不仅是双亲的重组型,具有丰富的遗传背景,而且缩短了育种年限,还有利于隐性基因的表达,排除了杂种优势的干扰。多年生黑麦草、多花黑麦草、高羊茅、无芒雀麦、象草、梯牧草及高羊茅与黑麦草杂种等已通过花药培养获得单倍体植株,如果染色体加倍成功,获得纯合植株,这对培育牧草新品种具有重要的实践意义。

但是人工诱导产生的单倍体常常是一个混倍体,所以必须经过倍性鉴定才能筛选出真正的单倍体。一般可通过形态鉴定:大多数单倍体性状像母本,而且不育,组织、器官、植株都比二倍体矮小;也可用显性遗传标记性状鉴定单倍体;但最可靠的方法是通过染色体计数鉴定。有效的倍性鉴定是了解其遗传背景和进一步应用的基础,尽早检测出单倍体有利于对其进行加倍处理。

花药培养等生物技术可以使杂合体快速纯合稳定,缩短育种年限,提高育种效率。然而,花药培养的后代是染色体倍性水平不同的混合群体,除育种家需要的加倍单倍体(DH)植株外,还包含单倍体、三倍体、四倍体以及非整倍体等,使育种家必须花费大量的时间来鉴别真正的单倍体植株。因此,倍性鉴定(特别是苗期倍性鉴定)不仅可以大大减少育种工作量,而且可以减少土地和资金的投入。

11.1.2 体细胞倍性鉴定在多倍体育种中的重要作用

体细胞中具有3个或者3个以上整倍染色体的生物体被称为多倍体。牧草是草本植物中最丰富的基因库,具有广泛的遗传背景,即使在同一种内,基因变异幅度也相当大,其染色体数目和倍性常常具有很大的变化范围。每一个物种都有自己适合的染色体倍性范围,超出这一范围,生殖和生存都会出现问题。一般来说,牧草比较容易多倍化。有些牧草本身倍性较低,染色体加倍可能会有一定意义。

多倍体育种是植物育种的新途径,它不仅可以对性状进行改良,还可提高植物体内成分的含量。例如:同源四倍体黑麦,其产量、籽粒、蛋白质含量、抗病、抗旱性均优于二倍体黑麦品种;红三叶、杂三叶等豆科饲料作物,由于染色体加倍后的剂量效应,枝多叶嫩,青草产量高,第二年再生长迅速。但是植物组织经过多倍化处理后,会出现多倍体、二倍体和嵌合体的混合群体的情况。罗耀武等(1981)指出,同源四倍体减数分裂时同源染色体各有4个,根据遗传学原理,同源四倍体减数分裂时会形成四价体、三价体、二价体、单价体,因此在观察四倍体减数分裂的终变期时,就不会看到全是四价体或全是二价体,而是出现数目不等的四价体、三价体、二价体和单价体。因此,利用体细胞倍性鉴定准确地辨认多倍体并将其挑选出来,也是多倍体育种中的重要一环。

多倍体鉴定一般包括形态鉴定法和细胞学鉴定法。伴随着染色体组的数量变化,植株的形态、生长发育及育性都有明显变化,异源多倍体一般都会使育性得到恢复;同源多倍体一般出现器官"巨型化",花器和气孔保卫细胞变化最明显。检查花粉粒大小和气孔保卫细胞的大小,是区分二倍体和多倍体的经典方法,也是比较可靠的方法。细胞学方法是鉴定多倍体的最可靠的方法,对后代的花粉母细胞和根尖细胞进行染色体数目鉴定,可以较为准确区分多倍体。

体细胞的倍性鉴定,特别是苗期倍性鉴定不仅可以大大减少育种工作量,而且可以减少土地和资金的投入。同时,可以大大减少育种的盲目性,降低成本,加速育种进程,在农作物倍性育种中具有重要意义。

11.1.3 在物种分类中牧草体细胞倍性鉴定的重要意义

细胞染色体观察和鉴定是牧草属内种的重要分类依据,也是种质资源收集,鉴定与种类划分的主要方法。燕麦属全世界共有24个种,其中包括10种二倍体燕麦($2n=2x=14$),7种四倍体燕麦($2n=4x=28$),7种六倍体燕麦($2n=6x=42$),细胞染色体观察便是燕麦属内种的重要分类依据。沙莉娜(2008)对7个赖草属物种的核型进行研究,探讨了赖草属及其近缘属的系统发育关系。

11.1.4 在组织培养中牧草体细胞倍性鉴定的重要意义

在组织培养产生的愈伤组织中普遍存在多倍体变异,变异产生的原因可能是纺锤体功能受阻而形成的再组核,也可能是由于无丝分裂形成多核细胞,继而多核细胞核同步分裂时发生核融合,从而产生多倍体。另外,产生于植物体内已有的多倍体细胞的启动分裂也可能导致多倍体变异。因为正在进行分化的植物组织细胞中,DNA不断地周期性复制,而不进入有丝分裂,结果产生多倍体细胞。因此,要通过检测鉴定愈伤组织倍性,为进一步的科研或生产提供参考。

11.1.5 在种质资源保存中牧草体细胞倍性鉴定的重要意义

离体保存是种质资源保存的一条重要途径,具有节省人力、物力、财力以及避免自然灾害和病虫害等优点。但是,在离体保存过程中常有遗传变异的发生,这种变异称为体细胞无性系变异。因此,在进行离体保存的同时,需要对保存材料进行鉴定,以便保证所保存材料的遗传稳定性和完整性。目前,对离体保存材料的鉴定方法很多,包括形态学标记、细胞学标记、分子标记等。在细胞学鉴定方面,研究者多采用压片技术,在显微镜下观察染色体的行为的变异情况。但是上述技术费时、难度较大。采用流式细胞仪技术就会更加的方便、快捷。

11.2 牧草体细胞倍性鉴定的方法

目前,在科研和生产中,有很多种方法均可用于牧草染色体倍性的鉴定。

11.2.1 形态鉴定

根据植株器官如根、茎、叶、花、果实、种子的形态、颜色等在各倍性之间的差异来进行倍性识别。一般情况下,多倍体较之相应的二倍体植株根茎变粗、叶片变大加厚、叶色加深、叶形指数变小、花果变大、种子形状大小改变、叶色及花色改变等。在一些植物中可用来初步判断其倍性水平。额尔敦嘎日迪对内蒙古中东部野生扁蓿豆进行形态特征多变量分析,从形态学上对扁蓿豆进行分类,结果显示内蒙古扁蓿豆可以分为6个聚类群。

利用形态学鉴定倍性简单、直观、快速,无需仪器设备,实用性强,对熟悉该作物的人准确率也较高,工作量不大。不足之处是经验因素影响大,可能会因人而异,且部分材料需在植株生长发育较晚时期才能鉴定,使育种材料不能得到充分利用。

11.2.2 生理生化指标鉴定

植物倍性的差异引起生理特性的改变,导致生理生化指标的相应改变,可作为鉴定植物倍性的依据,如持水量、渗透压、呼吸作用、含糖量、维生素含量、矿物质含量、氨基酸含量、光合速率、蒸腾速率及同工酶、酶带变化等。

生理生化指标具有相对性,在同一倍性水平的不同品种间也存在差异。依据生理生化指标仅在一些特定植物的特定指标上进行初步判断。

11.2.3 生育状况鉴定

许多植物经倍性化后,表现为生长缓慢、发育迟缓、结实率降低、抗逆性增强等,可依此进行植物倍性的初步判断。

植物生长发育状况受遗传基因的控制。倍性化后的植物虽然染色体序列没有改变,但存在基因沉余、基因沉默、甲基化、基因重组、核质互作等系列因素的影响,表现出不同的生长发育特征,且各种植物表现不尽相同。作为倍性检侧应因不同种类、不同指标而异。

11.2.4 细胞学鉴定

细胞学鉴定是指主要通过检测比较各倍性水平植株的气孔大小、数量、比例,保卫细胞叶绿体数量,花粉形态大小、花粉母细胞分裂是否异常,细胞、细胞核及核仁大小变化等而进行倍性的初步鉴定。赵金花曾对小麦族6种根茎型牧草(羊草、赖草、大赖草、茹莎娜牧冰草、巴顿牧冰草、中间偃草)进行幼苗形态、开花规律、根茎形态学、营养器官形态解剖学、小孢子及雄配子体形态等研究。

植物多倍化后,遗传特性和遗传行为改变,必然发生细胞形态的改变。用细胞学进行倍性鉴定可靠程度较高,尤其利用保卫细胞内叶绿体数量进行倍性鉴定在许多植物上得到广泛应用和验证,其操作较简单,作为前期鉴定是一种行之有效的方法。

11.2.5 杂交鉴定

用待测的倍性材料为母本,已知的二倍材料为父本进行杂交,分析后代的育性及其他性状表达进行比较,可鉴定其倍性水平。李红等(1990)对扁蓿豆与肇东苜蓿远缘杂交育种 F_1 代花粉母细胞减数分裂进行了研究,结果发现以二倍体扁蓿豆作母体的正交杂种17株全有孕性,以四倍体作母本的反交杂种中有4株不孕,确认异源四倍体正确。

杂交鉴定要求对该植物的遗传规律有所了解的情况下进行,且较耗时、复杂,有一定的限制。朱钧调查发现,目前由于狼尾草属种内种间反复杂交,且育种的亲本利用也相对较为集中,品种间的形态学差异越来越小,造成狼尾草属优良草种的形态鉴定难度加大。

11.2.6 染色体计数鉴定

植物倍性化最本质的特征是细胞内染色体数目的变化,采用一定时期一定部位的组织细胞进行染色体染色、计数,是最直接、最准确的倍性鉴定方法。陈是宇等对燕麦属牧草根尖组织染色体观察方法进行优化,在保证观察效果的基础上,简化试验程序,降低试验成本。

虽然染色体计数为最直接、最准确的倍性鉴定方法,但其制片要达到理想的计数结果技术要求高,对某些植物有一定难度。如取样部位、时间、制片过程中的各种处理方式方法、处理时间,操作步骤等影响因素。要获得理想真实结果需进行大量深入的研究和总结。

11.2.7 核仁数目与核型分析鉴定

植物倍性化后,细胞分裂间期的细胞核仁数目随倍性发生改变,可据此判断倍性关系。在细胞分裂间期取待测植株的幼叶、茎尖,采用去壁低渗法制片,显微镜下统计每个细胞的核仁数目可判断其相应倍性水平。核型是由每个细胞核中各个不同的染色体按一定型式组合而成的,它是物种的特有遗传信息,有很高的稳定性和再现性,植物倍性化后核型公式随之发生改变,倍性化后部分染色体在臂比、着丝粉位置等方面存在明显差异,可据此鉴定多倍体。张新宇(2008)利用根尖压片方法,对山羊豆属($Galega$ L.)2个种16份种质资源材料的染色体数目和核型进行了研究,研究结果表明:2个种的染色体数目相同,为$2n=16$,染色体基数为$x=8$,均为二倍体。乌云飞等(1992)对扁蓿豆的染色体组型进行了分析,结果显示扁蓿豆根尖染色体数目为$2n=16$。杨起简等(2001)对新麦草的核型进行分析,用处理液对新麦草进行前、后低渗处理,席夫试剂染色制片,鉴定出新麦草染色体数目为$2n=14$。采用核仁数目与核型分析鉴定体细胞倍性需对该植物的核型已有较为深入的研究。

11.2.8 流式细胞术鉴定

该方法主要通过测量DNA的相对含量——流式细胞计数法进行倍性鉴定。流式细胞仪也称倍性分析仪,它集电子技术、计算机技术、激光技术、流体理论于一体。可以定量地测定某一细胞中的DNA、RNA或某种特异蛋白的含量,以及细胞群体中上述成分量不同的细胞数量。随着倍性的增加,DNA含量呈倍性增加趋势,据此可判断其倍性水平。

流式细胞仪法快速鉴定植物的染色体倍性水平不受植物取材部位和细胞所处时期限制,取材部位可以是叶片、茎、根、花、果皮、种子等,特别是在离体培养过程中。试管中的芽或植株很小或很幼嫩时,仅用1 cm^2的样品就能鉴定出材料的倍性。其制样简单、灵敏度、分辨率及准确性较高,数据的可重复性好,测试速度快,并且DNA含量变异可在分布图上直观地看出,特别适用于样品较多的倍性检测分析。

11.3 流式细胞术在牧草体细胞鉴定中的应用

11.3.1 流式细胞术及其原理

11.3.1.1 流式细胞术

流式细胞术(flow cytometry,FCM)是利用流式细胞仪,使细胞或微粒在液流中流动,逐个通过一束入射光束,并用高灵敏度检测器记录下散射光及各种荧光信号,对液流中的细胞或其他微粒进行快速测量的新型分析和分选技术。流式细胞仪综合了激光技术、计算机技术、半导体技术、流体力学、细胞化学等各学科的知识。随着不断的完善,其应用领域也从细胞生物学基础研究扩大到免疫学、肿瘤学、临床检验、微生物学等方面。

11.3.1.2 流式细胞仪的发展简史

流式细胞仪又称荧光激活细胞分选器、荧光活化细胞分类计(fluorescence activated cell sorter,FACS)。1930年,Caspersson和Thorell开始致力于细胞的计数。Moldavan是世界上最早设想使用细胞检测自动化的人。1934年,他提出使悬浮的单个血红细胞流过玻璃毛细管,在亮视野下用显微镜进行计数,并用光电记录装置测量的设想。1936年,Caspersson

等引入显微光度术。1940年,Coons提出用结合了荧光素的抗体去标记细胞内的特定蛋白。1947年,Guclcer运用层流和湍流原理研制烟雾微粒计数器。1949年,Wallace Coulter获得在悬液中计数粒子的方法的专利。1950年,Caspersson用显微分光光度计的方法在UV可见光光谱区检测细胞。1953年,Croslannd-Tayler应用分层鞘流原理,成功地设计红细胞光学自动数器。同年,Parker和Horst描述一种全血细胞计数器装置,成为流式细胞仪的雏形。1954年,Beirne和Hutcheon发明光电粒子计数器。1959年,B型Coulter计数器问世。1965年,Kamemtsky等提出两个设想,一是用分光光度计定量细胞成分,二是结合测量值对细胞分类。1967年,Kamemtsky和Melamed在Moldaven的方法基础上提出细胞分选的方法。1969年,Van Dilla、Fulwyler及其同事们在Los Alamos,NM(即现在的National Flow Cytometry Resource Labs)的基础上发明第一台荧光检测细胞计。1972年,Herzenberg研制了一个细胞分选器的改进型,能够检测出经过荧光标记抗体染色的细胞的较弱的荧光信号。1973年,BD公司与美国斯坦福大学合作,研制开发并生产了世界第一台商用流式细胞仪FACSI。1975年,Kochler和Milstein提出单克隆抗体技术,为细胞研究中大量的特异性免疫试剂的应用奠定基础。现今,随着光电技术的进一步发展,流式细胞仪已经开始向模块化发展,即它的光学系统、检测器单元和电子系统都可以按照试验要求随意更换。进入21世纪,流式细胞术已经日臻完善,成为分析细胞学领域中无可替代的重要工具。

目前,流式细胞仪可以分为两大类:一类是台式机,机型较小,光路调节系统固定,自动化程度高,操作方便临床检验多使用此类型;另一类是大型机,可以快速地进行分选,而且可以把单细胞分选到指定的培养板上,同时可以选配多种类型和波长的激光管,并测量多个参数,满足不同科研的需要。

11.3.1.3 流式细胞术原理

流式细胞术的原理是通过激光光源激发细胞上所标记的荧光物质的强度和颜色以及散射光的强度快速检测分析单个粒子的物理特性,通常指细胞通过激光束时在液流中的特性,即粒子的大小、密度或是内部结构,以及相对的荧光强度。通过光电系统记录细胞的散射光信号和荧光信号可得知细胞特性。用染色剂对细胞进行染色后测定样品荧光密度,荧光密度与DNA含量成正比。DNA含量柱形图直接反映出不同倍性的细胞数。流式细胞术测定原理和测定程序示意图分别如图11.1和图11.2所示。近年来,流式细胞术在动植物倍性分析中应用越来越广泛。

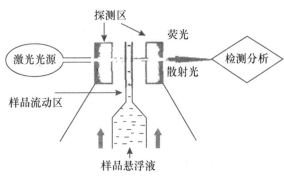

图11.1 流式细胞术测定原理示意图

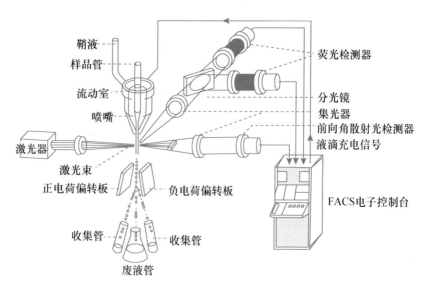

图 11.2 流式细胞术测定程序示意图

11.3.1.4 流式细胞仪的基本结构

流式细胞仪主要由三部分组成：①液流系统（fluidics system）；②光路系统（optics system）；③电子系统（electronics system）。

1. 液流系统

液流系统的作用是依次传送待测样本中的细胞到激光照射区，其理想状态是把细胞传送到激光束的中心。而且，在特定时间内，应该只有一个细胞或粒子通过激光束。因此，必须在流动室内把细胞注入鞘液流。

流动室是液流系统的核心部件，由石英玻璃制成（图 11.3），中央开有一定孔径（如 60、100、150、250 μm 等）和长方形孔，检测区在该孔的中心，在流动室内细胞液柱聚焦于鞘液中心，细胞在此与激光相交。流动室内充满鞘液，根据层流原理，在鞘液的约束下，细胞排成单列出流动室喷嘴口，并被鞘液包绕形成细胞液柱。流动室里的鞘液流是一种稳定液体，只要调整好鞘液压力和标本管压力，鞘液流即可包绕样品并使其保持在液流的轴绕方向，保证每个

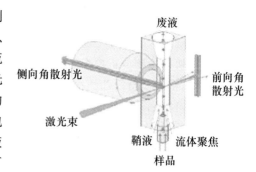

图 11.3 流动室示意图

细胞通过激光照射区和时间相等，从而使激发出的荧光信息准确无误。这种同轴流动，使得样品流和鞘液流形成的流束始终保持着一种分层鞘流的状态，这个过程称为流体聚焦。台式机和大型机的液流聚焦示意图分别如图 11.4 和图 11.5 所示。样本压力和鞘液压力是不同的，且样本压力总是大于鞘液压力。样本压力调节器通过改变样本压力的方法控制样本流速。增加样本压力就是通过加宽液柱的方法增加样本流速，即在特定时间内允许更多细胞通过液流。常用的液流系统中细胞流和鞘液流一般是采用正压的方法控制的，使用正压使鞘液进入流动室，并同时加压至样本管，使鞘液和样本流在流动室混合，或经由陶瓷喷嘴（vibration nozzle）将带有细胞的鞘液流水柱经高频震荡成微粒水珠，再经过激光照射而产生信号。

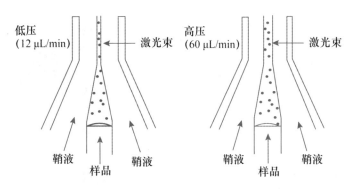

图 11.4 台式机液流聚焦示意图

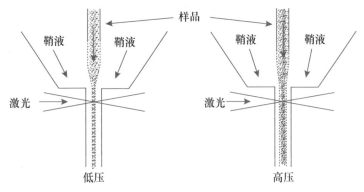

图 11.5 大型机液流聚焦示意图

当液柱变宽时,一些流经激光束的细胞会偏离中心,光斑也会偏离理想角度,这在一定范围内是允许的。压力恒定的情况下,鞘液流的流速稳定,每个细胞通过流动室测量区的时间恒定,受激光照射的能量一致,激光焦点处能量分布为正态分布。当样本速率选择高速时,处在样本流不同位置的细胞或颗粒受激光照射的能量不同,可造成测量误差。因此,在进行分辨率较高的试验时应该尽量选择低速(如 DNA 分析)。

2. 光学系统

光学系统由光学激发器和光学收集器组成。光学激发器包括激光和透镜,透镜用于形成激光束,并使之聚焦。光学收集器则由若干透镜组成,用于收集粒子发射的光束——激光束相互作用,透镜组和滤光片发送激光束至相应的光学探测器。台式机的流动室和光路是固定的,能够保证光斑和样本流自始至终保持恒定。流式细胞仪的激发光源包括弧光灯和激光,目前流式细胞仪多采用激光作为激发光源,其具有稳定性好、能量高、发射角小等特点。目前使用的激光器有气体激光器如氩离子激光、氦氖激光、氪离子激光等以及染料激光器和半导体激光器。最常用的激光是波长为 488 nm 的蓝色激光光源和波长为 633 nm 的红色激光光源。

FCM 光学系统由若干组透镜、小孔、滤光片组成,它们分别将不同波长的荧光信号送入到不同的电子探测器,分为流动室前和流动室后两组。滤光片(filter)(图 11.6,又见彩插)是 FCM 主要的光学原件,分三类:长通滤光片(long-pass filter,LP),可使特定波长以上的光通过,以下的光不通过;短通滤光片(short-pass filter,SP),特定波长以下的光通过,以上的光不通过;带通滤光片(band-pass filter,BP),允许某一波长范围内的光通过。

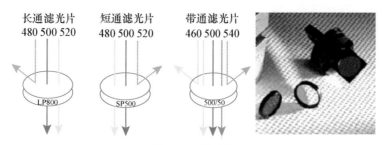

图 11.6　滤光片

细胞由激光激发,通过光学滤光片产生光信号,并传送到相应的探测器。粒子折射激光产生散射光信号,散射光不依赖任何细胞样品的制备技术(如染色),因此被称为细胞的物理特性,即细胞的大小和内部结构。散射光与细胞膜、核膜以及细胞结构的折射性、颗粒性密切相关,细胞形状和表面形貌也对其产生影响。激光光束形成系统示意图如图 11.7 所示。

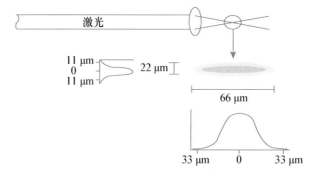

图 11.7　激光光束形成系统示意图

在激光光源和流动室之间有两个圆柱形透镜,将激光光源发出的激光光束(横截面为圆形)聚焦成横截面较小的椭圆形激光光束(22 μm×66 μm)。这种椭圆形激光光斑内激光能量成正态分布,使得通过激光检测区的细胞受照射强度一致。

前向角散射:前向角散射(FSC)光与被测细胞的大小和面积有关,检测的是激光束照射方向与收集散射光信号的光电倍增管轴向方向的散射光信号(图 11.8)。FSC 不受细胞荧光染色的影响。侧向角散射:侧向角散射(SSC)光与被测细胞的颗粒密度和内部结构有关,对细胞膜、胞质、核膜的折射率更为敏感。SSC 收集与激光束正交 90° 方向的散射光信号。

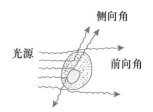

图 11.8　细胞的光散射特性

目前的流式细胞仪大多采用氩离子激光器,因为 488 nm 的激光器能够激发一种以上的荧光。光源的谱线愈接近被激发物质的激发光谱的峰值,所产生的荧光信号愈强。

3. 电子系统

电子系统包括光电转换器和数据处理系统,功能是采集信号,并将采集到的电信号转换为数字信号,通过计算机进行接收和显示,然后进行储存和分析。当液流中的细胞或颗粒通过测量区,经激光照射后,液流中的细胞在激光照射激发下,会向各个方向发射散射光和荧光,通过放置在各方向上的光敏元件,就可以得到每个细胞的一组相关参数。各种散射光及荧光信号由各自的光电倍增管(PMT)接收并转变为电信号,随后经模数转换器处理,转换为数字信号后存储在流式细胞仪的计算机硬盘或软盘内(图 11.9 和图 11.10)。存储在流式细胞仪的计算机硬盘或软盘内的数据一般是以 List mode(列表排队)方式存入的,采用 List mode 方式有两大优点:①节约内存和磁盘空间;②易于加工处理分析。由于 List mode 方式数据缺乏直观性,数据的显示和分析一般可以采用一维直方图、二维点阵图、等高图和密度图以及三维图等形式(图 11.11,又见彩插)。

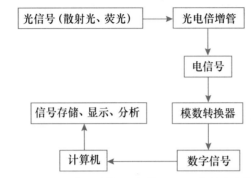

图 11.9　流式信号检测、存储、显示、分析示意图

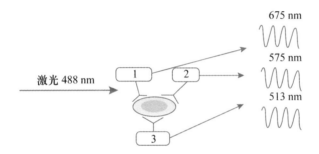

图 11.10　信号产生示意图

1. 多甲藻叶绿素蛋白(PerCP)　2. 藻红素(PE)　3. 异硫氰酸荧光素(FITC)

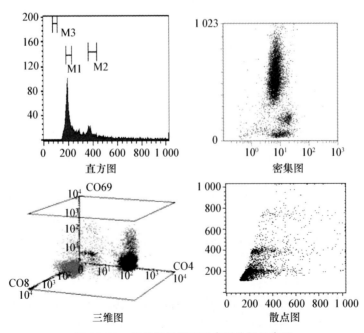

图 11.11　信号显示的不同类型分析示意图

4. 细胞分选系统

流动室上方装有超声压电晶体,通电后发生高频震动,可带动流动室高频震动,使其流出的液流束断裂成一连串均匀的液滴,每个液滴中包含着一个样品细胞。液滴中的单个细胞在形成液滴前已被测量,符合预定要求的被充电,并在通过偏转板的高压静电场时偏转,被收集在指定容器中。不含细胞液滴或细胞不符合预定要求的液滴不被充电,不发生偏转,落入中间废液收集器中,从而实现了分选(图 11.12,又见彩插)。

11.3.1.5 流式细胞仪的主要技术指标

仪器的技术指标可以反映仪器的性能以及该仪器的实验数据的可靠性。由于流式细胞仪的型号众多,应用的领域和测试目的不同,所以技术指标也比较多。

1. 荧光分辨率

分辨率是指仪器所能达到的最大精确度,通常以变异系数(CV)来表示。目前仪器的分辨率多在 2% 以下。理论上,假如样本中的细胞完全均一,流式细胞仪测量的 CV=0。但实际上,在仪器信号采集和转化为数字信号等步骤中,存在一定的误差。CV 值越小,误差越小。

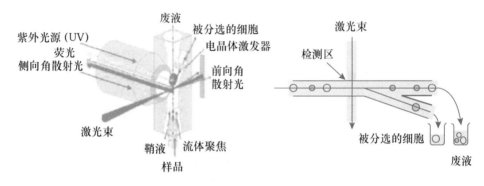

图 11.12 细胞分选示意图

2. 荧光灵敏度

灵敏度是指仪器所能检测到的荧光信号的范围,一般用能检测到的单个细胞或颗粒上标记的 FITC(fluorescein isothiocyanate,异硫氰酸荧光素)分子数来表示。一般现在的流式细胞仪可达到 600 个荧光分子。

3. 前向角散射光灵敏度

前向角散射光灵敏度是指能够检测到的最小颗粒的大小。目前的流式细胞仪可以检测出最小颗粒的直径在 $0.2\sim0.5~\mu m$。

4. 分析/分选速度

分析速度可达到每秒几万个细胞,大型机的分析速度更高。为保证分析的准确性,一般情况下分析速度控制在每秒 1 000 个细胞以下,精确度要求较高的 DNA 分析试验的分析速度控制在每秒 100~200 个细胞为宜。BD 公司的台式机分选速度为 300 个/s,大型机的分选速度可以达到 50 000 个/s。

5. 分选纯度和分选收获率

分选纯度与仪器的配置有关,而且与样本中被分选细胞群与整体细胞群差异有关。收获率是指实际分选出来的细胞占应被分选的细胞的比例。收获率与分选纯度相互制约,纯度低,收获率就高;纯度高,收获率就低。

除了以上指标,每台仪器还会有自己的可测量参数范围、激光光源的波普范围、喷嘴尺寸等。

11.3.2 流式细胞术的质量控制

在流式细胞术试验过程中,试验结果会受到很多因素的影响,如工作环境、仪器设置、样品制备等。试验的每一步都会存在很多不稳定因素,因此,必须做好严格的质量控制工作,使试验的条件尽量均一,以保证试验的科学性和可靠性。

11.3.2.1 环境要求

流式细胞仪的重要工作元件是激光,激光的稳定性受环境温度影响很大,一般要求环境温度在 20~25℃。激光工作时会散发出很多热量,因此,使用环境中必须要有相应的通风和降温措施。另外,工作环境的湿度最好控制在 10%~90% 相对湿度(RH)内。仪器的工作电源要求电压为 110 V,频率为 50 Hz,启动电流小于 50 A。实验室要求密闭,室内尽量减少灰尘和烟尘。室内光源和仪器光源都要有良好的屏蔽作用。

11.3.2.2 仪器的校正

每次上机前必须使用仪器质控品校正仪器,确保仪器的状态良好,然后再进行实验。质控品有仪器校准品(如 Calibrite3)和荧光定量分析校准品(如 Quantan Fluorescence Kit)。不同仪器有不同的指控程序。

11.3.2.3 样本的要求

采集样品时,必须保证样本的均一性,如生长状态、细胞活性等。流式细胞仪的样本必须是单细胞悬液,细胞浓度达到流式细胞仪测试要求的细胞浓度,一般分析浓度为 1×10^6 个细胞/mL,分选浓度为 1×10^7 个细胞/mL。上机前必须用 400 目的尼龙网过滤,以除去细胞悬液中的团块,防止在测试时堵塞液流管路。制备单细胞悬液,可采用机械法和酶解法将细胞制成单细胞,但在运用机械法时不可用力粗暴,用酶解法时要注意酶的浓度和酶解时间,其目的都是为了避免造成过多的死细胞和碎片,当死细胞的数量大于 20% 时,试验的 CV 值过大,结果不可靠。

11.3.2.4 合理设计对照

根据试验需要合理设计对照组,对照组包括阳性对照、阴性对照、正常对照、同型对照、空白对照、阻断对照、自身对照。空白对照是为了测试时调节激光的电压;同型对照为了排除抗体标记时存在的抗体的非特异性结合,造成本底过高;正常对照和自身对照多用于临床病人检测;阻断对照多用于药物作用机制试验,阻断某一抗体后,观察阻断前后药物的药理作用变化。

11.3.2.5 获取试验数据和分析

获取试验数据前,先调节仪器光路,调节光路补偿,校正不同荧光探针之间的光谱重叠。补偿的调节依赖于由同型对照管设定探测器电压,一旦电压设定,补偿用单阳性管调节。每种荧光素的补偿应用染色体最强的细胞群来设置。

不同生物体的细胞核中的 DNA 含量不同,通过 DNA 总量可鉴别和区分不同的生物体,也可以通过标准品计算被检测生物体的 DNA 含量。分析试验数据时,要根据试验设计和试验目的来决定分析模型。一般根据试验需要圈定目的细胞群,分别进行分析。正确设门是分析的关键步骤之一,这要求熟悉样本中目的细胞的理化特性,如大小、细胞表面的分子标记等(图 11.13,又见彩插)。

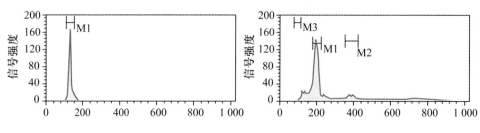

图 11.13 流式细胞仪检测黑麦获得的不同细胞倍性峰值图

11.3.3 流式细胞术鉴定牧草染色体倍性

流式细胞仪最初的应用之一便是检测细胞的 DNA 含量,它可以快速将细胞循环中的其他阶段与有丝分裂期区别开来。通过 DNA 的分析可以了解细胞群体中各个周期的比率,可以知道目的细胞的生长增殖状态。在细胞周期中,最具特征的阶段是在分裂前的 DNA 含量增加并达到 2 倍的时候。DNA 分析还可以了解细胞的倍性。目前,Morales(2007)采用 FCM 对格玛兰草的倍性进行了鉴定;Johnson(1998)以三倍体野牛草为对照,鉴定其他野牛草品种的倍性;Wang(2009)采用 FCM 鉴定了 200 份黑麦草,结果快速测得其中 194 份为二倍体;Barker(2001)测定出黑麦草倍性;Katova(2009)采用 FCM 鉴定出多年生冰草属的相对染色体数目;Tuna 等(2001)也将 FCM 分别应用于雀麦属、三叶草的倍性鉴定中。

11.3.3.1 检测材料的选择

流式细胞术鉴定植物细胞倍性,理论上讲,不受植物取材部位和细胞所处时期限制的影响,取材部位可以是叶片、茎、根、花、果皮、种子等。只要所取材料为新鲜,具有活性的即可。但是在实际的操作中,尽量选取宜破坏其细胞壁的组织或者器官,以免在材料处理时时间过长,影响试验的准确性。材料的选取量一般为 0.1~0.2 g,或者切割后平铺面积为 1 cm^2。材料过少则难以收集到所需检测量的细胞,反之,延长材料的处理时间影响效率和准确性,同时会造成浪费。

11.3.3.2 单细胞悬液的制备

在流式细胞仪中,细胞被传送到液流中的激光照射区。任何存在于悬液中的直径为 0.2~150 μm 的粒子或细胞都适用于流式分析。在实际工作中,用实体组织进行流式细胞分析往往是不可能的,分析之前必须对其进行分解。材料处理是指在上样前,将所要鉴定的植物器官制备成细胞悬液的过程。

1. 材料的称取与切割

称取一定量的待测材料置于培养皿中,加入纤维素和果胶酶的混合酶液或裂解液(100~200 μL),用锋利的刀片进行切割,待培养皿中的汁液染色与称取材料颜色相近即可(3~5 min)。

由于牧草体细胞存在细胞壁,对染色体的分离造成了一定困难,通常有两种方法从同步化的细胞中释放染色体:一种是利用果胶酶和纤维素酶酶解细胞壁,然后将所获得的原生质体置于低渗缓冲液中,使得染色体得以释放;另一种是利用裂解液裂解细胞壁,同时用锋利的刀片进行切割,进行机械分离从而释放染色体。相对而言,后者更加快捷,且避免了长时间的酶解,减轻了对染色体的伤害,可以有效地减少流式细胞仪检测过程中的碎片。在处理不同种类的植材料时,所用的裂解液配方是不同的。表 11.1 为常用的处理牧草材料的裂解液配方。

表 11-1　常用的处理牧草材料的裂解液配方

成分	终浓度	用量(每 200 mL)
Tris	15 mmol/L	363 mg
Na$_2$EDTA	2 mmol/L	148.9 mg
Spermine	0.5 mmol/L	20.2 mg
KCl	80 mmol/L	1.193 g
NaCl	20 mmol/L	233.8 mg
TritonX-100	0.1%	200 μL

注：先用蒸馏水定容到 200 mL，调节 pH 为 7.5；再用孔径为 0.22 μm 的滤膜过滤，除去小的杂质颗粒；加入 220 μL 巯基乙醇(终浓度为 10 mmol/L)，混匀；-20℃保存。

2．细胞的收集

将切割产生的汁液收集，用 0.2 μm 的滤网过滤 2 次，收集到 1.5 mL 的离心管中；800～1 000 r/min 离心 5 min；弃上清；加入 1 mL 生理盐水，再次 800～1 000 r/min 离心 5 min；弃上清；沉淀即为所需单细胞悬液。

3．荧光染料的选择及染色

将收集的细胞的离心管中，根据细胞量的不同，加入 200～400 μL 的碘化丙锭(PI)，轻轻摇匀，避光静置 20～40 min 后准备上机检测。

荧光染料包括：异硫氰酸荧光素(fluorescein lsothiocyanate，FITC)、藻红素(phycoerythrin，PE)、异藻蓝蛋白(allophycocyanin，APC)、PI，等等。每一种荧光染料有自己的激发波长和相应的发射波长。选择荧光染料要考虑：流式细胞仪配置的激光可否激发该荧光染料；流式细胞仪配置的光学收集系统可否检测该荧光染料的发射波长；同时使用多种荧光染料时，要考虑荧光染料之间的干扰。在牧草倍性鉴定中，通常选择 PI，它是 488 nm 激光激发的荧光染料。

11.3.3.3　流式细胞仪的开机程序

流式细胞仪的开机程序如下：①打开稳压器(110 V)，接通流式细胞仪电源，打开电脑；②检查鞘液桶：确认鞘液桶的充满状态(桶体积的 1/2～2/3)，保持管路畅通；③检查废液桶：将废液桶内的液体倒入指定的回收桶内，由于其内含有 PI 等荧光染料，有毒，故不可随意倾倒；④打开加压阀，排除管路中及氯气室内的气泡；⑤做 Prime，使之自动跳至 Standby 状态；⑥等待机器预热 5～10 min 后可开始上样进行检测。

11.3.3.4　**上样进行检测**

在上样时，仪器要处于 Low/Run 状态。

在对处理好的牧草材料进行检测时，被液滴包绕的粒子称为细胞液柱，当粒子经过激光照射区时，通过激光激发产生散射光。含有荧光的粒子就会表现出其荧光特性。散射光和荧光由光路系统(相应的透镜、滤片和探测器)收集。分光器和滤光片引导散射光和荧光至相应的探测器，把光信号转换为电信号。低流速促使样本流变窄，单个细胞得以依次通过，这样大多数细胞可流经激光束的中心，细胞受激光照射的能量比较均一，因而在 DNA 分析等检测分辨率要求高的试验中，适合采用低流速。为确保粒子和细胞完全通过激光束，正确调节样本压力对试验操作是至关重要的。

11.3.3.5　**获取**

阈值用于设置低于该道值的信号不被处理，只有高于等于阈值道数的信号才会被送入计算机进行处理。光信号转换成电压脉冲后，再通过模数转换器转换成为计算机能够储存处理的数字信号。流式细胞仪的数据以 FSC 标准格式存储,该标准由"分析细胞学协会"制定。根据 FSC 标准,数据存储格式应包括三个文件:样本获取文件、数据设置文件和数据分析结果。数据采集存储完毕后,细胞亚群可以几种不同格式显示。单参数如 FSC 或 FITC(FL1)可使用直方图,横轴表示荧光通道。纵轴表示在该通道内收集到的细胞数量。

11.3.3.6 数据分析

使用 CellQuestPro、Modfit 等软件对所获得的数据进行分析。DNA 倍性的判定是根据 DNA 指数(DNA index,DI)确定的,即所测细胞群的 G0/G1 期 DNA 含量与对照标准细胞 G0/G1 期 DNA 含量的比值。检测基于对细胞内 DNA 以化学定量方式进行染色(染料着色数量直接与细胞内 DNA 含量相关)。染色后的 DNA 在流式细胞仪上会出现较窄的荧光峰道,出现在以荧光强度为 X 轴、细胞数量为 Y 轴的坐标图上。

如图 11.14,经过数据分析,可获取以下的 DNA 分析参数:DNA 倍体性(ploidy),细胞内染色体 DNA 含量;二倍体(diploid),正常体细胞内染色体 DNA 含量;DNA 指数(DI),测定标本的 G0/G1 期细胞 DNA 含量与同种系正常细胞的 G0/G1 期细胞 DNA 含量的比值,表示细胞倍体性;S 期含量(SPF),S 期细胞占总周期细胞的比例;增殖指数(PI),增殖细胞占总周期细胞的比例;G0/G1 期细胞 DNA 含量变异系数(CV)。

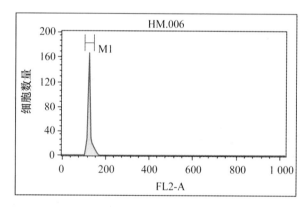

标记	阈值%	截面平均值	变异系数
All	100.00	127.03	7.02
M1	96.95	126.18	5.77

图 11.14 流式细胞术对某黑麦品种鉴定结果图

11.3.3.7 关机程序

关机程序如下:①保存好所获数据后,退出软件;②用 1∶10 稀释的次氯酸钠溶液清洗外管(2 min),内管(15 min);③改用超纯水做如上处理;④做 Prime,自动跳至 Standby 状态;⑤待冷却 10 min 后,关掉计算机、打印机、主机、稳压电源,以延长激光管寿命,并确保应用软件的正常运行。

11.3.4 流式细胞术鉴定牧草体细胞倍性的注意事项

流式细胞仪的在各个领域的广泛使用给科研应用带来了很大的便利,但是,在仪器的使用中还需要注意一些问题以便更好的应用。

(1) 流式细胞仪液流管道很细,使用中要保持管道的清洁、通畅。实验中所有自配试剂(PBS缓冲液、溶血素、多聚甲醛固定液)、H_2O、次氯酸钠洗涤液,均用 0.2 μm 滤膜过滤,以去除一般蒸馏水中的杂质。在临床中测定单细胞悬液时,鞘液使用血细胞计数仪稀释液,这样减少了仪器液流管道的污染和杂质对实验的干扰。

(2) 荧光染色对流式细胞分析关系重大,操作时将标本和染色剂加入试管底部,混匀,避光(光亮可造成荧光淬灭),室温放置 20 min,如室温过低影响染料结合,可适当延长染色时间。血液、骨髓标本染色后经溶血、洗涤、固定过程即可上机。应注意标本和试剂用量很少,不应加到试管壁上,防止标本和试剂不能充分接触着色。溶血一定要充分,没有完全溶解的红细胞及碎片的存在影响检测分析。

(3) 开机待仪器状态稳定后,按下 Prime 按钮,排除进样针内的气泡,以免气泡占位影响获取。待其自动跳到 Standby 状态后,等待及其预热 5~10 min 后,即可上样。

(4) 样本上机前应先查看一下管内的液体中是否有沉淀物,如有应去除。未发现沉淀物也应轻弹试管,使待测样品保持混匀状态。DNA 样本的碎片和沉淀物较多时,应在上机前再次过滤。更换样品时可以按流速 H1 挡冲洗管道 3~5 min,再继续取样和分析。

(5) 上、下样本管时,用力不要太大,用力太大会对仪器光路系统产生震动,久而久之,会使光路偏移,影响测试结果。

(6) 每天检测完后,应认真清洁进样针的内外管,防止进样针堵塞和有荧光染料污染管道。方法是在上样管中加 10% 的次氯酸钠 3 mL,打开支撑臂,放好上样管,外洗进样针,洗到管中液体剩 1 mL 左右,合上支撑臂,流速选择 H1 挡,内洗进样针 10~15 min,再换上过滤蒸馏水重复上述步骤,然后按下 Prime 按钮,观察进样针吐出的气泡是否通畅,如不通畅,还需反复冲洗。

(7) 按 Standby 10 min,待仪器的激光状态稳定后关机,应注意上样管中盛有水,以防止进样针有结晶形成。

(8) 流式细胞仪使用一段时间后,在鞘液管路、废液管路和流动池中会有残留的碎片、污染物等,因此需要定期清洗管路。要求至少每个月做一次,如果处理样本量很大,或经常实用附着性染料(如 PI、AO 等),则需要增加管路清洗频率。清洁管路时使用含有效氯(NaClO)浓度为 1%~2% 的稀释漂白剂,用漂白剂清洗管路完毕后,必须换蒸馏水,再次冲洗管路,以防止管路有漂白剂残留。

(9) 该仪器较精密、昂贵,应放置于清洁、避光、干燥的仪器室内,且室温不可过高,否则易损害荧光管,减少其使用寿命。尽量避免在试验中断电,为防断电而导致电压不稳,最好能配上不间断电源。操作人员要严格按仪器操作规程操作,认真保养仪器,以保证仪器正常工作。

11.3.5 流式细胞术应用的特点

在细胞倍性鉴定的过程中,染色体计数法虽然准确,但某些植物制片难度较大,不易观察到真实结果,流式细胞仪法为近来兴起的新兴技术。FCM 是目前染色体倍性鉴别中一种最快速、有效的方法,它可以直接或间接测定细胞的 DNA 含量,从而快速鉴别染色体倍性水平。

流式细胞仪可在 1 s 内测定数万个细胞;同时进行多参数测量,可以对同一个细胞做有关物理特性、化学特性的多参数测量,并具有明显的统计学意义;是一门综合性的高科技方法,它综合了激光技术、计算机技术、流体力学、细胞化学、图像技术等领域的知识和成果;既是细胞分析技术,又是精确的分选技术。总之,流式细胞术主要包括了样品的液流技术、细胞的分选和计数技术,以及数据的采集和分析技术等。

11.4 国内市场上的流式细胞仪

目前,国际上两大流式细胞仪生产厂家分别是 BD(Becton Dickinson)公司和 Beckman Coulter 公司。

11.4.1 BD 公司

BD 公司一直致力于研究生产最先进的流式细胞仪。自从 1974 年 BD 公司与美国斯坦福大学合作研制出全球第一台商用流式细胞仪,该公司就不断推陈出新,在流式细胞术领域中始终保持领先地位。美国 BD 公司生产的流式细胞仪有 FACSCalibur、FACS Aria、FACS Vantage、FACSDiVa 等。

11.4.1.1 BD FACSCalibur

BD FACSCalibur 是全自动台式机,配置一个氩离子激光和一个二极管红激光,能同时做四色分析;多荧光素分析时,用 FACSComp 软件自动设定电子补偿;分析速度 10 000 个/s;检测灵敏度小于 100 MESF;8 种自动化软件获取和分析系统,按钮式液流控制,操作方便;既能分析,又能分选,分选速度 300 个/s。

11.4.1.2 BD LSR

BD LSR 是世界上第一种带有固定校准和紫外激光的六色荧光台式流式细胞仪,使用者不需经过繁琐的调试,就能容易的操作。它配置了 2 或 3 个激光光源,可同时做六色分析。此外,BD LSR 增加了紫外激光,扩大了分析范围。

11.4.1.3 BD FACSCanto

BD FACSCanto 是一台可以实现六色分析的台式流式细胞仪。该仪器的光学系统配有 2 个激光光源——蓝色激光和红色激光。激光束通过光导纤维引导到达光束成形棱镜,聚焦在流动检测池上,光路更稳定,不易受到操作环境变化的影响。产生光信号由石英杯流动检测池后面的光胶耦合透镜收集,大大提高了光信号收集效率。侧向角散射光和荧光信号聚焦于发射信号光导纤维小孔,由光导纤维引导至光信号检测系统——蓝色激光为八角形信号收集系统,红色激光为三角形信号收集系统,该系统为 BD 公司专利。BD FACSCanto 的整个光激发系统和光收集系统固定校准,无需操作人员校准。BD FACSCanto 可以检测任意参数的脉冲信号高度、面积和宽度以及比率,还可以提供时间参数,可以与任意参数结合,做动态检测。

11.4.1.4 BD FACS Vantage

BD FACS Vantage 是大型分选仪,配置 3 个激光光源,可以做六色分析;高速的数据处理电子系统及液流控制系统,分选速度 20 000 个/s;检测灵敏度小于 100 MESF;AutoSort 具有液滴延迟自动计算功能;可以升级;二级分选,有封闭的分选系统。该仪器适于科研工作。

11.4.1.5 BD FACSDiVa

BD FACSDiVa 是在 BD FACS Vantage SE 基础上的升级版,是真正的数字化仪器。它除了具备 BD FACS Vantage SE 的功能外,可以做到八色分析;提供了荧光补偿网络;Quadra-Sort 实现了思路分选。

11.4.1.6 BD FACSAria

BD FACSAria 是无需复杂的调试即可工作的台式分选仪。由于使用了全新的设计,BD FACSAria 流式细胞仪成为世界上第一台使用石英杯流动池固定校准的、可以完成高速细胞分选的台式流式细胞仪。

11.4.2 Beckman Coulter 公司

该公司的流式细胞仪有 EPICS XL/-MCL、CytomicsTM FC500 系列等。

11.4.2.1 EPICS XL

EPICS XL 具有单激光进行四色流式细胞术分析的功能。它结合了科研型流式细胞仪的高度分析功能和坚固耐用的临床型分析仪可进行大量样品的诊断分析的设计特点。EPICS XL 系统为封闭系统,能防止生物危害。EPICS XL 具备最新技术成果的数码信息处理功能,可保证可靠的线性和无漂移的信息放大及颜色补偿作用,从而使该系统得以选择可靠的荧光强度和进行多位点研究。

11.4.2.2 FC500

FC500 是单激光实现五色分析的流式细胞仪,只有 488 nm 1 个激光光源,价格便宜,维护和使用成本低。FC500 可以选配加上第 2 个激光光源来增加染料选择的灵活性。FC500 通过专门设计的固定光学系统做到了双激光束共线性重叠,聚焦在同一点上,无需用户任何调整,解决了传统空间立体光路设计的双激光平行排列带来的问题,避免了时间延迟的推算,同样保证了荧光信号来自同一个细胞,结果更准确;并且使液流系统的调定简化。

11.4.2.3 Quanta SC 细胞定量分析系统

Quanta SC 测定细胞体积和计数,更准确、灵敏的检测出细胞/颗粒信号,并同时结合流式细胞仪高通量、快速、多参数等分析功能,使微小差异的细胞分析和定量变得更加清晰和简单。流式细胞仪结合体积测定的库尔特原理是细胞组学研究的重大革命,对探测不同细胞生命活动微小变化有极其重要的意义。

11.4.2.4 EPICS ALTRA

EPICS ALTRA 用 SortSense 流动设计,可以做到六色分选,有 9 种分选模式,能提高纯度、回收率和产量,分选速度 30 000 个/s。EPICS ALTRA 混合模式分离高纯度亚群到左侧,收取同一亚群的其余部分到右侧,这种分选模式特别适用于处理稀少的或宝贵的群体。

11.5 展 望

流式细胞仪的发展趋势:①流式细胞仪从单纯大型仪器发展为适应各种实际应用的便携式、台式、高分辨率、高质量分选的研究型流式细胞仪;②对流式细胞术检测荧光参数,从采用荧光单色、双色分析发展为多色分析,目前最多可同时检测15种荧光信号;③从检测参数的相对定量发展为绝对定量;④从检测参数的手动人工分析发展为利用计算机软件的自动分析;⑤所采用的荧光试剂,从非配套试剂发展为配套的试剂盒试剂。

流式细胞仪从创制发展到今天,20世纪60年代至70年代是其飞速发展时期,激光技术、喷射技术以及计算机的应用使流式细胞仪在原理和结构上形成了固定的模式。20世纪80年代则是流式细胞仪的商品化时期,在多参数检测技术上不断提高。20世纪90年代国内开始有学者将FCM运用到植物倍性分析中。近年发现,利用植物根尖分裂组织或者幼嫩叶片较易获得合适的单细胞悬液,使得FCM在植物学研究方面得到了广泛应用,尤其是倍性分析和染色体结构分析等领域。

流式细胞技术对群体细胞鉴定的准确性高,但对单个细胞及混倍体的区别不够精确;形态鉴定法、条件鉴定法简单易行,但其准确性有待提高,且需对该植物的遗传规律有一定基础研究;生理生化指标、细胞学也有许多局限性。各种方法的综合运用,相互印证,才能摸索出各种植物倍性鉴定的正确方法。植物倍性化后,植物本身及其倍性化后的材料遗传行为复杂,我们不能期望统一的、标准的多倍体鉴定方法出现,必须针对各种植物分别进行深入研究,但各种植物倍性鉴定方法可以相互借鉴,达到快、省鉴定植物倍性的目的,更好地为倍性植物的利用服务。

新的荧光探针、新的荧光染料、新的染色方法不断推出,使流式细胞仪在新的细胞参数分析方面日益发展。随着仪器的改进和各项辅助生殖技术的深入研究。随着微电子技术特别是计算机技术的发展,计算能力不断提高,流式细胞仪的功能也越来越强大。从新推出的仪器看,流式细胞仪会在硬件上不断更新,采用更新的器件(入半导体激光、大规模集成电路),以实现小型化;用数字电路取代模拟电路,充分发挥微处理器的功能以实现简单化;在软件上提高数据自动分析能力,充分发挥图形界面的优点,使操作更加简便,并产生巨大的社会经济效益。

参考文献

[1] 曹亦芬,梁慧敏,孟文学. 几种寒地及沙生牧草的染色体计数. 草业科学. 1989(1):24-28.

[2] 陈斌,耿三省,张晓芬,等. 辣椒花药培养再生植株染色体倍数检测研究. 辣椒杂志, 2005(4):28-30.

[3] 陈是宇,方程,孙彦,等. 燕麦属牧草根尖组织染色体观察方法的优化研究. 草原与草坪,2008(2):23-26.

[4] 杜立颖,冯仁青. 流式细胞术. 北京:北京大学出版社,2008.

[5] 贾永蕊. 流式细胞术. 北京:化学工业出版社,2009.

[6] 李红,罗新义,王殿魁. 扁蓿豆与肇东苜蓿远缘杂交育种的研究. Ⅱ. F_1 花粉母细胞减数分裂的检查. 中国草地学报,1990(6):20-23.

[7] 李靖,李成斌,顿文涛,等. 流式细胞术(FCM)在生物学研究中的应用. 中国农学通报, 2008,24(6):107-111.

[8] 栾晓敏. 两种三叶草杂交胚离体培养与 F_1 代扩繁及其鉴定. 硕士学位论文,呼和浩特: 内蒙古农业大学,2009.

[9] 沙莉娜. 赖草属植物的形态学、细胞学与分子系统学研究. 博士学位论文. 雅安:四川农业大学,2008.

[10] 宋平根. 流式细胞术的原理与应用. 北京:北京师范大学出版社,1992.

[11] 乌云飞,玉柱,包双莲. 应用同工酶电泳法鉴定红豆草、扁蓿豆不同栽培品种. 中国草地学报,1992(6):52-55.

[12] 严苏丽,何丽容,陈巧伦. 流式细胞仪的应用体会. 现代医学仪器与应用,2003,15(1):20-22.

[13] 阎贵兴,张素贞,云锦凤,等. 33种禾本科饲用植物的染色体核型研究. 中国草地学报,1991(5):1-13.

[14] 阎贵兴. 中国草地饲用植物染色体研究. 呼和浩特:内蒙古人民出版社,2001.

[15] 杨起简. 二倍体新麦草染色体核型分析. 北京农学院学报,2001,16(2):1-14.

[16] 杨瑞武,周永红,郑有良,等. 赖草属三个八倍体和两个十二倍体物种的核型研究. 草业学报,2004(2):99-105.

[17] 张新宇. 豆科山羊豆属牧草的细胞生物学特性研究. 硕士学位论文. 扬州:扬州大学,2008.

[18] 赵海明,谢楠,李源,等. 秋水仙素对染色体加倍研究及在牧草育种上的应用. 中国草业发展论坛论文集. 出版地不详:出版者不详,2007.

[19] 赵海明. 秋水仙素对染色体加倍研究及在牧草育种上的应用. 中国草学会青年工作委员会学术研讨会论文集. 出版地不详:出版者不详,2007.

[20] 赵泓,刘凡. 流式细胞仪. 安徽农学通报,2006,12(12):39-41.

[21] Katova A. Polyploidy and polyploidization of perennial forage grasses. Journal of Mountain Agriculture on the Balkans,2009,12(3):212-220.

[22] Barker R E,Kilgore J A,Cook R L,et al. Use of flow cytometry to determine ploidy level of ryegrass. Seed Science and Technology,2001,29(2):654-659.

[23] Johnson P G,Riordan T P,Arumuganathan K. Ploidy level determinations in buffalograss clones and populations. Crop Science,1998,38(2):478-482.

[24] Morales N C R,Quero C A R,Avendano A C H. Characterization of native diversity in sideoats grama [*Bouteloua curtipendula*(Michx.)Torr.] by means of the ploidy level. Tecnica Pecuaria en Mexico,2007,45(3):263-278.

[25] Tuna M,Vogel K P,Arumuganathan K,et al. DNA content and ploidy determination of bromegrass germplasm accessions by flow cytometry. Crop Science,2001,41(5):1629-1634.

[26] Vizintin L,Bohanec B. Measurement of nuclear DNA content of the genus *Trifolium* L. as a measure of genebank accession identity. Genetic Resources and Crop Evolution,2008,55(8):1323-1334.

[27] Wang Y,Bigelow C A,Jiang Y W. Ploidy level and DNA content of perennial ryegrass germplasm as determined by flow cytometry. HortScience,2009,44(7):2049-2052.

第12章
牧草原位杂交与染色体定位技术原理与应用

张吉宇[*]

　　染色体工程技术已经发展了一个世纪有余,常规的染色体显带技术并不能检测到易位、插入、缺失等突变,直到20世纪60年代,随着染色体预处理方法和DNA染色技术的发展,利用吉姆萨(Giemsa)染色和荧光染色技术可获得高清晰度的染色体带型。荧光原位杂交(fluorescence in situ hybridization,FISH)技术将传统的细胞遗传学技术与重组DNA技术结合起来,形成一门新的学科——分子细胞遗传学。在FISH技术发展起来之前,常用放射性的核酸探针来检测中期或间期染色体上的特异DNA(RNA)片段;直到20世纪80年代早期,非放射性探针标记被广泛应用,得益于非放射性的半抗原(生物素等)可用于标记核酸。与放射性原位杂交技术相比,FISH技术的优点在于稳定性高、操作安全、获得结果更快、空间定位更精确、背景干扰少、可使用多色荧光标记等,使其成为基因组和分子细胞遗传学研究中的首选方法。

　　FISH技术的作用在于能够进行中期染色体上的DNA序列定位、染色质纤维FISH作图、DNA微阵列定量分析和RNA表达分析等。FISH技术在过去的20年中发展快速,多色FISH、纤维FISH、比较基因组杂交、3D FISH和cDNA微阵列荧光杂交等技术均已被广泛应用。本专题综述了原位杂交技术的基本原理、方法、主要应用领域和发展现状,最后提供了植物荧光原位杂交方法以供参考。

12.1 原位杂交的原理和程序

　　原位杂交(in situ hybridization,ISH)是分子生物学、组织化学和细胞学相结合的产物,是细胞遗传学研究的重要手段。该技术是根据核酸碱基互补配对原则,将放射性或非放射性标记的外源核酸(探针)与染色体经过变性的单链DNA互补配对,结合成专一的核酸杂交分子。

---

[*] 作者单位:兰州大学草地农业科技学院,甘肃兰州,730020。

经过一定的检测手段,可利用显微镜直接观察到所研究的目的序列在细胞或染色体上的位置和分布。为宏观的细胞学与微观的分子生物学研究架起了一座桥梁,形成了一门新的交叉学科——分子细胞遗传学(molecular cytogenetics)。原位杂交技术是由 Gall 和 Pardue 利用同位素标记的 rDNA 探针与非洲爪蟾细胞核杂交发明,于 20 世纪 60 年代末首次获得成功。原位检测核酸序列,不论是染色体或病毒基因,还是组织中的 mRNA,可直接将某一序列清楚地进行空间定位。因此,原位杂交技术已经广泛应用于许多领域(宋同明等,2009)。

原位杂交基本原理是根据核酸分子碱基互补配对的原则(A-T、A-U、G-C),将有放射性或非放射性标记的外源核酸片段(即用标记的 DNA 或 RNA 为探针)与染色体上经过变性后的单链 DNA 片段或组织、细胞上特定的核苷酸序列,在适宜条件下互补配对,结合形成专一的核酸杂交分子。再经过相应的检测手段,将待测核酸在染色体、组织或细胞上的位置显示出来,从而确定待测核酸是否与探针序列具有同源性,达到鉴定靶核酸序列性质的目的(图 12.1)。为了确保杂交的专一性,常在杂交液中加入封阻 DNA(如鲑鱼精子 DNA 或另一物种的基因组 DNA)。由于封阻 DNA 能优先与非特异性位点结合,故使非特异性位点受到封闭而难与探针结合,减少非特异性反应及其产生的本底背景,从而确保了杂交位点有较强的特异性。

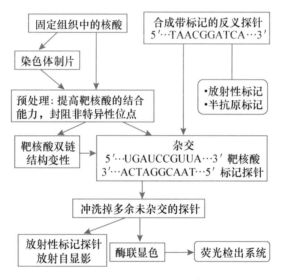

图 12.1 原位杂交原理示意图

原位杂交程序包括以下 5 个基本步骤。

第一步是制备用来进行原位杂交的染色体制片,方法与普通染色体制片完全相同。材料可以是体细胞(如根尖细胞),也可以是花粉母细胞。以甲醇/乙醇:冰乙酸(3:1)固定材料,而后做直接压片法或酶解火焰干燥法制片,选择具有理想的细胞分裂时期的片子以备后用。

第二步是对染色体 DNA 进行变性处理。先把盖玻片揭开,用 RNA 酶处理制片,消化掉染色体上的内源 RNA,而后用碱、酸、甲酰胺或高温处理,使 DNA 变性,成为单链状态。

第三步是进行杂交。利用切刻平移法或随机引物标记法,在进行杂交的 DNA 或 RNA 分子探针上标记放射性的 ^3H、^{125}I 或非放射性的生物素(biotin)、地高辛(digoxingenin)。目前常用的是把非放射性探针、甲酰胺、硫酸葡聚糖、鲑鱼精 DNA(ssDNA)、磷酸缓冲液(SSC)配成杂交液,置于制片上,盖上盖玻片,在37℃的温箱中保温过夜,使探针同与其碱基序列具有互补性的单链DNA分子进行充分杂交,形成双链。而后打开盖玻片,冲洗掉多余未杂交的探针。

第四步是信号检出和对染色体进行染色。对于使用放射性标记探针的,先将制片浸入一定浓度的感光乳剂溶液,并缓慢取出,使制片表面涂上一层均匀的感光乳剂,而后把制片放入暗箱,进行2~3 d的感光,接着进行显影和定影。最后用Giemsa染料对染色体进行染色。对于使用非放射性标记探针的,通常可用两种方法检出:一种是酶联显色系统如DAB检测,用Giemsa染料对染色体进行染色;另一种是荧光检出系统。利用标记有荧光素的抗体对信号进行级联放大,然后用DAPI或PI对染色体进行染色。

第五步是显微镜检查。除荧光检出需要使用荧光显微镜,其他检出用普通光学显微镜即可。

12.2 原位杂交技术的发展

衡量原位杂交技术的几个重要参数有分辨率、灵敏度、容量及杂交特异性。经过近几十年的发展,原位杂交的各种技术参数有了显著的进步。大体的发展趋势是:标记方法由放射性标记向非放射性标记发展;检出系统由非荧光检出向荧光检出(fluorescence in situ hybridization,FISH)发展;探针类型从重复序列向低拷贝或单拷贝的DNA序列发展;同时检出目标由单一向多个(即由单色FISH向多色FISH)发展;从体细胞中期染色体FISH向粗线期染色体FISH再向纤维FISH发展;灵敏度和分辨率不断提高。

植物FISH试验使用得最多的靶DNA载体是有丝分裂早中期和中期染色体,一方面它是传统遗传学的基础,另一方面它的制片技术也比较容易掌握,并且中期染色体的着丝粒、端粒和次缢痕等形态特征容易识别,有助于染色体的鉴别和杂交信号的定向。许多人都曾成功地在中期染色体上用FISH技术构建了染色体分子图谱。Haaf等(1994)发展了一项技术,可用离心机械力将中期染色体拉长5~20倍。在这种拉长的中期染色体上进行荧光原位杂交,可将分辨率水平提高到200 kb左右。

减数分裂粗线期(pachytene)染色体浓缩程度比中期染色体大为降低,其长度通常比相应的中期染色体长10~20倍,具有提高原位杂交分辨率的潜力。而且这一时期染色体的形态也十分特殊,着丝点和端粒的结构很容易识别,并且每条染色体的异染色质和常染色质区都有可识别的结构特征。另外,这一时期的染色体已经完成了同源染色体的配对,这样使目的区域增加了1倍,因而FISH的灵敏度也得到提高。

在制备染色体切片时,很容易得到大量的间期细胞核。这些细胞核没有典型的染色体结构,但其染色质在这一时期却比分裂时期的染色体浓缩程度低很多,荧光原位杂交的分辨率也会比染色体高很多。这种结构决定了FISH的分辨率水平只能达到50 kb左右。

间期细胞核释放出游离的染色质丝,这种染色质丝已经失去了原有的细胞空间结构,其DNA的浓缩度更进一步降低。根据实验统计,每微米游离染色质丝大约相当于80 kb的DNA分子长度。其FISH分辨率的水平能接近10 kb,可用于分析1 Mb范围内DNA序列的位置关系。用更强的变性剂对染色质丝进行处理,让DNA分子完全从蛋白质中分离出来,制备出 DNA 纤维(extended DNA fibre)。在这种 DNA 纤维上进行多色 FISH,能够直接观察到 3~5 kb 的质粒(plasmid)DNA 探针在 DNA 分子上的直线排列。高度伸展的植物 DNA 纤维使 FISH 的灵敏度和分辨力大大提高。

对各种 FISH 技术的特点,包括分辨率水平、可检测 DNA 序列的范围以及优点和缺点进行了总结和比较,详见表 12.1。高分辨率的 DNA 荧光原位杂交技术能够快速准确地得到探针序列之间的顺序、方向和真实的物理距离。在具体应用这一技术时,根据不同染色体和 DNA 纤维的结构特征,选择适当的靶 DNA 载体是很重要的。

表 12.1 在不同靶 DNA 上荧光原位杂交技术的比较(钟筱波等,1997)

DNA 结构	分辨率水平	可检测 DNA 序列范围	优点(+)和缺点(-)
中期染色体	1~3 Mb	>1 Mb	保持染色体结构,切片容易制备(+) 分辨率水平低,识别染色体困难(-)
前期	200 kb	>200 kb	保持染色体结构(+) 分辨率水平居中,切片不易制备,识别染色体困难(-)
拉长的中期染色体	200 kb	>200 kb	保持染色体着丝点端粒结构(+) 分辨率水平居中,拉长染色体不均匀,识别染色体困难(-)
粗线期染色体	100 kb	>200 kb	保持染色体结构,识别染色体可能,分辨率水平较高(+) 切片不容易制备(-)
间期细胞核	50 kb	50 kb 至 2 Mb	分辨率水平高,切片容易制备(+) 无染色体结构(-)
游离染色质丝	10 kb	10 kb 至 1 Mb	分辨率水平高(+) 无染色体结构(-)
DNA 纤维	1 kb	1 kb 至 1 Mb	分辨率水平高(+) 无染色体结构(-)

12.2.1 荧光原位杂交

自 20 世纪 70 年代后期荧光原位杂交技术(fluorescence *in situ* hybridization,FISH)问世以来,该技术的应用便在生物学研究领域迅速扩展。其原理主要是:用荧光原位杂交使荧光分子沉积在特定 DNA 序列位点的染色质上,DNA 或 RNA 序列首先被报告分子(reporter molecules)标记,探针和目标染色体或细胞核变性,探针和目标染色体的互补序列退火,经洗脱和与荧光标记的亲和性试剂共培养,在探针杂交位点便可见不连续的荧光信号。

Wang 等(2006)用 FISH 方法研究了两个来自于大赖草(*Leymus racemosus*)的串联重复序列 pLrTaiI-1 和 pLrPstI-1 在赖草属 *Leymus* 和新麦草属 *Psathyrostachys* 中的分布情况。结果表明,新麦草属四个种中全部缺失 pLrPstI-1 序列,只有两个种中的部分单株中存在 pLr-TaiI-1 序列;而赖草属植物中普遍存在 pLrTaiI-1 序列,大部分存在 pLrPstI-1 序列;但种间和种内的杂交信号数目都有差异(图 12.2,又见彩插)。此外,Anamthawat-Jónsson 等(2001)采用 FISH 方法研究了 18S~28S 核糖体基因在赖草近缘种 L. arenarius(2n=8x=56)、L. racemosus(2n=4x=28) 和 L. mollis(2n=4x=28) 三个物种中的分布,发现每个物种都有 3 个主要的 rDNA 位点,但 L. arenarius 还有另外 3 个次要位点。而 L. arenarius 和 L. racemosus 中 3 个主要位点是一致的,暗示前者是由后者通过杂交或多倍体化进化而来。

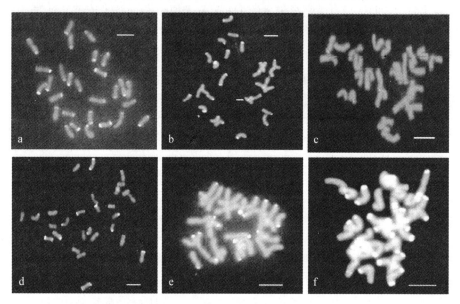

图 12.2　体细胞染色体 pLrTaiI-1(红色,见彩插) 和 pLrPstI-1(绿色,见彩插) 重复序列荧光原位杂交(FISH)结果(Wang 等,2006)

pLrTaiI-1 和 pLrPstI-1 是两个来自于 L. racemosus 的串联重复序列,其中 a 和 b 分别为赖草属大赖草 Leymus racemosus 品系 PI 313965 和 PI 531811;c 为赖草属滨麦 L. mollis 品系 MK 10011;d 为赖草属赖草 L. secalinus 品系 PI 499524; e 和 f 为赖草属单穗赖草 L. ramosus 品系 PI 440331 和 PI 499653。

12.2.2　基因组原位杂交

基因组原位杂交(genomic in situ hybridization,GISH)是 20 世纪 80 年代末,由染色体原位抑制杂交(chromosome in situ suppression,CISS)衍生而来的一种重要的原位杂交技术,是一个精确、安全的研究工具,在分子细胞遗传学领域发挥着重要作用。GISH 最初应用于动物、医学等方面的研究。1989 年,Le 等利用黑麦总基因组 DNA 直接鉴别面包小麦品种中的黑麦染色体片段,这是该技术首次在植物中应用。之后得到迅速推广,在麦类、玉米、棉花、水稻等主要作物有大量报道,已成为植物分子细胞遗传学的重要研究手段。

基因组原位杂交的基本原理与荧光原位杂交相同,不同的是所用的探针。基因组原位杂交是以来源不同的亲本之一的总基因组 DNA 作探针,通过生物素、地高辛、荧光素等标记物标记后,再原位杂交到杂种染色体制片上,接着通过与该标记物耦合的荧光素免疫反应(标记物为荧光素则不需此步),检测该亲本染色体或染色体片段在杂种中的存在状况;而其他亲本的基因组总 DNA(或非探针的其他 DNA)以一定的浓度比例来封闭杂种染色体上探针的非特异结合位点,尽可能使杂种染色体上的特异位点暴露出来供探针杂交。GISH 的具体技术路线为:选取适宜做基因组原位杂交的试验材料;对所选的材料进行充分的酶解,以去除细胞壁和细胞质;将酶解后的材料进行染色体制片并从中选取质量好的片子用以杂交试验;同时提取亲本的总基因组 DNA,分别制备成探针 DNA 和封阻 DNA,用以制备杂交混合液。在杂交前对染色体制片进行一定程度的处理,以便杂交试验更好地进行,将制备好的杂交混合液变性后加到染色体制片上,杂交 16~20 h,杂交后分别进行洗脱、显色、荧光检测及结果分析。GISH 反应完全与否主要取决于基因组 DNA 探针与目的染色体 DNA 所共有的那些分散的、高度重复的 DNA 序列的杂交程度(Ørgaard 等,1994)。由于 GISH 依据标记 DNA 与封阻 DNA 之间的同源性差异使杂交信号有差异,因此,在试验条件正常的情况下,染色体组亲缘关系愈远,显示的信号也愈好,愈容易检测。相反,亲缘关系很近的染色体组之间就难于区分。

GISH 发展到现在,虽然只有十多年的历史,但已广泛地应用于植物的多方面研究。GISH 技术用来分析杂种染色体,可以直观有效地显示出杂种细胞中来自双亲的基因组,能够在细胞分裂的各个时期检测到外源染色质并将其定位,而对于具有特殊育种价值的易位系、代换系和附加系的准确识别更显示出了独特的优势。利用 GISH 技术比较基因的同源性,可以为探讨物种的起源、进化和分类提供分子细胞遗传学试验证据。在考察染色体行为方面,利用花粉母细胞减数分裂中期 I、后期 I 的制片进行原位杂交,就能获得外源染色体的配对、分离等遗传信息。

12.2.2.1 物种的起源与进化研究

采用 GISH 方法,可准确评价各基因组的亲缘关系,快速而可靠地研究各基因的起源与进化。小麦的 ABD 基因组起源的研究中,不仅解决了最有争议的 B 基因组的祖先起源种斯佩耳特山羊草(*Aegilops speltoides*)的问题,而且鉴定出中国春 4A 染色体上有一部分来自 B 基因组染色体(Mukai 等,1993a)。Belyayev 等(1998)应用顺序 GISH(simultaneous GISH)对斯佩耳特山羊草与不同的近缘种的进化距离作了初步估计,检测了斯佩耳特山羊草在自然进化中引入的异源染色质。Sanchez-Moran 等(1999)在小麦-黑麦杂种(基因组构型 ABDR)的研究中,将探针和封阻的基因组 DNA 作适当的变换,发现 GISH 带型有区别,用 A 或 D 基因组作探针,S 基因组作封阻和用 S 基因组作探针,A 或 D 基因组作封阻的结果不同,前者能将 A 或 D 基因组重复序列的杂交信号完全封阻住,但后者不能,表明 S 基因组物种拥有一个或更多的在 A 或 D 基因组中以低拷贝形式的随机重复序列。这种模式的出现将有助于鉴定特异性的染色体。Bisht 等(2001)通过 GISH 试验确定丛生稗(*Eleusine coracana*)的 A、B 两个基因组分别来源于 *E. indica* 和 *E. floccifolia*。而在这之前,科学家们一直无法确定丛生稗究竟起源于 *E. indica*、*E. floccifolia*、*E. intermedia*、*E. tristachya* 和 *E. verticillata* 这几种植物中的哪两种。

12.2.2.2 物种之间同源性的确定

苜蓿属的 *Medicago murex* Willd. 和 *Medicago lesinsii* E. Small. 这两种植物一直以来被认为具有高度的同源性,但都没有确实的证据来证明。Falistocco 等(2002)用它们各自的基因组 DNA 作探针,分别与两者的染色体制片杂交和各自的染色体制片杂交,两个探针不论与哪种染色体制片杂交,都表现出强烈的杂交信号,且信号模式相似,都是染色体的端粒和近端粒区域的杂交信号强于远离端粒的区域,为证实两者具有高度同源性提供了有力的依据。Cao 等(2000)将坪用型多年生黑麦草(*Lolium perenne*)和昆明羊茅(*Festuca mairei*)进行基因组原位杂交时发现两者的同源性非常近,推测两者在长期的进化过程中染色体可能发生了相互渗透。

12.2.2.3 远缘杂种的鉴定及外源染色质的检测

基因组原位杂交能够直接地、可见地辨别属间或种间杂种中亲本基因组的构成。目前，利用 GISH 已成功检测到小麦背景下，大麦、黑麦、偃麦草、新麦草、大赖草、簇毛麦等多种来源的染色体或染色体片段，其范围几乎涵盖了小麦族的所有属。Schwarzacher 等(1989)将非洲黑麦(*Secale africanum*)的基因组 DNA 用荧光素标记制成探针，与杂种(*Secale africanum* × *Hordeum chilense*)根尖细胞染色体杂交，观察细胞周期的每个阶段，都发现染色质呈红、黄 2 种不同颜色的荧光，杂交上的染色质发黄色荧光，未杂交上的发红色荧光。在细胞分裂中期，有 7 条大的发黄色荧光的染色体和 7 条小的发红色荧光的染色体，长度测量表明，前者来自非洲黑麦，后者来自 *H. chilense*。

Mukai 等(1993b)以黑麦基因组总 DNA 和高度重复的 DNA 序列为探针，准确识别出含抗 Hessian 蝇基因的黑麦 6RL 中间易位小片段，而这种用射线诱导产生的位于臂中部的易位片段用其他方法几乎是无法检测到的。Jia 等(2002)通过对 GISH 结果的观察和分析，从 24 份小麦-多枝赖草后代株系中鉴别出 11 份二体附加系，4 份易位系，并指出这种非同源染色体易位现象普遍存在于小麦中。

Zhang 等(2006)对 3 个猬草属物种模式种 *Hystrix patula*、*H. duthiei* ssp. *duthiei* 和 *H. duthiei* ssp. *Longearistata* 进行单色和双色基因组原位杂交(GISH)分析。利用具不同基因组的 4 个二倍体物种[*Pseudoroegneria spicata*（St)、*Hordeum bogdanii*（H)、*Psathyrostachys huashannica*（Ns)和 *Lophopyrum elongatum*（Ee)]分别作为探针 DNA 和封阻 DNA 进行研究，结果表明：*H. patula* 具有一组来自拟鹅观草属物种的 St、H 基因组 DNA 和一组来自大麦属物种的 H 基因组；*H. duthiei* ssp. *duthiei* 和 *H. duthiei* ssp. *longearistata* 具有一组来自新麦草属物种的 Ns 基因组，与 Ee 基因组存在同源的重复片段(图 12.3，又见彩插)。

拟鹅观草属物种 *P. geniculata* 为部分同源四倍体，染色体组表示为 $St_1St_1St_2St_2$。Yu 等(2010)对拟鹅观草属物种 *P. geniculata*、*P. geniculata* ssp. *scythica* 和 *P. geniculata* ssp. *pruinifera* 染色体 GISH 分析，结果表明，*P. geniculata* 具有一组 St 染色体组，另一组染色体组与 St 染色体组有较高的同源性，不具有 E 染色体组。*P. geniculata* ssp. *scythica* 的 14 条染色体表现出 E 染色体组的杂交信号，另外有 14 条染色体表现出 St 染色体组的杂交信号，表明其染色体组组成为 EEStSt。*P. geniculata* ssp. *pruinifera* 的 28 条染色体表现出 E 染色体组的杂交信号，另外有 14 条染色体表现出 St 染色体组的杂交信号，表明其染色体组组成为 EEEEStSt。进而得出结论 *P. geniculata* 具有 St 染色体组，不具有 E 染色体组，而 *P. geniculata* ssp. *scythica* 和 *P. geniculata* ssp. *pruinifera* 具有 E 和 St 染色体组，因此把它们处理为 *P. geniculata* 的亚种是不合理的。按照 Löve 的分类原则，具有 E 和 St 染色体组的分类群应该提升到一个新属 Trichopyrum Á. Löve 中。因此，*P. geniculata* ssp. *pruinifera* 和 *P. geniculata* ssp. *scythica* 应该划出拟鹅观草属而组合到 Trichopyrum Á. Löve 中。

Humphreys 等(1998a)使用基因组 DNA 探针进行 GISH 研究，发现黑麦草的部分染色体来源于羊茅。Zwierzykowski 等(2008)利用 GISH 研究了多年生黑麦草和草地羊茅双二价体杂种减数分裂中期 I 种内染色体配对和属间染色体配对的详细情况，配对大部分发生在基因组内部，多年生黑麦草(Lp/Lp)和草地羊茅(Fp/Fp)的二价体数目几乎相等，分别为 5.41 和 5.48。基因组间的配对在二价体中占 33.3%，为 Lp/Fp；三价体中占 79.7%，为 Lp/Lp/Fp 和

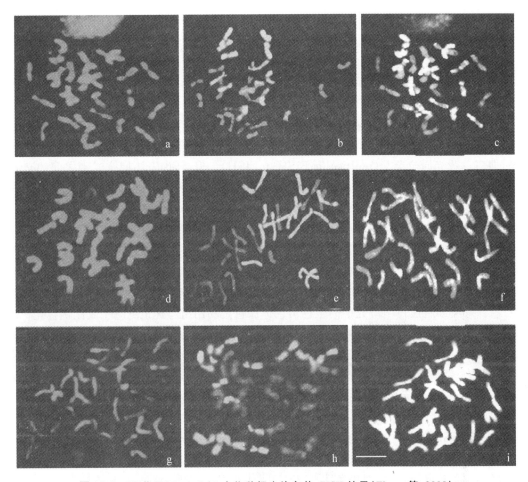

图 12.3 猬草属(*Hystrix*)3 个物种根尖染色体 GISH 结果(Zhang 等,2000)

a~c. *Hystrix patula* a. DAPI 染色后的染色体 b. 以 St 基因组 DNA 作为探针,以 H 基因组 DNA 作为封阻 DNA 进行原位杂交,14 条染色体显现红色荧光 c. 以 St 基因组 DNA 和 H 基因组 DNA 作为探针进行原位杂交,14 条染色体显现红色荧光,14 条染色体显现绿色荧光 d~f. *Hystrix × duthiei* ssp. *duthiei* d. DAPI 染色后的染色体 e. 以 Ns 基因组 DNA 作为探针,Ee 基因组 DNA 作为封阻,有 14 条染色体显现红色荧光 f. 以 Ns 基因组 DNA 和 Ee 基因组 DNA 作为探针,14 条染色体显现红色荧光,几乎 28 条染色体的一些区域都显现出微弱或明亮的呈点状分布的绿色荧光 g~i. *Hystrix duthiei* ssp. *longearistata* g. DAPI 染色后的染色体 h. 以 Ns 基因组 DNA 作为探针,Ee 基因组 DNA 作为封阻,14 条染色体显现红色荧光 i. 以 Ns 基因组和 Ee 基因组 DNA 作为探针,14 条染色体显现红色荧光,28 条染色体,尤其是着丝点区域,显现出微弱或明亮的呈点状分布的绿色荧光

Lp/Fp/Fp;四价体中占 98.4%,为 Lp/Lp/Fp/Fp 和 Lp/Lp/Lp/Fp。Kopeck 等(2006)结合 GISH 和 FISH,几乎研究了全部商业化的黑麦草羊茅杂种的遗传组成及与表现型的关系,各黑麦草羊茅杂种中亲本基因组的比例和基因组间的重组程度存在很大的变异,结合 GISH、FISH 和定位探针可对重组频率和染色体缺失进行详细研究。

唐祈林等(2004)用多色基因组原位杂交技术分析了玉米×四倍体多年生玉米杂种 F_1 减数分裂构型及其不同构型染色体来源。杂交结果显示,单价体、二价体和三价体分别为绿、红和黄色荧光信号,表明单价体来源于玉米,三价体构型染色体来源于玉米和四倍体多年生玉米种同源染色体配对,二价体的染色体仅来源于四倍体多年生玉米种。

从以上研究来看，GISH 在物种的起源和进化、分类研究中是一个强有力的工具，目前在草本植物染色体研究中得到了广泛的应用。

12.2.3 多色荧光原位杂交

FISH 一个最大的特点是可利用不同颜色的荧光素标记不同的探针，同时对一张制片进行杂交，从而对不同的靶 DNA 同时进行定位和分析，并能对不同探针在染色体上的位置进行排序，即多色荧光原位杂交(multicolor-FISH，mFISH)。但是，由于不同荧光素之间的光谱重叠，一般只限于同时用三种不同颜色进行标记。为了满足分子细胞遗传学特别是基因组学日益发展的需要，需进一步扩大 FISH 的容量。目前常用的方法是利用组合标记(combinant FISH)技术，即一个探针同时利用几种不同颜色的半抗原或荧光素进行标记，使 mFISH 的容量大大增加。组合标记原则上可标记的探针数为 $2n-1$(n 为半抗原或荧光素的个数)。若用不同比例的各种荧光素对每个探针进行标记，组合标记 FISH 的容量将更进一步增加，并能进行定量分析。当应用于这一目的时，组合标记 FISH 便称为"比例标记(ratio-labelling FISH)"。人类细胞遗传学研究中的多色染色体涂色是利用组合标记 FISH 或比例标记 FISH 对染色体、染色体臂或染色体带特异性涂色探针进行标记而进行的 mFISH，其灵敏度和分辨率都有一定的限制。要进行定量分析，必须配合相应的商业化定量荧光数字图像分析系统。高分辨率的显微装置和专业化图像分析系统对 mFISH 是至关重要的。将来人们或许能找到大量光学性能很好的荧光染料，以克服组合标记 FISH 和比例标记 FISH 中固有的一些分辨率低的缺点。

在多色 FISH 的基础上，还发展了染色体描绘(chromosome painting)、比较基因组原位杂交(comparative genomic hybridization，CGH)技术。染色体描绘是用全染色体或区域特异性探针，经多彩色荧光标记后，对染色体杂交使中期特异染色体和间期核呈现不同荧光颜色的条带，可用于识别染色体重组、断裂点分布以及鉴别染色体外核物质的起源。比较基因组原位杂交的基本原理是原位共杂交，将待检 DNA(如肿瘤细胞的 DNA)与相应的正常细胞 DNA 进行不同颜色的标记，混合后在两者存在竞争抑制的情况下同时对正常细胞的染色体标本杂交，可获得基因组中 DNA 扩增和缺失等的整体核型图，为遗传畸变分析提供了一种基因组指纹印记的检测手段，但 CGH 不能检测 DNA 的结构重排，而且灵敏度和分辨率受到一定限制。

二穗短柄草被誉为牧草功能基因组和比较基因组研究的一个新的模式种，Wolny 等(2009)通过常规 FISH、GISH、多色 FISH 等技术研究了二穗短柄草及其近缘种，为短柄草属各物种间的亲缘关系找到了分子细胞学上的证据。

12.2.4 3D FISH

三维细胞核中(three-dimentionallly preserved cells)DNA 探针的荧光原位杂交技术，即所谓的 3D FISH，这一技术可以观察到细胞周期各阶段细胞核中特殊 DNA 和 RNA 靶序列的立体图像。它提供了一些信息包括：染色体区域的排列和亚染色体区域结构、染色体区域内染色质密度图案以及单个基因的位置依据其读取的 RNA 转录体等信息。这些资料的收集对于理解分裂间期细胞核中基因组的空间结构和它们的功能之间的关系非常必要。

3D FISH 的研究表明间期细胞核中的染色体拥有紧凑而又彼此独立的区域,这些区域形态上各不相同。染色体臂在染色体区域中形成分开的功能区并且对于同等大小的(数 Mb)染色体亚区也是一样的。神经母细胞瘤的细胞核中的双微体和同源染色区没有与正常染色体区的重叠,并且被定位于染色体区域间的不同染色体功能区之间的空隙中。

12.2.5 应用 cDNA 微阵列荧光杂交进行基因表达分析

cDNA 微阵列技术(microarray)指在固体表面(玻璃片或尼龙膜)上固定成千上万 DNA 克隆片段,人工合成的寡核苷酸片段,用荧光或其他标记的 mRNA、cDNA 或基因组 DNA 探针进行杂交,从而同时快速检测多个基因表达状况或发现新基因,快速检测 DNA 序列突变,绘制 SNP 遗传连锁图,进行 DNA 序列分析等的一种新技术,其基本原理是基于 Southern 杂交或斑点杂交技术。微阵列技术步骤简单概述为以下 6 步:①cDNA 芯片的制备(选择 cDNA 克隆、制备探针和点样);②荧光素靶的制备(RNA 提取和标记);③杂交;④图像采集;⑤图像处理(标化和资料分析);⑥统计学分析和数据处理。

12.3 原位杂交染色体定位研究

12.3.1 染色体 DNA 序列的物理定位

育种学家在进行杂交育种时,总希望知道:①决定重要经济性状的染色体;②明确控制性状的基因在染色体上的区段。现在采用标记基因的方法进行的这方面研究的主要有:编码酶的基因、蛋白质基因以及限制性片段长度多态性(RFLP)等。标记基因方法中重要方面是利用部分同源 DNA 克隆(探针)与滤膜上的 DNA 杂交,通过自显影看到与探针杂交特定的 DNA 片段。这样,利用同源 DNA 来源来探测特定的 DNA 片段就可以清楚该片段所处的染色体及位置。例如,小麦属中 5S rRNA 基因的结构与功能前人已有详尽的研究,但关于它在染色体上位置的研究却很少。因为这类基因与具有形态表现的基因不同,很难用二点测验法或三点测验法进行基因定位。Mukai 等(1990)应用原位杂交技术结合染色体缺失作用的方法,对 5S rRNA 在普通小麦品种"中国春"上的位置进行了定位。

FISH 技术能够将单拷贝或低拷贝基因和重复 DNA 序列直接定位到染色体上,提供基因或重复 DNA 序列在染色体上的物理位置信息。对具有重要经济价值的单拷贝或低拷贝基因进行 FISH 物理作图,在基因的图位克隆和其他的物理作图策略中有十分重要的价值。

染色体的准确识别和精确的核型分析是植物基因组研究的基础。在多数植物中,单凭染色体的形态学特征难以识别全部的染色体。DNA 序列的 FISH 信号为染色体提供了有效的细胞遗传学标记,使很多植物的全部或部分染色体得以准确识别,由此建立精确的核型。常用的标记是 rDNA、重复序列和 BAC 克隆。

rDNA 的 FISH 信号是使用得最多的染色体识别标记。45S 和 5S rDNA 位点产生杂交信号,杂交信号的有无、数目、位置和大小均可作为染色体识别的标记。在有些植物中,如大麦、拟南芥和芸薹属的一些物种,45S 和 5S rDNA 的双色 FISH 能够区分基因组的所有或大多数染色体。

重复序列也是常用的标记。在小麦族的物种中,串联重复卫星序列和某些微卫星序列的 FISH 定位可产生特征性的杂交带型,使全部或多数染色体得以识别。例如,来自节节麦的克隆 pAsl 能够识别整个 D 组染色体,而来自黑麦的克隆 pSc119.2 主要与 B 组染色体杂交(Castilho 等,1995)。这两个克隆的双色 FISH 带型能够识别普通小麦的 17 对染色体。在玉米中,多种重复序列的 FISH 信号标记提供了改进的减数分裂和有丝分裂染色体的核型分析方法。Kato 等(2004)用新分离的 3 个玉米重复序列克隆和包括 CentC、染色纽专一序列、45S rDNA、TR21 等在内的 6 个重复序列,发展了一个多色 FISH 程序,使 14 个玉米品系体细胞的 10 对染色体中的每一对都产生了独特的杂交带型和颜色图形,据此能够准确识别玉米的体细胞染色体。

细菌人工染色体与 FISH(bacterial artificial chromosome,BAC-FISH)也能够提供新的有效的细胞遗传学标记。Dong 等(2000)用 RFLP 标记从马铃薯的 BAC 文库中分离了一套分别对马铃薯 12 对染色体专一的 BAC 克隆,这些克隆的 FISH 信号可以作为识别马铃薯单个染色体的有效标记。Cheng 等(2001a)用相同方法结合 CentO、45S rDNA 等进行的 FISH 分析,准确地识别了水稻的粗线期染色体。Kim 等(2002)用靠近高粱连锁遗传图末端的分子标记筛选的 BAC 克隆混合物进行荧光原位杂交可同时识别高粱的 10 对染色体。

Kenton 等(1995)将双粒病毒的 DNA 序列定位于烟草 T 基因组一个小染色体上,这是第一次观察到病毒 DNA 序列整合到植物基因组。病毒 DNA 插入序列物理作图在系统发育和植物进化研究中有特殊的应用,对农作物基因工程和植物基因组计划是有重要意义的,这是个特例。但将 GISH 技术与其他分子技术如 RFLP 相结合,能充分发挥 GISH 的潜能。Pickering 等(1997)先用 GISH 将来自于鳞茎大麦的渐渗染色质定位于大麦两条染色体末端,再用 RFLP 把含有性成熟基因(Hs)的渐渗作图定位于大麦 4HL 染色体末端。两种技术的结合,能够加快基因的定位与克隆,是一个很有前途的技术。

12.3.2 构建植物基因组的物理图谱

FISH 技术已成为植物基因组物理作图的重要工具之一。与使用大插入片段 DNA 克隆进行的重叠群组装以及通过缺失系和易位系等细胞遗传学材料将 DNA 定位到染色体片段等物理作图方法相比,FISH 物理作图具有许多优势:可以直接显示不同 DNA 序列的排列次序并测量它们之间的物理距离;可提供不同水平的空间分辨力;不需要特殊的细胞学材料,可适用于许多物种。尤为突出的是,FISH 技术能比较简便地将连锁遗传图和物理图整合,构建植物基因组的分子细胞遗传图。通常植物基因组物理作图的策略是:用 RFLP 从基因组文库筛选含大插入片段的 BAC 克隆,然后用这些克隆在粗线期和(或)有丝分裂中期染色体上进行 FISH 物理作图,而不是直接用 1~2 kb 的 RFLP DNA 序列的小探针进行 FISH,因为这在技术上比较难。由于用于作图的 BAC 克隆在遗传图上的位置是已知的,即同时实现了物理图和遗传图的整合。Cheng 等(2001b)采用水稻 10 号染色体上 18 个 RFLP 锚定的 BAC 克隆,结合 rDNA 和着丝粒序列 pRCS2,对该染色体进行了粗线期 FISH 物理作图,并将物理图与该染色体的遗传图进行了完全的整合。这一研究不仅重新确定了该染色体着丝粒的遗传位置,而且还发现遗传重组沿 10 号染色体主要呈均匀分布,但高度异染色质化的短臂显示了比主要是常染色质的长臂较低的重组频率。采用相近技术,已相继绘制了其他植物的分子细胞遗传学图,包括高粱 1、2 和 8 号染色体(Islam-Faridi 等,2002;Kim 等,2005),水稻 5 号染色体(Kao 等,2006),玉米染色体(Koumbaris 等,2003),甘蓝染色体(Howell 等,2005)以及大豆染色体(Walling 等,2006)。比较这些染色体的遗传图和细胞学图发现,重组频率在染色体不同区域有较大的差异,近着丝粒区的异染色质在很大程度上缺乏重组,重组主要发生在基本属常染色质的远端区。例如,含有 NOR 的 1 号染色体的近着丝粒区占了该染色体的 60%,但这个区域只代表了该染色体的 0.7%的遗传图距。值得指出的是,在玉米、大麦、小麦等大基因组植物中,BAC 克隆含有很多的重复序列,常常会获得非特异性信号。因此,大基因组难以用 BAC FISH 进行基因组物理作图。Stephens 等(2004)采用高灵敏度的酪胺信号放大 FISH(tyramide signal amplification,TSA-FISH)技术,直接对大麦的 RFLP(cDNA 克隆)进行了物理作图尝试,显示这种技术可以作为大基因组 FISH 物理作图的一种可选择的方法。

比较基因组原位杂交(comparative genomic hybridization,CGH)是一种能够在一步全基因组筛查程序,描述 G 带不能发现的细胞遗传物质增加或减少的分子细胞遗传学技术。CGH 优于进行全基因组涂染(wcp)的常规 FISH 和多色 FISH 之处是它不仅能够识别增加的未知片段的染色体来源,而且还可将该片段定位于特定的染色体区带。来源于一个的物种的 DNA 克隆可被用于另一近缘物种的 FISH 作图探针。比较基因组原位杂交作图与传统比较遗传连锁作图有很多优点:①不需要作图群体;②FISH 作图并不依赖于多态性,因此一个物种的任何克隆一旦能够在另一物种产生信号,都可用作 FISH 作图探针;③两物种之间在进化过程的一些重排(如倍增)可直观地显现出来。

使用拟南芥 BAC 克隆 FISH 作图到芸薹属(*Brassica*)的染色体上已有大量报道(Howell 等,2005;Jackson 等,2000)。拟南芥和芸薹属是在 2~1.5 千万年前从一个共同的祖先分离出的。拟南芥大部分 BAC 克隆可在芸薹属检测到微弱 FISH 信号。拟南芥和芸薹属的比较 FISH 图谱显示出这两个物种之间的遗传共线性和芸薹属的基因组倍增。

King 等(2002)使用 GISH 技术物理作图,将羊茅(*Festuca pratensis*)单染色体基因渗入到多年生黑麦草(*Lolium perenne*)中获得的单体代换系(substitution line,$2n=2x=14$)作为研究材料,获得的物理图谱与基于 104 个羊茅特异的 RFLP 标记获得的遗传图谱进行了整合(图 12.4,又见彩插)。第一次大规模分析了物理图谱上的 AFLP 标记分布,同时对染色体臂上(间)的物理和遗传距离差异进行了研究,进而得出结论:NOR 和着丝粒周边的重组率大大减小;对于大基因组植物而言,编码序列出现在靠近 NOR 和着丝粒的低重组区域;在羊茅染色体与水稻 1 号染色体之间存在明显的共线性。

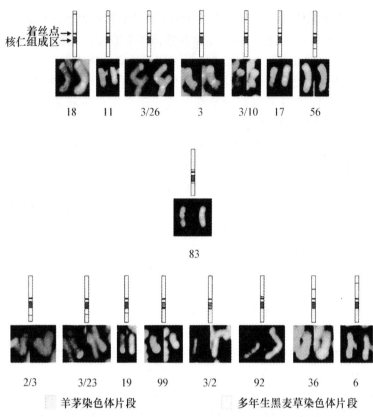

图 12.4 羊茅（*Festuca pratensis*）单染色体基因渗入到多年生黑麦草（*Lolium perenne*）中获得的单体代换系 GISH 作图（King 等，2002）

图中是 16 个重组染色体的 GISH 作图，其中 18,11,3/26,3,3/10,17,56,2/3,3/23,19,99,3/2,92,36,6,83 显示的是不同基因型的重组体，每对染色体左侧的为羊茅片段（绿色，见彩插），右侧的为重组体。

Khrustaleva 等（2005）使用同样的方法整合了两个葱属（*Allium*）物种的物理图谱和遗传图谱。基于 GISH 的作图策略与使用易位系和缺失系的物理作图相似，但 GISH 作图避免了构建易位系和缺失系的大量时间。GISH 作图用于分析种间或属间杂交获得的部分同源的染色体之间的重组时非常有用（Jiang 等，2006）。Humphreys 等（1998b）利用 GISH 结合遗传连锁图绘制了物理图谱，可以准确定位基因、选择优良性状。但是 GISH 不能分辨很小的染色体片段。所以 GISH 常用来结合 AFLP 等分子标记手段分析优良农艺性状的定位。

12.3.3 在游离染色质或 DNA 纤维上的高分辨率 FISH 定位

纤维荧光原位杂交（fibre FISH）统指在游离染色质（released chromatin）或 DNA 纤维上（DNA fibre）的荧光原位杂交。游离染色质或 DNA 纤维染色质浓缩程度远低于中期染色体，甚至低于间期核染色质。因此，与前期染色体 FISH、间期 FISH、减数分裂粗线期 FISH、原核 FISH 相比，纤维 FISH 的分辨率最高。这些强大的优势使得纤维 FISH 能够直接显示 DNA 序列的线性位置，分析不同 DNA 序列的线性排列关系。而且，还可以根据对荧光信号长度的测量来推算 DNA 序列的长度和拷贝数，以及两个相邻 DNA 序列之间间隙或重叠的大小，从而直接对 DNA 进行定量分析。Ohmido 等(2010)以水稻着丝点和 TrsA 特异序列为探针,对其序列在体细胞染色体、粗线期染色体、间期核、DNA 纤维上进行高分辨率 FISH 定位(图12.5,又见彩插),并根据纤维 FISH 结果对着丝点和 TrsA 序列可能的拷贝数进行了估算。

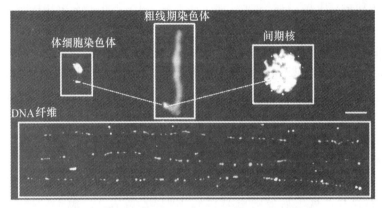

图 12.5　水稻体细胞染色体、粗线期染色体、间期核、
DNA 纤维高分辨率 FISH 结果(Ohmido 等,2010)

纤维 FISH 在染色体结构研究上有广泛的应用,关键在于其高分辨率可以填补从分子生物学到细胞生物学之间的空白(Beatty 等,2002)。这些研究内容包括着丝粒分析、端粒分析、度量转基因插入片段的大小、病毒在宿主基因组中的整合模式以及通过 DNA-protein 共显影来研究 DNA-protein 的相互作用。纤维 FISH 还被应用到医学遗传学中,研究基因扩增、缺失和转座,以及新基因拷贝数引起的病理临床表现和基因数目的相关性。

开展纤维 FISH 技术的基础是从细胞中释放 DNA 分子并将这种线状伸展的 DNA 固定到载玻片上。DNA 纤维与覆盖整个目标区域的一套不同荧光染料标记的探针杂交,产生一种特征线性分布的 FISH 信号,该信号代表一条多色条形码(barcode)。理论上可以产生多达 1 000 kb 的条形码,但是实际上常用的条形码长度大约在 300 kb。当研究较大的目标区域时,靶 DNA 的人工断裂可能会使结果判读变得复杂。

由于纤维 FISH 具有高而宽的分辨率范围(1~1 000 kb)及其产生多色条形码能力,证实它非常适于作为辅助物理作图工具、用于长度多态性分析的工具。纤维 FISH 应用于 DNA 克隆的物理定位,通过与目标区域已知克隆的比较,可以快速分析新克隆的大小、位置和方向。该方法已用于人类基因组计划。通过采用覆盖所有假定外显子和内含子的探针与 cDNA 克隆杂交,纤维 FISH 也用于定位基因的基因组结构(Florijn 等,1996)。这种方法可以检测小到 500 bp 的片段。使用纤维 FISH 条形码,可以很方便的对样品发生在同一遗传条形码内的各种遗传学异常进行物理定位,如缺失、插入、长度多态性和易位(范耀山等,2007)。

12.4　植物荧光原位杂交方法

12.4.1　染色体制备

染色体的具体制备方法如下。

(1)将种子在培养皿中萌发。

(2)根尖长度为 2～3 cm 时进行预处理,以获得最佳有丝分裂相。通常将根尖置于冰上处理 16～24 h 或用 0.025％ 秋水仙素室温下处理 3～6 h。

(3)固定:将幼根放入固定液(无水乙醇:冰乙酸=3:1)中室温下固定 2 d。如果需要将材料保存至 7 d 以内,可将幼根转入 70％ 乙醇,－20℃ 保存。

(4)清水冲洗幼根 10 min,以去除固定液。

(5)将幼根置于酶液中,37℃ 下软化 25 min。酶液的基本成分为 2.5％ 果胶酶(Pectolyse Y-23)和 2.5％ 纤维素酶(Onozuka R-10),将其溶解到 75 mmol/L KCl,7.5 mmol/L EDTA,pH 4.0。－20℃ 下分装为 0.05 mL,保存。

(6)45％ 醋酸清洗至少 10 min。

(7)制片:小心切取根尖组织 0.5～3 mm(根据不同物种和根系大小)放到载玻片上,加一滴 45％ 乙酸,加盖玻片。镜检中发现染色体分散好,图像清晰的片子,将片子置于冰上或液氮中以分离载片和盖片。风干后分别用 70％ 和 100％ 乙醇脱水。晾干后可于－20℃ 冰箱或 100％ 甘油中 4℃ 充满永久保存。

12.4.2 探针制备与检测(定量)

12.4.2.1 随机引物制备 cDNA 核酸探针

以 DIG-DNA 标记检测试剂盒为例。

1. 探针制备

(1)模板 DNA(0.5～3 μg)15 μL,100℃ 变性 10 min,冰浴 5 min。

(2)在冰浴中加 Hexanucleotide mix 2 μL,dNTPmix 2 μL,Klenow Enzyme 1 μL,反应总体积为 20 μL,37℃ 孵育过夜。

(3)在上述 20 μL 的标记产物中加 4 mol/L LiCl 2.5 μL,75 μL 无水乙醇(预冷),轻轻混匀,－20℃ 放置 2 h。4℃ 条件下 12 000×g 离心 15 min,弃上清。70％ 乙醇(预冷)50 μL 洗涤,7 500×g 离心 5 min,弃上清,晾干沉淀,加 50 μL TE 溶解沉淀,－20℃ 保存备用。

2. 探针敏感性检测

(1)样品稀释:取 DIG-标记探针 1 μL 用 ddH$_2$O 以 1:10、1:100、1:1 000、1:10 000 梯度稀释。

(2)取一张与点样器大小相近的尼龙膜,标记方向,ddH$_2$O 中浸泡 1 min,6×SSC 中浸泡 10 min,置点样器上,负压抽吸 5 min。

(3)将上述样品点于尼龙膜上,继续抽吸 10 min。

(4)取下尼龙膜,置紫外灯下 10 cm 处照射 5 min,晾干。

(5)将膜置于适量预杂交液(5～10 mL)中,37℃ 预杂交 10 min。

(6)加入 Anti-DIG 抗体(1:5 000),37℃ 杂交 30 min。

(7)洗膜:2×SSC/0.1％ SDS 室温洗 10 min×2 次。

(8)显色:15 mL TSM$_2$ 中加 300 μL 显色液(NBT/BCIP),37℃ 避光显色 30 min。

12.4.2.2 PCR 法制备 cDNA 核酸探针

1. 探针制备

以 PCR DIG Probe Synthesis 试剂盒为例。

在 0.5 mL 离心管中，依次加入 PCR 引物 1(10 pmol/L) 2 μL,PCR 引物 2(10 pmol/L) 2 μL,质粒 DNA 模板(10~100 pg) 2 μL,PCR DIG mix 2 μL(含 dNTP 和 DIG-11-dUTP),dNTPmix 2 μL,10×PCR buffer 5 μL,Taq 酶(2 U/μL) 1 μL,加入适量 ddH_2O,使总体积达 50 μL。

将上述混合液稍加离心，立即置 PCR 仪上，扩增反应条件为：93℃预变性 3~5 min；93℃ 45 s,58℃ 45 s,72℃ 60 s,循环 30~35 次；72℃下保温 7 min。

在上述 PCR 产物中加入 4 mol/L LiCl 12.5 μL、预冷无水乙醇 375 μL,轻轻混合后置于-20℃下 2 h,12 000×g 离心 15 min,弃上清。70%乙醇(预冷)120 μL 洗涤沉淀,7 500×g 离心 5 min,弃上清，晾干沉淀，加 50 μL TE 溶解，-20℃保存备用。

2. 探针检测

对样品进行琼脂糖凝胶电泳，紫外灯下观察 DIG-DNA 探针含量(采用目测法)。

12.4.3 原位杂交反应

原位杂交反应步骤(以 DIG-cDNA 探针为例)如下。

(1) 0.1 mol/L PBS (pH 7.2) 浸 5~10 min。

(2) 0.1 mol/L 甘氨酸/0.1 mol/L PBS 浸 5 min。

(3) 0.3% TritonX-100/0.1 mol/L PBS 浸 10~15 min。

(4) 0.1 mol/L PBS 洗 5 min,重复 3 次，加蛋白酶 K(1 μg/mL),37℃孵育 30 min。

(5) 4%多聚甲醛浸 5 min。

(6) 0.1 mol/L PBS 洗 5 min,重复 2 次，浸入新鲜配制的含 0.25%乙酸酐/0.1 mol/L 三乙醇胺中 10 min。

(7) 预杂交：滴加适量预杂交液,42℃下杂交 30 min。

(8) 杂交：倾去预杂交液，在每张切片上滴加 10~20 μL 杂交液(将探针变性后稀释在预杂交液中,0.5 ng/μL),覆以盖玻片或蜡膜,42℃过夜。阴性对照组除不加探针外，其余步骤相同。

(9) 洗片：4×SSC、2×SSC、1×SSC、0.5×SSC 37℃各洗 20 min；0.2×SSC 37℃洗 10 min；等量 0.2×SSC 与 0.1 mol/L PBS 混合液洗 10 min；0.05 mol/L PBS 洗 5 min,重复 2 次。

(10) 3% BSA/0.05 mol/L PBS 包被,37℃下反应 30 min。

(11) 滴加抗地高辛-抗血清碱性磷酸酶复合物(以抗体稀释液 1：5 000 稀释),4℃孵育过夜。

(12) 0.05 mol/L PBS 洗 15 min,重复 4 次；TSM_1 洗 10 min,重复 2 次；新鲜配制 TSM_2 洗 10 min,重复 2 次。

(13) 显色：在玻片上滴加适量显色液,4℃避光过夜。

(14) 将玻片置于 TE 中 10~30 min 以终止反应。酒精梯度脱水，二甲苯脱脂，中性树胶封片。

(15) 显微镜下观察结果。

12.4.4 免疫组化和原位杂交双重染色

1. 免疫组化

(1)将切片浸没于 100 mL 甲醇溶液中(含 20 μL H_2O_2),5 min。

(2)0.01 mol/L PBS 洗 3 min,重复 3 次,加入含 0.25% Trion X-100 的 0.01 mol/L PBS,5 min。

(3)0.01 mol/L PBS 洗 3 min,重复 3 次,加入 1% BSA 包被液,37℃下反应 30 min。

(4)0.01 mol/L PBS 洗 3 min,重复 3 次,滴加适当稀释的一抗,4℃过夜(阴性对照组除不加一抗外,其余步骤相同)。

(5)0.01 mol/L PBS 洗 3 min,重复 3 次,滴加适当稀释的二抗(辣根过氧化酶标记),室温放置 1~2 h。

(6)0.01 mol/L PBS 洗 3 min,重复 3 次,0.03% DAB/0.02% H_2O_2 呈色 3~5 min。(阳性信号呈棕黄色)。

(7)用 H_2O_2 轻轻洗涤切片,以终止反应。

2. 原位杂交

免疫组化反应结束后,切片即进入原位杂交的第 4 步,直至结束(原位杂交阳性信号呈蓝紫色)。

参考文献

[1] 范耀山,刘青杰. 分子细胞遗传学:技术与应用. 北京:科学出版社,2007.

[2] 宋同明,陈绍江. 植物细胞遗传学. 2 版. 北京:科学出版社,2009.

[3] 唐祈林,荣廷昭,宋运淳,等. 玉米×四倍体多年生玉米 F_1 减数分裂构型及不同构型的染色体来源研究. 中国农业科学,2004,37:473-476.

[4] 钟筱波,Fran P F. 用荧光原位杂交技术构建高分辨率的 DNA 图谱. 遗传,1997,19:44-48.

[5] Anamthawat-Jonsson K,Bodvarsdottir S K. Genomic and genetic relationships among species of Leymus (Poaceae:Triticeae) inferred from 18S-26S ribosomal genes. American Journal of Botany,2001,88:553-559.

[6] Beatty B,Mai S,Squire J. Fish:a practical approach. Oxford,USA:Oxford University Press,2002.

[7] Belyayev A,Raskina O. Heterochromatin discrimination in Aegilops speltoides by simultaneous genomic in situ hybridization. Chromosome Research,1998,6:559-566.

[8] Bisht M S,Mukai Y. Genomic in situ hybridization identifies genome donor of finger millet (*Eleusine coracana*). TAG Theoretical and Applied Genetics,2001,102:825-832.

[9] Cao M,Sleper D A,Dong F,*et al*. Genomic in situ hybridization (GISH) reveals high chromosome pairing affinity between Lolium perenne and Festuca mairei. Genome,2000,43:398-403.

[10] Castilho A, Heslop-Harrison J S. Physical mapping of 5S and 18S-25S rDNA and repetitive DNA sequences in *Aegilops umbellulata*. Genome, 1995, 38: 91-96.

[11] Cheng Z, Buell C R, Wing R A, et al. Toward a cytological characterization of the rice genome. Genome Res. , 2001a, 11: 2133-2141.

[12] Cheng Z, Presting G G, Buell C R, et al. High-resolution pachytene chromosome mapping of bacterial artificial chromosomes anchored by genetic markers reveals the centromere location and the distribution of genetic recombination along chromosome 10 of rice. Genetics, 2001b, 157: 1749-1757.

[13] Darby I A, Hewitson T D. Methods in molecular biology. In: Situ hybridization protocols. 3rd ed. Totowa, NJ: Humana Press, 2006.

[14] Dong F, Song J, Naess S K, et al. Development and applications of a set of chromosome-specific cytogenetic DNA markers in potato. TAG Theoretical and Applied Genetics, 2000, 101: 1001-1007.

[15] Falistocco E, Torricelli R, Falcinelli M. Genomic relationships between *Medicago murex* Willd. and *Medicago lesinsii* E. Small. investigated by in situ hybridization. Theoretical and Applied Genetics, 2002, 105: 829-833.

[16] Florijn R J, Ruke F M, Vrolijk H, et al. Exon mapping by fiber-FISH or LR-PCR. Genomicsm, 1996, 38: 277-282.

[17] Haaf T, Ward D C. Structural analysis of {alpha}-satellite DNA and centromere proteins using extended chromatin and chromosomes. Human Molecular Genetics, 1994, 3: 697-709.

[18] Howell E C, Armstrong S J, Barker G C, et al. Physical organization of the major duplication on *Brassica oleracea* chromosome O6 revealed through fluorescence in situ hybridization with Arabidopsis and Brassica BAC probes. Genome, 2005, 48: 1093-1103.

[19] Humphreys M, Pasakinskiene I, James A, et al. Physically mapping quantitative traits for stress-resistance in the forage grasses. J. Exp. Bot. , 1998a, 49: 1611-1618.

[20] Humphreys M W, Zare A G, Paaedot I, et al. Interspecific genomic rearrangements in androgenic plants derived from a *Lolium multiflorum* × *Festuca arundinacea* ($2n=5x=35$) hybrid. Heredity, 1998b, 80: 78-82.

[21] Islam-Faridi M N, Childs K L, Klein P E, et al. A molecular cytogenetic map of sorghum chromosome 1: fluorescence in situ hybridization analysis with mapped bacterial artificial chromosomes. Genetics, 2002, 161: 345-353.

[22] Jackson S A, Cheng Z, Wang M L, et al. Comparative fluorescence in situ hybridization mapping of a 431-kb Arabidopsis thaliana bacterial artificial chromosome contig reveals the role of chromosomal duplications in the expansion of the *Brassica rapa genome*. Genetics, 2000, 156: 833.

[23] Jia J, Zhou R, Li P, et al. Identifying the alien chromosomes in wheat-*Leymus multicaulis* derivatives using GISH and RFLP techniques. Euphytica, 2002, 127: 201-207.

[24] Jiang J, Gill B S. Current status and the future of fluorescence in situ hybridization

(FISH) in plant genome research. Genome,2006,49:1057-1068.

[25]Kao F I,Cheng Y Y,Chow T Y,et al. An integrated map of *Oryza sativa* L. chromosome 5. Theoretical and Applied Genetics,2006,112:891-902.

[26]Kato A,Lamb J C,Birchler J A. Chromosome painting using repetitive DNA sequences as probes for somatic chromosome identification in maize. Proc. Natl. Acad. Sci. USA,2004,101:13554-13559.

[27]Kenton A,Khashoggi A,Parokonny A,et al. Chromosomal location of endogenous geminivirus-related DNA sequences in *Nicotiana tabacum* L. Chromosome Research,1995,3: 346-350.

[28]Khrustaleva L I,De Melo P E,Van Heusden A W,et al. The integration of recombination and physical maps in a large-genome monocot using haploid genome analysis in a trihybrid Allium population. Genetics,2005,169:1673-1685.

[29]Kim J S,Childs K L,Islam-Faridi M N,et al. Integrated karyotyping of sorghum by in situ hybridization of landed BACs. Genome,2002,45:402-412.

[30]Kim J S,Klein P E,Klein R R,et al. Molecular cytogenetic maps of sorghum linkage groups 2 and 8. Genetics,2005,169:955-965.

[31]King J,Armstead I P,Donnison I S,et al. Physical and genetic mapping in the grasses Lolium perenne and *Festuca pratensis*. Genetics,2002,161:315-324.

[32]Kopecky D,Loureiro J,Zwierzykowski Z,et al. Genome constitution and evolution in *Lolium×Festuca hybrid cultivars* (Festulolium). Theoretical and Applied Genetics,2006, 113:731-742.

[33]Koumbaris G L,Bass H W. A new single-locus cytogenetic mapping system for maize (*Zea mays* L.): overcoming FISH detection limits with marker-selected sorghum (S. *propinquum* L.) BAC clones. The Plant Journal,2003,35:647-659.

[34]Le H T,Armstrong K C,Miki B. Detection of rye DNA in wheat-rye hybrids and wheat translocation stocks using total genomic DNA as a probe. Plant Molecular Biology Reporter,1989,7:150-158.

[35]Mukai Y,Endo T R,Gill B S. Physical mapping of the 5S rRNA multigene family in common wheat. Journal of Heredity,1990,81:290-295.

[36]Mukai Y,Friebe B,Hatchett J H,et al. Molecular cytogenetic analysis of radiation-induced wheat-rye terminal and intercalary chromosomal translocations and the detection of rye chromatin specifying resistance to Hessian fly. Chromosoma,1993b,102:88-95.

[37]Mukai Y,Nakahara Y,Yamamoto M. Simultaneous discrimination of the three genomes in hexaploid wheat by multicolor fluorescence in situ hybridization using total genomic and highly repeated DNA probes. Genome,1993a,36:489-494.

[38]Ohmido N,Fukui K,Kinoshita T. Recent advances in rice genome and chromosome structure research by fluorescence in situ hybridization (FISH). Proc. Jpn. Acad. Ser. B Phys. Biol. Sci. ,2010,86:103-116.

[39]Ørgaard M,Heslop-Harrison J S. Relationships between species of Leymus,Psathy-

rostachys, and Hordeum (Poaceae, Triticeae) inferred from Southern hybridization of genomic and cloned DNA probes. Plant Systematics and Evolution, 1994, 189: 217-231.

[40] Pickering R A, Hill A M, Kynast R G. Characterization by RFLP analysis and genomic in situ hybridization of a recombinant and a monosomic substitution plant derived from *Hordeum vulgare* L. × *Hordeum bulbosum* L. crosses. Genome, 1997, 40: 195-200.

[41] Sanchez-Moran E, Benavente E, Orellana J. Simultaneous identification of A, B, D and R genomes by genomic in situ hybridization in wheat-rye derivatives. Heredity, 1999, 83: 249-252.

[42] Schwarzacher T, Leitch A R, Bennett M D, et al. In situ localization of parental genomes in a wide hybrid. Ann. Bot. (Lond), 1989, 64: 315.

[43] Walling J G, Shoemaker R, Young N, et al. Chromosome-level homeology in paleopolyploid soybean (*Glycine max*) revealed through integration of genetic and chromosome maps. Genetics, 2006, 172: 1893-1900.

[44] Wang R R, Zhang J Y, Lee B S, et al. Variations in abundance of 2 repetitive sequences in Leymus and Psathyrostachys species. Genome, 2006, 49: 511-519.

[45] Wilkinson D G. *In situ* hybridization: a practical approach. New York: Oxford University Press, 1998.

[46] Wolny E, Hasterok R. Comparative cytogenetic analysis of the genomes of the model grass *Brachypodium distachyon* and its close relatives. Ann Bot (Lond), 2009, 104: 873-881.

[47] Yu H, Zhang C, Ding C, et al. Genome constitutions of Pseudoroegneria geniculata, P. geniculata ssp. scythica and P. geniculata ssp. pruinifera (Poaceae: Triticeae) revealed by genomic in situ hybridization. Acta Physiologiae Plantarum, 2010, DOI 10.1007/s11738-11009-10441-x.

[48] Zhang H Q, Yang R W, Dou Q W, et al. Genome constitutions of *Hystrix patula*, *H. duthiei* ssp. duthiei and *H. duthiei* ssp. *longearistata* (Poaceae: Triticeae) revealed by meiotic pairing behavior and genomic in-situ hybridization. Chromosome Res., 2006, 14: 595-604.

[49] Zwierzykowski Z, Zwierzykowska E, Taciak M, et al. Chromosome pairing in allotetraploid hybrids of *Festuca pratensis* × *Lolium perenne* revealed by genomic in situ hybridization (GISH). Chromosome Research, 2008, 16: 575-585.

第13章

染色体组型分析方法研究进展

刘 伟[*]

  染色体组型分析又叫核型分析,就是对核型的各种特征进行定量和定性的表述。染色体核型分析方法主要包括染色体制片、分带、核型表述、核型分类以及染色体图像分析。本专题对近半个世纪以来,国内外植物染色体核型分析方法及其在牧草与饲用植物上的应用概况进行了综述,要点如下:①核型分析常用的染色体制片方法有压片法和去壁低渗-火焰干燥法,在研究植物染色体分带时可选用去壁低渗-火焰干燥法。当前用于植物染色体的分带的主要是Giemsa 分带,以 C 分带应用最广泛,BSG 流程是植物染色体 C 带的最主要流程。N 带中,磷酸二氢钾处理流程为目前应用最广泛的流程。②染色体核型分析至少需具备染色体数目和形态两方面的信息。核型表述时应按规则对染色体编号,提供核型分析参数表、模式照片、核型图、核型模式图和核型公式。核型分类常以 Stebbins(1971)分类原则进行。C 带带型分析可根据第一届全国植物染色体学术讨论会约定规则进行。分带特征突破了染色体形态证据的局限性,为从微观水平上识别染色体及其变异提供了更精确的信息。③染色体图像分析包括获得图像和图像前处理,图像匹配、分类以及建立模式核型或带型两大步骤。染色体图像分析技术以计算机微处理技术及数字处理技术代替传统核型与带型分析中的人工测量和计算,具有快速、准确和可靠的特点,可望成为进行染色体分析的主要手段。④在牧草与饲用植物中,染色体核型分析特别是分带技术(如 C 分带等),已经广泛用于黑麦草属和苜蓿属的物种分类、披碱草属染色体组来源分析、小麦与天兰冰草远缘杂交中亲本染色体同源性鉴定以及苜蓿远缘杂交中野生苜蓿染色体、染色体臂和(或)染色体片段导入紫花苜蓿的检测等。核型分析方法作为细胞遗传学、染色体工程、基因定位和细胞分类学等学科的基本研究方法,对于指导牧草与饲用植物远缘杂交、人工异源多倍体合成与培育新品种具有重要意义。

---

  [*] 作者单位:四川农业大学动物科技学院,四川雅安,625014。

13.1 核型分析的概念与意义

染色体组型又叫核型(karyotype)。关于染色体核型的理论,Delaunay(1922)认为,染色体形态是以染色体组为单位的整体研究。同年,Nawaschin 指出,按棒状模式图表示染色体组的各种染色体形态,称为染色体组。Delaunay(1926,1929)提出与分类学单位相对应的染色体形态,称为染色体核型,以染色体核型为系统学和分类学的单位。Lewitzky(1926,1931)认为,种、属间核型存在渐变的差异,指出核型不是固定的,把核型与基因组联系起来,为现代核型的概念奠定了基础。此后,Darlington(1945)又将核型概括为以下 5 个方面:①染色体基数;②同组各染色体的相对大小;③各染色体的绝对大小;④随体和次缢痕的数目和大小;⑤常染色质和异染色质的分布特征。而 Battaglia(1952)指出,核型是某一个体或一群亲缘个体的染色体组分中染色体的数目、大小和形态。按 Stebbins(1971)的定义,核型是有丝分裂中期看到的染色体组分的形态。对于某些合适的类群,也研究第一次小孢子分裂的配子体核型。Herskowitz(1977)认为,核型是中期染色体或染色体类型按顺序的排列表达,体细胞有丝分裂中期或配子体细胞有丝分裂中期染色体的照片、描图以及把染色体大小顺序的排列都可以称为核型。

目前,国内普遍认同李懋学等(1996)对于核型概念的界定。核型,一般指体细胞染色体经染色处理后在光学显微镜下所有可能测定的表型特征。主要包括染色体的数目、染色体外部和内部形态结构特征。其中,染色体数目包括基数(x)、多倍体、非整倍体、B 染色体和性染色体等。染色体外部形态结构特征主要包括染色体的绝对大小和相对大小,着丝点和次缢痕以及随体的数目和位置等特征,而染色体的内部结构特征(即"解剖学"特征)是指一般光学显微镜下可观察到的经特殊染色方法处理后染色体上产生的带纹数目、位置、宽窄与染色的深浅等信息,即分带特征(李贵全,2001)。核型分析(karyotype analysis)就是对核型的各种特征进行定量和定性的表述(李懋学等,1996)。以同源染色体为单位,按一定顺序排列起来的核型,称为核型图。

核型和带型反映了物种染色体水平上的表型特征。研究和比较各物种的核型、带型可以确定物种染色体的整体特征,有助于对物种间科、属、种的亲缘关系进行判断和分析,揭示遗传进化的过程与机制。同时,核型分析也是分析生物染色体数目和结构变异的基本手段之一。在杂种细胞的染色体研究和基因定位,单个染色体识别中,核型分析也具有其独特的作用。总之,核型分析是细胞遗传学、染色体工程、基因定位、细胞分类学和现代进化理论等学科的基本研究方法。

13.2 植物染色体核型分析

13.2.1 植物染色体制片

目前,国内外常用的技术分为两种,即压片法和去壁低渗-火焰干燥法。前者为 1921 年

Belling 创立的染色体压片技术,后者为 20 世纪 70 年代末建立起来的新方法。在植物染色体研究中,国内外许多植物学家采用植物根尖压片法,大多在研究植物染色体显带时,为了从染色体上进一步揭示种间差异可选用去壁低渗-火焰干燥法。植物染色体常规压片技术,按照其操作的先后顺序,包括取材、预处理、固定、解离、染色、压片和封片等步骤(图 13.1)。

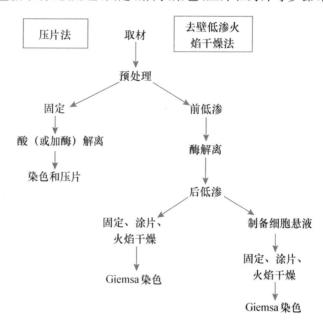

图 13.1 植物染色体常规压片流程

13.2.1.1 取材

进行植物染色体的核型分析时,大多数研究是取种子的初生根根尖(萌发至 1~2 cm),也有少数试验取植物的花粉母细胞、愈伤组织、次生根或幼嫩的叶片。李懋学认为,凡能进行细胞分裂的植物组织或单个细胞(幼嫩的根尖、茎尖、花粉母细胞、愈伤组织及禾本科植物的居间分生组织等)都可以作为取材的对象。但不是随便取上述材料均可作为研究对象,只有在充分了解不同植物组织结构和生长发育规律的基础上,有针对性地取样才能获得合适的材料。

取种子初生根的根尖有很多优点,即不受时间、季节的限制,只要事先培养种子使其萌发生根,就可用于试验,比较方便。与之相对,取植物茎尖时,必须剥除幼叶和剥出生长锥,而取花粉母细胞时,则不易判断花粉发育状况,难以把握时期,这些都相当麻烦。因此,大多数研究者在进行植物染色体核型分析时把植物初生根的根尖作为研究对象。但取花粉母细胞也有优点,即花粉母细胞只有一个染色体组,分析时不必进行同源染色体配对,容易分析,所以一些研究者在一个试验中同时分析根尖和花粉母细胞,使两者的优点相互补充。

13.2.1.2 预处理

细胞处在分裂中期时染色体最容易观察,但分裂中期持续的时间很短,这就需要对材料进行预处理,以便观察材料中的染色体。

实际操作中有很多对材料进行预处理的方法,主要有化学方法和物理方法,也有将化学方法和物理方法结合起来的复合方法,以及将不同的化学药剂按比例配成的混合液对材料进行预处理。

1. 化学方法

化学方法可分为离体处理和非离体处理。离体处理是将从植物体上取下的材料浸泡于化学药剂中,对其进行处理。因为材料脱离母体,所以化学药剂很容易从破损处渗入,只需较短的时间即可,至于处理的时间,因不同植物或组织而异。非离体处理是指将植物的根等组织直接浸泡于化学药剂中,因为材料没有破损,所以化学药剂进入植物组织的速度较慢,需处理较长的时间。进行预处理时所用的化学药剂及主要方法如下:①用低浓度的秋水仙素溶液对材料进行预处理。常用浓度为 0.01%～0.2%。秋水仙素有很强的毒性,如果秋水仙素用量过大或处理时间过长,会引起染色体收缩过度或产生多倍体,而且秋水仙素的价格较贵。但由于用秋水仙素进行预处理的效果较好,因此在染色体核型分析时仍较为常用。②用饱和的对二氯苯水溶液对材料进行预处理。对二氯苯也有毒性,其效果和秋水仙素相似,但价格较为便宜,使用也较为广泛。③用低浓度的 8-羟基喹啉溶液对材料进行预处理。浓度范围在 0.002～0.004 mol/L,该溶液适合处理具有较大染色体的植物。经过该溶液处理后,染色体的缢痕区比较清晰。④用 α-溴萘的饱和水溶液对材料进行预处理。该溶液适合对禾本科和水生植物的材料进行预处理,而且是非离体处理的效果较好。

2. 物理方法

物理方法是用低温对植物材料进行预处理。处理温度一般在 0～8℃,最常用的就是用冰水混合物对材料进行预处理。该方法比较经济、简单和安全,因而也比较常用。

3. 复合处理

为了使不同方法的优点结合起来,有些试验采用复合方法,如用 0.1% 的秋水仙素(0.002 mol/L)和 8-羟基喹啉溶液(1:1)对材料进行预处理,或用滴加了少量 α-溴萘的对二氯苯饱和液对根尖进行预处理,以及先用 0.05% 的秋水仙素在 0～4℃下处理 18～24 h,再用 0～4℃的冰水处理 18～24 h 等,但这些复合方法比较麻烦,在实际操作中没有用秋水仙素溶液处理等方法常用。

13.2.1.3 材料的固定

固定的目的是用渗透力强的固定液将细胞迅速杀死,使蛋白质沉淀,并尽量使其保持原有形态和结构。通常用卡诺液Ⅰ(无水酒精:冰醋酸=3:1)对材料固定 2～24 h。也有人用甲醇冰醋酸溶液(甲醇:冰醋酸=3:1)来固定材料,固定时间为 30～60 min。在对材料固定后,应马上进行解离,因为经过保存过的材料其效果没有固定后立即解离的效果好。固定好的材料如不能及时解离,可将其保存在 70% 的酒精中。如果不需要保存很长时间,也可将其直接保存在固定液中。此外,在用卡宝品红染色和压片时,有时可省略固定步骤,经预处理后的材料直接用于解离。

13.2.1.4 材料的解离

材料的解离方法有酶解法和酸解法。酶解法是用低浓度的果胶酶(1%～2%)和纤维素酶(1%～5%)的混合液对材料进行解离,解离时间一般在室温下 2～5 h;酸解法一般是将材料放入预热 60℃的 1 mol/L HCl 中解离,解离时间一般为几分钟到十几分钟或更长。

以上 2 种方法中,酸解法比较经济,一般试验多采用此法。另外,有的研究者在对材料进行解离前进行前低渗,解离后又进行后低渗,其目的是使水分通过细胞膜向细胞内渗入,使细胞膨胀,进而使细胞中本来已经分散的染色体更加分散。低渗液一般使用蒸馏水或 0.075 mol/L KCl 溶液。其中 0.075 mol/L KCl 溶液对染色体的结构破坏较小,经它处理后,染色体较为明显清晰。低渗处理的时间应适当,时间的长短因不同植物而定。

13.2.1.5 材料的染色

对材料的染色是指用颜料对材料进行处理,染色体被染成一致的颜色。主要方法有卡宝品红(也称石炭酸品红)溶液染色、铁矾-苏木精溶液染色、醋酸洋红溶液染色和Schiff's试剂染色。其中卡宝品红溶液染色和铁矾-苏木精溶液染色在国内应用较多。铁矾-苏木精染色法中,需将幼根材料在4%铁矾(硫酸铁铵)水溶液中媒染4 h,在0.5%苏木精水溶液中染色2 h以上。卡宝品红染色法需注意植物材料在盐酸中解离的时间长短是否合适。解离时间太短,染色不清晰,细胞也着色;解离时间过长,染色体不染色或染色极淡。一般具小染色体的植物解离时间稍短,具大染色体的植物解离时间稍长。

除了以上主要方法,还有一些别的染色方法,如品红溶液染色、改良卡宝红溶液染色和卡宝红-品红溶液染色等。

13.2.1.6 制片

制片的质量直接影响试验的结果,可根据具体情况采用各自的制片方法。常用的制片方法分为压片和涂片两种。

压片时使用不锈钢刀片、镊子和针尖稍钝的木柄解剖针,但也可以找其他替代工具来操作。压片的方法不固定,只要在制片的过程中不让盖玻片移动,使细胞和染色体分散开来即可。

涂片法是先用镊子、解剖针等将材料(包括花药)弄碎,使细胞均匀分散于载玻片上,以便观察。由于常规压片易于操作,因此该方法是实际操作中最普遍采用的方法。而涂片法能使细胞得到充分分散,便于观察,虽然复杂一点,在一些特殊要求的试验中还是采用此种方法。

13.2.1.7 镜检、封片和永久制片

镜检时应先在低倍镜下观察,找到分散良好、处于细胞分裂中期相的细胞后,再将要观察的细胞放到视野的中间,调到高倍镜下观察。如果不能及时对片子进行拍照,或者想短时间(1~2周)保存合格的片子以便对其继续研究,可以用石蜡、凡士林、甘油(稀释后加1滴甲醛)或无色的指甲油把盖玻片的四周密封起来,并将密封好后的片子置于冰箱的储藏室里保存。

合格的片子如能制成永久玻片,就可长期保存,便于观察和研究。制作永久玻片的方法一般采用冷冻脱片法,即将制成的临时玻片放到液氮或冰箱的冷冻室内低温处理,然后用刀片将盖玻片轻轻撬开,接着将盖玻片和载玻片同时放入37℃的烘箱中烘干或防尘自然干燥,然后用二甲苯透明(即用二甲苯浸泡数分钟),中性树胶封片。也可采用梯度乙醇脱水(依次是50%酒精、95%酒精、无水酒精,各处理数分钟),二甲苯透明,加拿大树胶封片。

在制作永久玻片前,用防水墨水在盖玻片和载玻片交界处画一横线,放盖玻片时将原来的横线复原,以使盖玻片仍盖到原来的位置。涂胶时应均匀地将树胶涂开,以避免气泡的产生。另外,在用涂片法做成的片子制作永久玻片时,可以用中性树胶直接封片。以上各种方法中,冷冻脱片法较为简单易行,经济实用,因此该方法比较广泛使用。

13.2.2 植物染色体分带技术

植物染色体的分带方法分为两大类:Giemsa分带和荧光分带。当前用于植物染色体的分带方法主要是Giemsa分带,包括C带、N带、G带等。

13.2.2.1 Giemsa 分带

1. C 带

在植物染色体的分带技术中,应用最广泛的是 C 带技术。

在 C 带制片时,解离的条件要求较为严格,采用压片法制片时可在载片上涂一层明胶-铬矾粘贴剂或 Haupt 粘贴剂防止染色体脱落;而对于去壁低渗法制片,陈瑞阳等(1985)用蒸汽干燥法代替传统的火焰干燥法展片,分带的可重复率较高。C 带技术流程很多,应用较多的是 BSG(Barium/Saline/Giemsa)流程、HSG(Hydrochloride/Saline/Giemsa)流程、ASG(Acetic/Saline/Giemsa)流程、HCl-NaOH 流程以及上述流程的一些改进流程。

(1) BSG 流程。该流程的主要步骤包括空气干燥制片用氢氧化钡[$Ba(OH)_2$]处理→水洗→盐处理→水洗→Giemsa 染色,是植物染色体 C 带的最主要流程。

①氢氧化钡处理。常用 5%～8% $Ba(OH)_2 \cdot 2H_2O$ 的水溶液,在 50℃下处理 5～10 min,如二倍体紫花苜蓿(或称蓝花苜蓿)(*Medicago sativa* ssp. *caerulea*)、黑麦(*Secale cereal*)、小黑麦(*triticale*)、蚕豆(*Vicia faba*)等,处理时间长短因植物而异。经氢氧化钡处理后的制片必须迅速用与处理温度相近的热蒸馏水冲洗 1～2 min,再在常温蒸馏水中静置 30 min,每 4～5 min 换水一次。否则,只要染色体上残留有钡膜,就不能显带。此外,氢氧化钡的质量与分带的优劣或成功与否密切相关,试验时应十分重视药品的选择。

②盐溶液处理。通常,植物材料多用 2×SSC 盐溶液(即 0.3 mol/L 氯化钠和 0.03 mol/L 柠檬酸钠,pH 7.0)加热至 60～65℃,然后放入制片处理 1～2 h(不同材料要求不同)。处理后的制片最好用约 60℃的蒸馏水换水洗几次,10～30 min。之后,置于 37℃恒温箱中或室温下干燥约 1 h。

需要注意的是,2×SSC 盐溶液 pH 对显带有明显影响,pH 低于 7.0,带纹反差小且不够清晰;pH 高于 7.0,则染色体膨胀而无带。由于 2×SSC 在温育过程中会变得偏碱,因此,应注意检查和调节其 pH。

③Giemsa 染色。Giemsa 为碱性和酸性染料混合而成的一种具有新的染色特性的中性染料。由亚甲基蓝及其氧化产物天青和曙红 Y 所组成。国内外市售的 Giemsa 分为贮存液和粉剂两种,前者质量可靠,使用方便,用时以缓冲液稀释即可;后者需自行配制成原液备用,配制方法为:取 Giemsa 干粉 1 g+甘油(分析纯)66 mL+甲醇(分析纯)66 mL,置研钵中磨匀后装入棕色试剂瓶备用。在没有优良的 Giemsa 染料时,也可以用天青Ⅱ-曙红盐(3.0 g)+天青Ⅱ(0.8 g)+甘油(250 mL)+甲醇(250 mL)进行配制。使用时,取以上母液 0.067 mol/L 磷酸缓冲液(pH 6.8)按照一定比例稀释。稀释时常用 Sorensen's 磷酸缓冲液。Giemsa 染色液以 1%～2%的浓度(淡染)为好,染色时间由几小时至几十小时不等,其优点是不会过度染色,显带比较精细,同时也节省染料。也有采用 5%～10%浓度(浓染)的,染色时间 10～30 min 不等,过度延长时间常会导致染色过度,需进行褪色处理。有些试验表明(Takayama,1974),高浓度的 Giemsa 染色液有阻止显带的表现。由于 Giemsa 染料中的曙红很容易在酸性条件下沉淀,pH 低于 6 时不能显带。因此,在配制染色液时应检查磷酸缓冲液的 pH 是否准确。

Lichtenberger(1983)报道了一种可在 3 min 内完成显带染色的快速的 Giemsa 染色方法,其染色液的主要成分是曙红。该方法所用的稀释液配方为:蒸馏水 100 mL+柠檬酸钾 2 g+尿烷(urethane)1 g+氯化钠 0.25 g+1%曙红 Y 水溶液 0.8 mL。染色时,取 1 mL Giemsa 原液,用 3～6 mL 上述混合液稀释,充分混匀,立即染色约 150 s,用自来水冲洗掉染色液,并用滤纸把水分吸干。初步试验时,通常在此时在制片上加一滴蒸馏水,加盖片后在显微镜下检查染色效果。如果染色较深,带纹不清晰,则可增加上述稀释液的比例,使 Giemsa 的浓度降低,再重复染色。如果染色太浅,只见到少数浅淡的带纹,则 Giemsa 浓度太低,应减少上述稀释液的比例。

(2)HSG 流程。该流程用盐酸代替氢氧化钡,操作比较简单,已在许多不同类型的植物材料中应用成功,显带质量很好,是至今为人们乐于采用的一个有价值的流程。

通常,用 0.2 mol/L HCl 于 25~30℃处理 30~60 min,少者只需处理 10 min(如黑麦);多者达 180 min(如玉米)。其他步骤与 BSG 相同。

值得注意的是,盐酸的浓度、处理温度和处理时间如果有较大的改变,则往往会改变显带的类型。例如,李懋学(1982)对蚕豆染色体的处理试验表明,0.2 mol/L HCl 在室温下处理 60~80 min,可显示着丝点带、中间带和次缢痕带;而同样浓度在 60℃处理 25~30 min,则只显示着丝点带和次缢痕带而无中间带;改用 1 mol/L HCl 处理,则无论是室温还是 60℃处理,均只显示着丝点带和次缢痕带。因此,在该流程中,保持盐酸浓度和温度等条件的恒定是获得显带结果比较一致的关键。

另外介绍一个 HSG 的变异流程,该流程把 0.2 mol/L HCl 用于解离步骤,然后,用 45%乙酸压片,空气干燥片用 2×SSC 处理,Giemsa 染色。

现以 Merker(1973)用于小黑麦染色体显带的程序为例,步骤介绍如下:①根尖在冰水中处理 20 h;②用甲醇-苦味酸固定液(Ostergren,1962)固定;③根尖在 0.2 mol/L HCl 中于室温下处理 1 h,之后,再用 10%果胶酶溶液处理 3~4 h;④45%乙酸压片,10 min 后冰冻脱盖片,空气干燥过夜或更长时间;⑤2×SSC 溶液中于 60℃处理 1 h;⑥蒸馏水洗涤;⑦20%Giemsa 染色 5~20 min。

(3)ASG 流程。ASG 流程显带的质量不及 BSG 流程,因此应用很少。该流程主要步骤如下:①根尖的预处理和固定同常规制片法;②在 45%乙酸中于 50~60℃软化约 1 h;③45%乙酸压片,冰冻脱盖片;④空气干燥 24 h 以上;⑤在 2×SSC 溶液中于 60~65℃处理 1~24 h,水洗;⑥20%Giemsa(pH 6.8)染色 1.5 h。

(4)HCl-NaOH-Giemsa 显带流程。该流程主要步骤如下:①材料的预处理和固定同常规制片法;②经固定后的材料在 1 mol/L HCl 中 60℃处理 7 min;③用 45%乙酸压片;④冰冻脱盖片,无水乙醇脱水;⑤空气干燥 1 d 以上;⑥干燥片在 1 mol/L HCl 中于 60℃处理 6 min;⑦水洗 10 min;⑧空气干燥 0.5 d 以上;⑨干燥片在 0.07 mol/L NaOH 水溶液中于室温下处理 35 s;⑩水洗几次,晾干,用 2% Giemsa (pH 6.8) 染色。

Noda 等(1978)及李懋学等(1982)均用此流程在大麦(*Hordeum vulgare*)染色体显示 C 带成功。

(5)胰酶-Giemsa 显带流程。该流程主要步骤如下:①材料的预处理和固定同常规制片法;②用 0.1 mol/L HCl 于 60℃处理 12 min,或用 45% 乙酸软化 2 h;③用 45%乙酸压片;④冰冻脱盖片,酒精脱水,空气干燥 1 周以上;⑤干燥制片预先在磷酸缓冲液(pH 7.2)中浸泡 30 min,然后,转入 0.025%胰酶(以上述磷酸缓冲液配制)溶液中于 25~37℃处理 15~30 min;⑥用蒸馏水洗几次;⑦于 10% Giemsa(pH 7.2)溶液中染色 10~15 min;⑧用自来水冲洗,空气干燥;⑨用中性树胶封片。

另外,木瓜蛋白酶亦可代替胰酶,用 0.1%木瓜蛋白酶(以 pH 7.0 的磷酸缓冲液配制)溶液于 25～30℃处理 50～70 min,其他条件不变。

张自立(1981)曾用以上流程显示蚕豆染色体 C 带获得成功。

(6)Feulgen-Giemsa 显带流程。该流程主要步骤如下:①材料的预处理和固定同常规制片法;②固定后的材料用蒸馏水稍洗,转入 1 mol/L HCl 中于 60℃处理 8 min;③在 Schiff's 试剂中染色 2 h,漂洗液漂洗;④转入 2%果胶水溶液中于 27℃处理 2～3 h,水洗;⑤材料在 45%乙酸中转化 15 min,再用 45%乙酸压片;⑥冰冻脱盖片,无水乙醇脱水;⑦制片在干燥器中干燥几天;⑧在 2×SSC 溶液中处理 10～12 h;⑨用 1/15 mol/L Sorensen's 磷酸缓冲液(pH 6.5)稍洗;⑩用 2% Giemsa(pH 6.8)染色 5～20 min。

Gostev 等(1979)曾用该流程对 14 对植物染色体进行了分带,但所显带纹似不精细。

(7)NaOH-SSC-Giemsa 显带流程。该流程主要步骤如下:①材料的预处理和固定同常规制片法;②用 45%乙酸软化及压片;③冰冻脱盖片,无水乙醇脱水;④空气干燥 1 d 以上;⑤干燥片于 0.05 mol/L NaOH 水溶液中处理 30 s;⑥水洗 3 次;⑦在 2×SSC 溶液中于 60℃处理 1 h;⑧水洗几次;⑨10%Giemsa (pH 6.8) 染色 8～10 min。

Viinikka(1975)曾用该流程对小茨藻(*Najas marina*)染色体显示 C 带分带成功。

(8)尿素-Giemsa 显带流程。该流程主要步骤如下:①材料的预处理和固定同常规制片法;②在 0.2 mol/L HCl 中于 60℃处理 5 min;③45% 乙酸压片;④冰冻脱盖片;⑤空气干燥几小时至 2 d;⑥干燥片在 6 mol/L 尿素溶液中于室温下处理 30 min;⑦浸入 1/15 mol/L Sorensen's 磷酸缓冲液(pH 7.2)中 5 min;⑧2%～4%Giemsa (pH 6.8)染色 8～12 min。

Dobel(1973)曾用该流程对蚕豆染色体显示 C 带成功。

(9)BSHG 显带流程。该流程主要步骤如下:①材料处理同常规制片法;②用去壁低渗法制备染色体标本;③空气干燥 3 d;④干燥片在 $Ba(OH)_2$ 饱和水溶液中于 50℃处理 30 s;⑤无离子水冲洗 1 min,晾干;⑥在 2×SSC 溶液中于 60℃处理 35 min;⑦水洗,晾干;⑧在 0.2 mol/L HCl 中于室温下处理 1 h;⑨水洗,晾干;⑩0.5%Giemsa(pH 7.0)染色 10 min。

林兆平等(1985)曾用该流程对川谷(*Cox lacrymajobi* var. *mayuen*)和薏苡(*C. lacryma-jobi*)的染色体显示 C 带获得成功。

(10)HBSG 显带流程。该流程主要步骤如下:①材料的预处理同常规制片法;②45%乙酸压片;③冰冻脱盖片,无水乙醇脱水 1～2 h;④空气干燥 1 d 以上;⑤干燥片在 0.2 mol/L HCl 中于 60℃处理 3 min;⑥蒸馏水洗几次;⑦在 $Ba(OH)_2$ 饱和水溶液中于室温下处理 10 min;⑧蒸馏水洗 30 min;⑨在 2×SSC 溶液中于 60℃处理 1 h;⑩3%Giemsa(pH 6.8)染色。

Giradez(1979)用该流程对黑麦花粉母细胞减数分裂染色体显示 C 带成功。

关于 C 带显带效果的鉴别:①染色体显带正常时,染色体上的带纹呈深红或紫红色,而非带区的常染色质则染成淡红色,呈透明或半透明状,间期核中的染色中心明显可见,甚至有时可以准确地计数。此外,有时会发现染色体的带纹浅红而非带区呈浅蓝或整个染色体均呈蓝色,但也可见到带纹。这种现象,如果水分充分而染色液的 pH 也是正确的话,则表明这是染色时间不足的关系,这在用淡染时常见,只要延长染色时间,其颜色就会转变为红色。②染色体在 Giemsa 染色液中很快都均匀的染成紫红色,间期核也均匀着色,如有卡宝品红染色的效果,这种现象主要是由于"变性"处理不足的缘故。这类制片可用 45%乙酸或卡诺氏固定褪色液、水洗,干燥 1 d 以上,重新进行"变性"处理,将"变性"时间延长(一般延长 1/2 倍时间),往往可以获得显带正常的效果。③染色体显带,但染色体上的非区带也染上较深的颜色,使带纹的反差大为降低。这些制片通常是因为深染法染色过度所致,可用前述的方法褪色,或者用无水乙醇全部褪色之后,重新淡染,如仍无效,可考虑延长"变性"时间。④带纹极淡或甚至无带,而染色体只能隐约可见轮廓,这主要是"变性"处理过度所致,此类制片只能作废。⑤可显带,但是细胞质也染成红色,这是制片高温干燥或高温染色很常见的现象,应尽可能避免。⑥如果制片为 Giemsa 染料的沉淀物所严重污染,可用无水乙醇褪色、水洗,然后再重新染色。⑦显带的制片切忌长时间浸在香柏油中观察,尤其是加盖封片封藏的制片,用油镜观察后应及时用二甲苯洗净,否则将会导致褪色。不过,即便完全褪色的制片,也可以经重新染色而恢复正常。⑧在显带过程中,有时会发现制片中有大量杆菌出现,并被染成红色。这是从久存的 Giemsa 原液中带来的,如将其过滤之后使用可避免。

2. N 带

(1) 三氯乙酸(TCA)-盐酸处理流程(Matsui 等,1973)。该流程主要步骤如下:①空气干燥片在 5% 三氯乙酸水溶液中于 85~90℃ 处理 30 min;②蒸馏水淋洗。③在 0.1 mol/L HCl 中于 60℃ 处理 30~45 min;④自来水冲洗;⑤10% Giemsa (pH 7.0)染色至显带。

(2) 磷酸钾处理流程(Stack,1974)。该流程可以同时显示植物染色体的核仁组成区(NOR)和着丝点带,主要步骤如下:①预处理后的根尖不经固定,直接用 45% 乙酸压片;②冰冻脱盖片,空气干燥;③空气干燥片在 0.1 mol/L 磷酸缓冲液(pH 6.8)中于 90℃ 处理 10 min;④转入 0℃ 的上述缓冲液中 30 s,再转入 60℃ 的上述缓冲液中 1 h;⑤10% Giemsa(pH 8.7)染色 20 min。

(3) 磷酸二氢钾处理流程(Funaki 等,1975)。该流程主要步骤如下:①空气干燥片在 (96±1)℃ 的 1 mol/L 磷酸二氢钠(NaH_2PO_4)水溶液中(用 1 mol/L NaOH 调 pH 至 4.2±0.2)处理 15 min;②用自来水洗约 30 min;③4% Giemsa(pH 7.0)染色 20 min。

磷酸二氢钾处理流程为目前最广泛的流程,在多种植物染色体均获得较为理想的 N 带显著效果。但是,该流程中所用的温度和处理时间并非是恒定的,不同的植物材料往往有所变动,如黑麦与蚕豆在 (96±1)℃ 的 NaH_2PO_4 溶液中处理 15 min 较好,而二倍体紫花苜蓿(蓝花苜蓿)(*Medicago sativa* ssp. *caerulea*)则在 91~92℃ NaH_2PO_4 溶液中处理 2.5~3 min 较好。此外,该流程应用于大麦、小麦(*Triticum aestivum*)和山羊草(*Aegilops*)等禾本科植物的染色体处理时,所显示的并不只是核仁组成区,还包括能显示部分染色体的着丝点、端粒和中间异染色质,与 C 带技术所显示的带纹有一定程度的相似性。所以,该技术并非显示核仁组织区的专一性技术,但是,在许多双子叶植物或部分单子叶植物中,则表现出比较稳定的专一性。

Jewell(1981)曾对该流程的各个处理步骤进行了大量试验,分析了该流程中的各种因素对显带的影响,认为:①冰冻脱盖片,制片在酒精中的停留时间以不超过 1 h 为宜,延长时间则需减少在 1 mol/L NaH_2PO_4 中的处理时间,而且显带质量也会降低;②空气干燥时间如果超过 1 周,同样也需减少在 1 mol/L NaH_2PO_4 溶液中处理时间,而且显带质量同样会受到影响;③1 mol/L NaH_2PO_4 溶液的 pH 也对显带有影响,最适 pH 在 3.5~4.5,低于或高于此值则只显 N 带的淡浅轮廓;④1 mol/L KH_2PO_4、1 mol/L $NH_4H_2PO_4$ 和 2×SSC(均调 pH 至 4.2)也都能显示 N 带,但质量不如 1 mol/L NaH_2PO_4,稀磷酸(H_3PO_4)则不能显带,这可能是由于它具较弱的缓冲能力的缘故;⑤1 mol/L NaH_2PO_4 的处理时间十分重要,时间太短则染色体均匀着色,时间太长则只能见到染色体轮廓;⑥处理温度也重要,高于 96℃ 能显带但染色体结构受损,细胞易于脱落,温度降低则要相应的延长处理时间;⑦对于处理时间不够而均匀染色的制片,可以重新处理,只需延长处理时间则可显带,但处理过度的制片则只能作废。

3. G 带

(1)胰酶-Giemsa 显带(陈瑞阳等,1986)。该流程的试验材料为川百合(*Lilum davidii*)、华山松(*Pinus armandii*)和七叶一枝花(*Paris polyphylla*),主要步骤为:①根尖用酶解去壁低渗和蒸汽干燥法制备染色体标本;②空气干燥 2~7 d;③制片在 0.05%~0.2%的胰酶(以 Ohanks 配制,用 3‰缓血酸胺调 pH 至 7~8)中处理,川百合 10~60 s,华山松 1~3 min,七叶一枝花 1~2 min;④立即转入 0.851 mol/L NaCl 溶液中,充分洗去酶液;⑤蒸馏水冲洗,风干,镜检。

该流程处理所显示以上 3 种植物的 G 带效果很好,带纹在染色体的全长上分布。例如,川百合的第一对染色体,经扫描显微分光光度计扫描和微机记录,在中期有 14 条带;早中期有 16 条带;晚前期有 41 条带。以上结果也说明,利用早中期或前期的染色体,可以获得更多的带纹,更便于作精确的带纹比较和分析。

(2)AMD-地衣红式 Giemsa 显带(詹铁生等,1986;朱凤绥等,1986)。该流程的试验材料为玉米,主要步骤如下:①取约 1cm 长的根尖,在 AMD(actionmycin D,放线菌 D)70 μg/mL 的水溶液中,于室温下在黑暗中处理 1 h;②转入 Ohnuks 溶液(0.055 mol/L KCl、NaNO$_3$、乙酸钠以10∶5∶2 混合)中,于室温下处理 1.5~2 h;③卡诺固定液固定 30 min;④自来水洗 1 h;⑤转入 6%果胶酶和纤维素酶(pH 4~5)水溶液中,于 37℃恒温下处理 1.5 h;⑥在卡诺固定液中于 4℃固定过夜;⑦2%醋酸地衣红于 40~45℃染色 10~16 min;⑧压片。

AMD-胰酶和 AMD-高锰酸钾显带步骤:①根尖用 AMD 的 70 μg/mL 水溶液于室温下暗处理 1 h;②转入秋水仙素水溶液(最低浓度为 0.05%)中处理 1 h;③卡诺固定液固定 24 h;④自来水洗净根尖;⑤转入果胶酶溶液(以 2×SSC 稀释,浓度为 10 μg/mL)中,于 37℃处理 4~5 h;⑥水洗;⑦卡诺固定液再固定 20 min;⑧60%醋酸软化根尖,打散成悬浮液,再用卡诺固定液固定,离心,制成空气干燥片。

改良的 Seabright 法:①空气干燥片片龄 1 d 以上;②用 0.2 mol/L HCl 处理 5 min;③蒸馏水冲洗,转入无钙镁离子的 Hanks 液中 1 min;④再转入 4% FeSO$_4$ 水溶液中处理 5 min;⑤用0.01%胰酶溶液于室温下处理 20~40 s;⑥卡诺固定液固定 5 min,以 8% Giemsa(用 0.01 mol/L Giemsa 液与 pH 6.8~7.0 的磷酸缓冲液配制)染色 8~10 min;⑦水洗,空气干燥。

改良的 Utakoji 法:①空气干燥片片龄 1 d 以上;②直接浸入高锰酸钾-硫酸镁(用 pH 为 7.0 的 33 mmol/L 磷酸缓冲液配制,高锰酸钾浓度为 10 mmol/L,硫酸镁浓度为 5 mmol/L,)溶液于室温处理 10~25 min;③卡诺固定液固定 2 min;④蒸馏水洗几次;④1%Giemsa(pH 7.0)染色至显带;⑤水洗,空气干燥。

(3)尿素-Giemsa 显带。该流程的主要步骤如下:①干燥片在 8 mol/L 尿素(urea)与 1/15 mol/L Sorensen 缓冲液的混合液(3∶1)中于 37℃处理 5~15 s;②在 Hanks 平衡盐溶液中淋洗,再经 70%和 95%的酒精淋洗,空气干燥;③在 2% Giemsa 的 0.01 mol/L 磷酸缓冲液(pH 7.0)中染色约 2 min;④蒸馏水淋洗,干燥。

(4)ASG 技术显带(宋运淳等,1987)。该流程的试验材料为玉米,主要步骤为:①根尖用 α-溴萘饱和水溶液于 28℃预处理 3.5 h,用甲醇-冰乙酸(3∶1)固定 30 min。②蒸馏水洗 30 min;③1%纤维素酶水溶液于 27℃处理 3.5 h;④去酶液,再加入固定液,置冰箱(4℃)中过夜;⑤火焰干燥法制片;⑥干燥片在 90℃处理 50 min;⑦在 2×SSC 溶液中于 60℃温育

40 min；⑧用 2% 的 Giemsa 溶液(pH 6.9)染色；⑧蒸馏水淋洗，干燥。

13.2.2.2 荧光分带

宜用酶解去壁低渗方法制片，染色方法有 Q 带、H 带、D 带和 R 带等。

1. Q 带

制片侵入 9.5% 乙醇，再转入无水乙醇中浸润；转入 0.5% Quinacrine(阿的平)的无水乙醇溶液中，染色 20 min；在无水乙醇中稍加洗涤，空气干燥，用水封片；在荧光显微镜，所需要激光发光波长为 430 nm，产生荧光在 495 nm。

2. H 带

干燥制片浸入 50 $\mu g/mL$ 的 Hoechst-33258 的磷酸缓冲液-盐混合液(0.15 mol/L NaCl+0.03 mol/L KCl+0.01 mol/L Na_3PO_4，pH 7.0)中，染色 10 min；用磷酸缓冲液(0.16 mol/L Na_3PO_4+0.04 mol/L 柠檬酸钠，pH 7)清洗和封片；也可经缓冲液洗后，再用蒸馏水洗净，以甘油封片，石蜡封边。

3. D 带

制片浸入 0.5 mg/mL 的道诺霉素溶液(用 0.1 mol/L 磷酸钠缓冲液配制，pH 4.3)中染色 15 min；用上述缓冲液清洗 6 min，缓冲液封片；所需激发光为 430~485 nm，产生荧光的波段范围为 545~565 nm。

4. R 带

制片浸入 1 mg/mL 的橄榄霉素的磷酸缓冲液(pH 6.8)中染色 20 min；磷酸缓冲液清洗 2 次，共 2 min，封片；所需激发光波为 405~440 nm，产生荧光波段范围为 525~532 nm。

R 带所显示的带纹与 Q 带相反，为富含 GC 碱基对的区段。

5. AMD+DAPI 分带

制片浸入 Mcllvaine 缓冲液(164.7 mL 0.2 mol/L Na_2PHO_4+35.3 mL 0.1 mol/L 柠檬酸，pH 6.9~7.0)中 5 min 转入含 0.25 mg/mL 的放线菌素 D(AMD)的 Mcllvaine 缓冲液中，处理 15~20 min；转入含 0.1~0.4 $\mu g/mL$ 的 DAPI 的 Mcllvaine 缓冲液中，染色 5~10 min，用上述缓冲液清洗和封片；DAPI 所需激发光波为 355 nm，产生荧光波段为 450 nm。

6. 快速的 Q 带染色技术

(1) 染色液的配制。10 g 柠檬酸三钠、2 g 柠檬酸、0.25 g 阿的平(Atebrin F·S)、0.25% 亚甲基蓝水溶液 2 mL 与 120 mL 蒸馏水配制而成，该染色液比较稳定，在低温条件下至少可保持一年之久。

(2) 染色。在制片上加一滴上述的阿的平染色液，约 10 s 后转到水龙头下用自来水冲洗 10 s；再用 Sorenson 磷酸缓冲液(pH 5.2)稍加淋洗，用吸水纸吸干制片上的水分；然后用蔗糖封藏剂封片。蔗糖封藏剂由 40 g 蔗糖+10 mL 蒸馏水+10 mL Sorenson 配制而成。配制时，在 80~90℃ 的水浴中将蔗糖溶解，并用脱脂棉过滤，以防止重新结晶。该封藏剂可以很好地保存制片(至少可保存 6 周)而不变质，而且有改进染色质量的优点。

13.2.3 核型分析的内容

一般地，染色体核型分析至少要具备两方面的信息，即染色体的数目和染色体的形态。随着显带技术的进一步发展，显带核型分析也日益受到重视。

13.2.3.1 染色体数目

1. 基数和倍性

基数,通常以字母"x"表示,表示的是某些植物在系统发育中的倍性,代表一个基因组的染色体数目。通常在整倍多倍体系列的属(甚至科)中,把含染色体数目最少的种的配子体染色体数目作为该属的染色体基数。而植物配子体的染色体数目通常以字母"n"表示,用于个体发育的范畴,配子体世代称为"n",孢子体世代称为"$2n$"。如狼尾草属(*Pennisetum*)的白草 $2n=18$,乾宁狼尾草 $2n=36$,长序狼尾草 $2n=54$,其染色体数目表现出后二者为前者的整数倍,组成了一个多倍体系列,在这些染色体数目中,可以发现一个最小公约数9,而9正好是白草的配子染色体数目,因而9就是狼尾草属的染色体基数"x",对白草而言,n 和 x 相等,$2n=2x=18$,为二倍体;乾宁狼尾草可写成 $2n=4x=36$,为四倍体;长序狼尾草 $2n=6x=54$,为六倍体。其中,"$2n$"只表示体细胞的含义,而"x"才表示真正的倍性。

有些科或属的染色体基数不止一个,则其原始的基数称为原始基数,由它衍生的基数称为派生基数。

2. 多倍体

多倍体包括同源多倍体、异源多倍体及同源异源多倍体等。在染色体观察过程中,常见到同一个个体中含有染色体倍性不同的细胞,如二倍数和四倍数,二者所占比例不定。这类多倍数的染色体通常比二倍数者小一倍,这是预处理的产物。只有该个体恒定地均含有多倍细胞时,才能认为是多倍体。当鉴定人工诱导的多倍体时,最好不用当代植株的根尖细胞为观察材料,而应当用当代植株的花粉母细胞或第二代的种子根为材料,尤其是对幼苗进行芽处理加倍时更是如此,因为芽加倍后根不一定也加倍。

不要轻易根据常规核型分析作出同源或异源多倍体的判断,因为染色体形态上相似并不一定同源,应结合带型分析等进一步确定。

3. 非整倍体

某一个体恒定地出现某一同源染色体对中多一个或少一个成员,分别称为三体和单体,多两个或少两个则分别称为四体和缺体。三体和四体可以在二倍体或四倍体中产生,而且能存活。单体和缺体只在多倍体中可以存活,二倍体中虽可发生但植株不能存活。这类非整倍体,在染色体工程和基因定位研究中有重要的应用价值。

在一个物种的群体中,某一个或一些个体与其他个体比较,发现恒定地相差一对或几对非重复的同源染色体时,则可能表明该物种中存在有染色体基数的非整倍性变异的个体,这类非整倍体,称为异整倍体(dysploid)。这是物种分化或新物种产生的标志,也是同属植物中产生多基数的原因。观察到此类染色体异常现象时,要引起足够的重视。

4. 混倍体

不同个体和不同细胞的染色体数目变异幅度较大,出现整倍和非整倍细胞的一系列变异,此为混倍体。常见于许多长期营养繁殖的植物和组织培养的材料,如菊花、甘蔗等,多数情况下表现为混倍体。对于此类材料,一般应分别统计不同染色体数目及其所占的百分比,可取众数作为该材料的基本染色体数。

5. B染色体

当细胞中多出一个或几个小染色体时,应考虑是否是B染色体(或称超数染色体)。鉴别B染色体可根据以下特征判断:①一般小于常染色体,大者约相当于染色体最小成员的 $1/2$,

小者仅为一个小随体大小。②在同一个体中，其数目是比较恒定的，而且通常每个细胞均存在。无论其大小如何，均具着丝点，主要为具中部或端部着丝点者。可在体细胞中正常传递。这些特征可以易于与染色体断裂所产生的各种断片相区别。③80%出现在二倍体植物中，数目多为1～2个，少数情况下，在自然界可多达20个左右。少数 B 染色体存在时，通常不会对外部表型产生显著影响，但多数存在，则必引起生活力降低及生殖不育障碍。当然，每种植物对 B 染色体存在的忍受能力是不同的。

此外，有文献报道，有些含 B 染色体的植物[如多年生黑麦草(*Lolium perenne*)与黑麦等]也表现出明显的适应价值，如适于密植、抗旱或抗沼泽环境等。Zohary 等(1958)曾报道以色列的两个地理距离相距仅2 km 的二倍体鸭茅(*Dactylis glomerata*)居群中 B 染色体数目存在显著差异，可能是由于二居群的土壤类型不同导致。

6. 性染色体

性染色体主要存在于苔藓植物和种子植物的某些雌雄异株植物中，从染色体数目和形态上看，主要有两种类型：一种是雌雄株的染色体数目不等，如酸模(*Rumex acetosa*)，雌株为 2A+XX，雄株为 2A+XYY，雄株多一个染色体；另一种为雌雄株染色体数目相同，但形态不同，如异株女娄菜(*Melandrium album*)雌株为 2A+XX，雄株为 2A+XY。根据以上特点，从种子萌发取根尖细胞观察，通过核型分析是可以判断雌雄染色体的。然而，许多雌雄异株植物并不存在这种异型的性染色体，核型分析无法判断雌雄株。

13.2.3.2 染色体的形态

1. 染色体长度

植物染色体的实际长度(或称绝对长度)指经低温或药物处理后的分裂中期染色体，变异在 1～30 μm。测量染色体的实际大小一般不在显微镜下逐个用显微测微尺测量，通常是在放大的照片或根据照相底片或以制片直接放大而绘制的图像上测量，以减小误差。放大的图像可按下式换算成实际长度。

$$实际长度(\mu m)=放大的染色体长度(mm)\times 1\,000/放大倍数$$

实际长度在多数情况下不是一个可靠的比较数值，因为预处理条件以及染色体缩短程度难以相同。如果要进行染色体实际长度的比较，需尽可能选择多个个体以及染色体缩短程度不等的多个细胞测量，取平均值。

相对长度是以百分比表示的长度，其优点是排除了染色体浓缩程度不同或各人取用的细胞不同而产生的误差。因此，相对长度值是一个相对稳定的可比较的数值。目前的核型分析中，大多采用相对长度值，而绝对长度值则往往只记录其变异范围作为参考。计算相对长度的方法，可选用以下两种：①(染色体长度/染色体组总长度)×100。②染色体相对长度指数(index of relative length, I.R.L.)=染色体长度/全组染色体平均长度，I.R.L.<0.76，为短染色体(S)；0.76≤I.R.L.≤1.00，为中短染色体(M_1)；1.01≤I.R.L.≤1.25，为中长染色体(M_2)；I.R.L.≥1.26，为长染色体(L)。

第一种方法应用较普遍，近年来，也有个别研究者使用第二种方法。

2. 着丝点

着丝点以往也称初级缢痕、主缢痕。它是染色体构成的一个不可缺少的重要结构。一个染色体可以丢失一个臂或两个臂的大部分，如 B 染色体或端体染色体，它还可以复制和分裂而增殖,但若没有着丝点,便成为一个不能复制或自我繁殖的染色体片段,将会自然消失。着丝点在核型分析中起着关键性作用,只有着丝点缢痕清晰,才能获得准确的臂比值以及据此作出的染色体类型的命名。着丝点清晰与否主要取决于制片时预处理药物的选择和处理时间。

(1)臂比值。染色体被着丝点分开的两个臂,长的叫长臂,短的叫短臂。臂比值即为染色体的两臂的比值,通用公式为:长臂(L)/短臂(S)。

(2)着丝点位置及命名。自核型开展以来,细胞学家们采用了多种方法计算着丝点的位置,并用相应的命名来描述染色体的基本形态,如中部(median)、近中部(nearly median)、亚中部(submedian)、亚端部(subterminal)、近亚端部(nearly subterminal)、端部(terminal)等。以上这些着丝点命名中,除中部和端部着丝点位置是固定不变的,而介于这两点的中间部分,则各家的命名标准不尽相同,从而产生了各种不同的命名系统,如两点两区系统(Huziwara,1958)、两点四区系统(Levan等,1964)、四点四区系统(Adhikary,1974)、四点六区系统(Abraham等,1983)等。国内普遍采用Levan等(1964)提出的四点四区命名系统,或在此系统基础上,李懋学等(1985)提出稍加修改的意见。二者区别:Levan等(1964)对着丝点位置命名时,臂比值取小数点后一位数。这样相邻的两个着丝点区存在臂比临界值重叠现象。当臂比值恰好在临界值时,因每个人理解不同,可能会出现不同命名的混乱现象。修改后的着丝点位置命名系统如表13.1所示。

表13.1 着丝点位置命名系统(李懋学,1985)

臂比值	着丝点位置	命名(简写)
1.00	正中部着丝点(median point)	M
1.01~1.70	中部着丝点区(median region)	m
1.71~3.00	近中部着丝点区(submedian region)	sm
3.01~7.00	近端部着丝点区(subterminal region)	st
7.01~∞	端部着丝点区(terminal region)	t
∞	端部着丝点(terminal point)	T

(3)臂指数。臂指数(number fundamental,NF)即基本臂数。在早期,人们把具中部或亚中部着丝点染色体称为具两臂的"V"形染色体,而把具近端部和端部着丝点染色体称为只具一个完整臂的"J"形染色体或"I"形染色体,以此来统计核型的总臂数。有些植物中,例如石蒜属的各个种,不管染色体数变化多大,其总臂数总是恒定的,即一个"V"形染色体可以变成两个"J"形染色体,反之亦然,此现象称为罗伯逊变化(Robertson change)。它是某些植物产生基数增加或减少的重要机制。这类植物染色体数目的改变,用统计臂指数较易说明问题的本质。

3.次缢痕、核仁组成区(NOR)和随体(SAT)

在核型分析中,次缢痕、核仁组成区和随体的识别和判断是极为重要的。因为它们的数目、分布位置和形态以及大小通常具有种的特异性,而且特征明显,常成为区分种甚至属的主要核型特征。但是,与着丝点相比,次缢痕和随体的识别和判断往往困难得多,变异也更大,成为核型分析的难点。

(1) 次缢痕(secondary constriction)。在一些植物中,尤其是具大染色体的植物中,每个细胞的染色体中至少有一对同源染色体除着丝点(主缢痕)外,还有另一个收缩的部分,即次缢痕,估计有很多植物没有次缢痕。关于主缢痕和次缢痕的识别,以下几个特征可供参考:①次缢痕主要位于染色体的短臂上;②制片过程中,次缢痕比着丝点更容易产生人为的分离;③在有丝分裂的中、后期,着丝点区由于纺锤丝的牵引,染色体易在着丝点区弯曲,次缢痕则不然;④在有丝分裂的晚前期或早中期,次缢痕通常显示出贴附与核仁的表面;⑤用 Ag-NOR 染色法可将其显示特异的染色(棕或黑色)。此外,曾在少数动、植物中观察到有些次缢痕不具备以上后 2 点特性,其缢痕也不像正常的缢痕区明显,为了有所区分,Schulz-Schaeffer(1961)曾提议将其命名为第三缢痕(tertiary constriction)。

(2) 核仁组成区(nucleolar organizing region,NOR)。细胞中某一对或几对染色体上负责组织核仁的区域,它含有 rDNA 基因,能合成 rDNA。其实,在植物中,前述的次缢痕区即核仁组成区,二者几乎同义,只是使用上有差别。通常在对核仁作一般形态描述时,如核型分析时,用次缢痕一词,在讨论其功能时,常用核仁组成区。Ag-NOR 染色法可以作为 NOR 定性与定位的优良方法。需特别强调的是,现已查明,许多植物的染色体中有 NOR,但并不在次缢痕区。因此可以认为,次缢痕区即 NOR,但 NOR 并不一定在次缢痕区。

(3) 随体(satellite 或 trabant)。随体一词,最早由俄国著名的细胞学家 Navashin(1912)命名,指的是在少数染色体的臂的末端可以看到小而圆球状的附属物,宛如染色体的小卫星,命名为卫星(satellite),中文译名为随体。

通常,次缢区至染色体的末端部分,称为随体,具随体的染色体简称 SAT 染色体。按照随体的概念,随体有大有小,大者同臂的直径大小,但长短不一,这类随体称为衔接随体或连接随体。小者如小圆球或甚至难以辨认。随体的分布正如在次缢痕中所述,90.5%位于染色体短臂,有少数位于长臂上。还有少数植物染色体上的次缢痕是位于染色体的中部和近中部,与着丝点相临,中间为一小片段物所隔,由次缢痕至端粒的臂很长。此种结构中,随体的处理意见一种认为从次缢痕至端粒不论长短,均称作随体或衔接随体;另一种认为着丝点和次缢痕间的小片段应是随体,称为中间或中部随体(median satellite)。

根据现代分带技术和 Ag-NOR 染色技术研究结果,李懋学等(1985)认为随体的现今命名是模糊不清、不科学的,极需重新命名;并指出,那种小而多呈圆球状的随体为 Ag-NOR 深染,应改称为 NOR;而只把衔接或连续随体称为随体。但是为了顾及现有状况与引用资料方便,在描述植物的核型特征时,暂用随体一词表述端部 NOR。

在核型研究中,NOR(或随体)存在广泛变异,种间、种内都存在,是核型中最多变的结构,也是核型研究中一大难点。其主要特点为:①在真核生物细胞的染色体中,至少有一对染色体具有 NOR,(没有 NOR 的细胞不能存活),有些染色体的端部 NOR 很小,因此不能轻易作出某种植物染色体中没有随体的结论;②一个 NOR 可以组成一个核仁,但核仁数与 NOR 实际上并不完全相符,通常核仁数小于 NOR 数;③NOR 的数目多少与植物种间的倍性高低没有相关性;④农作物中,同一作物不同品种或同一品种的不同个体之间,NOR 的数目和分布位置往往不同,呈现多态性;⑤同源染色体上 NOR 的位置或大小也可能不同,即表现为 NOR 的杂合性;⑥在具端部 NOR 的细胞中,存在 NOR 的联合现象,同源染色体的 NOR 易粘连在一起而不分离,出现一个同源染色体的 NOR 增加,另一个丢失;⑦NOR 转位,即 NOR 可通过易位或移位到其他非同源染色体上去。

13.2.3.3 常规核型的表述

一般以植物体细胞染色体为准,统计30个以上细胞,其中要求85%以上的细胞具有恒定一致的染色体数目,以此来确定染色体的数目。观测染色体形态时,一般以5个以上体细胞分裂中期的染色体作为基本形态进行测量和分析。

1. 染色体编号

染色体序号的排列应遵循以下原则:一律按染色体全长顺序编号。若两对染色体长度完全相等,则按短臂长度顺序排列,长者在前短者在后。性染色体和B染色体一律排在最后。若为二型核型(bimodal karyotype),如中国水仙、芦荟等植物,则长染色体群按L_1、L_2……顺序排列,短染色体群按S_1、S_2……顺序排列。对于像普通小麦等异源多倍体植物,其系统发生的亲本来源已清楚,则应根据其亲本的染色体组分别排列,如普通小麦按A、B、D三组分别编号排列,而不是全部21对染色体按长度统一顺序排列。如核型中有差异明显而恒定的杂合染色体对时,则应分别测量每一成员的长度值和短臂值,分别列于参数表中,编号可任选其中一成员为准,并附加说明。

2. 参数表

核型分析中各项测定的平均值,通常都列表报道。主要内容如下。

(1) 染色体序号。应用阿拉伯数字。

(2) 染色体长度。应详细列出长臂长度、短臂长度和染色体全长的数值。不同作者对染色体长度内容的取舍不同,多数作者染色体绝对长度(μm)、染色体相对长度(%)、臂比纳入表格表述格式中。此外,随体的长度是否视随体的大小而定,小随体的长度可以不计,大随体一般应计算长度。无论计算与否,均需在表下加以说明。具随体(或次缢痕)的染色体,在表格中通常以"*"为标记,以便识别。

(3) 臂比值。

(4) 染色体类型或着丝点位置。应准确按照命名字母填写。

此外,相对长度和臂比值一律取小数点后两位数,如表13.2所示。

表13.2 布顿大麦的核型分析参数表(云锦凤等,1987)

染色体编号	长臂长度 ($X \pm SX$)	短臂长度 ($X \pm SX$)	随体长度 ($X \pm SX$)	染色体全长 ($X \pm SX$)	臂比值 ($X \pm SX$)	相对长度 ($X \pm SX$)	位置
1	3.51±0.61	2.77±0.15		6.28±0.29	1.28±0.05	16.76±0.24	m
2	3.22±0.15	2.65±0.13		5.87±0.25	1.23±0.05	15.67±0.18	m
3	2.92±0.13	2.58±0.15		5.50±0.25	1.15±0.03	14.65±0.17	m
4	2.87±0.16	2.44±0.17		5.21±0.27	1.23±0.04	13.87±0.17	m
5	2.60±0.16	2.04±0.13		4.64±0.27	1.29±0.06	12.32±0.33	m
6	3.46±0.16	2.01±0.12		5.47±0.26	1.75±0.07	14.6±0.26	sm
7	2.65±0.10	1.92±0.12	1.13±0.09	4.58±0.30	1.37±0.06	12.14±0.37	m*

* 表示具随体的染色体,随体长度未计算在内。

3. 模式照片

一般每种材料最好能附一张质量较高的分裂中期染色体的完整照片,一则能给人以真实感,二则也便于他人评定核型分析的准确度。照片上应注明其放大倍数,但最好是直接在照片上标出一个以微米为长度单位的标尺,便于目测出染色体的实际大小。其操作方法是:将照相机测得的模式细胞中一个平直的染色体与照片上同一染色体核实,然后,实测照片上该染色体长度(换算成 μm),再换入下式计算:

$$染色体实际长度:照片上该染色体实际长度 = 5\ \mu m : x$$

所求得的 x 值即是应在照片上绘出的标尺长度,并注明其长度相当于 5 μm。

4. 核型图(karyogram)

核型图一般是与模式照片同一细胞的染色体逐个剪下,参照染色体长度和臂比值,进行同源染色体"配对",然后按照表格中的染色体序号顺序排列于模式照片的下方或右方,并在每对染色体下方编上序号,如图 13.2 所示。

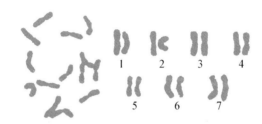

图 13.2　布顿大麦体细胞染色体及核型图(云锦凤等,1987)

5. 核型模式图(idiogram)

以上述的核型分析参数表(表 13.2)中所列各染色体的长度平均值绘制,二者应完全相符,如图 13.3 所示。

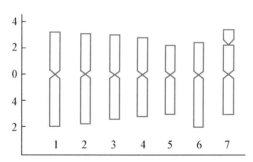

图 13.3　布顿大麦染色体核型模式图(云锦凤等,1987)

6. 核型公式

综合核型分析的结果,将核型的主要特征以公式表示,便于比较和利于交流。如云锦凤等(1987)对布顿大麦核型的研究显示,其基本染色体组 $x=7$,85%以上的根尖细胞染色体数目为 $2n=14$,表明布顿大麦为二倍体。根据染色体长度、臂比、形态特征和随体有无,将同源染色体配成 7 对。依臂比值将染色体分成 3 组。其中,第 1 组的 1、2、3、4、5 号染色体为中部着丝点染色体;第 2 组的 6 号染色体为亚中部着丝点染色体,第 3 组的 7 号染色体为中部着丝点具随体染色体。用核型公式表示为:

$$2n = 2x = 14 = 12m(2SAT) + 2sm$$

7. 核型分类

目前国内普遍认同 Stebbins(1971)提出的核型分类原则。他根据核型中染色体长度比和臂比两项主要特征,区分核型的对称和不对称程度,将核型分为 12 种类型。表 13.3 中 1A 为最对称的核型,4C 为最不对称的核型。Stebbins 认为,植物界,核型进化的基本趋势是由对称向不对称发展的,系统演化上处于比较古老或原始的植物,大多具有较对称的核型,而不对称的核型常见于衍生或进化较高级别的植物中。但是,在具体应用这一学说时,应取谨慎态度,不能生搬硬套,因为生物进化策略是多样的。现已知某些科、属内,核型的进化表现为由不对称到对称,或者两个相反的过程均存在。

表 13.3 按对称到不对称的核型分类(Stebbins,1971)

最长/最短	臂比>2∶1 的染色体百分比/%			
	0.0	0.01~0.50	0.51~0.99	1.00
<2∶1	1A	2A	3A	4A
(2~4)∶1	1B	2B	3B	4B
>4∶1	1C	2C	3C	4C

13.2.3.4 具小染色体的植物核型分析

Lima-De-Faria(1980)将生物界染色体长度变异划分为 4 个等级:①极小染色体 1 μm 以下;②小染色体 1~4 μm;③中等大小染色体>4~12 μm;④大染色体>12~60 μm。

所谓小染色体,是指其长度在 2 μm 以下而又不易分辨着丝点的染色体。植物界中具此类染色体的种类很多。以往对这类植物仅提供染色体数目。为提供更多的细胞学信息,李懋学等(1985)建议从以下 5 方面进行核型分析:①染色体数目;②具随体染色体数目;③每对染色体的相对长度;④染色体长度比;⑤如含有大小差别明显的染色体,可分大小群分别统计其数量和长度,以及各自所占染色体组全长的百分比。

13.2.3.5 显带核型

除 C 带外,植物染色体 G 带、N 带等尚无正式的命名系统。根据第一届全国植物染色体学术讨论会上的约定,C 带带型和带型分析的内容如下。

1. C 带的类型

植物染色体 C 带根据其分布位置,主要有以下 4 种类型:①着丝点带(centromeric band,C),即着丝点区的带;②中间带(intercalary band),即分布于染色体两臂上的带;③末端带(telomere band),即分布于染色体两臂末端的带;④次缢痕带(secondary constriction band),即位于次缢痕区或核仁组成区的带,用 N 带分带技术,通常绝大多数植物仅此区域显带,称为 NOR 带或 N 带,但当用 C 带技术显示时,不能称为 N 带,而称为次缢痕带;⑤随体带(satellite band),即随体显带。这里需要说明的是,以往所说的随体带,实际上是端部 NOR 显带。像蚕豆、大麦和小麦等具有衔接随体的染色体,也只有 NOR 显带而随体不显带。因此,不存在真正的随体带,以后应废止此带名。

2. 分带的模式照片

一般应附一张显带清晰而染色体完整的模式照片。

3.带型图

与一般核型图要求相同,即最好是以模式照片上分带的染色体剪下,排成带型图。如果模式照片不完全或不理想,也可不附模式照片,带型图则是必须的,如图13.4所示。

4.带型模式图

先绘制核型模式图,然后在其上标示带纹。一般以横的实线标示带纹的位置和大小,用虚线表示多态带或不稳定的带纹。模式图一般以提供的模式照片或带型图上的带纹表示,不要求一定数量的细胞统计。同一个体的不同细胞出现的带纹差异,可作为不稳定带处理。如果有杂合带存在,则应把杂合的同源染色体的带纹同时绘出(图13.5)。

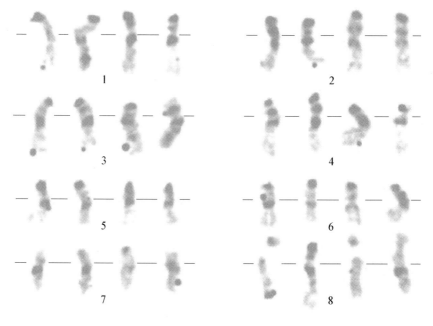

图 13.4　紫花苜蓿 C 带带型图(Bauchan,2002)

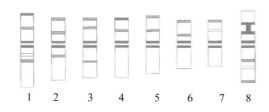

图 13.5　紫花苜蓿 C 带带型模式图(Bauchan,2002)

5.带型公式

以一定的符号表示带纹的类型和分布,则可将带纹以简明的公式表示。着丝点带、中间带、末端带、次缢痕带和随体带 5 种类型的带纹,分别以其大写字头表示,即 C、I、T、N、S。例如:为表示中间和末端带在染色体上的分布可用"＋"号表示。如果只分布在短臂上,则在字母的右上角标明"＋"(I^+ T^+);如带只分布在长臂上,则在字母的右下角标明"＋"(I_+ T_+);如长短臂上都有带,则不标明"＋"号。

同类型的染色体数目,以符号前的数字表示,不显带的染色体则只以数字表示,如黑麦 C 带的带型公式可以写成:

$$2n=14=2CT+2CI+2T+6CI_+T+2CI_+TS(或 N)$$

6. 描述和统计

除非带型图和模式图不能标示或需文字说明,应尽量避免对染色体的烦琐描述。因为,它只不过是图的简单重复而已,带纹通常要做数量的统计,大致包括:①整个细胞所显带纹的总数和总长度;②不同类型的带纹和长度占整个细胞带纹总数和总长度的百分比;③某一特殊染色体带纹数和总长度占整个细胞带纹总数和总长度的百分比;④整个细胞总带纹长度占所有染色体总长度的百分比。

以上的定量统计,对于区分种间带纹的差异以及探讨异染色质与物种演化的关系,都是很有价值的。

13.3 染色体图像分析

传统的核型及带型分析都是将所获得的显微摄影照片进行人工的测量和计算,配对和绘制出核型和带型图,烦琐和费时,且难免产生人为主观误差。如果要进行比较精确的结构变异的分析,则显得粗放。近年来,随着电子显微镜及计算机软件的快速发展,利用计算机分析染色体图像成为非常迫切的问题。由于计算机的高速性、可靠性等特点,使用它进行图像识别比用人工方法检测染色体快数十倍甚至数百倍,并且结果准确和可靠得多,特别是对于染色体的带纹分析,计算机能分辨出肉眼根本不能分辨出的带纹,从而大大提高了准确度和精度。从20世纪70年代起,国外就有许多学者开始将计算机逐步引入植物染色体的分析,如苏联学者Saralidge对大麦染色体计算机图像分析以及Out等对矮牵牛利用计算机图像分析。值得一提的是,日本学者福井希一于1985年建立了能进行植物染色体图像半自动分析的"CHIAS"系统,并于1998年报道了"CHIAS Ⅲ"系统。该类系统主要是以植物体细胞染色体为研究对象,对其大小及形态特征进行分析,从分裂中期染色体的查找开始到制作出染色体的模式图全过程所需时间仅为10~20 min。除了通常需要的染色体长度及臂比以外,还可以以染色体的浓缩型(condensation pattern,CP)、G带、C带、N带带型作为参数,对各个染色体进行准确识别,已在水稻、大麦、二倍体苜蓿、鸭茅以及红滨藜(*Atriplex rosea*)等上有较多应用。目前,在美国、日本等国家,用计算机进行染色体核型分析的带型分析的技术已经相当普遍。在我国,用计算机分析染色体的起步比较晚,为此,在"八五"国家科技攻关项目"国家作物资源信息系统的建立和应用研究"专题中设置了植物染色体电脑图像分析的研究课题。经中国农业科学院作物品种资源所和浙江大学计算机系通力协作,已成功地建成了植物染色体图像分析系统,简称CIARS。相关研究报道表明,染色体图像的计算机分析的应用,其效率比人工分析提高100多倍,且数据精确,便于建立核型和带型的标准化,因而对细胞遗传学、育种学、分类学、起源和进化等学科的研究,具有重要意义,无疑将会成为今后进行染色体分析的主要手段。

以上不同作者所介绍的图像分析的具体方法和流程各不相同,但都包含两大步骤:第一步是获得图像和对图像进行前处理,以取得精确可靠的单个染色体信息;第二步是对图像进行匹配、分类和建立模式核型或带型。下面将以陈瑞卿等(1997)开发用于植物染色体图像分析系统 CIARS 为例加以说明。

13.3.1 染色体图像的获取

染色体图像的获取方式目前有以下三种方式。

(1)通过显微镜和摄像机得到　将染色体的制片在显微镜放大几百倍后,用摄像机直接将显微镜得到的图像摄入系统。

(2)通过扫描仪得到　将染色体的制片在显微镜下得到的染色体照片,通过扫描仪将染色体图像扫描到计算机里。

(3)从其他应用程序(如 Photostyler、Coreldraw 等软件)得到　在 CIARS 系统中,采用第二种方式得到图像,其具体步骤是:首先在显微镜下得到染色体照片,然后通过扫描仪得到染色体图像。

13.3.2 染色体图像的预处理

通过电子显微镜、摄像机或扫描仪得到的图像,由于种种条件的限制或随机干扰(如镜头上的污点、曝光不足、曝光过度、在拍摄时光线不足等),往往混入一定数量的噪声或者图像的对比度不够明显,图像不够清晰,所以必须对图像进行一定的预处理以便得到清晰、特征明显的图像。图像预处理包括灰度变换、对比度的扩展、图像边缘的增强、噪声消除,以及增强某些特征并抑制另一些特征。

13.3.3 染色体图像的分割

为了得到图像的几个特征,必须对图像进行分割,将图像变成二值图像。在数字化的图像中,无用的背景数据和目标数据往往混在一起,故很难将目标和背景完全分开。在一般情况下,都是根据图像的统计性质,从概率的角度出发按最小误差分割的原则来选择合适的阈值对图像进行分割。

13.3.4 染色体图像的细化

将染色体的中轴线抽取出来,每一条中轴线就表示1个染色体,它代表了染色体的基本形状。根据细化后的中轴线,可得到染色体的一些基本参数,如染色体的长度(以像素为单位)、臂比值、有无随体等。也可得出每条染色体的着丝点端点、分枝点、拐点等特征。

13.3.5 单个染色体的提取及旋转拉展

如果细化后得到的中轴线无分支,则认为该染色体没有与其他染色体交叉,便可运用双线性插值法将染色体拉直在水平方向上;如果中轴线有交叉,则先将中轴线分开,再将染色体拉直到水平方向。

13.3.6 染色体的配对

在得出每条染色体的参数(染色体的相对长度、臂比值、有无随体)后,就可以运用最相近的原则(最相近的两条染色体长度、着丝点位置相差不多)对染色体逐一配对。

13.3.7 打印

运用图像抖动的技术打印出灰度图像。

该系统利用图像处理技术对染色体图像进行预处理,得到散列性好、带纹清晰、灰度分布均匀的图像,并运用人工智能技术进行染色体的自动分析,因而可以大大提高分析的精度,缩短分析周期,减少人为误差,使研究人员从繁杂、枯燥的手工分析中解脱出来,提高生物技术研究的效率和水平。

但是,值得注意的是,各种染色体图像的计算机分析系统,都只是在原有图像的基础上进行科学的加工处理,因此,对于分散性比较好、染色体形状比较规则、带型比较清晰的染色体图片,先对图像进行预处理(如噪声消除、边缘加强等),然后通过图像分割、单个染色体的提取、细化、跟踪等操作得到染色体的核型参数、带纹特征,最后从知识库里抽取专家知识对染色体进行配对。但是,对于质量不大好的染色体图片,则必须依靠专家经验,通过人机交互的方式进行染色体配对和校正,这样不仅会明显延长图像分析的时间,而且有时也难免会出现难以克服的困难,甚至出现误差。因此,制备染色体分散良好而着丝点清晰的玻片标本,仍是最重要的基础工作。

13.4 核型分析技术在牧草与饲用植物中的应用研究

13.4.1 牧草与饲用植物的核型分析研究概况

牧草与饲用植物核型研究的发展大致可分为两个阶段,即常规核型分析阶段与显带核型分析阶段。20世纪70年代以前研究核型的方法是以染色体计数、每条染色体的形态作为核型绘制的依据,并做出核公式;而20世纪70年代以后的核型研究,主要是把染色体的形态与机能结合起来进行核型研究,特别是染色体分带及对每条染色体结构形态的研究,使同一核内的不同染色体能够加以区别(李集临等,2006)。此外,目前原位杂交技术已逐渐应用于牧草与饲用植物染色体的分子水平识别、易位断点与外源染色体片段大小检测等,参见本书第12章。

核型研究中,染色体数目被作为研究植物细胞分类与细胞遗传的最基本内容,也是应用最为广泛的核型特征。20世纪20年代初,国外就有相关牧草的染色体数目的研究报道。例如,Litardiere(1923)对羊茅属植物(*Festuca ovina*)进行染色体计数。1930年,Fryer第一个建立了苜蓿属内有关染色体的数目。除染色体数目外,20世纪30年开始发现染色体形态和大小具有很大的分类价值。这方面研究的开拓者是Babcock和他在还阳参属(*Crepis*)研究中的合作者Hollingshead和Cammeron,以及前苏联以Levitzky(1931)和Navashin(1932)为首的许多研究者，他们在十字花科、禾本科以及还阳参属、曼陀罗属（Datura）、山字草属（Godetia）等的卓越研究，使大家更加清楚染色体资料在分类学中的重要作用。Naylor 等（1958）曾比较了黑麦草属毒麦（Lolium temulentum）和多年生黑麦草（L. perenne）的染色体大小，指出毒麦的染色体较多年生黑麦草约长 1/3。Pritchard（1962）研究了非洲三叶草属（Trifolium）14 个种的染色体数目和形态，指出其染色体基数为 $x=8$，种间染色体大小和形态存在较大差异。Hill 等（1965）在研究雀麦属植物 B. alopecuros、B. anatolicus、短轴雀麦（B. brachystachys）和三芒雀麦（B. danthoniae）时，发现其染色体数目均为 $2n=14$，但它们染色体形态特征却完全不同。根据染色体长度、着丝点位置、次缢痕以及随体的数目等可将四种雀麦属植物分开。20 世纪 60 年代末发展起来的显带技术，突破了染色体外部形态结构证据的局限性，为从微观水平上识别染色体及其变异提供了更精确的信息。它可揭示常规技术不能显示的种间差异，更能显示种内的染色体分化。1977 年，Thomas 报道了毒麦的 Giemsa C 带带型。此后，1981 年，他用同样的方法对黑麦草属（Lolium）的 6 种植物做了比较研究，指出黑麦草属种的分化，伴随着染色体形态特征和带型的变化，各种植物异染色质的分布和量都有所不同。在显带方法上，以 C 带为主，已经在黑麦（Gill，1974）、披碱草（Morris，1987）、尾状山羊草（Friebe，1992）、羊茅（Bailey，1992）、紫花苜蓿（Bauchan，2002）和无芒雀麦（Tuna，2004）等牧草上进行了核型分析。此外，N 带、G 带和荧光分带技术也有少量应用。例如，Matsui（1974）对饲用植物蚕豆（Vicia faba）和 Jahan 等（2007，2008）对大麦属植物的 N 带模式分析。有研究指出，N 带用于大麦、山羊草（Aegilops）等禾本科植物的染色体处理时，显带与 C 带带纹有一定程度的相似性，并不专一地显示核仁组成区。在 G 分带方面，大麦、节节麦（Aegilops squarrosa）、高粱（Sorghum vulgare）、谷子（Setaria italica）、冠毛鹅观草（Roegneria pendulina）和羊草（Leymus chinensis）等牧草与饲用植物上均有报道。研究认为，G 带不同于 C 带或 N 带，其带纹丰富且分布在整个染色体上，为辨别单个染色体提供了更精确的标准。在荧光分带方面，Raskina 等（1995）对草地羊茅进行了 H 带分带，异染色质的带型特征可作为标记鉴定每一条染色体。

除体细胞有丝分裂中期的核型研究外，国外一些学者还作过苔藓植物有丝分裂前期与间期的核型（Heitz，1923；Heitz 等，1963）。在花粉母细胞与花药减数分裂期，玉米、苜蓿、车前植物等核型分析也有报道。另外，还有对黑麦、小黑麦以及小花草玉梅（Anemone blanda）等植物进行减数分裂时期的带型研究。细胞减数分裂过程中，染色体的形态和行为发生一系列特有的变化。通过染色体在减数分裂时配对行为（同源性）可了解是否发生杂交或染色体之间的结构差异以及种的衍生关系等。

如前所述，核型概念在 20 世纪 20 年代就已建立，并一直有牧草与饲用植物染色体核型相关研究报道。全世界植物染色体资料增加较快，据洪德元（1990）编写的《植物细胞分类学》一书中提到，近 20 年来，全世界每年植物染色体计数（其中许多同时包括核型研究）保持在 3 000～5 000 种，1978—1981 年这 3 年中平均每年的计数接近 6 000，其中 15%～20% 为被子植物。仅 Akira Moriya 等（1958）就报道了鸭茅属、看麦娘属（Alopecurus）、早熟禾属（Poa）、野豌豆属（Vicia）和三叶草属（Trifolium）等近 30 种禾本科与豆科牧草的染色体基数。至今，地毯草属（Axonopus）、二型花属（Dichanthelium）和膜孚草属（Hymenachne）一些种的染色体数也有报道（Sede，2010）。国内，直到 20 世纪 70 年代末 80 年代初，牧草与草地饲用植物染色体分类研究才逐渐开展起来，并取得一定成绩，20 年间报道了禾本科、豆科、菊科、十字花科、藜科等 20 科 91 属 254 种草地饲用植物的染色体数目、生境和地理分布的情况。其中，8 科 37 属 172

种牧草与饲用植物作过染色体常规核型分析(阎贵兴,2001)。近10年来,一些豆科锦鸡儿属(Caragana)、黄芪属、紫穗槐属(Amorpha)、禾本科芒属(Miscanthus)、甘蔗属(Saccharum)、菊科蒿属(Artemisia)、风毛菊属(Saussurea)、蓼科蓼属(Polygonum)以及苋科莲子草属(Alternanthera)等的饲用植物上也相继开展了染色体核型研究。染色体显带技术,除在小麦族植物的部分牧草,如赖草属(Leymus)、鹅观草属(Roegneria)、披碱草属(Elymus)以及豆科野豌豆属、苜蓿属、菊科菊苣属(Cichorium)等植物上应用外,其他相关研究报道极少。

13.4.2 核型分析在牧草与饲用植物研究中的应用价值

13.4.2.1 在牧草与饲用植物分类上的应用

染色体数目和形态学证据的引入,大大促进了系统与进化植物学研究的深入和发展,尤其在科下等级的分类中发挥了重要作用。许多牧草与饲用植物的属甚至科,往往具有同一的基数,而在种内或居群内染色体数目通常具有相对稳定性,如禾本科黑麦草属与鸭茅属 $x=7$、豆科锦鸡儿属 $x=8$、驼绒藜属 $x=9$ 等。因此,染色体数目通常被用作进行物种分类与鉴定的依据之一。1919—1924年木原均、西山市三等根据当时掌握的10个燕麦种(Avena)进行了细胞学的研究,按染色体数目不同将燕麦属分为三个类群:二倍体、四倍体、六倍体。这种以染色体数目为依据的分类方法,是对燕麦分类的重大进步,得到了形态学分类专家的赞同,此后世界各国均以此作为燕麦属分种的基础。盛永俊(1934)根据3个基本种 $x=8$、$x=9$、$x=10$,理清了芸薹属植物之间的复杂亲缘关系。Guignard等(1991)分析了鸭茅属喜马拉雅鸭茅亚种(D. subsp. himalayensis)的核型,发现其中部着丝点染色体少,并在两对染色体在长臂上具有次缢痕,完全区别 D. subsp. aschersoniana 与 D. subsp. reichenbachii 亚种。

染色体显带技术在探讨一些常规核型不能区分的物种以及种下等级分类、疑难种的划分等方面也取得了一些重要证据。例如,Thomas(1981)比较了核型极为相似的黑麦草属(Lolium)六种植物的C带带型,发现各种植物的异染色质的分布和量均有差异。Bauchan等(1997)采用Giemsa分带法研究了二倍体紫花苜蓿(蓝花苜蓿)(M. sativa ssp. caerulea,$2n=16$)和黄花苜蓿(M. sativa ssp. falcata,$2n=16$)以及四倍体栽培紫花苜蓿(M. sativa ssp. sativa,$2n=32$)的染色体特征,指出黄花苜蓿的染色体仅有着丝粒带,而四倍体紫花苜蓿(sativa)和二倍体紫花苜蓿(蓝花苜蓿)则显示出了中间带、端带等更多的带纹,染色体带纹可以作为识别不同种染色体的良好特征。李懋学等(1980)曾用显带方法解决了黄精属(Polygonatum)几种玉竹(P. odoratum)疑难种的分类问题。宋运淳(1999)等研究了禾本科8种作物的G带带型,结果发现形态分类相近的种其G带带型也较相似,而且分类中亲缘关系愈近,带型相似性愈大。Linde-Laursen(1992)对大麦属中32种植物的C带分析也得到了类似的结论。

13.4.2.2 探讨物种起源与进化

由于近缘物种的核型与带型基本相似,可根据核型与带型的比较分析解决植物系统发育中的一些起源与进化问题。例如,刘玉红(1988)、赵传孝(1984)及阎贵兴(1989)等对国产野豌豆属植物核型研究显示,该属植物核型由 m、sm、st 和 t 染色体构成,每种有1~2对随体。$2n=14$ 的类群均由 m、sm 染色体构成,核型较为对称;$2n=12$ 的类群,核型的不对称程度增加,核型较为进化。通过核型研究认为,野豌豆属植物种群的演化可视为沿着 $x=7 \rightarrow x=6$ 的方向进行。这与 Rousi(1961)关于野豌豆属染色体基数减少的进化趋势的观点基本一致,他指出这种基数的减少机制,像广布野豌豆(*V. cracca*)与蚕豆等是通过两对近端或端点着丝点染色体的罗伯逊易位或融合产生的。Hollings 等(1974)也认为从 $2n=14$ 到 $2n=12$,是因一对 st 染色体的丢失。同样地,研究发现苜蓿属中 $x=7$ 的染色体组是由 $x=8$ 的染色体组经过染色体重组演变而成(Quiros 等,1988;McCoy 等,1988)。杨瑞武(2003)根据 Stebbins 的核型进化理论和分支系统学的编序、赋值方法,对赖草属 19 个种和 1 个亚种核型的 4 个重要性状进行了分析,结果表明盐生赖草(*L. salinus*)、灰赖草(*L. cinereus*)、杂种赖草(*L. hybrid*)和赖草(*L. secalinus*)较原始,而多枝赖草(*L. multicaulis*)、毛药赖草(新拟)(*L. erianthus*)和沙生赖草(*L. arenarius*)较进化。

需要注意的是,在种一级水平上,物种的进化是多途径的。对还阳参属、香豌豆属(*Lathyrus*)和单冠毛菊属(*Haplopappus*)的属内各种间表现出染色体由大到小的进化趋势。柱花草属(*Stylosanthes*)植物二倍体种矮柱花草(*S. humilis*)、维斯柯莎柱花草(*S. viscosa*)、有钩柱花草(*S. hamata*)、*S. macrocarpa*、*S. montevidensis* 和圭亚那柱花草(*S. guyanensis*)的核型分析表明,这些物种的进化趋势尚不不十分明显(Cameron,1967)。而对多倍体而言,多倍化使单核 DNA 含量增加,则是一种进化趋势。

利用核型与带型分析多倍体物种的染色体组来源方面,禾本科小麦族植物的部分牧草上应用较多。Dubcovsky 等(1989)曾比较了南美巴塔哥尼亚披碱草属 6 个四倍体物种与拟鹅观草属(*Pseudoroegneria*,S 染色体组)、大麦属(*Hordeum*,H 染色体组)的核型,发现披碱草属中具次缢痕染色体的臂比、长度等核型特征参数与拟鹅观草属、大麦属很相似,推测其染色体组为 SH。王苏玲等(1999)通过对大赖草(*L. racemosus*)与两个近缘种(*Thinopyrum bessarabicum* 和 *Psathyrostachys juncea*)染色体 C 带带型的比较,认为在大赖草中可能存在 *Th. bessarabicum* 的 J 染色体组,只是在进化过程中,大赖草染色体末端的 DNA 重复序列发生了进一步的变化。陈佩度等(1984)利用体细胞 N 带技术与经显带处理后的含有端体染色体减数分裂中期Ⅰ(MⅠ)染色体构型分析相结合,确定了拟斯卑尔脱山羊草是四倍体小麦 B、G 染色体组的供体之一。此外,Tuna 等(2004)用 C 带技术分析四倍体和八倍体无芒雀麦(*Bromus inermis*)之间关系,指出八倍体无芒雀麦并不是通过四倍体无芒雀麦加倍而成的。在豆科牧草上,Falistocco 等(1995)曾报道了四倍体紫花苜蓿栽培品种 Turrena 的体细胞染色体 C 带带型及其模式图,结果按照带型特征 32 条染色体可以归纳成 4 个相同的染色体组,每组中含有 8 条不同特征的染色体,各条染色体的带型基本对应于二倍体紫花苜蓿相应染色体的带型,这为栽培紫花苜蓿是同源四倍体提供了重要的染色体证据。

13.4.2.3 远缘杂交中亲本染色体同源性鉴定与杂种染色体来源分析

远缘杂交具有强大的杂种优势,分离类型极多,被广泛应用于生产实践中,有良好的经济效益。但远缘杂交高度不孕,成功率很低。在小麦的远缘杂交改良中却发现天兰冰草(*Agropyron intermedium* 或 *glaucum*)和普通小麦的属间远缘杂交中成功率很高,天兰冰草现已成为改良小麦的宝贵野生基因库。国内外大量研究发现,天兰冰草和小麦这两种远缘植物之间有 1 组染色体是相似的。朴真三(1982)在研究天兰冰草和小麦染色体的 C 带带型后发现,天兰冰草中有 7 对染色体和小麦 B 组染色体一样有两对带随体,带型上也有相似之处。牧草与饲用植物中,有关羊茅和黑麦草两属间杂交获得羊茅黑麦草复合种群的报道很多。其中,黑麦草属异花授粉物种与羊茅属 Bovinae 组的杂交最为成功。1962 年,Essad 比较了多年生黑麦草与草甸羊茅的核型,发现二者核型相似,只在染色体大小和着丝点位置上有些微的差异。此后,Jauhar(1975)证实了黑麦草属与羊茅属染色体间的异源性。米福贵等(2001)认为羊茅属与黑麦草属相互之间容易杂交原因是,两个属有关物种均起源于同一祖先,且两属具有相同的染色体基数、DNA结构与基因。尽管如此,分析远缘杂交两亲本的染色体核型,特别是带型,预测远缘杂交的成功率(具有相似带型的两个亲本杂交的可孕性可能高一些),对于提高远缘杂交的预见性、减少盲目性还是有帮助的。

由于染色体分带技术可使染色体区分染色,根据带型的物种特异性,可以较准确地检测出导入受体亲本背景中的外源染色体是哪一条或哪一对染色体。这在小麦远缘杂种中研究较多。例如,小黑麦($2n=8x=56$)是小麦($2n=6x=42$)和黑麦($2n=2x=14$)的杂种,显带后可知其中具末端带的染色体来自黑麦,其余不具末端带的染色体则来自小麦。易位片段涉及显带部分且具有特征性时,带型分析对整臂或大片段易位的鉴定也有较好效果。国外,Morris(1988)利用C显带鉴定得到抗小麦叶锈病大麦黄叶病毒、小麦花叶病的披碱草属异染色质的小麦易位系。Friebe等(1991)利用C带鉴定了抗小麦蚜虫的拟斯卑尔脱山羊草7S染色体对小麦7A染色体的三个代换系。国内,傅体华等(2001)认为,把簇毛麦种质导入小麦后对导入的簇毛麦染色体或片段进行Giemsa-C带鉴定时,最好采用双二倍体纯系作为供体亲本。这是由于外源物种在导入小麦遗传背景后,其Giemsa-C带带纹会发生变化,这种变化不仅影响它自身在小麦背景中的遗传行为,而且还影响对其进行准确的鉴定。

对苜蓿的研究表明,二倍体紫花苜蓿和黄花苜蓿在带型上存在明显差异,利用分带技术可以确定二者的杂交组合状态。二倍体和四倍体紫花苜蓿以及四倍体黄花苜蓿短臂上存在大量的异染色质(染色粒与C带),短臂发生交叉和交换大大受限,利用杂交把野生基因导入四倍体紫花苜蓿时不易成功。相反,二倍体黄花苜蓿短臂上几乎无异染色质,且易与紫花苜蓿杂交。因此,二倍体黄花苜蓿可以作为理想的紫花苜蓿和野生苜蓿间的桥梁亲本,染色体分带技术可以用于杂交过程中野生苜蓿染色体、染色体臂和(或)染色体片段导入紫花苜蓿的检测(Bauchan等,1997;1998a)。

13.5 存在的问题与展望

核型分析技术在牧草与饲用植物上的应用,主要根据染色体的数目和形态变化以及染色体上产生的带纹信息,对植物的分类系统和种、属的亲缘关系进行考察,为探讨物种起源、演化,阐明其遗传变异提供染色体证据。但是,常规的染色体核型依据染色体数目、形态来进行分类本身存在一定不足。例如,一些牧草与草地饲用植物的染色体数目多,或者倍性水平各异(如高羊茅等)导致染色体数目变化较大,单纯根据染色体数来分类显得困难;不同植物中存在大小相近、形态相似、个体较小的染色体时,也不能很好地区别;而显带技术由于自身条件的限制,也不可避免的存在局限,如C带的带纹偏少、重复性较低、不易检测小片段易位染色体,当染色体变异区段发生在没有带纹或带纹不明显的染色体上时,C分带技术更是无能为力。此外,常规核型分析与显带多利用有丝分裂中期细胞进行分析,仅凭染色体形态或带型的相似性高低,在缺乏相互间配对关系分析的情况下,有时还难以进一步确定物种之间的亲缘关系。因此,核型分析作为一项基本的细胞学研究技术,我们尚不能过高夸大其作用。

同时,随着细胞分析技术的进一步发展,流式细胞仪(flow cytometry,FCM)、高分辨率显带、染色体原位杂交以及染色体图像分析等一系列新技术、新方法逐渐应用到核型分析上来,大大提高了核型分析的精度和效率。例如,流式细胞仪能够快速的测定细胞 DNA 含量,可精确染色体数目和结构的畸变,以及非整倍体和染色体缺失;染色体原位杂交能够快速和准确地把具有几乎相同核型的近缘种区分开,弥补核型与显带分析的不足。我们应看到,核型分析方法与技术本身的发展以及与杂交试验、DNA 分子标记技术的结合,必将会进一步促进我国牧草与饲用植物的系统与进化研究,并广泛运用到牧草与饲用植物的远缘杂交、人工异源多倍体合成与培育新品种等方面,显示出广阔的应用前景。

参考文献

[1] 蔡华,韦朝领,陈妮. 生物入侵种喜旱莲子草的染色体核型特征. 热带作物学报,2009,30(4):530-534.

[2] 常朝阳,黎斌,石福臣. 锦鸡儿属植物一些种类的染色体数目及核型研究. 植物研究,2009,29(1):18-24.

[3] 陈建民,洪义欢,王幼平,等. 苜蓿核糖体基因物理定位及染色体荧光分带. 遗传,2006,28(2):184-188.

[4] 陈佩度,Gill B S. 四倍体小麦染色体 4A 和 B、G 染色体组的起源. 作物学报,1984,10(3):146-154.

[5] 陈瑞卿,曹永生. 植物染色体和同工酶谱图像分析. 北京:中国农业出版社,1997.

[6] 邓可京,曲志才,沈大棱. 植物染色体图像分析的现状与展望. 细胞生物学杂志,1995,17(2):80-82.

[7] 邓祖湖,赖丽萍,林炜乐. 甘蔗斑茅杂交后代 BC_1 的染色体核型及染色体遗传分析. 福建农林大学学报:自然科学版,2007,36(6):561-566.

[8] 春邦,周永红,郑有良,等. 拟鹅观草属 6 种 2 亚种和鹅观草属 3 种植物的核型研究. 植物分类学报,2004,42(2):162-169.

[9] 傅体华,任正隆. 簇毛麦染色体的形态学及 Giemsa-C 带的多态性研究. Ⅱ. 簇毛麦染色体在人工双二倍体中的 C 带变化. 四川农业大学学报,2001,19(4):400-403.

[10] 葛荣朝,赵宝存,沈银柱,等. 多枝赖草的 C 分带与核型分析. 中国草地,2004,26(3):72-74.

[11] 葛荣朝,赵茂林,高洪文,等. 普那菊苣的核型分析和 C 分带研究. 草地学报,2002,10(3):190-193.

[12] 洪德元. 四川宝兴地区几种豆科植物的染色体. 植物分类学报,1984,22(4):301-305.

[13] 洪德元. 植物细胞分类学. 北京:科学出版社,1987.

[14] 洪绂曾. 苜蓿科学. 北京:中国农业出版社,2009.

[15] 胡匡,苏万芳. 西藏巨柏核的图像自动分析与识别的研究. 生物物理学报,1993,9(2):328-333.

[16] 蒋昌顺,邹冬梅,张义正. 柱花草生物技术研究进展. 四川草原,2003(5):9-10.

[17] 焦旭雯,赵树进.流式细胞术在高等植物研究中的应用.热带亚热带植物学报,2006,14(4):354-358.

[18] 李保军,吴仁润.乾宁狼尾草和中序狼尾草的某些生物学特性初探和核型分析.草业学报,1993,2(3):18-32.

[19] 李春红.白草染色体核型与C显带研究.中国草业科学,1988,5(4):30-33.

[20] 李春红.羊草和冠毛鹅观草的核型与Giemsa显带研究.草业学报,1990,1(1):55-62.

[21] 李贵全.细胞学基础.北京:中国林业出版社,2001.

[22] 李国泰,刘斐.东方蓼染色体的核型分析.通化师范学院学报,2009.30(2):48-49.

[23] 李集临,徐香玲.细胞遗传学.北京:科学出版社,2006.

[24] 李懋学,陈瑞阳.关于植物核型分析的标准化问题.武汉植物学研究,1985,3(4):297-302.

[25] 李懋学,王常贵,翟诗红.玉竹(*Polygonatum odoratum*(Mill.)Druce.)染色体的Giemsa C-带和它的分类地位.植物分类学报,1980,18(2):138-141.

[26] 李懋学,张赞平.作物染色体及其研究技术.北京:中国农业出版社,1996.

[27] 李懋学.植物染色体的大小变异和进化.生物学通报,1985(5):14-16.

[28] 刘光欣,陈佩度,王苏玲,等.8个大赖草材料的C带分带和RAPD分析.草业学报,2006,15(2):107-112.

[29] 刘永安,冯海生,陈志国,等.植物染色体核型分析常用方法概述.贵州农业科学,2006,34(1):98-102.

[30] 刘玉红.八种野豌豆属植物的核型研究.遗传学报,1988,15(6):424-429.

[31] 卢欣石.苜蓿属植物分类研究进展分析.草地学报,2009,17(5):680-685.

[32] 米福贵,Barre Ph,Mousset C,等.羊茅黑麦草种群研究进展及前景展望.中国草地,2001,23(1):54-58.

[33] 朴真三.天兰冰草染色体形态和带型的研究.遗传学报,1982,9(5):350-356.

[34] 奇文清,李懋学.植物染色体原位杂交技术的发展与应用.武汉植物学研究,1996,14(3):269-278.

[35] 时丽冉,王晶,崔兴国.紫穗槐核型分析方法的探讨.北方园艺,2009(2):53-55.

[36] 王臣,王凌诗,关旸,等.东北蒿属牡蒿组6种植物核型研究.武汉植物学研究,2000,18(3):244-246.

[37] 王恒昌,孟爱平,李建强,等.丰都车前的细胞学研究,兼论它的多倍体起源.广西植物,2004,24(5):422-425.

[38] 王苏玲,齐莉莉,陈佩度,等.大赖草及近缘种染色体C带分带的研究.植物学报,1999,41(3):258-262.

[39] 王苏玲,齐莉莉.大赖草及近缘种染色体.C带分带的研究.植物学报:英文版,1999,41(3):258-262.

[40] 王一峰,高素芳,巩红冬,等.青藏高原东缘高寒草甸风毛菊属4个优势种的核型研究.西北农林科技大学学报:自然科学版,2007,35(1):199-203.

[41] 阎贵兴,张素贞,云锦凤.68种饲用植物的染色体数目和地理分布.中国草地,1989,

(4):53-60.

[42]阎贵兴.中国草地饲用植物染色体研究.呼和浩特:内蒙古人民出版社,2001.

[43]杨德奎,邱军,盛艳.糙叶黄芪的染色体数目和核型.山东科学,2002,15(4):32-34.

[44]杨瑞武,周永红.鹅观草(*Roegneria kamoji*)的染色体C带分析.广西科学,2002,9(2):138-141.

[45]杨瑞武.赖草属植物的系统进化研究.博士学位论文.雅安:四川农业大学,2003.

[46]云锦凤,阄丽梅.布顿大麦染色体核型分析.中国草地,1987(2):49-50.

[47]赵保惠.植物染色体分类学进展.华中师范学报,1982(4):63-66.

[48]赵传孝,罗璇,杨根凤.山野豌豆和栽培黧豆的核型研究.中国草地学报,1984(4):47-50.

[49]朱必才,李克勤,房超平.救荒野豌豆的核型和带型简报.武汉植物学研究,1985,3(4):432.

[50]Bailey J P, Stace C A. Chromosome banding and pairing behaviour in *Festuca* and *Vulpia* (Poaceae, Pooideae). Plant Systematics and Evolution,1992,182:21-28.

[51]Bauchan G R, Campbell T A, Hossain M A. Chromosomal polymorphism as detected by C-banding patterns in Chilean alfalfa germplasm. Crop Science,2002,42(4):1291-1297.

[52]Bauchan G R, Campbell T A. Use of an image analysis system to karyotype diploid alfalfa(*Medicago sativa* L.). Heredity,1994,85(1):21-22.

[53]Bauchan G R, Hossain M A. Karyotypic analysis of N-banded chromosomes of diploid alfalfa: *Medicago sativa* ssp. *Caerulea* and ssp. *falcata* and their hybrid. Heredity,1998,89(2):191-193.

[54]Bauchan G R, Hossain M A. Karyotypic analysis of C-banded chromosomes of diploid alfalfa: *Medicago sativa* ssp. *Caerulea* and ssp. *falcata* and their hybrid. Heredity,1997,88(6):533-537.

[55]Cameron D F. Chromosome number and morphology of some introduced *Stylosanthes* species. Australian Journal of Agricultural Research,1967,18:375-379.

[56]Dubcovsky J, Soria M A, Martinez A. Karyotype analysis of the Patagonian *Elymus*. Botanical gazette,1989,150(4):462-468.

[57]Edward E. Terrell. Taxonomic implications of genetics in ryegrasses (*Lolium*). The Botanical Review,1966,32(2):138-164.

[58]Falistocco E, Falcinelli M, Veronesi F. Karyotype and C-banding pattern of mitotic chromosomes in alfalfa, *Medicago sativa* L. Plant Breeding,1995,114(5):451-453.

[59]Friebe B, Schubert V, Bliithner W D, et al. C-banding pattern and polymorphism of *Aegilops caudat*e and chromosomal constitutions of the amphiploid *T. aestivum-Ae. caudata* and six derived chromosome addition lines. Theoretical and Applied Genetics,1992,83:589-596.

[60]Friebe B, Mukai Y, Dhalival H S, et al. Identification of alien chromatin specifying resistance to wheat streak mosaic and greenbug in wheat germplasm by C-banding and in situ hybridization. Theoretical and Applied Genetics,1991,81:381-389.

[61] Fryer J R. Cytological studies in *Medicago*, *Melilotus*, and *Trigonella*. The Canadian Journal of Research, 1930, 3:3-50.

[62] Fukui K. Analysis and utility of chromosome information by using the chromosome image analyzing system, CHIAS. Bulletin of the National Institute of Agrobiological Resources, 1988, 4:153-176.

[63] Gill B S, Kimer G. The Giemsa C-banded karyotype of rye. Proceedings of the National Academy of Sciences of the United States of America, 1974, 71(4):1247-1249.

[64] Guignard G, Fujimoto F, Yamaguchi H. Studies on genetic resources of the genus *Dactylis*. I. Characteristics of several subspecies and CHIAS chromosome image analysis of subsp. *Himalayensis* Domin. Bulletin of the National Grassland Research Institute, 1991, 45: 11-23.

[65] Hill H D. Karyology of species of *Bromus*, *Festuca* and *Arrhenatherum*. Bulletin of Torrey Botanical Club, 1965, 92(3):192-197.

[66] Hollings E, Stace C A. Karyotype variation and evolution in the *Vicia sativa* aggregate. New Phytologist, 1974, 73(1):195-208.

[67] Jahan B, Vahidy. Giemsa N-banding patern in some wild diploid species of *Hordeum*. Pakistan Journal of Botany, 2007, 39(2):421-429.

[68] Jahan B, Vahidy. Giemsa C-banding patern in some wild diploid species of *Hordeum*. Pakistan Journal of Botany, 2008, 40(6):2299-2305.

[69] Kato S, Fukui K. Condensation pattern (CP) analysis of plant chromosomes by an improved chromosome image analysing system, CHIAS III. Chromosome Research, 1998, 6: 473-479.

[70] Laursen L, Bothmer R V, Jacobsen N. Relationships in the genus *Hordeum*: Giemsa C-banded karyotypes. Hereditas, 1992, 116:111-116.

[71] Levan A, Fredga K, Sandberg A A. Nomenclature for centrometic position on chromosomes. Hereditas, 1964, 52:201-220.

[72] de Litardiere R. Sur l'insertion fusoriale des chromosomes somatiques. Paris: Bulletin de la Société Botanique de France, 1923:70.

[73] Matsui S I. Nucleous organizer of *Vicia faba* chromosomes revealed by the N banding technique. The Japanese Journal of Genetics, 1974, 49(2):93-96.

[74] Moriya A, Kondo A. Cytological studies of forage plants, I. Grasses. The Japanese Journal of Genetics, 1950, 25:126-131.

[75] Moriya A, Kondo A. Cytological studies of forage plants, II. Legumes. The Japanese Journal of Genetics, 1950, 25:131.

[76] Morris K L D, Gill B S. Genomic affinities of individual chromosomes based on C- and N-banding analyses of tetraploid *Elymus* species and their diploid progenitor species. Genome, 1987, 29:247-252.

[77] Myers W M, Hill H D. Distribution and nature of polyploidy in *Festuca elatior* L. Bulletin of the Torrey Botanical Club, 1947, 74(2):99-111.

[78] Naylor H R. Chromosome size in *Lolium temulentum* and *L. perenne*. Nature,1958,181:854-855.

[79] Parker J S,Wilby A S. Extreme chromosomal heterogeneity in a small-island population of *Rumex acetosa*. Heredity,1989,62:133-140.

[80] Pritchard A J. Number and morphology of chromosomes in Arican species in the genus *Trifolium* L. Australian Journal of Agricultural Research,1962,13:1023-1029.

[81] Raskina O M,Rodionov A V,Smirnov A F. The chromosomes of *Festuca pratensis* Huds. (Poaceae): fluorochrome banding, heterochromatin and condensation. Chromosome Research,1995,3:66-68.

[82] Rousi A. Cytotaxonomical studies on *Vicia cracca* L. and *V. tenuifolia* Roth I. Chromosome numbers and kayotype evolution. Hereditas,1961,47:81-110.

[83] Schulz-Schaeffer J,Jurasits P. Biosystematic investigations in the genus *Agropyron*. American Journal of Botany,1962,49:940-953.

[84] Sede S,Escobar A,Morrone O,*et al*. Chromosome studies in American *Paniceae* (*Poaceae*,*Panicoideae*). Annals of the Missouri Botanical Garden,2010,97(1):128-138.

[85] Song Y C,Liu L H,Ding Y,*et al*. Comparisons of G-banding patterns in six species of the Poaceae. Hereditas,1994,121:31-38.

[86] Stebbins G L. Chromosome evolution in higher plants. London: Eduard Arold LTD,1971:85-105

[87] Thomas H M. Giemsa banding in *Lolium Temulentum*. Genome,1977,19(4):663-666.

[88] Thomas H M. The Giemsa C-band karyotypes of six *Lolium* species. Heredity,1981,46:263-267.

[89] Tuna M,Vogel K P,Gill K S,*et al*. C-banding analyses of *Bromus inermis* genomes. Crop Science,2004,44(1):31-37.

[90] Zohary D,Ashkenazi I. Different frequencies of supernumerary chromosomes in diploid populations of *Dactylis glomerata* in Israel. Nature,1958,182:477-478.

第14章

植物非整倍体与渐渗系

方　程*

人们将体细胞中染色体数目没有倍性的植物称为非整倍体(aneuploid)植物,自然界中许多因素都可能导致植物非整倍体的产生。对植物本身而言,相对于整治倍体,非整倍体一般会产生较明显的表型差异,不利于植物本身的生存和繁殖。但植物非整倍体在遗传学、植物结构和功能基因组学、植物育种学等方面都有重要应用价值。渐渗系(introgression line, IL)是指某植物种遗传物质通过杂交和反复回交转入到另一个物种内的渐渗杂交而产生的植株。渐渗杂交是一种植物这适应环境生存而产生的自然现象。相对于非整倍体而言,渐渗系遗传稳定,利用它能将功能基因准确定位到染色体的具体位点,更利于基因结构和功能的研究,因此,越来越受到科学工作者的关注。

14.1　植物非整倍体

在高等植物细胞中除了染色体基数(n)增加的整倍性变异外,还偶尔出现个别染色体增加或减少,而导致染色体非整倍性的变异,产生非整倍体。相比较正常的二倍体,非整倍体会在某些性状上有特异的表现。在对植物进行遗传变异、基因定位和功能等研究中,非整倍体具有重要的作用。非整倍体相对而言不够稳定,不利于较长期研究工作,而渐渗系也有类似研究材料的功能。因此,本章对非整倍体和渐渗系的概念、构建及应用作一简单介绍。

14.1.1　植物非整倍体的概念、类型及发生

14.1.1.1　植物非整倍体的概念

植物非整倍体是指这样的植物体,即细胞中染色体数目没有整倍性,与同物种染色体基数

---

* 作者单位:中国农业大学动物科技学院草业科学系,北京,100193。

相比,它的染色体数目多或少一至几条。在叙述非整倍体时常把正常的 $2n$ 个体统称为双体(disomic),意指此植株在减数分裂时全部染色体都能成双配对,而非整倍体的染色体是不能成双配对的。植物非整倍体现在还有一种更深入的定义,即生物体的 $2n$ 染色体数增或减一条以至几条染色体或染色体臂的现象。其中涉及完整染色体增减的非整倍体称初级非整倍体,而涉及染色体臂增减的非整倍体称次级非整倍体。

14.1.1.2 非整倍体的类型

非整倍体有多种类型,对初级非整倍体而言,生物体细胞中某对同源染色体缺失一条的称为单体($2n-1$)、某两对同源染色体都分别缺失一条的称为双单体($2n-1-1$),同时缺失一对同源染色体的称为缺体($2n-2$),将体细胞中染色体有一条以上缺失的生物统称为亚倍体(hypoploid)。生物体细胞中某同源染色体对中有一条增加的称为三体($2n+1$)、生物体细胞中某两对同源染色体对中各有一条增加的称为双三体($2n+1+1$),增加一对同源染色体的生物体称为四体($2n+2$),某染色体增加一条以上称为多体($2n+n$)。将体细胞中染色体有一条以上增加的生物统称为超倍体(hyperploid)。以染色体基数为 7 的二倍体为例,图 14.1 用图示说明初级非整倍体的染色体数目变化,表 14.1 则用表达式进行了示意。在次级非整倍体中,生物体细胞中染色体缺失了一个臂称为端体。一对同源染色体均缺失了臂称为双端体,而一对同源染色体中只有一条缺失了臂称为单端体。如果某染色体的一个臂被另一个臂复制取代,也就是说此染色体由两个完全同源的臂构成,称为等臂染色体,具有该等臂染色体的生物体,称为等臂体。

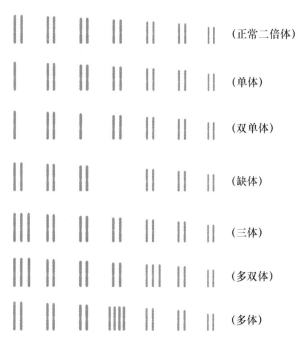

图 14.1 初级非整倍体染色体数目变化示意图

由于任何物种的体细胞均有 n 对染色体,因此各物种都可能有 n 个不同的缺体、单体、三体和四体,以及 $2n$ 个不同的端体和等臂体。例如,普通小麦的 $n=21$,因此它的缺体、单体、三体和四体各有 21 种,而端体和等臂体则可能有 42 种。

三体是二倍体生物中非整倍体存在的主要形式,也是人们利用非整倍体的主要形式,它又可分为4种类型:初级三体(primary trisomy),是在正常 $2n$ 染色体组基础上增加了一条额外的完整染色体,形成 $2n+1$ 的核组成,是最容易得到和最普通存在的一种三体类型;次级三体(secondary trisomy),其额外染色体由等臂染色体组成;三级三体(tertiary trisomy),其额外染色体由易位染色体组成;端三体(telotrisomy),其额外染色体由端着丝点染色体组成。

表 14.1 不同类初级非整倍体的染色体组组成不完全示意

名称	代表式	染色体组成
单体(monosomy)	$2n-1$	(ABCD)(abc-)
双单体(dimonosomy)	$2n-1-1$	(ABC-)(abd-)
缺体(nullsomy)	$2n-2$	(ABC-)(abc-)
三体(trisomy)	$2n+1$	(ABCD)(abcd)(A/a)
双三体(ditrisomy)	$2n+1+1$	(ABCD)(abcd)(AB/ab)
四体(tetrasomy)	$2n+2$	(ABCD)(abcd)(Aa)
多体(polysomy)	$2n+n$	(ABCD)(abcd)(AA/aa)

14.1.1.3 非整倍体发生的主要原因

在自然界中,非整倍体产生的主要原因有如下两种:第一,植物减数分裂或有丝分裂时染色体不分离。植物在减数分裂过程中,染色体只复制一次,而细胞分裂两次,减数分裂的染色体不分离也就有两种类型。在减数分裂的第一次细胞分裂时,染色体数目的减半是通过同源染色体分离实现的,而第二次细胞分裂的染色体减半是通过姊妹染色体的分离完成的。如果某种(些)原因导致植物减数分裂第一次细胞分裂时同源染色体不随机分离或第二次细胞分裂时姊妹染色体不分开,则会产生多或少于基数染色体的异常配子,当它们与正常配子结合形成合子,生长发育后就是非整倍体。第二,有丝分裂或减数分裂时染色体丢失。由于某种(些)原因,在有丝分裂后期染色单体(此时已为单体状态)的迟留,导致本应向子细胞移动的某一染色体未能同其他染色体一起移动进入子细胞,并随后的发育过程丢失,这就导致某一子细胞及其后代中该染色体减少一条,如图 14.2 所示。

14.1.2 非整倍体的特点及应用

14.1.2.1 非整倍体的特点

植物染色体的非整倍性变异,即植物细胞中染色体的增加和减少的实质是植株内基因或遗传信息的重复或缺失。与正常整倍性植株相比,非整倍植株的表现有的可能没有明显差异,有的则在生活力、遗传稳定性和育性等方面差异明显,而差异明显与否取决于发生非整倍性变异的植物染色体倍性构成和非整倍体种类的不同。

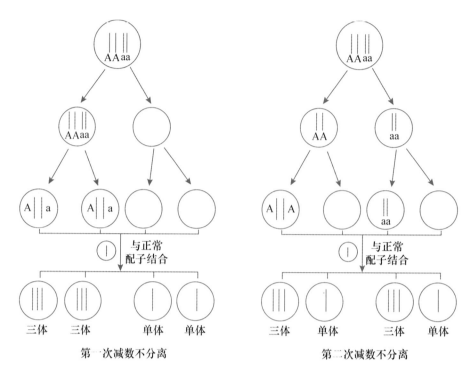

图 14.2 减数分裂时染色体不分离

相对而言,同源多倍体对染色体的非整倍性变异有最强的忍受能力,换言之,染色体的非整倍性变化对异源多倍体的生活力和育性影响较小。从理论上讲,同源多倍体含有多套相同或相近的基因或遗传信息,一条或几条染色体的增加或缺失,会导致植株某基因剂量的增减,而不会导致基因的缺失,虽然此时非整倍体植株的表现,与正常同源多倍体相比有差异,但相对而言这种差异是较小的。

同源多倍非整倍的配子一般可育,非整倍性变异对同源多倍体的影响主要会体现在子代的倍性而不是在育性上。染色体的非整倍性变异对异源多倍体影响较大,其原因是植物细胞染色体组的异源性,染色体的增加或减少的非整倍性变化,可能使某相关基因剂量增大显著,特别是染色体减少时,可能造成某相关基因的缺失,故植株表现差异明显。这一特性则为人们利用非整倍体对植物进行研究提供了极好的材料,如从异源四倍体的普通烟草($2n=4x=TTSS=40$)中分离出了世界上第一个全套 24 个不同单体的植物,由异源六倍体的普通小麦($2n=6x=AABBDD=42$)创建出了普通小麦——中国春品种的全套 21 个不同的单体。而从陆地棉($2n=4x=AADD=52$)单体的分离过程也比较好的说明了异源多倍体非整倍性变异的特性。自 20 世纪 80 年代初发现第一个陆地棉单体至今,分离鉴定出的单体只有 15 个,还有 11 个单体尚未鉴定出来,分析其原因可能是:①某些单体的 $n-1$ 配子不具有生活力或生活力低不能参与受精作用;②某些 $n-1$ 配子虽然能完成受精作用,但胚胎发育受阻,不能形成有生活力的种子;③某些单体植株可能因生活力太弱不能存活;④某些单体之间在植株性状和染色体形态上没有明显差异,难于区分;⑤某些单体,因其 $n-1$ 配子传递率太低而尚未鉴定出来。

染色体的非整倍性变异在二倍体上反映最明显,因为对二倍体植物来说,染色体的增减都是相关基因的加倍或缺失,染色体缺失会导致植株死亡,而某染色体加倍,植株也有明显表现。例如,中国春小麦的三体 5A 植株(指 A 染色体组中的第 5 个染色体为三体),其穗形紧密,类似于密穗小麦。

植物对染色体增加的忍受能力要大于对染色体丢失的忍受能力。超倍体既可在异源多倍体的自然群体中存在,也可在二倍体的自然群体中存在,因为超倍体来源于 $n+1$ 配子,而不论是异源多倍体还是二倍体,$n+1$ 配子内的各个染色体组都是完整的,一般都能正常发育,这就决定了二倍体的群体内能够同异源多倍体一样出现超倍体。例如,玉米、曼陀罗、大麦、番茄等虽然都是二倍体,都曾分别分离出三倍体。超倍体的生活力因一条染色体的增减所造成的不良影响一般也小于一条以上染色体的增减。

而亚倍体一般只存在于异源多倍体中,而很难在二倍体物种中存在。因为二倍体物种产生的配子内只有一个染色体组,$n-1$ 配子缺少 x 个染色体中的一个,染色体组的完整性遭到破坏,一般不能正常发育。当然也就不会有 $n-1$ 配子参与受精,子代群体内自然不会有缺体、单体、双单体等亚倍体存在。异源多倍体与二倍体不同,它的配子内含有两个或两个以上的不同染色体组,$n-1$ 配子内虽然缺失了某一条染色体,但缺失染色体的功能可能(而且一般都能)由另一染色体组的某个染色体予以部分补偿,所以 $n-1$ 配子能够参与受精,产生亚倍体子代。

14.1.2.2 非整倍体的应用

植物非整倍体在植物基因组学和育种学上具有重要的应用价值,在基因组学上的应用主要是体现在基因的染色体定位和基因功能的确定,而在育种学上则主要可用于杂交育种和选择育种等。

常用单体测验和三体测验进行基因染色体定位,其定位原理都十分简单。下面我们用一个假设的例子来说明单体测验定位的基本原理和过程。假设某植物为二倍体,有 7 对染色体($2n=14$),分别用 1、2、3、4、5、6 和 7 表示。基因 A 为显性,a 为隐性,当植株有 A_基因型时开红花,而有 aa 基因型时开白花。如果有可能获得该植物(A 基因为纯合子)全套单体:[$2n-$ Ⅰ$_1$]…[$2n-$ Ⅰ$_7$]和开白的植株,则可通过单体测验确定 A 基因在哪条染色体上。具体就是分别用 1~7 号单体为母本,以开白花植株为父本进行杂交,正常情况下,有白花的子代出现在哪个杂交组合中,A 基因就在对应号的染色体上。如果我们假设 A 基因在 5 号染色体上,那么 [$2n-$ Ⅰ$_5$]×白花植株的子代中就有开白花的植株出现,因为,[$2n-$ Ⅰ$_5$]可产生两种配子:n 和 $n-1$,n 配子中包含有 A 基因。而 $n-1$ 配子因为缺失了含 A 基因的染色体当然就不含 A 基因,当 $n-1$ 配子可育与白花植株正常配子(含 a 基因)结合时,隐性的 a 基因就成了表现型。而其他杂交组合子代的基因均为 A_,故只会开红花。

三体测验是根据三体植物的遗传特点来测定某基因是在哪条染色体上。我们知道,三体($2n+1$)是正常的 n 对染色体之中的某一对多了一条染色体,三体同源组中有三个等位基因,四种不同的基因型,分别称为三式(AAA)、复式(AAa)、单式(Aaa)和零式(aaa),所以,杂合的三体植株的子代群体必将同时表现两种不同的基因分离比例:①双体 Xx 杂合基因所导致的 X_:xx = 3:1 分离;②三体 AAa 或 Aaa 杂合基因所导致的某种形式的分离,如当三体为复式杂合体(AAa)时,将产生 1:1 的 ($n+1$)和 n 配子,基因型分别为 AA、Aa、A、a(1:2:2:1)。如果($n+1$)和 n 配子同等可育,精子和卵子同等可育,则复式三体自交后代的表现型比例为 A_:aa=35:1。当三体作为母本与隐性突变体杂交时,F_1 三体植株自交产生的 F_2 群体目标性状的分离会随着隐性基因所在的染色体的不同而不同,正如前面所述,三体(三式为 AAA)与隐性突变体杂交的 F_1 为复式(AAa),如果 $n+1$ 配子和 n 配子同等可育,那么复式三体自交后代会产生 35A∶1a 的分离。如果所要测验的基因不在三体染色体上,那么 F_2 应该出现 3A∶1a 的分离。因此根据分离比的不同,利用三体可以进行基因的定位。

植物非整倍体在育种上也有多种用途,报道最多的是用单体、缺体等通过杂交实现目标染色体替换进行育种。在这里目标染色体替换是指将供体亲本中含目标基因的染色体通过杂交取代受体亲本某一条同源染色体的过程。目标染色体替换的目的是将某些优良的经济性状转换到需要改良的品种中去。

以单体进行目标染色体替换的先决条件是:知道目标基因所在的染色体,拥有含有纯合显性目标基因的供体和缺少一条目标染色体的作为受体的单体。基本过程是以单体为母本与含目标基因的供体株杂交,淘汰 F_1 群体内的双体植株,保留 F_1 群体内的单体植株并用之进行自交,淘汰 F_2 群体中的单体植株和缺体植株,保留的双体就是进行了目标染色体替换的植株,在实行进一步选择后,则可能成为新的优良品种。例如,已知某抗病基因(R)在小麦的 6B 染色体上,某抗病品种除具有较强的抗病性外,别无其他优点。因此理想的育种方案是用抗病品种 6B 染色体($_{6B}II^{RR}$)取代不抗病的优良品种的 6B 染色体($_{6B}II^{r}$):以某品种的 6B 单体($20II+_{6B}II^{r}$)为母本与某抗病品种($20II+_{6B}II^{RR}$)杂交,在 F_1 群体内不管是单体植株($20II+_{6B}II^{R}$),还是双体植株($20II+_{6B}II^{Rr}$)都是抗病的,淘汰双体植株,使单体植株自交产生 F_2,淘汰 F_2 群体中的单体($20II+_{6B}II^{R}$)植株和缺体植株($20II$)植株,对其双体($20II+_{6B}II^{RR}$)则实行进一步选择,或用它作为杂交亲本与其他优良品种杂交。这个 F_2 的双体就是换进了一对载有抗病基因(R)的 6B 染色体的个体。

以缺体体进行目标染色体替换相对还要简单,如果知道目标基因所在的染色体,拥有含有纯合显性目标基因的供体和缺少一对目标染色体的作为受体的缺体,则以缺体为母本与含目标基因的供体株杂交,保留 F_1 群体内的单体植株并用之进行自交,F_2 群体中的双体就是进行了目标染色体替换的植株。

研究发现,有些植物的三体是雄性不育的,用此作为母本,可有效地克服杂交时有的植物由于雌花太小难以去雄的困难。

14.2 植物渐渗系

上节简要介绍了植物非整倍体,我们知道植物非整倍体在遗传学、植物结构和功能基因组学、植物育种学等方面都有重要应用价值。同时,植物非整倍体在应用上也有它的局限性,比如,相对而言,植物非整倍体遗传不够稳定,基因只能定位到染色体上,而不能确定其位点。作为补充或改良植物渐渗系的构建和应用越来越被人们重视。

14.2.1 渐渗系的相关概念

14.2.1.1 渐渗杂交

渐渗杂交(introgressive hybridization)又称渐渗,是指一个种的遗传物质通过杂交与反复回交穿越种间障碍转入到另一个物种内的现象。渐渗杂交是植物普遍存在的自然现象。1927年 Ostenfeld 最早说明了渐渗现象的存在,1938 年 Anderson 等通过植物杂交研究提出了渐渗杂交的概念。渐渗杂交概念的内涵随着研究的深入得到了不断地补充,在相当长的时间内,渐渗杂交是泛指某一种群的基因被整合到另一种群中的现象,而现在渐渗杂交不再单指一个物种的基因单向的渗入到另一物种,而包括两物种间的基因存在的双向流动,而这种双向基因流动分别在不同地域发生。渐渗杂交产生的机理目前仍不十分清楚,研究结果表明杂种只能与亲本之一进行回交,杂种的不育性、生存力等因素都可能导致渐渗的出现。

14.2.1.2 渐渗系

由渐渗杂交产生的渐渗系在植物遗传育种等多方面具有重要的使用价值。渐渗系(或称导入系)(introgression line,IL)又称染色体片段代换系(chromosomal segment substituted line,CSSL),是指在系统回交、自交等的基础上,利用分子标记辅助选择等方法获得的染色体片段被供体亲本染色体片段所取代的株系。前面我们在植物非整倍体在植物基因组学和育种学的应用中实际上提到了置换系。置换系(substitution lines)是在一个种的遗传背景上换入另一个种的一对染色体。置换系与渐渗系的区别十分明显,前者基因组中某整条染色体被置换,而后者基因组染色体上只有部分被代换。

渐渗系可分为多片段渐渗系和单片段渐渗系两种。每受体植株染色体中含有两个以上供体亲本代换片段的渐渗系即多片段渐渗系。每受体植株染色体中只含一个供体亲本代换片段的渐渗系即单片段渐渗系(chromosome single segment introgression lines,CSSILs)。如果受体亲本染色体被代换的染色体片段特别小,只是个特定的基因时,渐渗系就是近等基因系(near isogenic lines,NILs)。如果单片段渐渗系间所含代换片段部分重叠,则称为单片段重叠渐渗系。目前,人们较关注的是单片段渐渗系,由它构成外源文库(exotic library),外源文库由一套渐渗系组成,每个渐渗系含有一个供体染色体纯合片段,整个一套渐渗系包含了整个供体亲本基因组。这里文库的概念同分子生物学中基因文库的概念实质是相同的,在分子生物学中构建基因文库所用的载体是质粒等,而这里所用的是受体亲本的染色体。由于渗入系的遗传背景与受体亲本大部分相同,只有少数渗入片段的差异,因此,渗入系和受体亲本的任何表现型差异均由渗入片段所引起,这为遗传分析和功能鉴定提供了良好的研究材料,提高了基因定位的准确性,同时渗入系构建过程也是品种选育的过程。

14.2.2 渐渗系的创建及应用

14.2.2.1 渐渗系的创建原则和方法

渐渗系虽然在自然中存在,但在应用上很难满足人们特定的要求,在现代生物学研究过程中,人工构建渐渗系的行为越来越多。

1. 渐渗系的创建原则

构建渐渗系的目的主要有两个:①从理论上说,通过遗传、分子、生物技术等手段分析轮回亲本与渐渗系间的差异确定目标基因的位置、结构、功能等;②从实际上,一些杂交(当然包括回交)选育的过程也就是渐渗系的构建过程。要达到此目的,在渐渗系构建时要遵循以下基本原则。

(1)精确。所构渐渗系每个成员所包含的供体亲本核酸片段越小越好,最好就只包含某目的基因。构建过程中关键是比较轮回亲本与渐渗系的差别,只有二者的遗传背景高度一致,才能将二者的差异归为由目的基因导入,结论的可靠性才高。

(2)高覆盖。要使渐渗系成为外源文库,就必须要求所构导入系尽可能地包含供体亲本全部的基因、染色体或遗传信息。换句话说,对供体亲本,渐渗系对其要高覆盖。

(3)特异性。在构建渐渗系要尽可能考虑研究目的,使其更好地为研究服务。如在研究不同性状基因对某种作物经济性状的影响时,可以借助回交法将不同基因分别转育给同一轮回亲本,培育成分别具有个别不同性状基因的渐渗系,相互比较,以便在同一遗传背景上,较正确地鉴定不同基因对经济性状的影响。

(4)经济。渐渗系的构建是费时高成本的,经济是指要提高渐渗系的构建效率,多快好省地构建符合要求的渐渗系。

2. 渐渗系的创建方法

目前,渐渗系的构建多是通过结合采用杂交、回交、自交和分子标记辅助选择等手段构成的。选用优良品种为受体(轮回)亲本作母本与含目的基因(性状)的供体亲本作父本杂交。以杂交后代作母本与轮回亲本为父本进行多次回交,使渐渗系的背景基因型逐步同一。自交使基因位点逐步纯合。渐渗系概念由来已久,直到今天才引起人们如此关注的主要原因是现代分子标记的出现。即使多代连续回交或自交,仅靠传统的表型选择,较难获取理想的渐渗系,而用分子标记辅助进行选择可有效克服连锁累赘(linking drag)现象,大大提高选择效率。当然,目标基因连锁(共分离)标记的获得也有相当的工作量。通过体细胞杂交、突变及人工诱变等途径也可构建渐渗系,但相对不多见。

下面以王立秋等人玉米单片段渐渗系构建为例说明其构建过程:以豫玉22的亲本自交系87-1和综3为受体亲本,以衡白522(HB522)为供体亲本进行杂交,后连续进行3~4代回交获得BC_3F_1,然后进行自交得到BC_3F_2。从BC_1代开始全程利用分子标记进行单个导入片段的正向选择和轮回亲本的背景选择,从而构建了SSILs群体。渐渗系构建过程如图14.3所示。

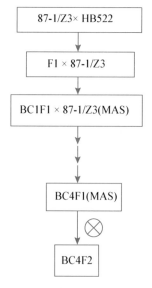

图14.3 渐渗系构建过程示意图

14.2.2.2 渐渗系的应用

渐渗系的应用是多方面的,无论在理论研究和生产实践中都有其独特的利用价值,下面就渗渐系在数量性状定位、基因功能研究和良种培育等方面的应用作个简单说明。

1. QTL 定位

作物的主要经济性状，如株高、叶长、叶宽、分枝数、种子产量、质量、生物量等都为数量性状。数量性状具有多基因控制、观测值呈正态分布和易受环境影响的特点。以前人们只能将控制此性状的多基因作为一个整体以统计分析方法进行研究，不能确定这些基因在染色体上的位置、它们对相性状的贡献率及它们间的相互关系，分子标记的出现使 QTL 定位成为了可能。

在传统 QTL 定位时，人们总是在强调构图群体亲本间要有相对差异、总是强调构图群体要相当的大，至少在 100 以上，这是因为在杂交中，基因组中大量基因位点同时分离，会造成遗传背景效应或"遗传噪声"，增加分析难度，难以检测出低效应值的位点，而相对性状较大差异组合，在子代中容量获得性状分离，群体组成越大交换的概率也就会越大，表现的多态性就会越强，越可能构建饱和的连锁遗传图谱，QTL 定位也就会越精确。人们想了多种办法，如单标记分析、区间定位（interval mapping，IM）、复合区间定位（composite interval mapping，CIM）到多 QTL 定位（multiple QTL mapping，MQM）等，都是为了提高 QTL 定位的灵敏度和精度，但实际效果并不十分理想，往往很难达到图位克隆的要求。而利用理想的渗渐系作为构图群体，则可以消除遗传背景对 QTL 定位产生的不利影响。因为理想的渗渐系的遗传背景是一致的，个体间的差异是由于导入基因的差异产生的，则可实现 QTL 精细定位。

2. 基因功能研究

我们常说的 QTL 都是特定于某一性状的，也就是说通过 QTL 定位获得的数量性状位点是与某性状相关的数量性状位点。但现在多数情况下所说的 QTL 位点不一定就是与某一性状相关的基因位点，原因是在一般构图群体所构建连锁图谱基础上获得的 QTL 位点可能是由同一染色体上多个相关基因或同一基因组多个相关基因共同作用或假阳性的结果，如果我们的连锁图谱的标记间距离能小到相当于基因的长短时，所获的 QTL 位点就是相关的基因位点的概率就会大大提高。

QTL 定位多是结构基因组学的内容，但也和功能基因组学相关，如果我们能确定 QTL 所对应的染色体位点就是一个基因，那么 QTL 定位分析也就是基因功能分析。换句话说，当用理想的渗渐系（系内成员所导入的片段都是调控同一性状的不同基因）进行 QTL 定位时，检测到的 QTL 位点就可能是导入基因所在的位点，也就说明了渗渐系的基因功能研究作用。当然，在渗渐系构建足够精细时，直接比较系内个体间的表型差异也能有效地分析基因功能。

3. 改良品种

现报道的渗渐系构建多为品系改良的需要。在植物抗病育种时，有人用回交法将具有抗不同生理小种的基因分别转育给同一轮回亲本，培育成具有抗不同病原生理小种的渗渐系，然后根据具体情况，将系内成员按照不同比例混合，育成了具有综合抗性而且抗性较持久的多系品种。

在牧草育种中，渗渐系构建较成功的是在黑麦草属（*Lolium*）与羊茅属（*Festuca*）间。黑麦草属和羊茅属间有较近的亲缘关系，杂交成功概率大。黑麦草属具有产量高、营养价值高、适口性好、种子产量高等优点，羊茅属的最大特点是搞性强，适应性广。用黑麦草作轮回亲本，羊茅作供体亲本进行渗渐育种已培育了许多性状十分优良的品系。例如，培育的"Kenhy"大大降低了纤维含量提高了适口性，培育的黑麦草羊茅混合品系（*Festulolium*）"Felina"表现出良好的高温适应能力。

参考文献

[1] 何凤华,席章营,曾瑞珍,等.利用高代回交和分子标记辅助选择建立水稻单片段代换系.遗传学报,2005,32(8):825-831.

[2] 刘冠明,李文涛,曾瑞珍,等.水稻亚种间单片段代换系的建立.中国水稻科学,2003,17(3):201-204.

[3] 龙萍,杨华,余四斌,等.水稻导入系群体的构建与保存.植物遗传资源学报,2009,10(1):51-5.

[4] 罗世家,邹惠渝,梁师文,等.黄山松与马尾松基因渐渗的研究.林业科学,2001,137(16):118-122.

[5] Jensen N F.植物育种方法论.卢庆善,译.北京:中国农业出版社,1996.

[6] 王立秋,赵永锋,薛亚东,等.玉米衔接式单片段导入系群体的构建和评价.作物学报,2007,33(4):663-668.

[7] 王玉民.作物单片段代换系的构建及应用.中国农学通报,2008,24(3):75-79.

[8] 徐晋麟,徐沁,陈淳.现代遗传学原理.北京:科学出版社,2001.

[9] 杨志松,刘洒发.渐渗杂交的研究进展及其理论实践意义.四川动物,2008,27(4).

[10] 曾瑞珍,施军琼,黄朝锋,等.籼稻背景的单片段代换系群体的构建.作物学报,2006,32(1):88-95.

[11] 张天真.作物育种学总论.北京:中国农业出版社,2003.

[12] 张尤凯,吴昌谋,王秉新.遗传学.广州:暨南大学出版社,1995.

[13] Anderson E, Hubricht. Hybridization in Tradescantia. Ⅲ. The evidence for introgressive hybridization. Amer. J. Botany,1938,25:396-402.

[14] Anderson E. Introgresive hybridization. Biol. Rev.,1953,28:280-307.

[15] Bruce D D. Origin of *Gila sem inude* (Teleostei:Cyprinidae) through introgressive hybridization:implication for evolution and conservation. Evolution,1992,89:2747-2751.

[16] Ebitani T,Takeuchi Y,Nonoue Y,*et al*. Construction and evaluation of chromosome segment substitution lines carrying overlapping chromosome segments of indica rice cultivar 'Kasalath' in a genetic background of japonica elite cultivar 'Koshihikari'. Breeding Science,2005,55:65-73.

[17] Eshed Y,Zamir D. An introgression line population of *Lycopersicon pennellii* in the cultivated tomato enables the identification and fine mapping of yield associated QTL. Genetics,1995,141:1147-1162.

[18] Mayumi S,Katsutoshi K,Yasuyuki W,*et al*. Extensive itochondrial lntrogression from *Pinuspumila* to *P. pawiflora*. [S. l.]:[s. n.],1999.

[19] Monforte A J,Tanksley S D. Development of a set of near isogeonic and backcross recombinant inbred lines containing most of the *Lycoperscon hirsusutum* genome in a L. esculenum genetic background:a tool for gene mapping and gene discovery. Genome,2000,43:

803−813.

[20] Rieseberg L H, Wendel J. Introgression and its consequences in plants. In: Harrison RG. Hybrid zone and the evolutionary press. New York: Oxford University Press, 1993: 70−103.

[21] Toshihiko Y, John W, Forster M W. Humphreys and Tadashi Takamizo. *var. entaphylla* (Pinaceae). Journal of Plant Research, 112: 97−105.

[22] Wayne R K, Jneks S M. Mitpchondrial DNA analysis imp lying extensive hybridization of the endangered red wolf *Canisrufus*. Nature, 1991, 351: 565−568.

[23] Xi Z Y, He F H, Zeng R Z, *et al*. Development of a wide population of chromosome single-segment substitution lines in the genetic background of an elite cultivar of rice (*Oryza sativa* L). Genome, 2006, 49(5): 476−484.

[24] Zamir D. Improving plant breeding with exotic genetic libraries. Nature Review Genetics, 2001, 2: 983−989.

彩 插

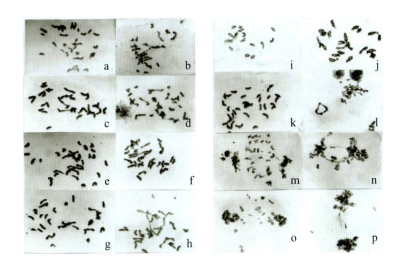

图 7.3 加拿大披碱草 × 披碱草杂种 F_1 及其双亲 RTC 和 PMCM Ⅰ 染色体特征

a. ♀加拿大披碱草 PMCM Ⅰ 染色体构型为 $2n = 28$（14Ⅱ） b. ♂披碱草 PMCM Ⅰ 染色体构型为 $2n = 42$（21Ⅱ） c. 杂种 F_1 体细胞染色体数目为 $2n = 5x = 35$ d. 杂种 F_1 PMCM Ⅰ 显示 1 个四价体 e~h. 杂种 F_1 后期Ⅰ显示染色体桥和落后染色体 i~p. 杂种 F_1 PMCM Ⅰ 染色体构型，其中 i 为 17Ⅰ+9Ⅱ，j 为 16Ⅰ+8Ⅱ+1Ⅱ，k 为 11Ⅰ+12Ⅱ，l 为 17Ⅰ+9Ⅱ，m 为 23Ⅰ+6Ⅱ，n 为 21Ⅰ+7Ⅱ，o 23Ⅰ+6Ⅱ，p 为 16Ⅰ+5Ⅱ+3Ⅲ

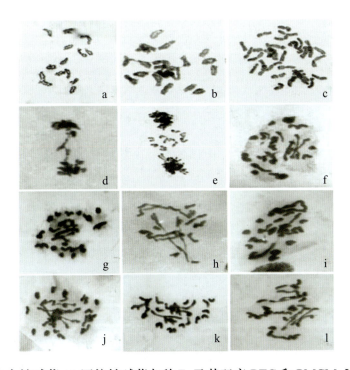

图 7.4 加拿大披碱草 × 圆柱披碱草杂种 F_1 及其双亲 RTC 和 PMCM Ⅰ 染色体特征

a. ♀加拿大披碱草 PMCM Ⅰ 染色体构型为 $2n = 28$（14Ⅱ） b. ♂圆柱披碱草 PMCM Ⅰ 染色体构型为 $2n = 42$（21Ⅱ） c. 杂种 F_1 体细胞染色体数目为 $2n = 5x = 35$ d~e. 杂种 F_1 后期Ⅰ显示染色体桥和落后染色体 f~l. 杂种 F_1 染色体构型，其中 f 为 5Ⅰ+15Ⅱ，g 为 11Ⅰ+12Ⅱ，h 为 3Ⅰ+11Ⅱ+3Ⅲ，i 为 8Ⅰ+12Ⅱ+1Ⅲ，j 为 16Ⅰ+8Ⅱ+1Ⅲ，k 为 15Ⅰ+10Ⅱ，l 为 6Ⅰ+13Ⅱ+1Ⅲ

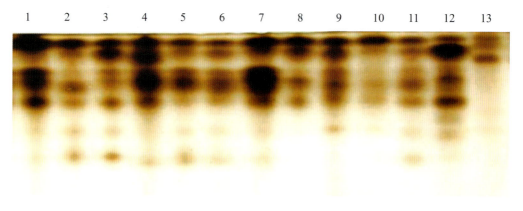

图 7.5　夏秋分蘖期蒙古冰草×"航道"冰草杂种 F_4 代及其亲本的夏秋分蘖期 POD 同工酶谱带

　　　1～11. F_4 代 11 个株系　12. ♂"航道"冰草　13. ♀蒙古冰草

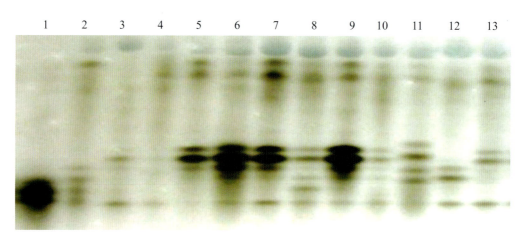

图 7.6　夏秋分蘖期蒙古冰草×"航道"冰草杂种 F_4 代及其亲本的抽穗期旗叶 EST 同工酶谱带

　　　1～11. F_4 代 11 个株系　12. ♂"航道"冰草　13. ♀蒙古冰草

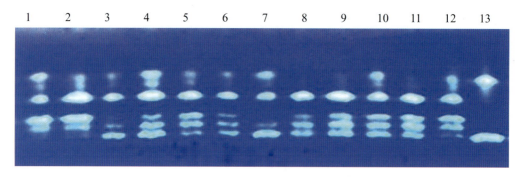

图 7.7　夏秋分蘖期蒙古冰草×"航道"冰草杂种 F_4 代及其亲本的 SOD 同工酶谱带

　　　1～11. F_4 代 11 个株系　12. ♂"航道"冰草　13. ♀蒙古冰草

◆ 彩 插 ◆

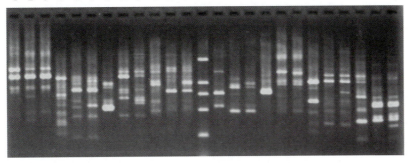

图 7.8　部分引物的 RAPD 图谱

1. ♀加拿大披碱草　2. ♂肥披碱草　3. 杂种 F_1　M. DNA Maker（DL 2000）

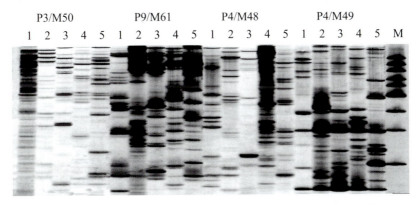

图 7.9　加拿大披碱草与披碱草、圆柱披碱草 2 个种间杂种 F_1 及亲本的部分引物 AFLP 扩增结果

1. 加拿大披碱草　2. 圆柱披碱草　3. 披碱草　4. 加拿大披碱草 × 披碱草杂种 F_1
5. 加拿大披碱草 × 圆柱披碱草杂种 F_1　M. DNA Marker (DL 2000)

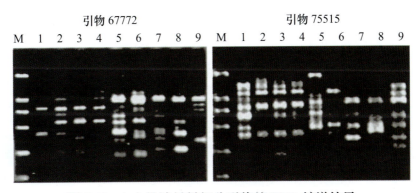

图 7.10　9 个供试材料部分引物的 ISSR 扩增结果

1. ♀散穗高粱　2. ♂黑壳苏丹草　3. ♂白壳苏丹草　4. ♂棕壳苏丹草　5. ♂红壳苏丹草　6. 散穗高粱 × 黑壳苏丹草 F_1　7. 散穗高粱 × 白壳苏丹草 F_1
8. 散穗高粱 × 棕壳苏丹草 F_1　9. 散穗高粱 × 红壳苏丹草 F_1

3

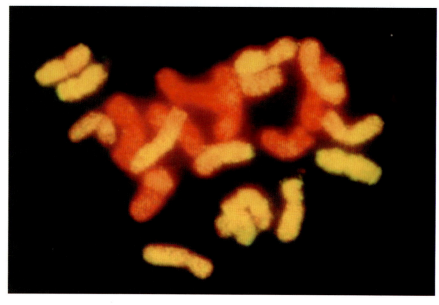

图 7.11　加拿大披碱草 × 野大麦属间杂种 F_1 根尖细胞染色体原位杂交图像

图中橙红色是 S 染色体组，黄色是 H 染色体组。

图 7.12　田间回交及 BC_1 代植株

a.（加拿大披碱草 × 圆柱披碱草 F_1）× 加拿大披碱草 3 个 BC_1 植株
b.（加拿大披碱草 × 披碱草 F_1）× 加拿大披碱草 4 个 BC_1 植株

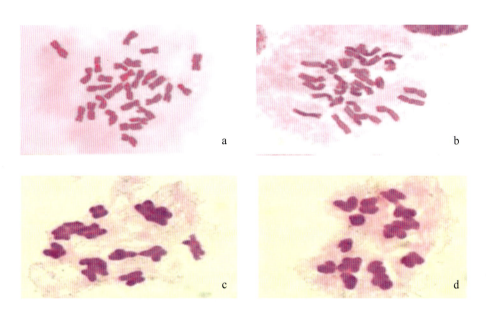

图 7.13 （加拿大披碱草 × 披碱草）× 加拿大披碱草 BC_1 的 RTC 和 PMCM Ⅰ 染色体

a～b. BC_1 根尖染色体（$2n=28$）　c～d. PMCM Ⅰ 染色体（$2n=4x=28=14\text{Ⅱ}$）

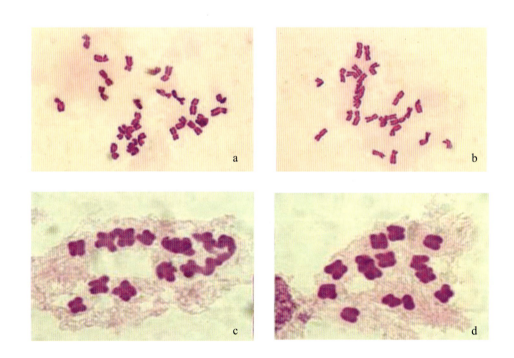

图 7.14 （加拿大披碱草 × 圆柱披碱草）× 加拿大披碱草 BC_1 的 RTC 和 PMCM Ⅰ 染色体

a～b. BC_1 根尖染色体（$2n=28$）　c～d. PMCM Ⅰ 染色体（$2n=4x=28=14\text{Ⅱ}$）

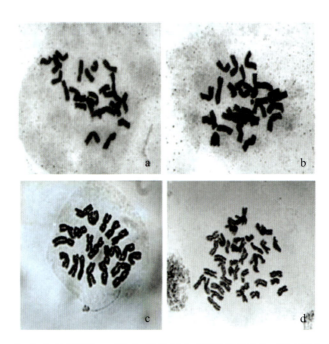

图 7.15　加拿大披碱草 × 野大麦自然加倍植株 RTC、PMCM Ⅰ 染色体

a. ♀加拿大披碱草 RTC 染色体（$2n = 4x = 28$）　b. ♂野大麦 RTC 染色体
（$2n = 4x = 28$）　c. 属间杂种 F_1 RTC 染色体（$2n = 3x = 21$）
d. 自然加倍植株 RTC 染色体（$2n = 6x = 42$）

图 7.16　愈伤组织诱导及变异植株与正常植株生长发育对比

a～c. 加拿大披碱草 × 披碱草杂种 F_1　d～f. 加拿大披碱草 × 圆
柱披碱草杂种 F_1　a, d. 秋水仙素处理前的愈伤组织
b, e. 秋水仙素诱导变异植株　c, f. 未变异植株

图 7.18 蒙古冰草与"航道"冰草正、反交杂种 F_1 加倍植株和亲本的花药特征（郝峰等，2008）

a. 蒙古冰草　b. "航道"冰草　c. 正交杂种 F_1　d. 反交杂种 F_1
e. 正交杂种 F_1 加倍植株　f. 反交杂种 F_1 加倍植株

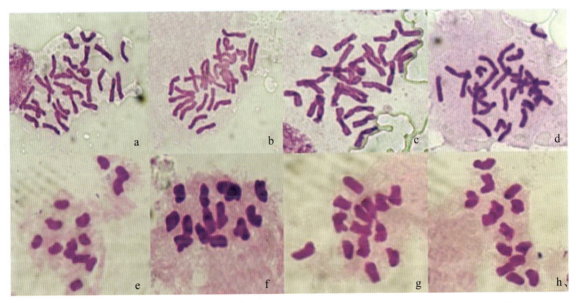

图 7.19 蒙古冰草 × "航道"冰草正、反交杂种 F_1 加倍植株 RTC 及 PMCM Ⅰ 染色体

a~b. 蒙古冰草 × "航道"冰草正交杂种 F_1 加倍植株 RTC 染色体（$2n = 4x = 28$）　c~d. "航道"冰草 × 蒙古冰草反交杂种 F_1 加倍植株 RTC 染色体（$2n = 4x = 28$）　e~f. 蒙古冰草 × "航道"冰草正交杂种 F_1 加倍植株 PMCM Ⅰ 染色体（$2n = 4x = 14 Ⅱ$）　g~h. 蒙古冰草 × "航道"冰草反交杂种 F_1 加倍植株 PMCM Ⅰ 染色体（$2n = 4x = 14 Ⅱ$）

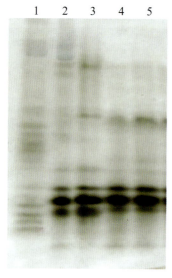

图 7.20　抽穗期 EST 酶谱

1. ♂野大麦　2. ♀加拿大披碱草　3. 杂种 F_1 代　4. 加倍植株　5. 加倍 F_1 代

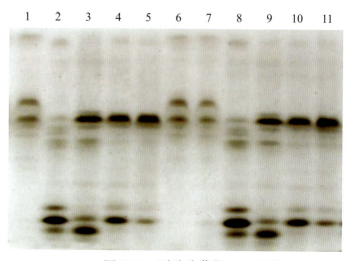

图 7.21　夏秋分蘖期 EST 酶谱

1, 6, 7. ♂野大麦　2, 8. ♀加拿大披碱草　3, 9. 杂种 F_1 代　4, 10. 加倍植株　5, 11. 加倍 F_1 代

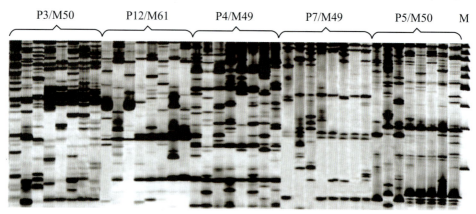

图 7.22　供试材料部分引物 AFLP 扩增结果

图中每对引物组合从左至右供试材料依次为：♀加拿大披碱草、♂野大麦、杂种 F_1 代、染色体加倍植株及其加倍 F_1、F_2、F_3、F_4 代。

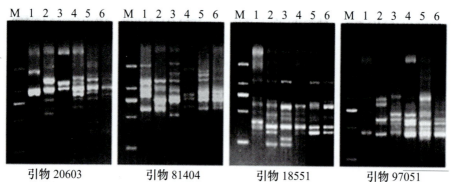

图 7.23　供试材料部分引物 ISSR 扩增结果

1. 蒙古冰草　2. "航道"冰草　3. 正交杂种 F_1　4. 反交杂种 F_1　5. 正交杂种染色体加倍植株 F_2　6. 反交杂种染色体加倍植株 F_2

◆ 彩 插 ◆

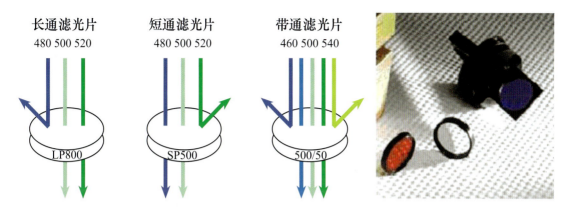

图 11.6 滤光片

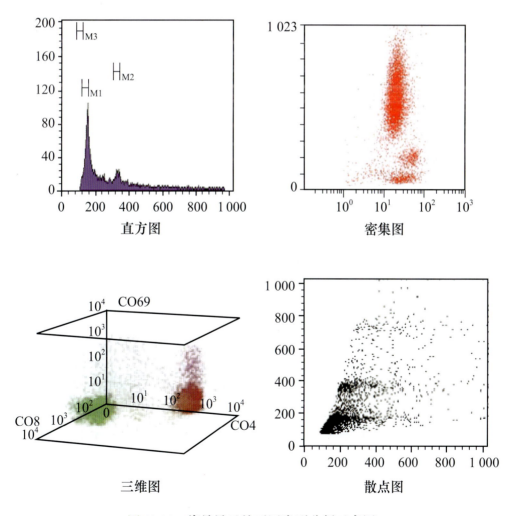

图 11.11 信号显示的不同类型分析示意图

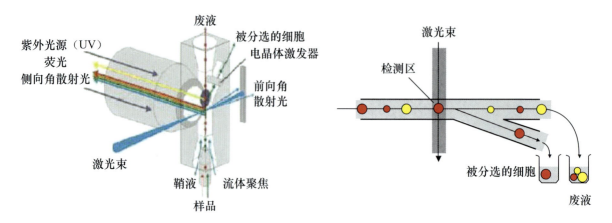

图 11.12　细胞分选示意图

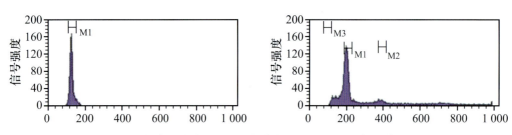

图 11.13　流式细胞仪检测黑麦获得的不同细胞倍性峰值图

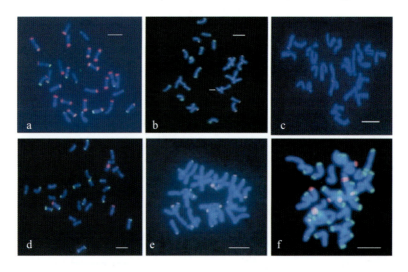

图 12.2　体细胞染色体 pLrTaiI-1（红色）和 pLrPstI-1（绿色）
重复序列荧光原位杂交（FISH）结果 (Wang 等, 2006)

pLrTaiI-1 和 pLrPstI-1 是两个来自于 *L. racemosus* 的串联重复序列，其中 a 和 b 分别为赖草属大赖草 *Leymus racemosus* 品系 PI 313965 和 PI 531811；c 为赖草属滨麦 *L. mollis* 品系 MK 10011；d 为赖草属赖草 *L. secalinus* 品系 PI 499524；e 和 f 为赖草属单穗赖草 *L. ramosus* 品系 PI 440331 和 PI 499653。

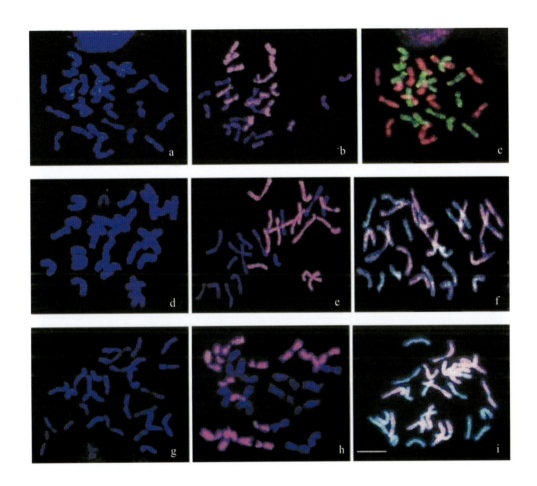

图 12.3 猬草属 (*Hystrix*) 3 个物种根尖染色体 GISH 结果 (Zhang 等，2000)

a～c. *Hystrix patula* a. DAPI 染色后的染色体 b. 以 St 基因组 DNA 作为探针，以 H 基因组 DNA 作为封阻 DNA 进行原位杂交，14 条染色体显现红色荧光 c. 以 St 基因组 DNA 和 H 基因组 DNA 作为探针进行原位杂交，14 条染色体显现红色荧光，14 条染色体显现绿色荧光 d～f. *Hystrix duthiei* ssp. *duthiei* d. DAPI 染色后的染色体 e. 以 Ns 基因组 DNA 作为探针，Ee 基因组 DNA 作为封阻，有 14 条染色体显现红色荧光 f. 以 Ns 基因组 DNA 和 Ee 基因组 DNA 作为探针，14 条染色体显现红色荧光，几乎 28 条染色体的一些区域都显现出微弱或明亮的呈点状分布的绿色荧光 g～i. *Hystrix duthiei* ssp. *longearistata* g. DAPI 染色后的染色体 h. 以 Ns 基因组 DNA 作为探针，Ee 基因组 DNA 作为封阻，14 条染色体显现红色荧光 i. 以 Ns 基因组和 Ee 基因组 DNA 作为探针，14 条染色体显现红色荧光，28 条染色体，尤其是着丝点区域，显现出微弱或明亮的呈点状分布的绿色荧光

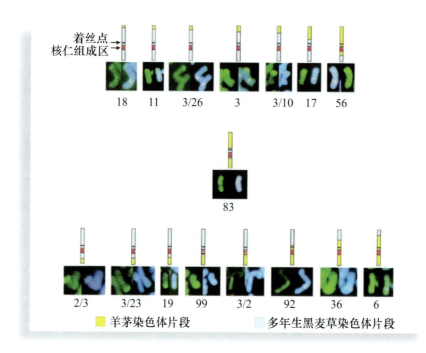

图 12.4 羊茅（*Festuca pratensis*）单染色体基因渗入到多年生黑麦草（*Lolium perenne*）中获得的单体代换系 GISH 作图 (King 等, 2002)

图中是 16 个重组染色体的 GISH 作图，其中 18，11，3/26，3，3/10，17，56，2/3，3/23，19，99，3/2，92，36，6，83 显示的是不同基因型的重组体，每对染色体左侧的为羊茅片段（绿色），右侧的为重组体。

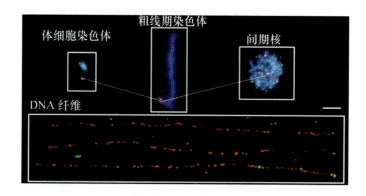

图 12.5 水稻体细胞染色体、粗线期染色体、间期核、DNA 纤维高分辨率 FISH 结果（Ohmido 等, 2010）